“爱我家乡，美丽乡村”新型农房设计大赛图集
——第二届设计大赛作品

刘敬疆　主编
住房和城乡建设部科技与产业化发展中心
（住房和城乡建设部住宅产业化促进中心）
绿色装配式农房产业技术创新战略联盟　编著
中央美术学院建筑学院
济宁卓越天意文化传媒有限公司

中国建筑工业出版社

图书在版编目（CIP）数据

“爱我家乡，美丽乡村”新型农房设计大赛图集.第二届设计大赛作品 / 住房和城乡建设部科技与产业化发展中心（住房和城乡建设部住宅产业化促进中心）等编著；刘敬疆主编.—北京：中国建筑工业出版社，2020.2

ISBN 978-7-112-24678-6

Ⅰ.①爱… Ⅱ.①住… ②刘… Ⅲ.①农村住宅—建筑设计—中国—图集 Ⅳ.①TU241.4-64

中国版本图书馆CIP数据核字（2020）第022139号

责任编辑：张文胜
责任校对：赵　菲

“爱我家乡，美丽乡村”新型农房设计大赛图集——第二届设计大赛作品

刘敬疆　主编

住房和城乡建设部科技与产业化发展中心
（住房和城乡建设部住宅产业化促进中心）
绿色装配式农房产业技术创新战略联盟　编著
中央美术学院建筑学院
济宁卓越天意文化传媒有限公司

*

中国建筑工业出版社出版、发行（北京海淀三里河路9号）
各地新华书店、建筑书店经销
北京点击世代文化传媒有限公司制版
天津图文方嘉印刷有限公司印刷

*

开本：850×1168毫米　1/12　印张：12⅔　字数：200千字
2020年3月第一版　2020年3月第一次印刷
定价：140.00元

ISBN 978-7-112-24678-6
（35163）

本书编委会

编　　著：住房和城乡建设部科技与产业化发展中心
（住房和城乡建设部住宅产业化促进中心）
绿色装配式农房产业技术创新战略联盟
中央美术学院建筑学院
济宁卓越天意文化传媒有限公司

主　　编：刘敬疆

副 主 编：张旭东　邵高峰　刘珊珊　张澜沁　向以川　魏晓梅　李　丹　王婉伊

编制人员：张　达　刘芳君　钟文慧　欧阳雨菲　唐羽洁　张　骞　李　伟

序

党的十九大报告提出实施乡村振兴战略。按照产业兴旺、生态宜居、乡风文明、治理有效、生活富裕的总体要求，建立健全城乡融合发展体制机制和政策体系，加快推进农业农村现代化，满足广大农民对美好生活的向往和追求。生态宜居是基础，产业兴旺是支撑，乡风文明是目标，治理有效是抓手，生活富裕是成效。未来的乡村建设就是要围绕生产方式的现代化，生活条件的城镇化，生态环境的绿色环保化三个主题展开。“爱我家乡，美丽乡村”新型农房设计征集活动，正是在这样的背景下，由住房和城乡建设部科技与产业化发展中心、北京工业大学、绿色装配式农房产业技术创新战略联盟等单位发起举办的，时机正当其时，意义不言而喻。

当前，农村建房仍然沿袭农村自给自足经济时代的自建为主，投资投工，缺乏规划，风格杂乱，功能混杂，文化失传，同时也产生了一批无证无资质的建筑“能人”和“工队”，建房无图纸，既无有序施工组织，又无完整安全保障措施，与现代化农村的建设要求相去甚远。建房中所使用的多是一些比较简陋的建筑工具，所建房屋质量参差不齐，住房安全难以保障，与环境也不协调。农房建设过程也缺乏监管，充满随意性，随意改变房屋结构，任意采用劣质建材，攀比之风盛行，崇洋不解，炫富低俗，民间纠纷不断，邻里关系不和，割裂了文脉，失去了乡愁，更无助于民风的改善。

为促进农村住房建设规范化、本土化和环境友好化，应用绿色节能技术，推动农房建筑业转型升级，从供应侧着手，逐步推广绿色装配式农房技术产业化，带动农村产业多样化，培育农房供需市场，尝试以规范化设计作引导，以绿色装配式技术为手段，发挥农房建筑设计单位和装配式农房研发生产企业两个积极性和市场驱动力，以“爱我家乡，美丽乡村”新型农房设计征集活动为契机，培养院校农房设计后备力量，摸清农房地域特色，紧扣绿色装配式建筑技术特点，逐步改善农房建设的现状，这是一条在技术上可行，在方式上可推广，在法规政策上可循，在农民改革红利获得感上可体现的有益探索，值得坚持办下去。

本次活动有相关领域的多名资深专家参与评审，经过专家们的认真质询和评审，评出了一等奖 2 名，二等奖 3 名、三等奖 5 名。本次活动虽然参赛作品不算太多，但是作品比较典型，尤其是获奖作品充分反映了当地农村住宅的建筑特点，符合当地的生产和生活习惯，体现了绿色、装配式、工业化的建造特征。

本次活动的成功举办，让在校大学生充分调研了当地的传统建筑，了解了家乡的建筑特点，产生了浓郁的乡愁情结。参赛作品中装配式建筑、工业化建造特征，使传统农村住宅得到了根本上的升级改造。本次活动是对党中央、国务院关于解决“三农”问题部署的具体贯彻落实，也对弘扬中国传统建筑文化和改善农村居住环境具有重要意义。

中国建筑设计院有限公司 赵冠谦

前言

为加快美丽中国建设，推动装配式建筑及住宅产业现代化发展，弘扬中华传统建筑文化，第一届“爱我家乡，美丽乡村”新型农房设计大赛，在各界人士的大力支持下，圆满结束。

在第十七届住博会期间召开的“乡村振兴背景下的特色小镇、美丽乡村交流会暨绿色装配式农房发布会”上，《“爱我家乡，美丽乡村”新型农房设计大赛图集—第一届设计大赛作品》呈现在每一位与会嘉宾的面前。书中收集了成熟的参赛设计作品，淋漓尽致地展现了建筑学子的创造力。不仅代表了我国新型装配式农房蓬勃的未来，也预示着新型装配式农房沸腾的希望，引发了行业内的热烈反响。

一鼓作气，第一届“爱我家乡，美丽乡村”新型农房设计大赛取得显著成绩后，由中央美术学院与绿色装配式农房产业技术创新战略联盟共同主办的第二届“爱我家乡，美丽乡村”新型农房设计大赛如期举办，鼓励在装配式农房设计中勇于探索、脱颖而出的广大青年建筑师，设计出更多优秀的农房作品。

以农房建筑设计推动农房建筑业转型升级，保障农房安全，助力打赢脱贫攻坚战，促进我国美丽乡村和特色小镇建设，是“爱我家乡，美丽乡村”新型农房设计大赛的初衷。一年间，国家不断释放乡村振兴战略的政策利好，中国设计赋能美丽乡村建设成为业界共识。

由此，在第一届“爱我家乡，美丽乡村”新型农房设计大赛的基础上，第二届大赛吸引了更多优秀的建筑学子。大赛共收到来自北京工业大学、华中科技大学、青岛理工大学、东南大学、内蒙古科技大学、内蒙古工业大学、合肥工业大学、吉林建筑大学等高校的20余件参赛作品，经过以全国勘察设计大师赵冠谦为组长的十余位权威专家的评审，评选出一等奖2名、二等奖3名和三等奖5名的获奖作品。

收录本书的作品，荟萃了更多优秀设计、展示了建筑师风采。设计者在基于现状展开设计的同时，提出了自己的设计理念并进行了充分的表达，完成了设计大赛的最初设定目标，体现了参赛作品的广泛性和合理性。

随着我国实施乡村振兴战略步伐不断加快，绿色装配式技术愈加成熟，其坚持标准化设计、工厂化生产、装配化施工、一体化装修，让农民成为一体化设计的直接受益者——其速度优势更显、质量保障更强、特色设计更优、文化魅力更足、产业动能更劲、环保红利更高，对于升级改造农村住宅、提高农房质量、改善农村居住环境来说，既是现实捷径，更是长久之计。

产业发展需要以设计赋能；同时，任何一个产业的发展都不是一蹴而就的。基于这种认识，我们把第二届“爱我家乡，美丽乡村”新型农房设计大赛的优秀作品汇集成册，供新型装配式农房设计者参考，为我国新型装配式农房事业的发展做出应有贡献。

雄关漫道真如铁，而今迈步从头越。乡村振兴的号角已经吹响，建筑行业扛鼎美丽乡村建设是应有之义。

未来，我们还将坚持每年举办此类设计大赛，既为大学生的建筑设计接引了先进的建筑结构体系和技术，促进装配式建筑设计的发展，同时也为建筑和建材研发生产企业提供更多的市场空间和创新发展的实际要求，谱写以设计赋能、以装配式农房为抓手的乡村振兴新篇章。

感谢参与此次设计大赛评选、组织及其他相关工作的专家、同仁们；感谢参加以及关注此次设计大赛的建筑学人。

目录

“爱我家乡，美丽乡村”
新型农房设计大赛图集
——第二届设计大赛作品

一等奖

【山·居：传统生活·现代设计】——福建省后溪村

区位分析

地理位置

东经 119° 24′ 35″，北纬 26° 39′ 54″，海拔 450m。后溪村位于宁德市蕉城区金涵畲族乡北部，与福州罗源中房镇、古田大甲镇交界，地貌为山间盆地。后溪村地处鹫峰山东南坡，自西向东呈阶状下降。

交通条件

后溪村为宁德市蕉城区金涵畲族乡所辖，距金涵乡政府所在地 20 公里，下辖后溪、大东洋 2 个自然村。

气候

后溪村属中亚热带海洋性季风气候，温暖湿润，夏长冬短，春夏雨热同期，秋冬光温互利，热量丰富，雨水充沛。

水文

后溪村水资源丰富。有自北南下的搭里溪（又称园后溪）流经村中，出口处与自西往东的橄榄溪汇合，形成“丁”字形，寓意“人丁兴旺”。

地形地貌

地形地貌呈丘陵地貌，村部海拔 800m 左右，规划区域内制高点海拔 860m 左右，山地多，地形复杂多变。村中的土壤类型为山地红壤，呈酸性反应。

植被

后溪村植被绝大部分为常绿阔叶林，建群种以壳斗科、樟科、山茶科为主，特别是含有壳斗科的甜槠、米槠、罗浮栲等具地带性特征的植被。植被隶属中亚热带常绿阔叶林带。

福建民居

闽东指今福州市、宁德市及所属县市，又可细分为南片和北片。南片以闽江下游的“十邑”为主体，北片指宁德市为中心的八个县市。

闽东地区，有闽江下游富饶肥沃的土地资源，加之悠久的传统文化底蕴，使民居具有鲜明的文化特色。其中风火山墙的曲线多变最为突出，山墙轮廓或圆或方，似鹤似云，错落有致，显得活泼、流畅、自然。连片纵向多进式的合院民居如“三坊七巷”，也都布局有方、设计合理，具有高超的工艺水平。在民居内部装修上，以制作精良、雕刻生动、构图活泼，变化丰富而极富审美价值。墙体材料采用城市瓦砾土或“金包银”处理，可谓匠心独具。

民居现状分析

建筑形制与气温的关系

后溪村位于福建省宁德市，冬季短，夏季长，严寒天气较少。为了便于通风，室内外空间连通性强，门窗及通风口开设较大，多数厅堂和堂屋的屏风隔扇也是可以摘卸的。大多数房屋进深大，出檐深，日光难以直射室内，使得室内阴凉，从建筑布局角度看，街巷狭窄太阳无法直射也可达到这样的效果。

建筑形制与降水的关系

福建距夏季风发源地较近，受台风影响较大，属于多雨省区，大部分地区年降水量在 1100 ~ 2000mm 之间，降雨主要集中在春季。为了易于排水，房屋为坡屋顶形式，坡度为 30°，这也形成了四水归堂的建筑形制。

风火山墙

防火、避暑、防噪声，民居大多为木构，易引发火灾，而风火山墙就很好地阻碍了火势的蔓延。用厚重的风火墙将房屋围合，防止噪声的情况下，增加了民居的私密性。

建筑材料

后溪村土壤为红土壤，适合烧结成砖，具有坚固、耐磨、防水性能好的特点。砖材料可拼贴出多种图案，又可以做成精美的砖雕。砖分为青砖、红砖两类。烧制青砖和红砖的土壤并无差异，由于烧制工艺不同而产生差异，后溪主要以青砖为主。

传统居民格局

民居形式一

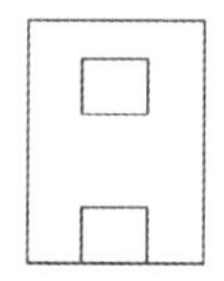
民居形式二

民居形式三

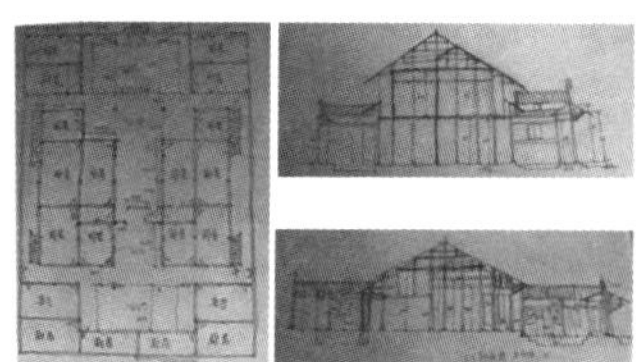

典型民居测绘：吴朝鼐居民

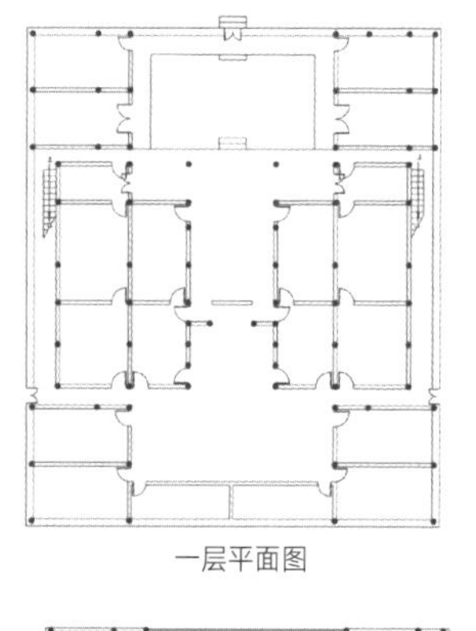
一层平面图

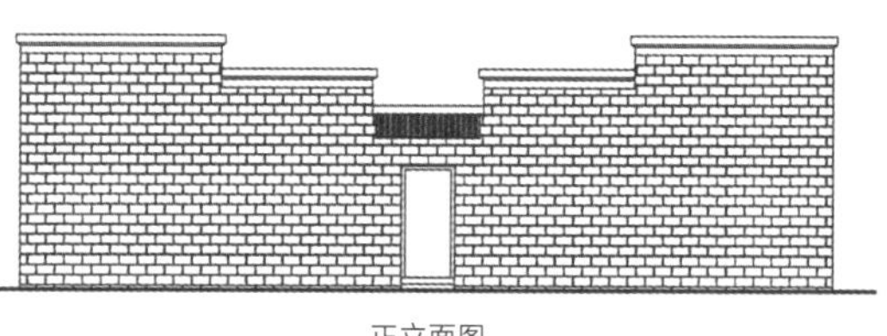
正立面图

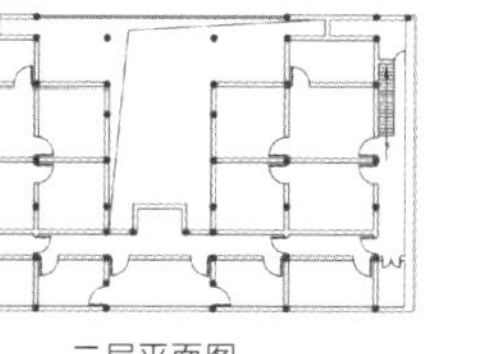
二层平面图

1-1 剖，剖面图

民居要素分析

要素		要素分析	实地调研
墙体	围墙	材质：建议使用本地烧制的青砖； 色彩：青灰色； 做法：使用本地青砖砌筑，通透性好	
	建筑外墙	材质：建议使用本地烧制的青砖； 色彩：青灰色； 做法：墙体砌筑方式分为眠砌墙、空斗墙两种	
	墙窗	材质：木质、石质； 形制：建议使用方形或矩形，凹入墙体	
风火墙		色彩：青砖灰瓦，墙体很少抹灰； 做法：曲线型，上覆青瓦，挑檐很大	
屋顶天井		材质：建议使用本地烧制的小青瓦； 色彩：青灰色； 做法：传统坡屋顶、坡顶平缓舒展．铺瓦简单不做装饰； 形制：四水归堂，四面坡向天井方向围合	
门	门罩	位置：宅门上方、屋檐下方； 形制：类似屋顶，坡度平缓，上覆青瓦，木构支撑为主	
	门口台阶	形制：铺筑规整，不做装饰，阶踏数量不一，据高差而定； 材质：本地青砖，青石做门头门框； 色彩：青灰色	
窗		形式：木窗雕刻精湛，除了戏曲人物、八仙等窗饰外，还有海鲜窗饰； 色彩：木色； 做法：原木雕刻、精巧细致	
雕刻装饰	檐雕	位置：屋檐、马头墙侧檐； 做法：墙体表面抹灰，在抹灰上绘制图案、雕刻； 色彩：灰白色、土黄色	
	木雕	位置：室内梁架、顶棚、门窗、围栏等； 形制：原木雕刻、表面不做装饰，精巧细致	
	石雕	位置：房屋基础、台阶、门头； 材质：青石、青砖； 形制：青石雕刻	

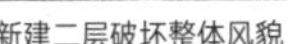
新建二层破坏整体风貌

年久失修，木构建被风化严重

预制临时蓝棚破坏整体风貌

红砖围墙与青砖传统风貌形成鲜明对比

墙面简单抹灰和预制玻璃窗突兀

新建房屋风貌突兀

墙体垮塌用红砖砌筑

预制塑料板代替木围栏

加建二层突兀

现存问题

1. 由于后溪村地处山区，道路闭塞，交通不便，每户年均收入 8000 元，生活质量低。

2. 村民加建、乱建较多，没有一个具有指导性意义的建设指导，大多用砖混，成本高工艺繁琐不环保，影响整体的传统风貌。

3. 部分民居由于年久失修，无人居住，破坏较为严重，民居整改刻不容缓。

4. 除了新建农房为冲水厕所，旧民居大多为旱厕，在排污、卫生等方面有较大的提升空间。

5. 为了降低成本，部分修补民居材料运用低廉的彩色塑料，不牢固、不持久更不美观，破坏整体风貌。

6. 室内空间较大，但有效利用空间较小大部分房间用做放农具、杂物，影响室内空间。

技术手段

装配式建筑的优势

1. 节能环保

由于外挂板为两面混凝土中间夹 50mm 厚挤塑板，其保温性能较传统建筑的外墙外保温或外墙内保温性能更好，同时解决了传统建筑因为做了外保温而带来的外墙面装修脱落现象。

由于采用工厂化生产，使得施工现场的建筑垃圾大量减少，因而更环保。

由于叠合板做楼板底模，外挂板作剪力墙的一侧模板，因此节省了大量的模板。

标准化的生产可以节省材料，减少浪费。

2. 缩短工期　施工快捷

由于大量的墙板及预制叠合板都在工厂生产，从而大量减少了现场施工强度，甚至省去了砌筑和抹灰工序，因此大大缩短了整体工期。

工厂化生产、机械化安装、建筑误差从厘米级降到毫米级。大量的建筑构件由工厂生产完成，减少了现场施工强度，省去了砌筑和抹灰工序，大大缩短了单体项目的施工周期大幅减少项目的运营成本。

施工现场噪声小，散装物料减少，废物及废水排放很少，有利于环境保护。

构件生产

材料取样检测 ➔ 制模 ➔ 绑扎钢筋 ➔ 浇筑混凝土 ➔ 下沙构件浇筑准备

➔ 构件蒸养 ➔ 拆模 ➔ 构件存放

构件运输

构件厂装车运输

构件厂装车运输

构件吊装

构件吊装 ➔ 对位安装 ➔ 构件测垂直 ➔ 机电管线连接

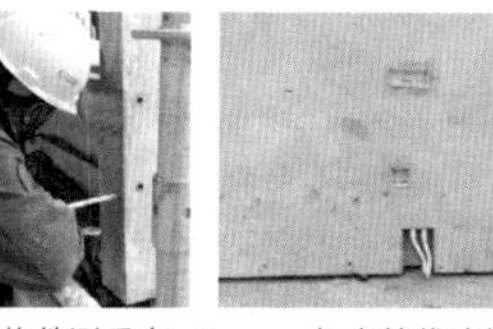

建造完工

建造完工

3. 抗震防灾 美观耐用

主体工艺采用装配预制混凝土结构体系，等同现浇但优于现浇。构件通过高强螺栓或局部现浇混凝土等方式连接，抗震防灾能力强优于传统建筑，经久耐用。

4. 超强防火 领先防水

主体构件采用钢筋混凝土，耐火性能强。外墙保温有 50mm 保护层，耐火极限超过 3h，构造防火等级达到 A 级。混凝土构件密实度高，连接缝采用防水胶或现浇带处理确保外墙面防水性能。

5. 保温隔热 四季如春

建筑外墙采用复合夹芯保温，将保温材料夹在墙板构件中，降低了外墙传热系数，解决了传统外墙保温工艺带来的外墙开裂、脱落现象。

局限性

1. 在我国，目前的设计验收等相关规范明显滞后于施工技术的发展，装配式建筑的应用领域还相当有限，在建筑总高度和层高上限制很大。

2. 建筑物的预埋件等使用量相对传统技术增加很多。

3. 构件的机械化生产因为设备的限制，尺寸要求具有局限性。

4. 构件生产的工厂距离施工现场如果太远，将会增加运输的成本。

设计策略

以预制钢架为基本框架，加以预制墙体维护构件，对建筑进行组装。

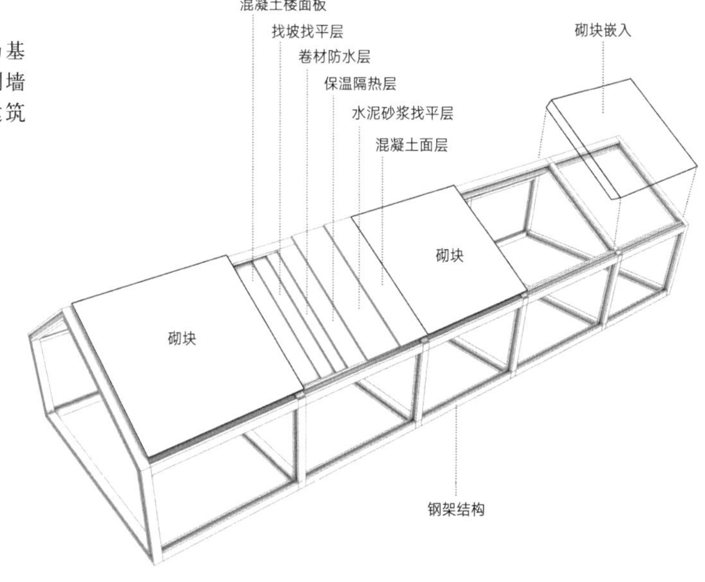

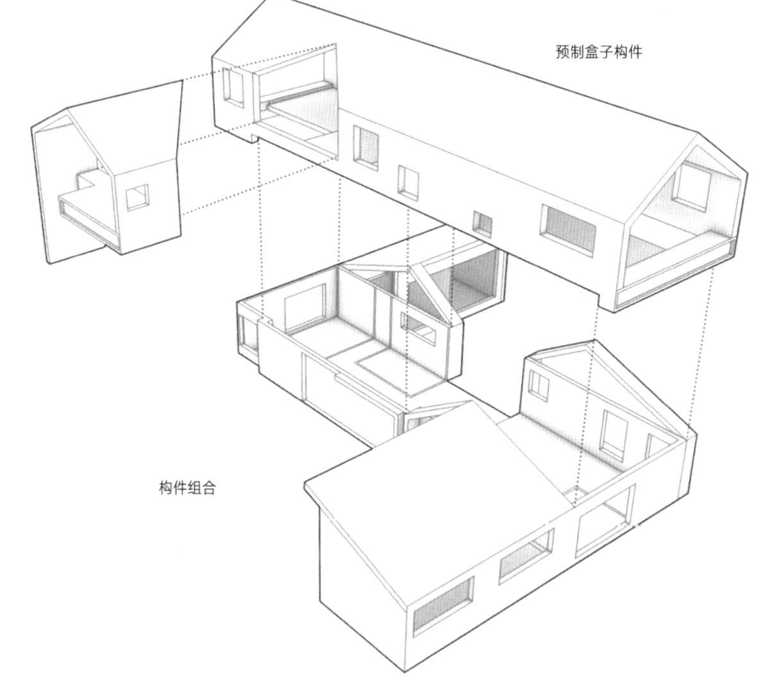

装配式

主次梁的拼接形式

次梁与主梁的连接通常设计为铰接，主梁作为次梁的支座，次梁可视作简支梁。其拼接形式如下图所示，次梁腹板与主梁的竖向加劲板用高强度螺栓连接（图 a、b），当次梁内力和截面较小时，也可直接与主梁腹板连接（图 c）。

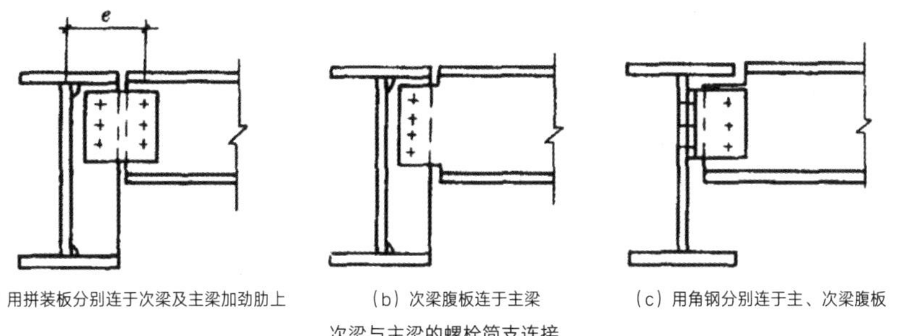

（a）用拼装板分别连于次梁及主梁加劲肋上　（b）次梁腹板连于主梁　（c）用角钢分别连于主、次梁腹板

次梁与主梁的螺栓简支连接

当次梁跨数较多，跨度、荷载较大时，次梁与主梁的连接宜设计为刚接，此时次梁可视作连续梁，这样可以减少次梁的挠度，节约钢材。次梁与主梁的刚接形式如下图所示。

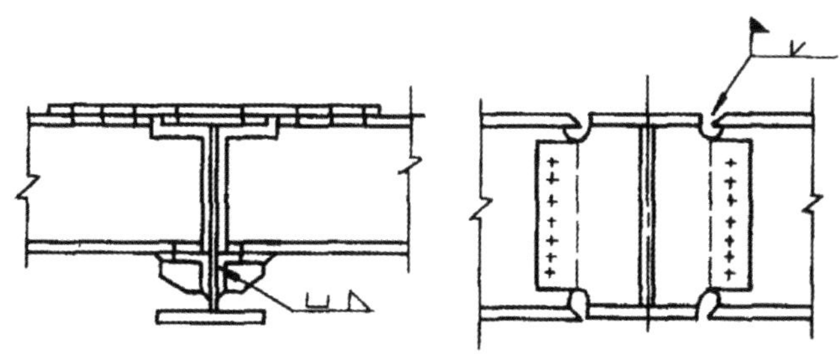

截面梁的拼接形式

主梁的工地拼接主要用于梁与柱全焊接节点的柱外悬臂梁段与中间梁段的连接，其次为框筒结构密排柱间梁的连接，其拼接形式有：栓焊连接、全栓接、全焊接。

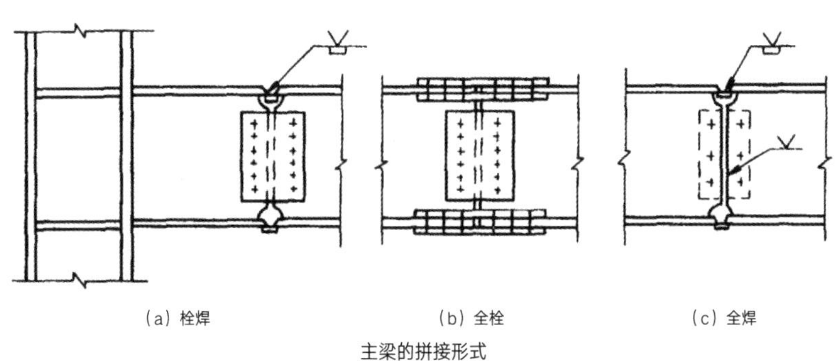

（a）栓焊　（b）全栓　（c）全焊

主梁的拼接形式

墙板的拼接形式

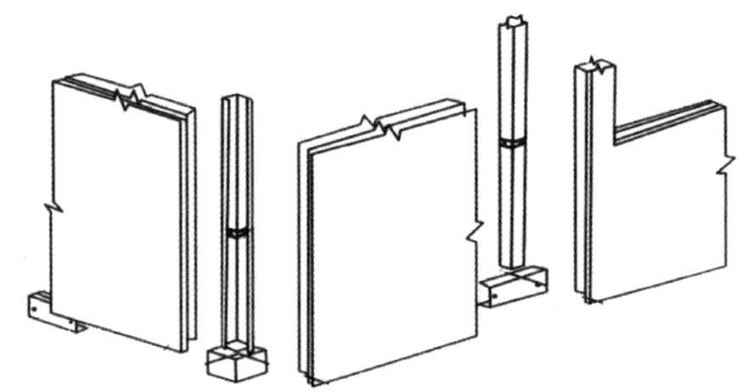

C 形结构非剪力墙是在 C 形钢墙框骨架上安装好外墙板、窗框、保温材料、内装底板，剪力墙板是在不设窗框的墙板内部加设扁钢支撑，其余构造同非剪力墙板，主要用于承受水平荷载。墙板与墙板之间通过凹形的开口截面柱连接构成一个整体。这种体系的外墙板完全是工厂加工成品，因此工厂预制率很高。

形态生成

该方案沿用福建省后溪村的特色风火山墙，以及二进式的三合院组合布局面。在整体风貌上，与村内现有建筑协调，在建筑风格上用现代建筑设计手法，将传统建筑样式用现代手法表现，使建筑在传承传统文化的同时不失现代之感，以挽救“空城”居民的尴尬现象，活化村落。

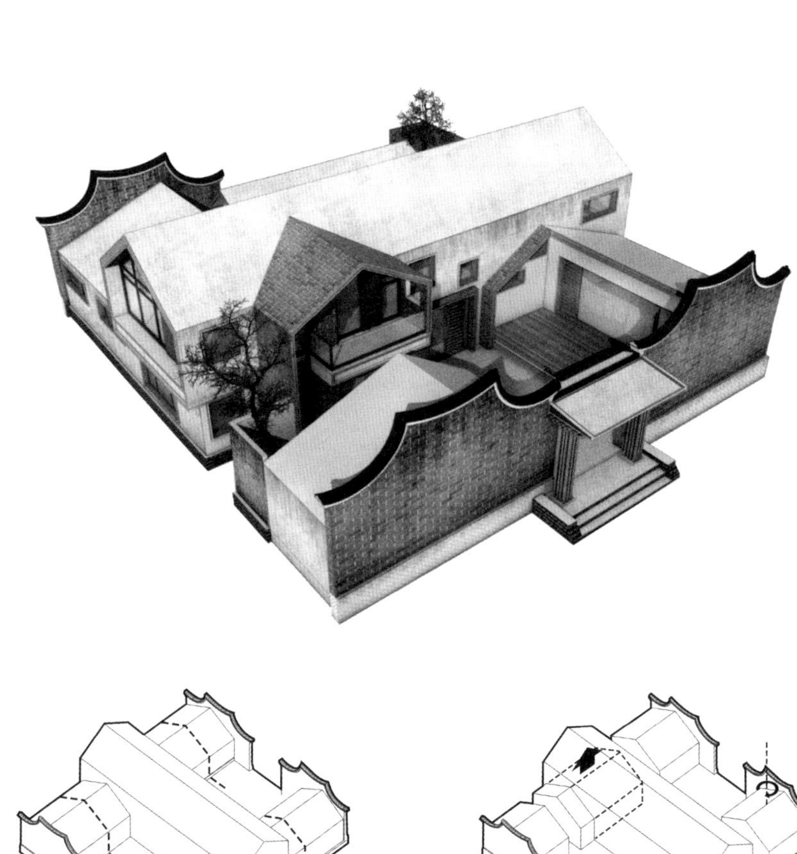

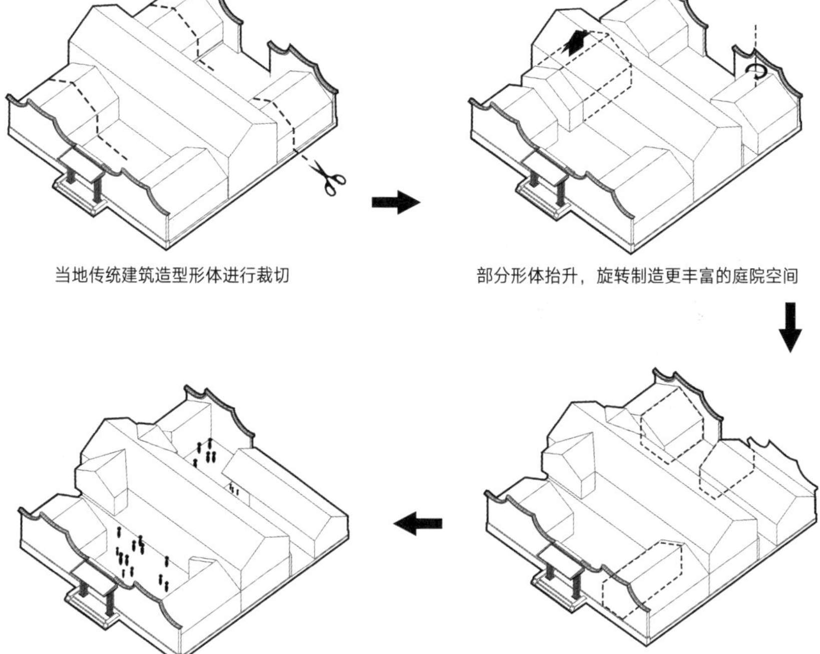

当地传统建筑造型形体进行裁切

部分形体抬升，旋转制造更丰富的庭院空间

部分形体减法处理体块丰富

庭院空间

户型分析

户型一：五口之家

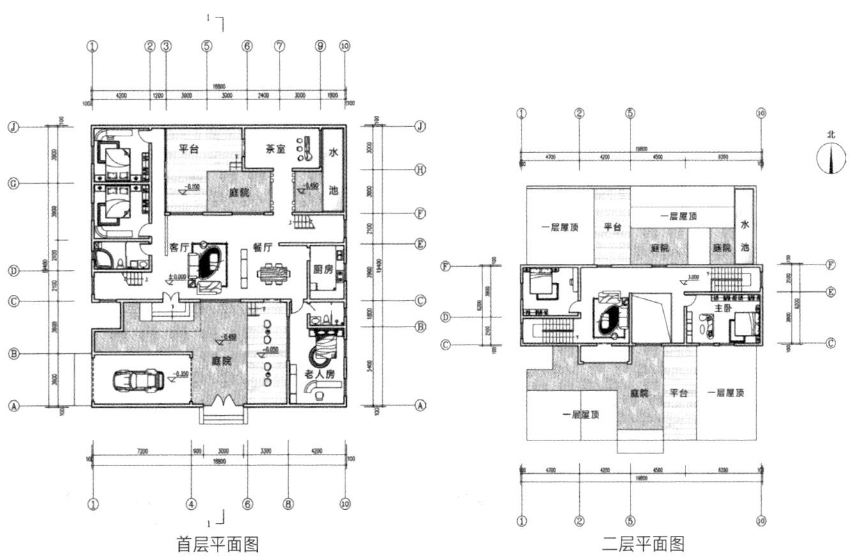

首层平面图　　二层平面图

户型分析：

1. 五室两厅两卫，南面老人房带独立卫生间设在一层，方便老人行动。北面客卧拥有较好的景观视角，主人房间与子女房设在二层，私密性好。

2. 公共空间集中在一层中部，流线清晰，各地到达此处便利。

3. 北面为比较惬意的休闲空间，庭院—廊道—水池形成较好的景观视廊。夏日的午后，在平台上小憩的惬意画面，瞬间呈现。

户型二：民宿支架

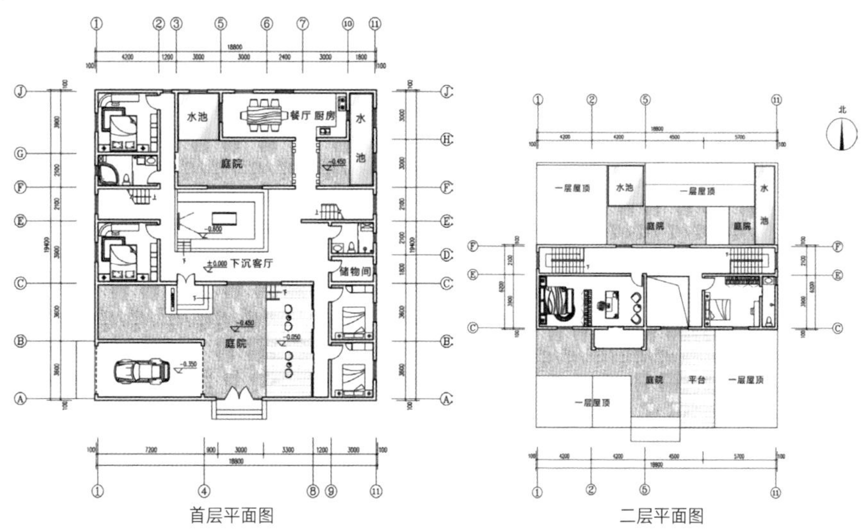

首层平面图　　二层平面图

户型分析：

1. 后溪村自然资源丰富，生态景观好，有发展生态旅游的前景。

2. 六室两厅三卫，主人用房整体位于东侧，西侧民宿客人用房通过下沉客厅、庭院等公共空间分隔开，互不干扰。

3. 二层由客厅通高将主人用房与客人用房分隔开，通高的二层与下沉客厅形成视线交流。

4. 民宿分淡季、旺季，东面一层两个卧室可以在旺季时做民宿用。

7.000
5.100
3.000
±0.000
-0.450
-0.900

1-1 部面图

建筑形式

西立面图

后院茶室休闲空间　　二层阳台空间　　前院庭院空间

剖透视图

建筑分解图

分割墙
窗框
分割墙
预制盒子构件
窗框
预制盒子构件
窗框
门头
风火墙
窗框

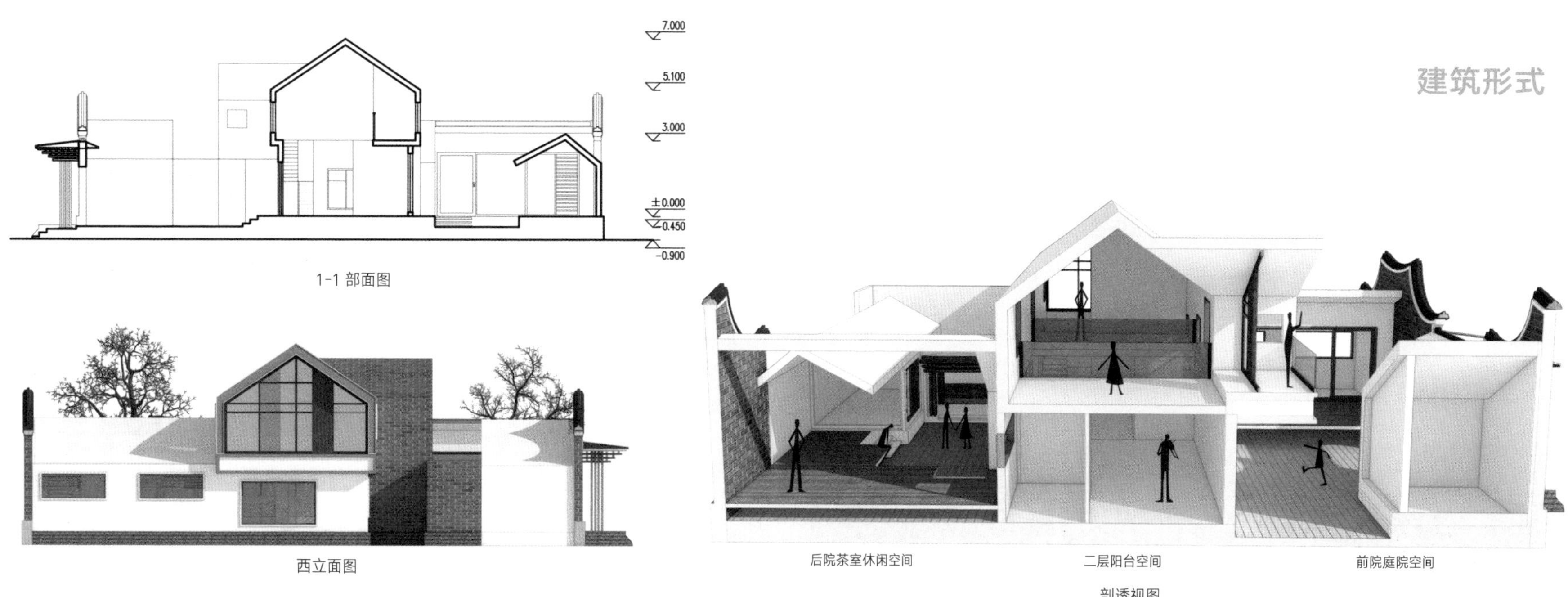

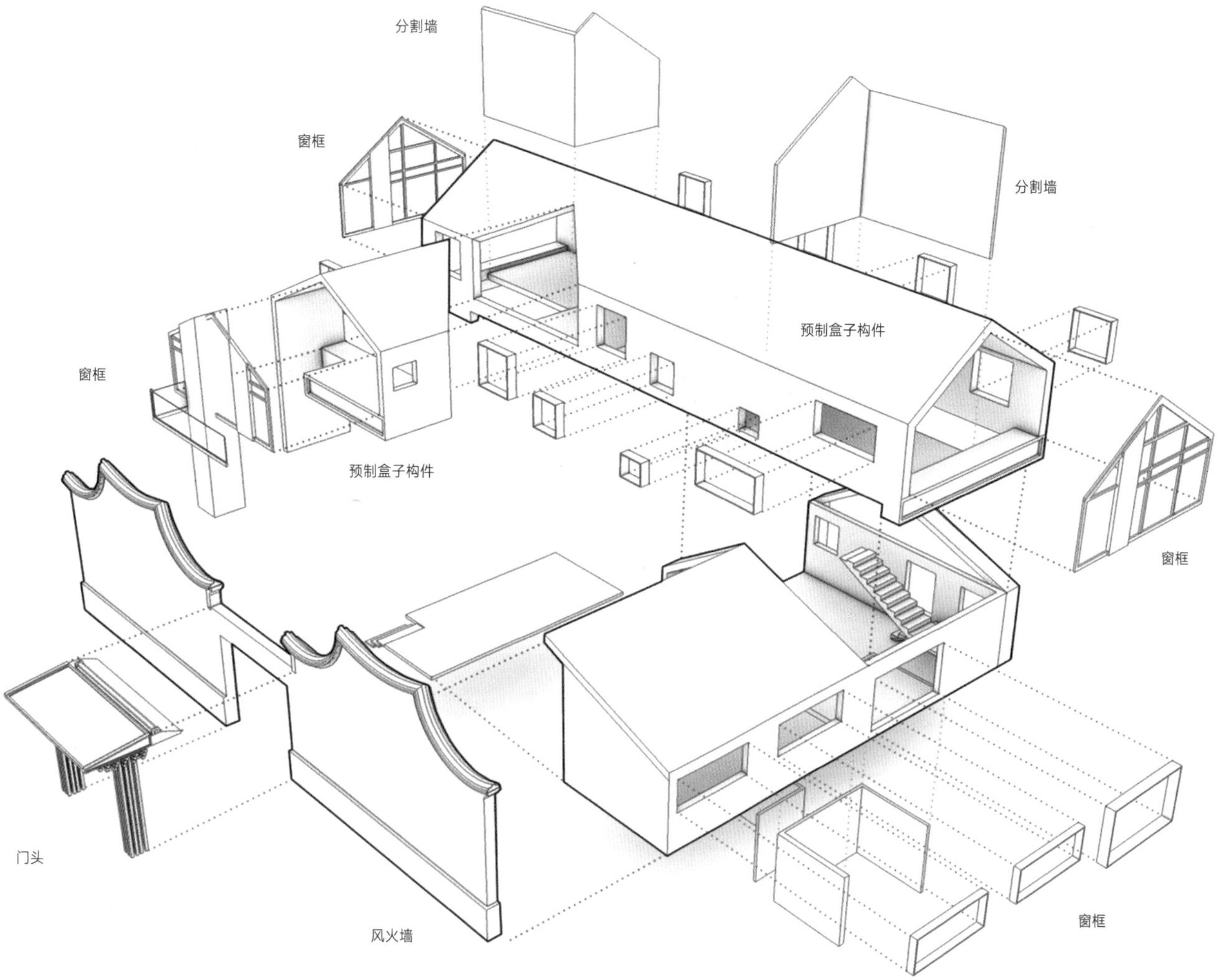

学校：北京工业大学　指导老师：戴俭　设计人员：何勇杰　崔艺馨　贺柏宇

【宅：原型与演变】——云南省临翔区杏勒村

项目区位与背景

地理位置

设计项目位于云南省临沧市临翔区蚂蚁堆乡杏勒村。

临沧市因临澜沧江而得名，是云南省西南部的地级市，气候温和、风景优美，素有"秘境临沧"之称。

蚂蚁堆乡位于临沧之北，214 国道旁，是古茶马驿道旧址，有汉、拉祜、彝、傣等民族。

杏勒村是蚂蚁堆乡管辖下的自然山村，地处乡西北，距乡政府所在地 11.00km，距临翔区 26km。

自然条件

气候温和、植被优良、紫外线强、降水量少、自然灾害频繁。

精准扶贫对象

云南省临翔区蚂蚁堆乡是团队精准扶贫的对点地区。

笔者利用假期于此进行调研，期间利用了无人机技术、延时摄影技术等手段采集当地环境风貌图像。

同时也通过调查问卷等方式深入民家了解当地百姓对房屋建设的需求。

目前已完成对乡镇的详细控规手册等成果，同时第一批设计的装配式农宅已经在建设阶段。目前的扶贫策略与成果得到了当地政府与人民的肯定。

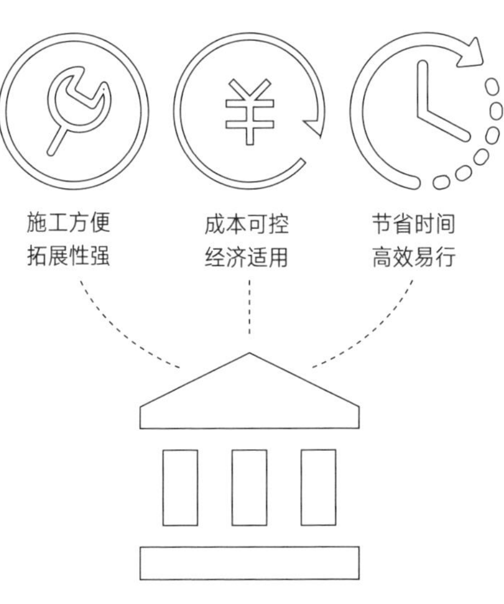

当地宅屋现状

当地现存农房 A

抗震性能：●●●●
防火性能：●●●
建造成本：●●●●
施工时间：●●●
本土特色：●●●●
可拓展性：●●●

综合性能：●●●

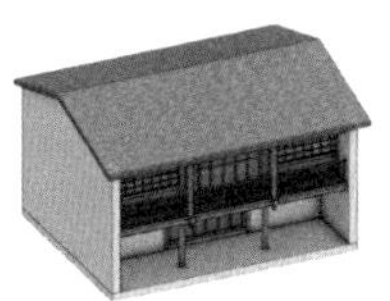

传统木构架老屋

当地现存农房 B

抗震性能：●●●●●
防火性能：●●
建造成本：●●●
施工时间：●●●
本土特色：●●●●●
可拓展性：●●●

综合性能：●●●

传统单层住宅

当地现存农房 C

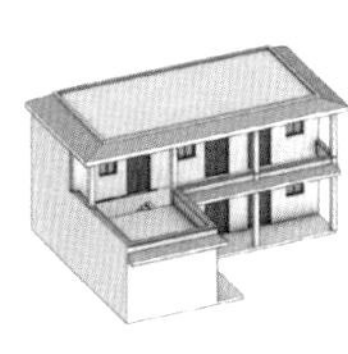
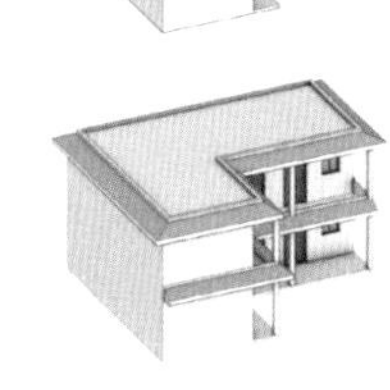

抗震性能：●●●
防火性能：●●●●
建造成本：●●●
施工时间：●●●
本土特色：●●
可拓展性：●●●

综合性能：●●●

新型自建民房

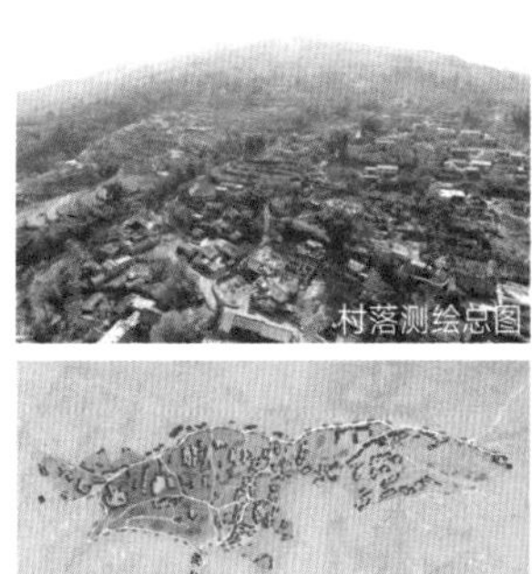

村落测绘总图

村落航拍实景

宅屋改造 / 新建效果图

设计说明

设计背景：此次新型装配式农宅设计的基地位于设计者的家乡云南，临翔区蚂蚁堆乡杏勒村也是设计团队定点帮扶的贫困地区。贫困地区的房屋建设需要考虑居民的"阶段性需求"，即不期望在一个阶段达成最终的建设目的，而是每进行到一个阶段都可以满足使用者的基本生活需求。而这一点，装配式房屋的设计与建造特性是与之相辅相成的。

现状研判：通过对当地现有房屋的测绘以及对村落的整体踏勘调研，发现当地现有房屋体系暴露出诸如住屋模式混乱、房屋风貌杂乱、传统工艺丢失、建造成本难控等问题。

设计策略：基于以上问题，从装配式建筑的设计思考出发，提出了院落的重构与组合、宅的原型与演变的设计策略。通过对院落的重新整合来改善目前当地人居环境较差的问题，提高土地利用率的同时增加农户经济来源。在装配式农宅设计方面，提取了当地原有宅屋"原型"，通过一系列逻辑演变得到适应主客观需求的不同"变体"。建筑结构选用轻钢结构体系，满足当地建房的阶段性需求以及农宅"变体"的不同演变方式，同时具有防灾抗震、节能环保、经济快捷等优点。建筑围护结构材料则选用新型轻质材料，如纤维水泥板与木塑，具备易装配、可再生、多样化等优点。同时，农宅也集成了绿色技术如光伏发电、雨水收集等，充分利用当地日照充足的优势、弥补干旱缺水的劣势。最后通过对当地两户不同背景的家庭进行详细装配式农宅方案设计来展现上述思考与策略。

设计策略

院的重构与组合

1. 农宅基本活动研究

根据调研总结当地村民生产生活方式，村民日常基本活动发生与进行的场所由主屋、备用用房（厨房、仓库、停车用房）、牲畜养殖栏圈以及对应的庭院组成。

2. 适应需求拓扑变化

根据三种性质的生活活动，将建筑拆分成三个基本的建筑模块，根据不同的地形条件和居住需求，拓扑变形组合，规划院落和入口位置等，组织成不同的住宅空间模式。重新考虑牲畜用房与家宅的关系、活化利用家宅庭院。

3. 小组团聚合

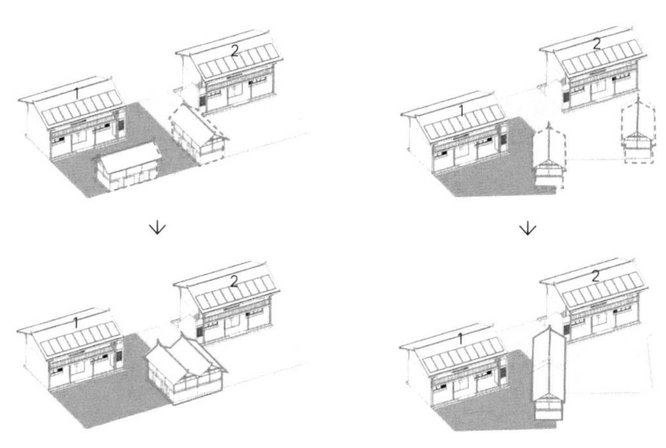

4. 大组团分离

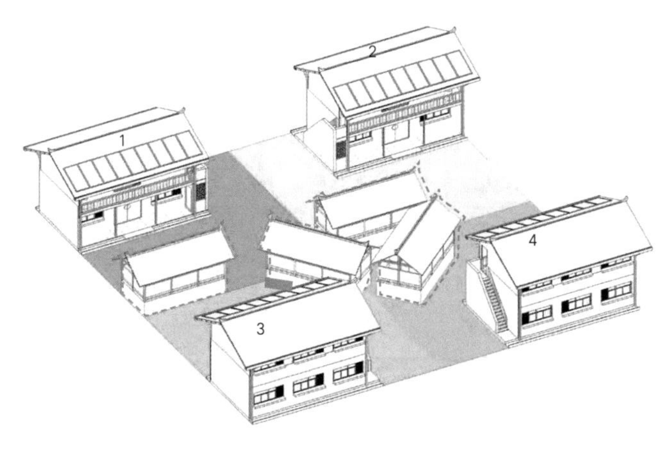

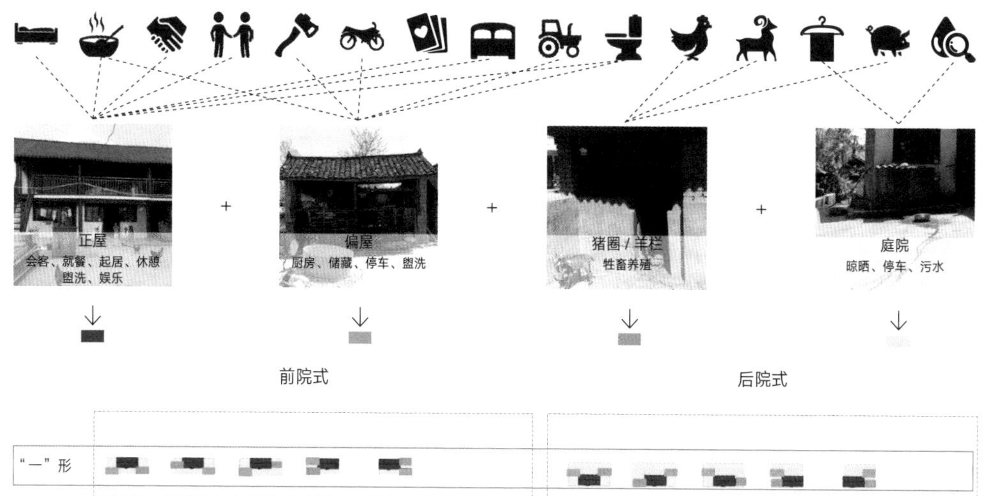

住屋模式重组转化、发展农户庭院经济

通过以上一系列对住屋模式的拓扑组合与整顿，农户家宅中再一次有了"院"的概念，改善生活环境的同时也可以在自家庭院中进行种植等以家庭为单位的生产活动，发展庭院经济，利用有限空间发展多种生产模式（如立体种养业）。

宅的原型与演变

建筑学中的原型与演变

生物学中有界门纲目科属种，映射到建筑学中，也存在这样的关系：

原型（archetype）：基因（属）——传统建筑型制或某一地域普遍性，规律性和稳定性的模式。

基型（prototype）：（种）——由原型的转换变形（displacement）而产生的基本形式为基型。

变体：演变个体（多样性）——变体的价值就在于继承原型的基础上，通过后天差异性的演化而可以适应不同环境需求。

原型提取

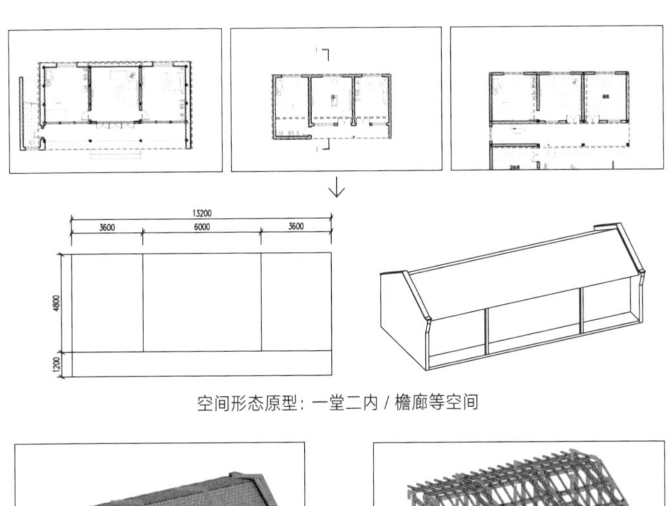

空间形态原型：一堂二内 / 檐廊等空间

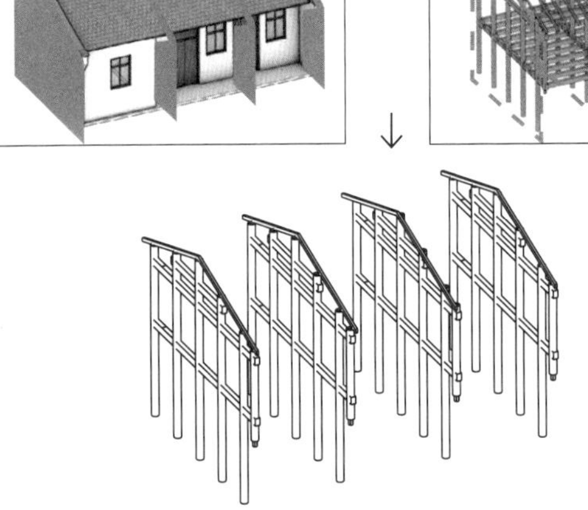

建筑结构原型：硬二 / 四贴 榀型屋架体系

结构的演变：传统木构架到预制轻钢

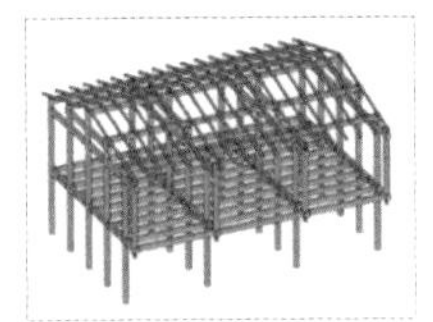

抗震性能优良

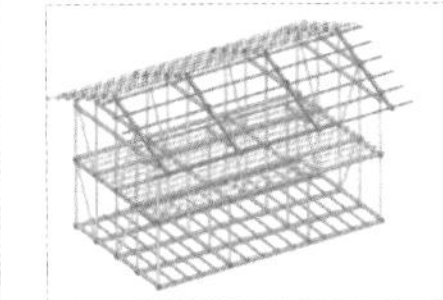

装配施工快捷

满足阶段需求

材料的选择：轻型模块化环保维护材料

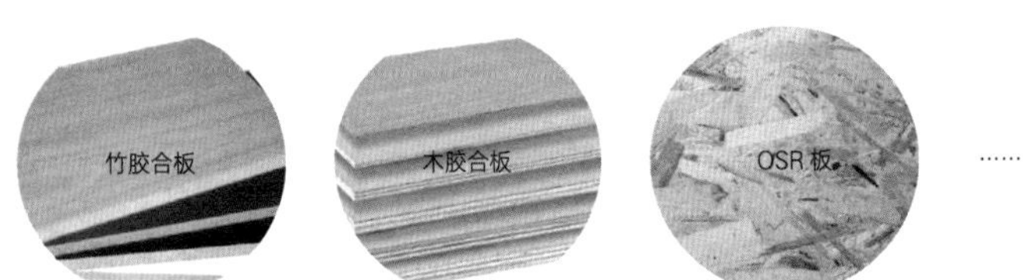

传统预制板材 + 新型预制环保板材（本次设计选择）

（1）基于原型的演变。根据不同背景的使用者对房屋的主观需求，以及房屋本身所需要回应的自然环境的客观要求，可得不同“变体”：

（2）空间形态的演变。根据适应不同地形（如山地、坡地）需求以及满足对造型的不同需求，变体的种类还有非常多的可能性，此处仅列举了常见的变体形式，实际建造中要结合每家每户具体情况考虑。

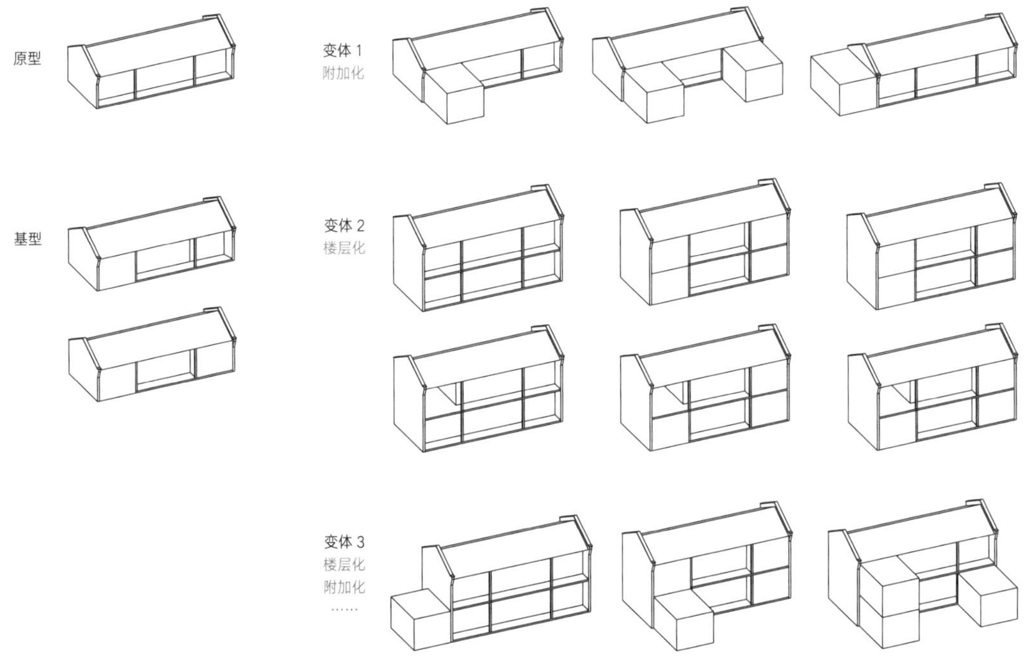

绿色技术集成

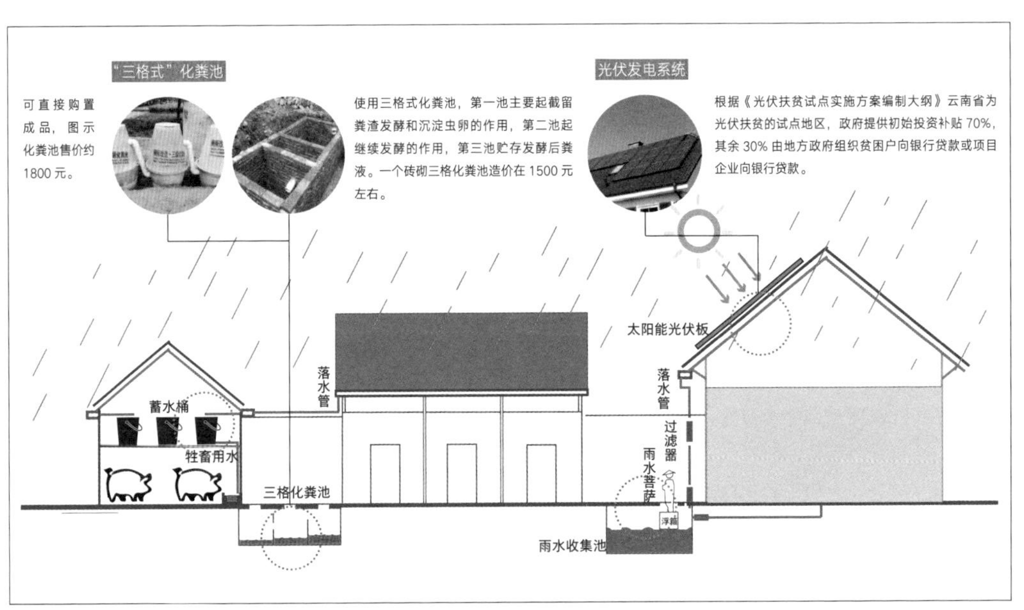

“进行式”装配农宅

设计说明

农宅的户主 B 先生家只有 110m² 宅基地，起初建房时家里只有夫妻两人且资金不充裕，故致最终房屋完成将历经三个阶段：

第一阶段为一层平房，第二阶段加建一层楼，第三阶段扩充了一间附属用房。三个阶段的房屋造型均来自“原型与变体”的设计原则，历经楼层化与附加式的变化，借助装配式房屋可拓展的优势满足了 B 先生“阶段性”的住房需求。

在结构与材料的选择方面，全部房屋使用轻钢建造完成，外围护材料使用纤维水泥板（桃木纹理）以及木塑。

经济技术指标

第一阶段：用地面积：120m²；主屋建筑面积：68m²；配套用房面积：0m²；建筑密度：0.57；容积率：0.57；造价：1300 元 /m²；常驻人口：2 人。

第二阶段：用地面积：120m²；主屋建筑面积：136m²；配套用房面积：0m²；建筑密度：0.57；容积率：1.13；造价（扩建）：1450 元 /m²；常驻人口：3 人。

第三阶段（未来）：用地面积：120m²；主屋建筑面积：160m²；建筑密度：0.77；容积率：1.33；造价（扩建）：1300 元 /m²；常驻人口：3 人。

分解图

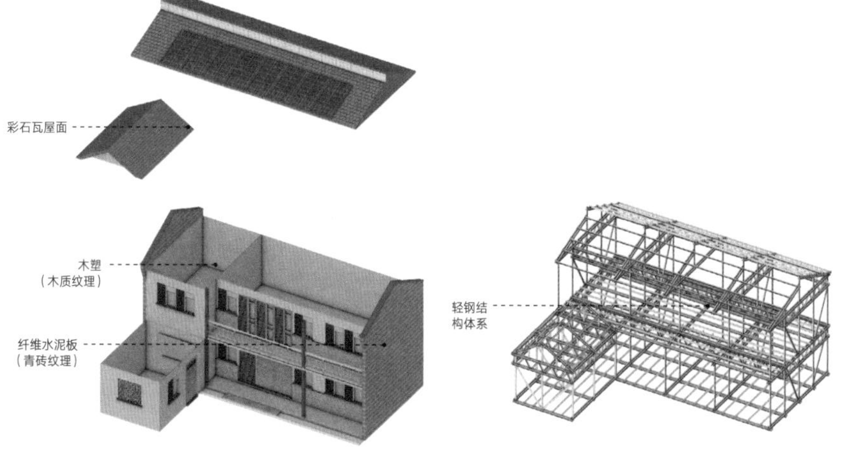

实际施工现场（变体 X）

历时一个多月的杏勒装配式农宅“变体 X”的现场建造过程图（现场照片由云南中乾集成房屋有限公司提供）：

成果展示（变体 X）

学校：华中科技大学　　指导老师：谭刚毅　　设计人员：刘震宇

二等奖

【百年凤凰】——青岛市凤凰村

现状部分

区位分析

地理位置

青岛地处山东半岛东南部沿海，胶东半岛东部，东、南濒临黄海，隔海与朝鲜半岛相望，地处中日韩自贸区的前沿地带。东北与烟台毗邻，西与潍坊相连，西南与日照接壤。青岛拥有六个市辖区，四个县级市，总面积 11282km^2，总人口 920.4 万。

即墨市为山东省下辖县级市，素有"青岛后院"之称。即墨扼青岛通往全国的陆上"咽喉"，胶济、蓝烟铁路横穿境内西部，济青高速公路、青烟、青威、青沙等 5 条国家和省级公路纵贯全境，刚竣工的青银高速公路、青威一级公路又拉近了即墨与全国各地的距离。

凤凰村隶属即墨市金口镇。金口镇是国家环境优美乡镇、山东省历史文化名镇、山东省旅游强镇。凤凰村位于金口镇政府驻地东北约 4km 处，村庄对外主要两条通道，一条为南北向金口路，南接莱青公路、北通荣威高速；一条为村中东西向道路，东约 1.2km 处接莱青公路。

气候条件

凤凰村属沿海温带季风气候和低山丘陵湿润温良气候，气候宜人，四季分明，冬无严寒，年平均气温 12℃，年平均日照 2547h，无霜期 230 天，年平均降水量 700 ~ 800mm。夏季多东南风，冬季多西北风，年平均风速 2.8m/s。

自然条件

凤凰村简介

凤凰山：因山形好似凤凰展翅二得名，海拔 91.6m，植被有黑松、槐树、枣树、苹果、板栗、桃树、杏树等，风光秀丽

凤凰水库：面积约 1.2hm^2。山体径流而形成，水质良好，有鲤鱼、鲢鱼、草鱼等鱼类、周边植被良好

田：以小麦、玉米、花生、地瓜为主，生产方式较为传统

人：村域 1.3km^2，人口 210 户、610 人，民风淳朴，重视教育、社会和谐

村：村庄始建于明、清年间，是古建筑现存状态较好的中国传统村落

山水秀丽，古建筑群保护较完好的田园古韵风貌

与金口古镇共同见证胶东半岛港口文化史、明朝人口迁移史

民生概况

村域经济

村名	户数	人数（人）	劳动力（人）	耕地面积（亩）	粮食总产量（t）	农业总产值（万元）	人均收入（元/人）
凤凰村	210 户（宅基地 267 户）	610	310	1249.0（农户耕地）	626.0	137.0	8000.0

农户经济收入调查

农户收入构成	年龄	收入
外出务工	25 ~ 35 岁	2.5 万 /（人·年）
	35 ~ 45 岁	3.0 万 /（人·年）
	45 ~ 55 岁	2.0 万 /（人·年）

农作物种植调查

农作物种类	以小麦、玉米为主，并种植花生、地瓜
种植规模	耕地 1249 亩，其中水浇地 356 亩；旱地 893 亩
总产值	137 万元

公共设施服务系统

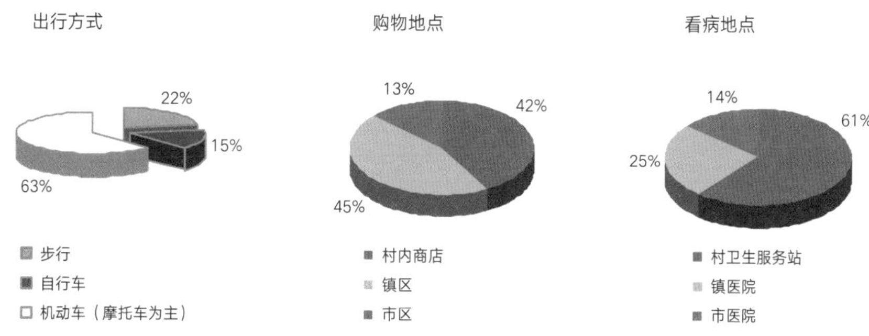

公共服务设施		
名称	用地面积	建筑面积
村委会（包括图书室、活动室）	1580m²	380m²
卫生服务站（私人诊所）	171m²	90m²
老年活动中心	55m²	55m²
健身活动广场	850m²	850m²
商店	95m²	95m²
幼儿园	252m²	95m²

出行方式

购物地点

看病地点

22%
15%
63%

■ 步行
■ 自行车
□ 机动车（摩托车为主）

13%
42%
45%

■ 村内商店
■ 镇区
■ 市区

14%
61%
25%

■ 村卫生服务站
■ 镇医院
■ 市医院

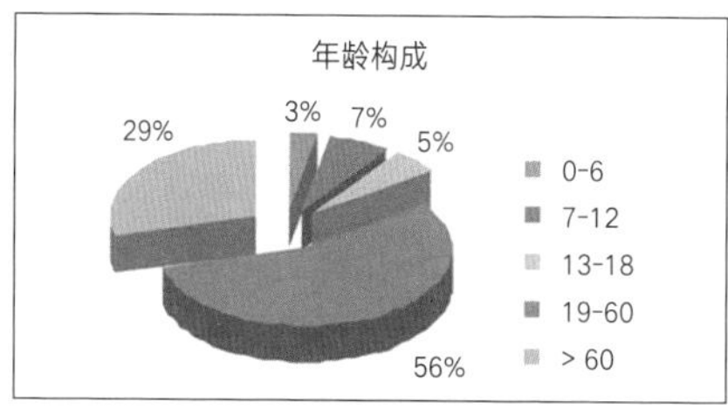

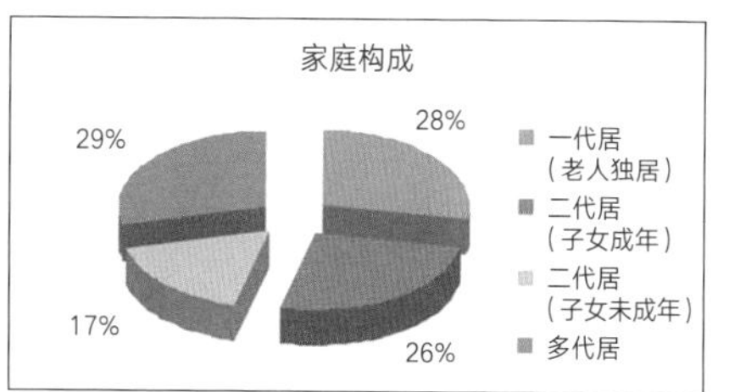

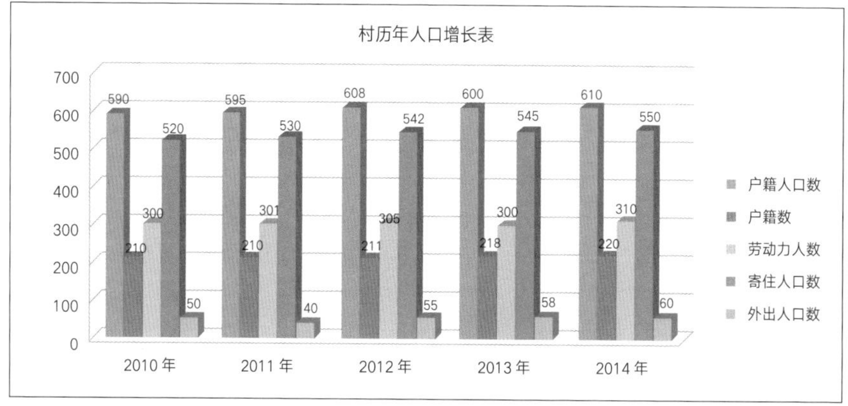

民生状态

年龄结构：人口老龄化严重，缺乏养老设施。

家庭收入：主要依靠外出打工家庭年收入在 2 万 ~ 6 万元之间，年收入 5 万元的家庭占约 60%。

住房面积：大多为 80 ~ 130m²，其中住宅面积 110m² 的住户约占 8%，宅基地面积为 160m²。

医疗卫生：村庄有私人诊所一处，村民主要于镇医院就医。

文化教育：缺少文化娱乐设施，村内设幼儿园一处，小学则就读于金口村，中学则至镇内就学。

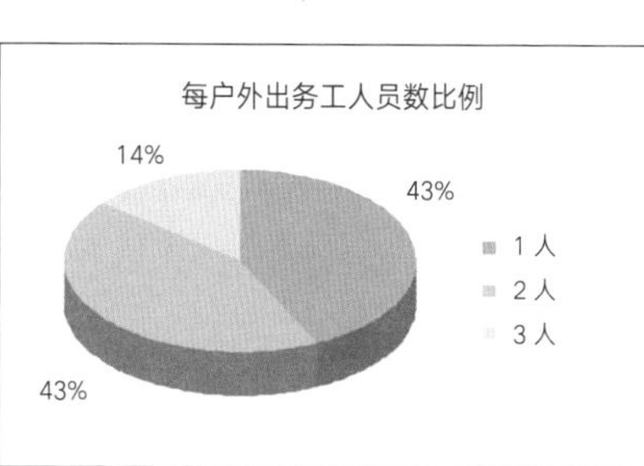

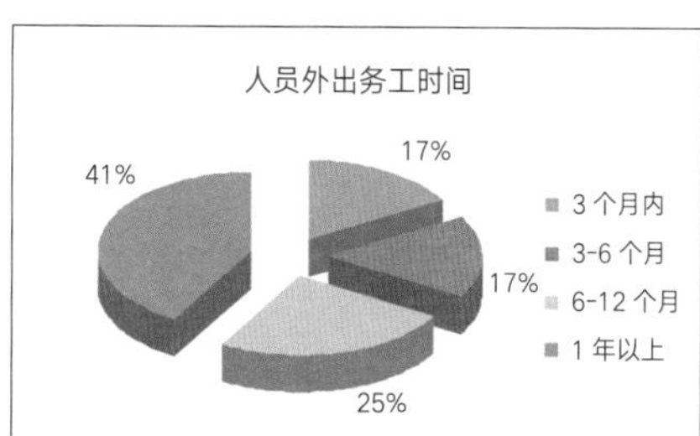

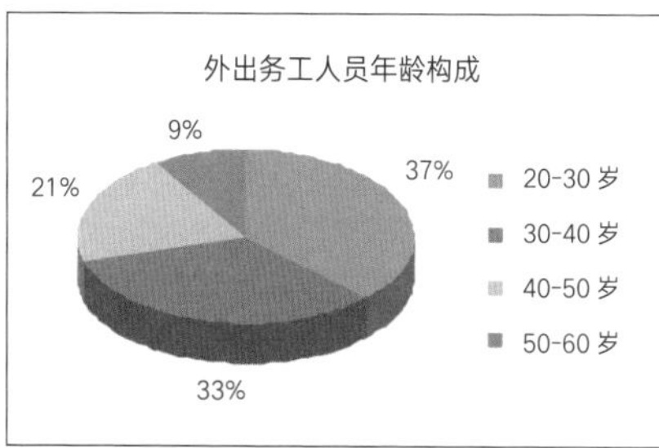

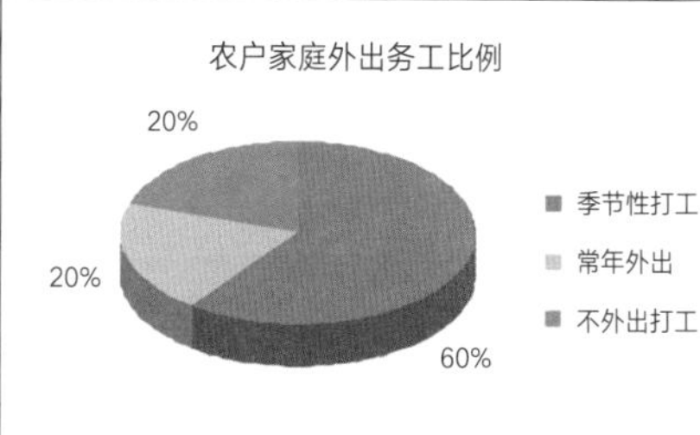

村域人口情况：根据 2010 ~ 2014 年统计资料分析，其自然增长基本保持零增长，村人口机械增长率也基本为零增长，村庄人口变化稳定。

历史变迁

明清立村时至 20 世纪 60 年代，村庄格局完整，民宅、道路、水原、牌坊、祠堂、庙、练武场、房氏墓地、魁星阁保护完好，房氏是村庄大姓、大户，房氏祖宅是村庄最具特色的建筑群。目前房屋空置率较高，整合利用发展旅游和建设社区中心。

至 20 世纪 70 ~ 80 年代，牌坊、祠堂、东庙、魁星阁拆除，风貌逐步多元化，新建、翻建开始出现红色瓦屋面，灰瓦、白墙、青砖风貌逐渐残失。

现状总体格局：村庄建设用地约 8.3hm²，传统风貌区与现代风貌区占地比重约为 1 : 1，加上传统风貌区原址翻建、加建严重，村庄风貌呈现多元化现象。

明清时代村庄现存状态

1. 牌坊、祠堂、东庙、魁星阁，被毁坏、拆除。

2. 因道路拓宽，拆除了沿街倒座（当地称倒房）。

3. 主要在 20 世纪 70 年代后，建筑维修、翻建时因缺少控制引导，建筑风貌开始改变，出现红色瓦屋面。

4. 因住房面积需求增大，院落加建严重，且为平屋顶形式。对群体建筑第五立面影响严重。

5. 2010 年，金口镇村庄风貌整治时，对沿街建筑进行外涂料粉刷，导致风貌破坏。

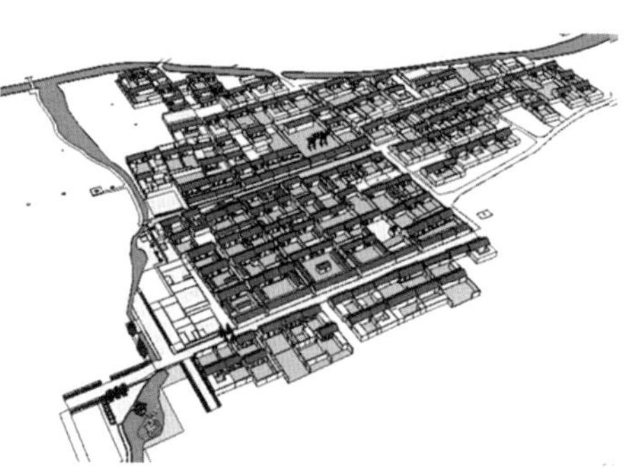

明清时期形态结构

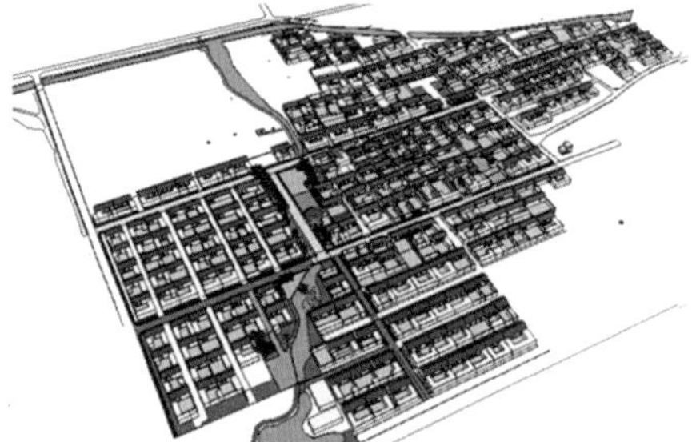

20 世纪 70 ~ 80 年代形态结构

2016 年形态结构

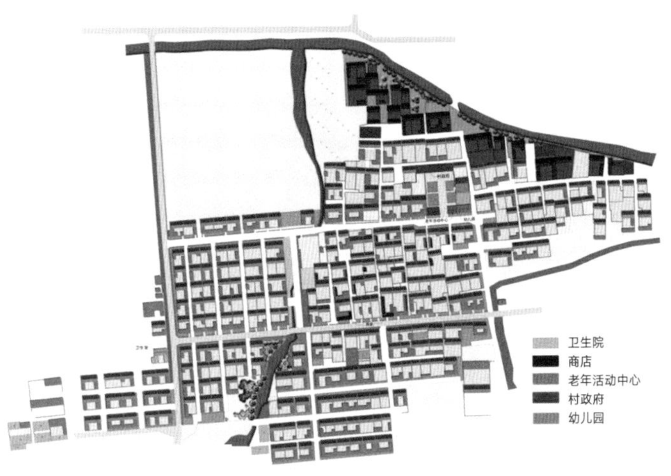

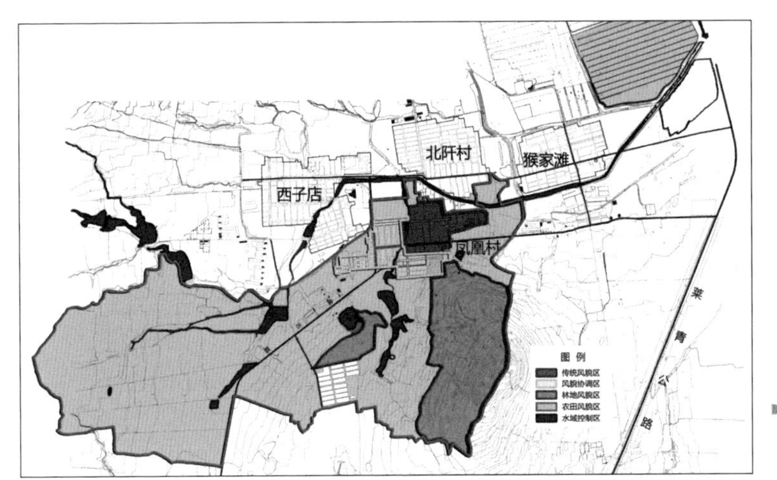

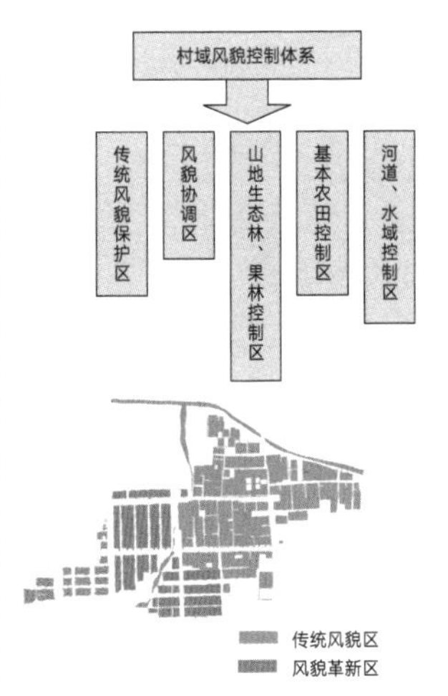

地域特色与农宅现状

农宅演变

明清时期建筑风貌

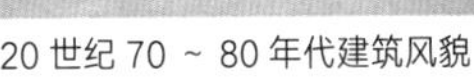

20 世纪 70 ~ 80 年代建筑风貌

2012 年建筑风貌

现状照片

造型与立面

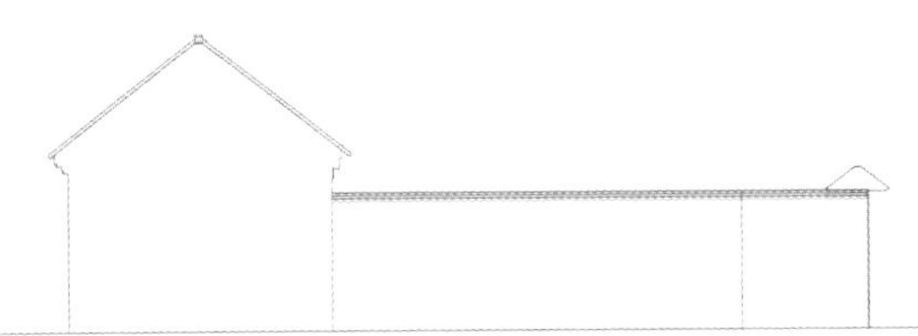

立面图

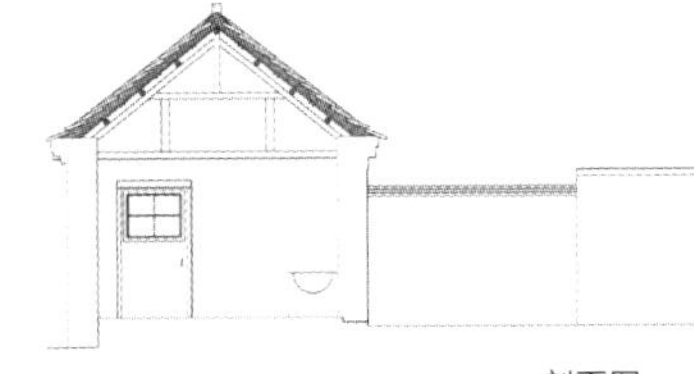

剖面图

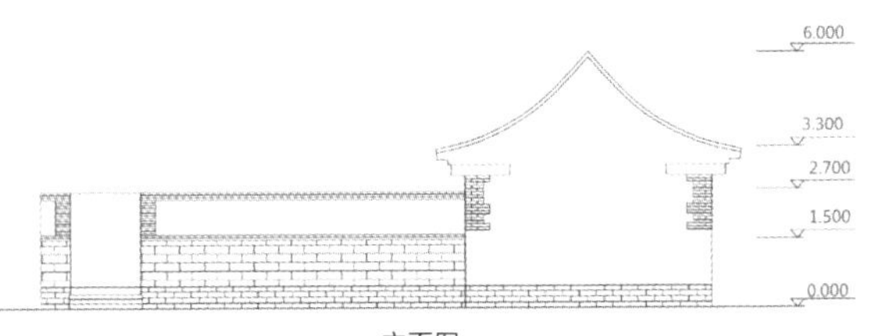

立面图

等坡屋顶——凤凰村内古建筑汇集了北方及福建故居建筑风格，建筑结构为木榫卯结构，屋顶一般有梁柱支撑。双坡的屋顶形式有利于排水，可以保护墙体不被浸湿，同时还具有一定的遮阳作用。

砖木材料——建筑材料主要为砖、石、木等，青石小巷、大木门、屋檐雕刻应有尽有。街巷宽阔整齐，古巷道墙壁皆是用石头堆砌而成。石头的表面都被工匠通过打磨处理的规则平滑，砌合严丝合缝。

院落空间布局

典型平面①

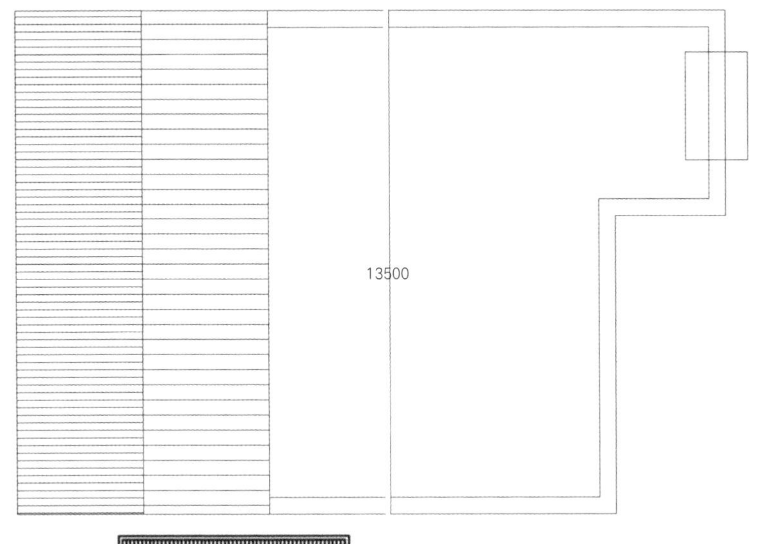

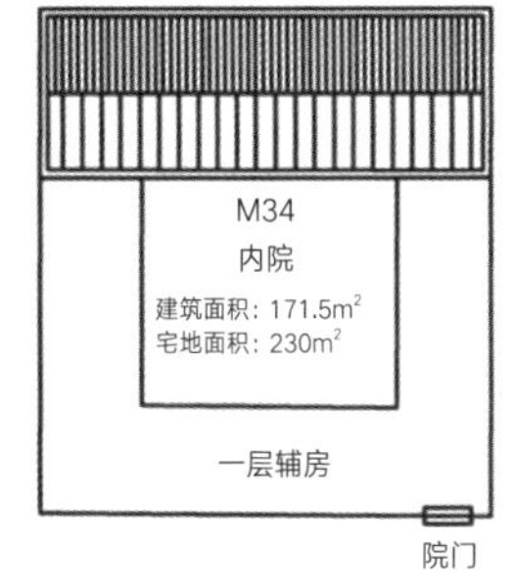

回字形平面

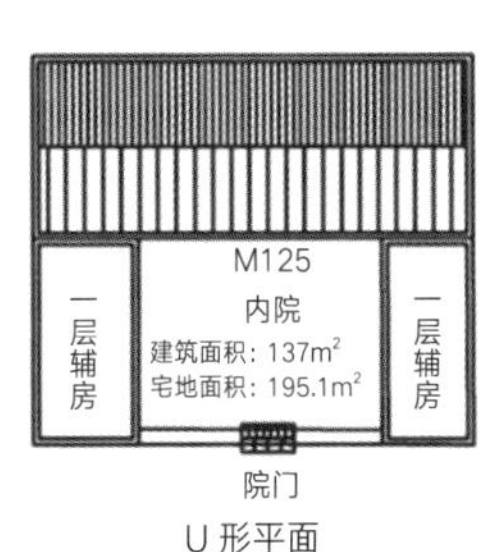

U 形平面

典型平面②

凤凰村传统院落格局由传统的“一”字形、“正房＋倒房”的格局逐步向“L”形、“U”字形、“回”字形演变，村民住宅面积需求在不断增加。主房多为坡屋顶形式，翻新、加建建筑辅房为平顶建筑，利于农户晾晒粮食。

建筑结构与构造

建筑结构是以木结构体系为主，以砖、瓦、灰、砂、石为辅助材料的独立建筑类型。

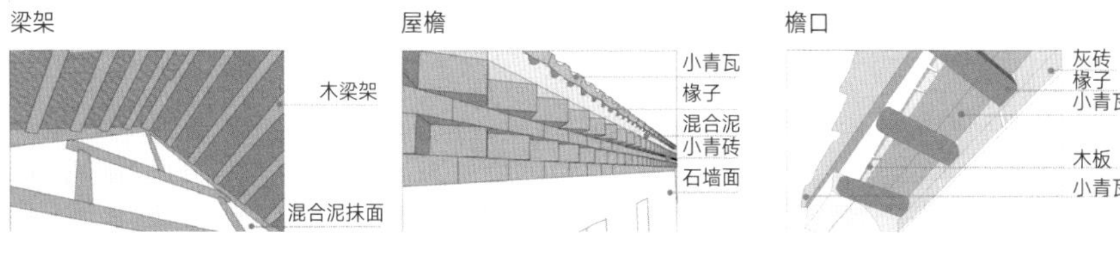

墙体

位置	院墙外侧	主屋山墙	主屋后墙	入户院墙
简图				

传统农宅存在的问题

● 抗震性能低
- 采用传统的砖混结构
- 基础与主体为刚性连接
- 屋顶与主体衔接不牢固

● 节能性能差，能耗大
- 没有考虑必要的保温
- 建造的墙体偏薄，保温差
- 热桥现象严重，能耗大

● 空间混乱杂糅，私密性差
- 房屋功能串联布置，利用率低，私密性差
- 没有必要的储物空间（如干货、农具）

● 灶台余热浪费，并污染环境
- 热量可以通过设施进行收集再利用
- 灶台浓烟污染居住环境

● 大多未设室内卫生间，生活不便
- 临时茅厕置于院内不便于使用
- 水管铺设长度加大，增加造价

● 燃料利用率低（薪柴、秸秆等）
- 传统的燃料随意放置浪费，未能加以再利用
- 可用于燃烧得热，或用于保温墙体材料制造

技术部分

建筑产业化

外立面及主体采用预制装配体系及标准构配件等技术手段，内装采用干式工法、工厂化通用部品部件等技术手段，大大缩短了生产工期，提高了生产效率。建筑产业化模式打破了传统建造方式受工程作业面和气候的影响，在工厂即可成批次地重复制造。这其中主要体现为预制装配化、信息化系统、集成专项设计三项内容。

（1）预制装配式。本设计采用集成板桁架式结构，将用冷弯薄壁型钢制作的杆件变为桁架形式组合形成方形框架，每个独立的框架都有稳定良好的力学性能，再使用内外围护保温结构贴合形成“三明治”一样的集成体块，运送至现场后只采用整体吊装或锚固安装即可，模块化程度高，现场作业方便。

预制装配化施工现场

（2）信息化系统。搭建 BIM 建筑信息模型，即在规划设计、建造施工、运维过程的整个或者某个阶段中，应用

3D 或 4D 信息技术，对建筑的全生命周期进行系统设计、协同施工、虚拟建造、工程量计算、造价管理、设施运行的技术和管理手段。在设计层面全专业采用 BIM 建模，全方位展现建筑的各项信息，为项目在全生命周期的运行提供基本的数据支持。在施工层面装配式构件的施工安装模拟起到指导施工、减少返工、控制施工进度等作用。在后期运维层面房屋构件信息都在 BIM 信息模型中，如果有损毁，可通过模型信息追查相关的型号、厂家等信息，便于维修和维护。

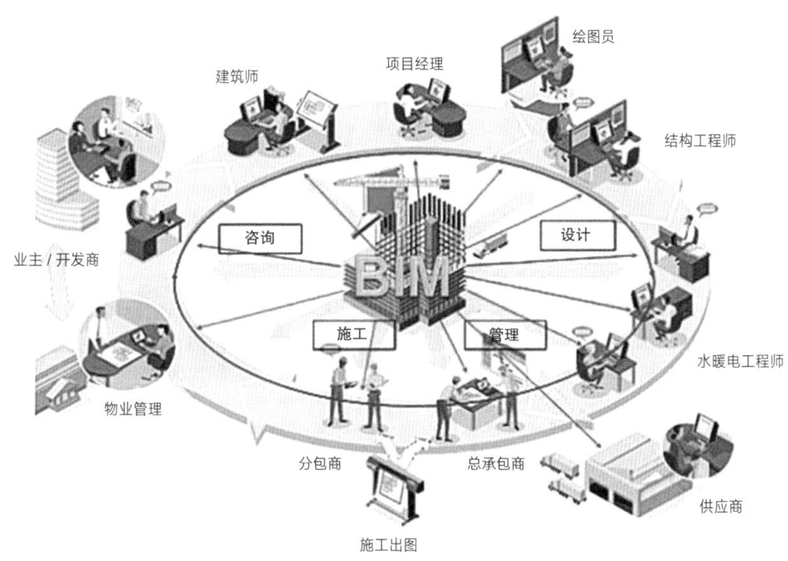

BIM 工程行业的应用阶段流程图

(3) 集成专项设计。在集成专项设计方面主要采用了整体厨房和整体卫浴。整体厨房实现了厨房系统的整体配置、整体设计、整体施工装修。将橱柜、厨具和各种厨用家电按其形状、尺寸及使用要求进行合理布局，实现厨房用具一体化。根据厨房金三角定律，推敲后得出的操作台布置使用更高效；同时经过市场调研，充分考虑中国消费人群的生活习惯，增加了橱柜的阻尼门、升降拉篮、超大水槽等人性化设计。整体卫浴的所有部件都是在工厂预制完成，标准化生产，速度快且品质稳定可靠。浴室主体一次性模压成型，密度大，强度高，重量轻但坚固耐用，底部防水盆加地板防水层形成双层防漏保险，杜绝了渗水、漏水的质量通病。同时，整体卫浴用简易快捷的装配方式，替代了传统的泥瓦匠现场铺贴方式，无噪声、无施工垃圾；安装迅速，两个工人 4h 即可装配完成一套整体浴室，大大缩短了工期，节约了劳动力成本。除此之外，整体卫浴采取的自闭式地漏彻底杜绝了下水反臭，避免卫生间的空气污染，同时地漏设置在淋浴区，减少了干湖的机会。

厨房用具一体化

整体卫浴

建筑长寿化

建筑长寿化的基础是结构支撑体的高耐久性和长寿化，由于建筑内填充体的寿命无法与结构主体同步，传统住宅随着时间的累积，内填充的装饰、管线部分逐渐老化，必然面临更新检修的要求。因此设计强调采用 SI 住宅体系，实现支撑体与填充体完全分离、共用部分与私有部分区分明确，有利于使用中的更新和维护，实现 100 年的安全、可变、耐用。这其中主要体现为结构耐久性、SI 体系、设备集成、空间可变四项内容。

(1) 结构耐久性。项目结构耐久性按照 100 年使用寿命进行设计。本工程采用风荷载 100 年基本风压 0.45kN/m^2；而一般工程采用 50 年一遇风压 0.3kN/m^2，提高了 50%。同时按 100 年使用年限设计，楼面屋面活荷载设计使用年限调整系数为 1.1。同时优选优质高镀锌钢材，防腐性能卓越，保证轻钢结构使用年限 100 年。

(2) SI 体系。SI 体系强调管线分离技术，即管线不在结构体内预埋，除去了开槽砸墙之苦，有效保护建筑结构。室内完成体六面架空，由轻钢龙骨隔墙、轻钢龙骨吊顶等构成建筑内空间，实现干法施工，并且采用同层排水、分水器应用等手段，使内填充体的检修和更换变得简单，同时保证内填充体的施工改造不影响结构支撑体的使用寿命和安全性。

(3) 设备集成。住宅主体内利用多种技术，例如除霾新风，将室外空气经风处理机的吸引进入风柜，并经过 PM2.5 吸附过滤降温除湿后由风道送入每个房间；地暖，使室内地表温度均匀，室温由下而上逐渐递减，给人以脚温头凉的良好感觉；中央空调，温度精确分控无死角；还有净水软水处理等，为住宅提供一个更健康舒适的生活环境。

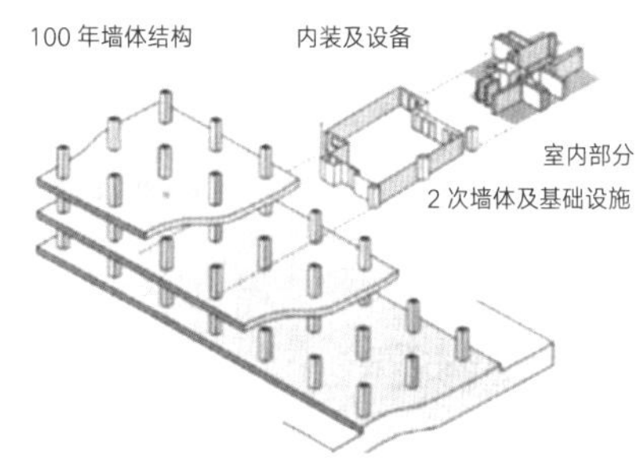

(4) 空间可变。空间可变主要解决的是功能长寿命的问题，从技术的前置手段满足不同功能对空间的要求。

首先，承重墙体均沿套型外侧布置。除卫生间等固定使用空间外，在保证结构经济合理的前提下，居室空间无结构竖向构件，空间可灵活分隔。

其次，采用大板结构体系，内部无梁无竖向构件，具有经济、快速、易于安装和设计灵活多样的特点。

最后，最大化管线出户，将竖向水管井与排风井合并且集中考虑，原则为布置在结构不可动区域或功能空间以外区域，方便检修，增加空间完整性及灵活性。

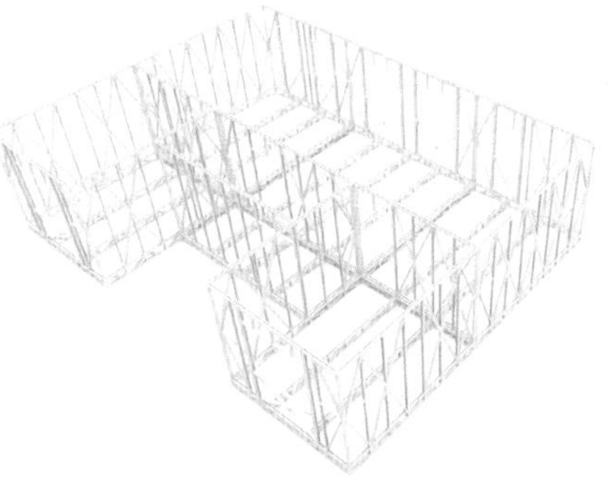

品质优良化

强调对综合性玄关、全屋收纳等进行人性化设计，同时采用环保内装、新风系统、地暖、整体卫浴等产业化新技术，有效提高农宅性能质量，提升农宅品质。这其中主要体现功能家居空间、全屋收纳、智能化系统、人性化部品四项内容。

(1) 功能家居。功能家居主要以综合性玄关等设计为主。通过对使用功能的仔细推敲和空间的合理规划进一步提升使用者的舒适感受。

（2）全屋收纳。七大收纳体系基本做到了每个空间都有独立的收纳系统，入户玄关收纳、厨房收纳、卫浴收纳、独立储藏间收纳、卧室收纳等。最大限度地活用每一寸空间，实现了套内超大收纳量，满足家庭收纳需求。

（3）适老化部品系统。项目适老化部品集成技术解决方案通过整合现有适老化技术，在部品集成技术体系下全面提高居住性能。项目针对公共租赁住房，进行相应的适老化通用设计，运用适老化集成技术，配置适宜的适老化部品，形成整套系统化、完整的适老化技术解决方案。

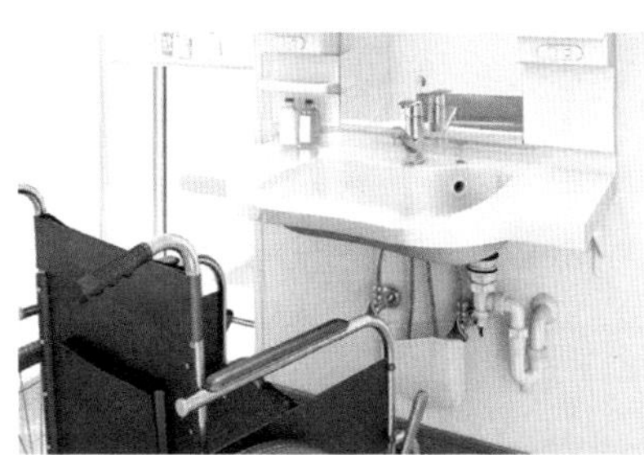

（4）绿色低碳化。本设计采用配备秸秆保温模块的集成墙板与Low-E中空双层窗，节约空调能耗。同时采用干式工法，主体结构及外墙采用装配式，减少工地扬尘、噪声污染；内装采用架空地板、轻质隔墙、整体卫浴，减少现场湿作业。综合实现节水、节地、节能、节材，达到绿色低碳化。

村域风貌体系

平面设计理念

平面标准化

标准单元尺寸的确定原则：

（1）符合模数网格的统一协调；

（2）标准单元用于不同功能时应符合国家规定的面积标准；

（3）满足大部分家庭使用要求，符合人体工程学原理；

（4）便于各个标准单元间建立灵活的组合，各标准单元的尺寸之间具有相关性，还应考虑面积相似单元尺寸统一的可能性。

起居室

农宅起居室现状图

+

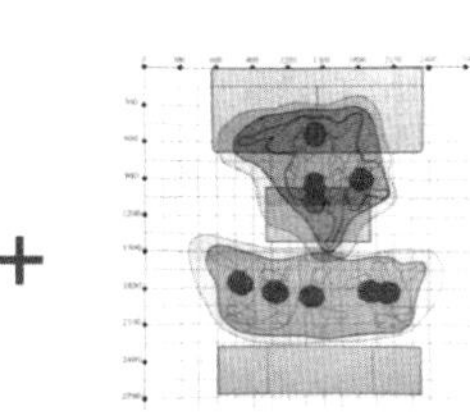
起居室空间行为示意图

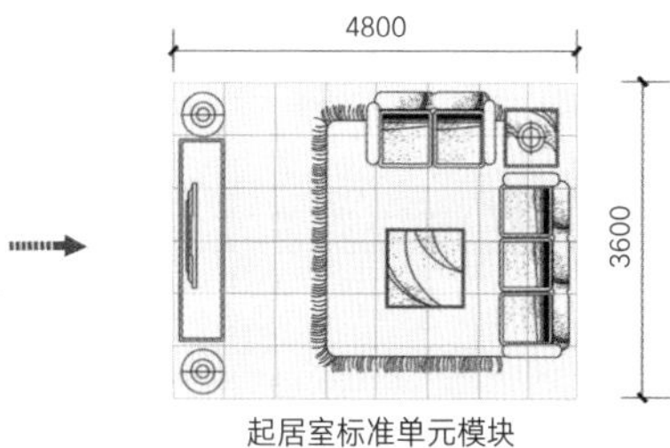

起居室标准单元模块

起居室是农村生活的中心空间，集家庭聚会、礼仪性空间等功能于一体，北方农村家庭希望拥有大开间起居室，同时又要避免因空间尺度过大造成空间浪费。设计过程中充分考虑传统农宅对起居室的使用要求和人体功程学等原则，设计4800×3600标准起居室单元模块。

卧室

农宅卧室现状图

+

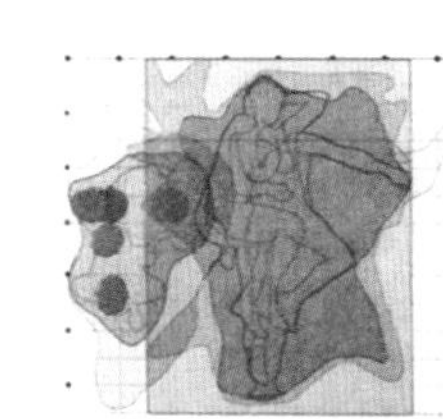
卧室空间行为示意图

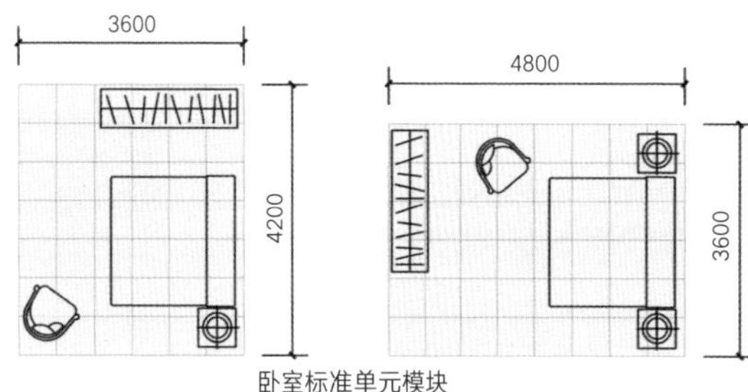

卧室标准单元模块

农村卧室具有一定的起居室的功能，面积比城市的稍大，但面积过大会造成一定的浪费，且年轻人的交往范围逐渐拓宽，使用卧室的频率越来越低，卧室按照标准模块化设计为3600×4200、3600×4800两种尺寸。

阳光房

农宅阳光房现状图

+

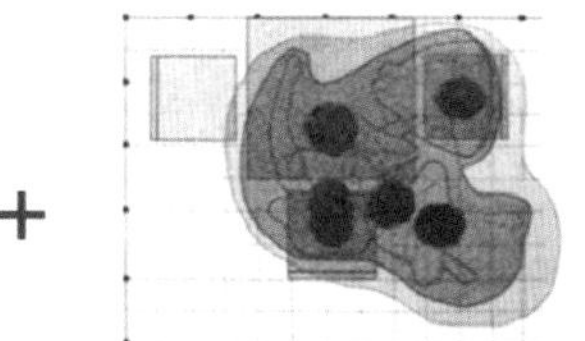
农宅空间行为示意图

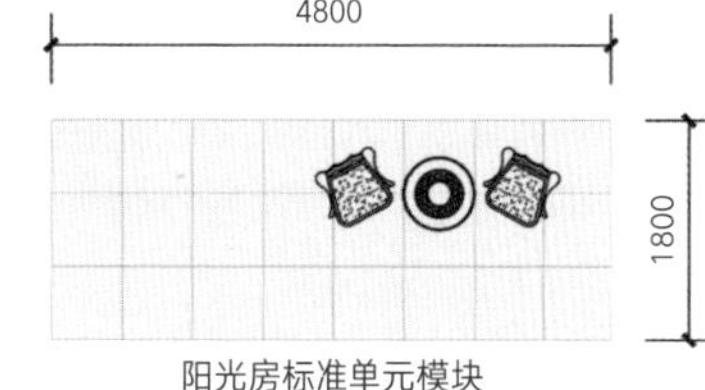

阳光房标准单元模块

传统农宅的阳光房多以庭院封顶的形式存在，空间布置较为杂乱，失去阳光房可供休闲娱乐的空间价值，但阳光房对于农民冬季在此享受阳光以及夏季纳凉的意义较大，为提升农宅的使用品质以及与其他模块可拼和人体工程学的设计依据，形成1800×4800的阳光房标准单元模块。

餐厅

农宅餐厅现状  + 餐厅空间行为示意图

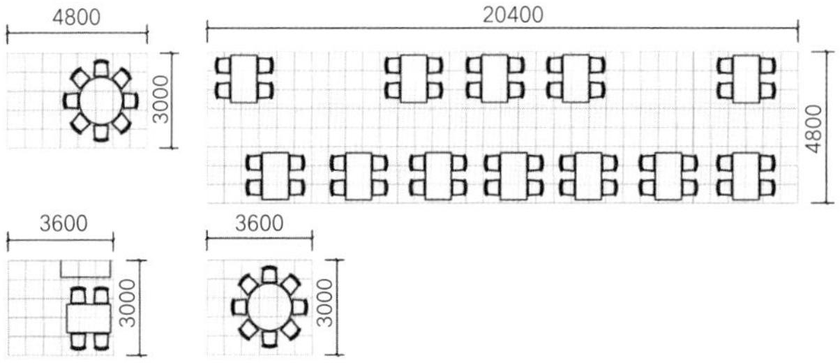

4800 3000 20400 4800 3600 3000 3600 3000

餐厅标准单元模块

随着农村家庭对居住要求的提高，在新建农宅中需将餐厅空间加以重视，餐厅空间多为弹性空间，考虑到可拼和与家庭就餐人数相匹配的原则，设计 4800×3000、3600×3000，两种尺寸以及 20400×4800 经营户的模块化餐厅尺寸。

卫生间

农宅卫生间现状  + 卫生间空间行为示意图

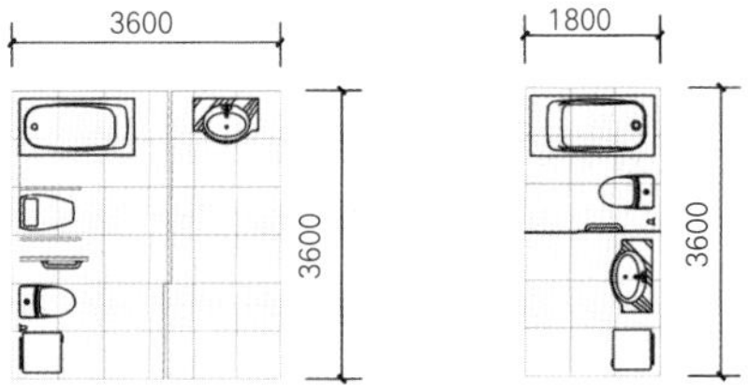

3600 3600 1800 3600

卫生间标准单元模块

传统农宅卫生间内设施较多，空间比例失调，或局促或空旷，洗衣机的位置也缺乏考虑。设计充分考虑以上因素，根据标准模块化和人体工程学的设计原则，设置 1800×3600 卫浴模块，其中洗手盆和洗衣机设于前室，采用干湿分离的方式，与洗浴、马桶空间分割。同时考虑到老人如厕、洗浴不便的情况，为此单独设置 3600×3600 卫浴模块，包括智能马桶、坐式淋浴器等人性化设计。

厨房

农宅厨房现状 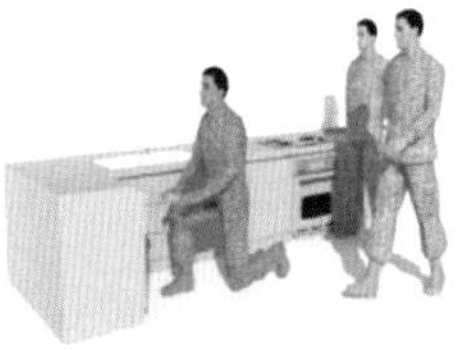 + 厨房空间行为示意图

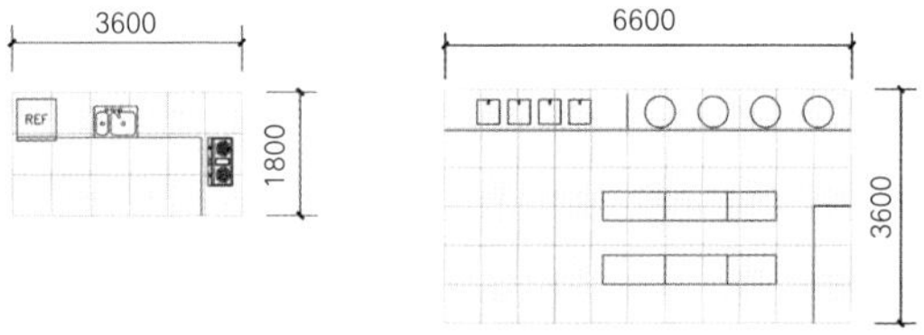

3600 1800 REF 6600 3600

厨房标准单元模块

传统农宅中厨房有小型化、流程趋近于城市化，采用封闭式厨房能隔绝油烟异味，便于厨具的整体管道排布，且有助于装配式农宅标准模块单元的设计和组合。为此设计 3600×1800 普通厨房模块、同时为开设农家乐或餐饮的农户提 6600×3600 厨房模块，便于为多人供餐。

玄关

农宅玄关现状

4800 1800

玄关标准单元模块

玄关作为庭院入户的第一个室内空间，起到室内外空间过渡、衣物收纳、缓冲室内外温差的作用。玄关空间内设计鞋柜和衣架用于衣物存放，进入玄关和起居室的故意错开设置，防止空气对流，起到保温隔热作用。根据单元模数化和人体工程学的原则，设计 1800×3600 玄关标准单元模块。

储藏间

农宅储藏间现状

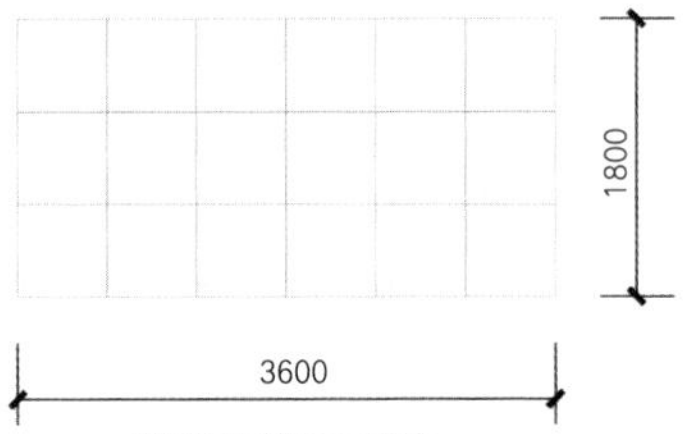

1800 3600

储藏间标准单元模块

储藏间是农宅中重要的功能空间。可用于收纳生活用品、废旧家具，农村从业结构的变化使得部分家庭不需要在农宅中储藏生产工具，因此储藏空间有变小的趋势，但也应满足日常生活用品收纳的需要。根据可拼和使用空间尺度合理化的原则，设计 1800×3600 储藏间标准单元模块。

楼梯间

农宅楼梯间现状

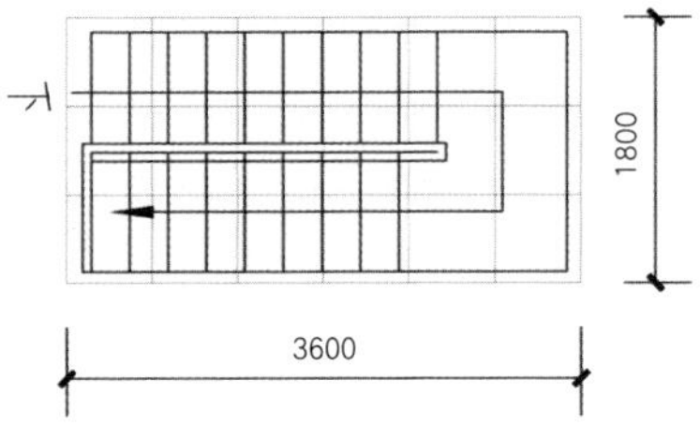

1800 3600

楼梯间标准单元模块

根据模块化设计原则，在家庭人口结构发生变化需要增设二层时，将原有储藏间改造为楼梯间，原有储藏间位于楼梯间底部。1800×3600 的标准单元模块尺寸符合楼梯间的空间使用要求。

主要材料标准化

(1) 主体结构材料。本设计采用镀锌冷弯薄壁型钢做主体结构建设用料，型钢材料选用Q235（碳素结构钢），具体规格为2mm"M"形截面杆件、2mm厚"C"形截面冷弯薄壁型钢、2mm厚上开口"O"形截面钢杆件、3mm厚压型冷弯薄壁型钢板、压型钢板与其他特殊冷弯薄壁型钢构件。

冷弯薄壁型钢

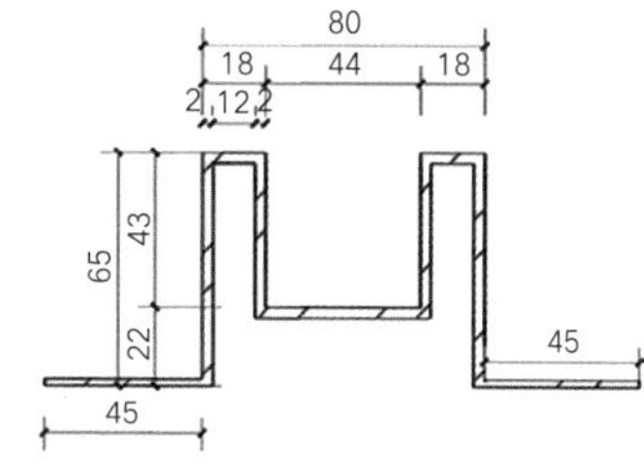

本结构所用"M"形钢截面样式

(2) 墙体材料

1) 保温材料：采用压缩秸秆保温模块作围护结构保温材料。压缩秸秆板可以作为保温隔热材料采用干挂法锚固于龙骨上或粘结在龙骨上，无需其他墙体结构材料，直接铺贴饰面。

2) 饰面材料：在饰面材料的选择上充分利用当地原材料，外墙采用淡黄涂料形式，使得住宅造型现代又不失传统，同时造价较低。内隔墙采用压缩秸秆结构板，秸秆板直接涂刷透明防水涂料，具有温馨自然的格调。

秸秆保温模块

墙面装饰涂料

(3) 屋面材料

1) 保温与支撑材料：由于屋面模块为现场拼装，采用干作业锚固的方式，因此材料上主要选用预制模块化"太空板"作为整体的屋面模块的支撑、承重、保温隔热、防水防火的主要板块。

2) 装饰材料：屋面饰面层采用彩钢沥青油毡瓦，经济美观，使用寿命长。

屋面瓦

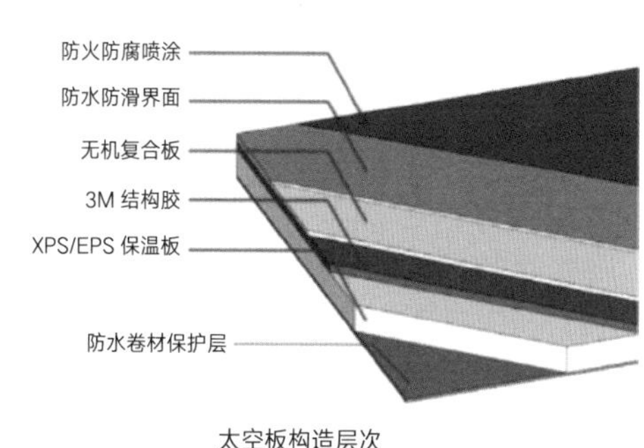

太空板构造层次

结构设计理念

设计时采用600mm为结构基本模数，将结构体系简化为标准柱、标准墙面板、标准地面板、标准坡面骨架、标准屋面板、标准连接件及其他加劲件六个基本构件单元，以此为基础分别建立适用于本农宅建筑的构件库。

现以多代之家为例对本结构体系进行阐述并建立标准构件库：

(1) 标准柱：由专用钢柱外包保护层构成，长度3000mm，内插通长方钢做承重加强构件。按照所处位置不同，立柱可分为阳角柱、外墙柱、阴角柱和内墙柱四种。

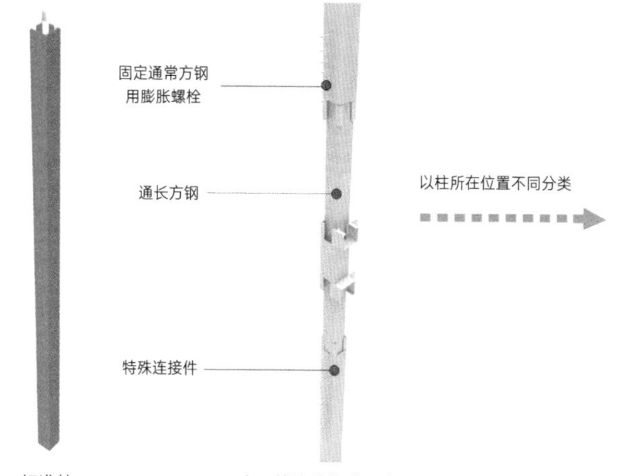

标准柱　上下柱连接构造示意图

阳角柱

外墙柱

阴角柱

内墙柱

(2) 标准墙面板：本标准墙面板为集成板模式，在工厂内将结构骨架和各类构造面层集合而成。支撑骨架由若干根"M"形截面和多根"C"形截面冷弯薄壁型钢杆件通过螺栓锚固形成。墙体构造层由室内饰面层、找平层、隔汽层、保温层、防水层与外饰面层等组成。

集成墙面板拼接构造示意

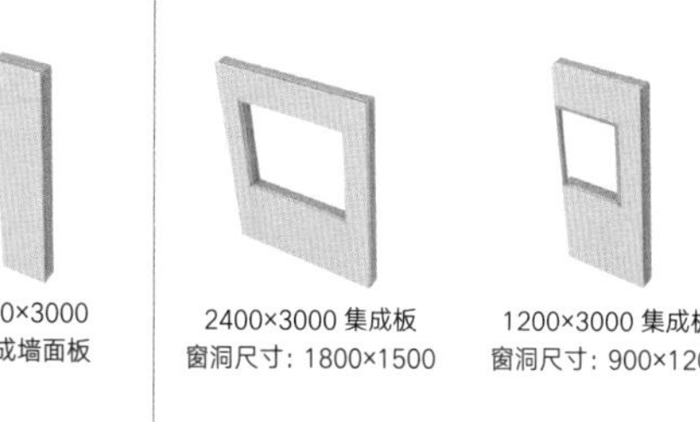
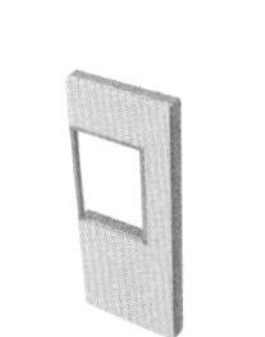
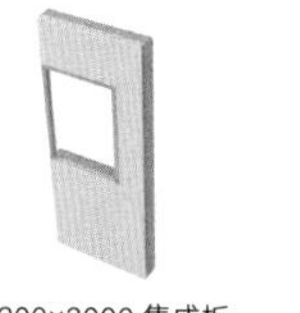

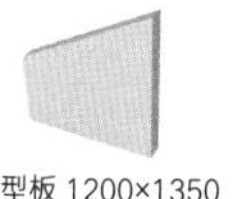

标准墙面集成板类型

（3）标准地面板：为集成板模式，支撑骨架主要由2mm厚“M”形截面杆件形成，同时该骨架可作为地面板桁架结构的主梁，在集成板边缘形成卡接凹槽，使得地面板与墙面板互相可以采用特殊的构件连接在一起，同时将方钢作为加强构件打入集成地面板与集成墙面板之间加强联系。支撑面板采用3mm厚压型冷弯薄壁型钢。

按楼层不同，集成板可分为三种模式：

1）首层地面板：位于首层的地面集成板的桁架边缘需采用2mm后的“C”形截面冷弯薄壁型钢，同时采用高强螺栓锚固于钢筋混凝土茎墙上。

2）中间层地面集成板：主要采用特殊构件形式锚固于下层集成墙板上端，并和标准柱结合打入方钢构件加强联系。

3）顶层地面板：顶层楼地面集成板。主要作为平屋面使用，在集成板屋面上钉接防水卷材铺面和找坡构造进行排水。

4800×3600 集成地面板

4800×4800 集成地面板

4200×3600 集成地面板

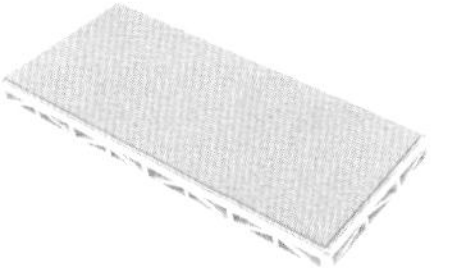

4800×1800 集成地面板

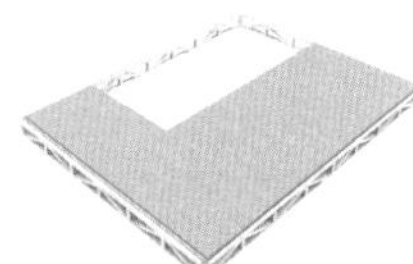

4800×3600 集成地面板

首层地面板与茎墙连接构造示意

（4）标准坡面骨架：坡屋架由三角形桁架形成，将屋架固定于密肋柱上形成结构整体性，同时采用“C”形钢轻钢屋面架在下面加装平吊顶为室内形成正方体造型。

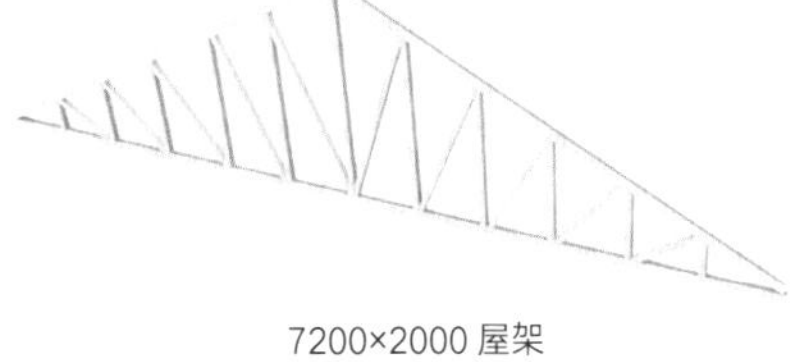

7200×2000 屋架

3600×1500 屋架

（5）标准屋面板：屋面板指预制模块化太空板，现场拼装锚固在三角形屋架和型钢脊檩结构上。板材长度为屋面宽度，板材宽度以600为基本模数。有2400与1200两种规格。

4400×2400 屋面板　　2800×1200 屋面板

（6）标准连接件：结构受力构件的连接采用自钻自攻螺钉和自攻螺钉，其中自钻自攻螺钉用于0.84mm以上的板材连接，自攻螺钉则用于壁厚较薄的钢板或纸面石膏板的连接。

生产与施工理念

本设计中主要建筑构件如各类型钢杆件，集成墙板，集成楼板等都是在工厂加工完成的。工厂按加工图纸对构件进行精确加工，流水化生产，生产误差可控制在1mm以内。

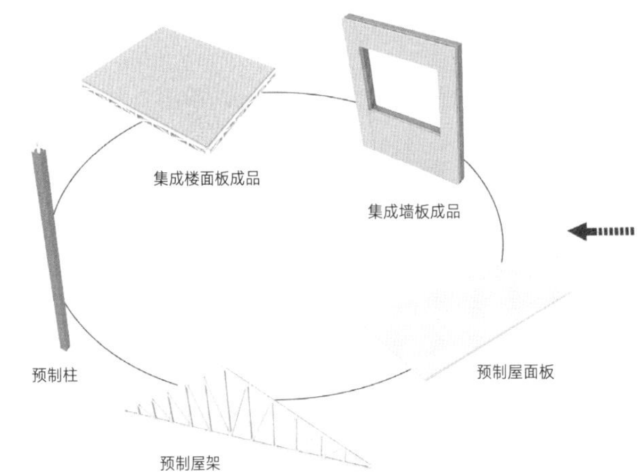

型钢杆件工厂化生产

集成板工厂化生产

本结构在工厂化高度实现的地域形成结构制造，运输到指定建造地点进行完全干作业锚固施工，除基础结构根据地方地质条件或其他需求可以进行现场湿作业浇筑外，其他结构部件均可实现无需焊接无需现场浇筑的简易施工，这样的房屋可将房屋建筑工厂化，大大缩短房屋的建设周期，减少施工现场环境污染，减少建筑材料消耗，节省施工人员用量，同时为了确保绿色、低碳、环保、节能、抗震型房屋建筑工程提供有力的保障。

现以多代之家为例介绍本结构的建造步骤：

（1）基础施工：采用工厂预制集成基础上安装预制条形框架茎墙或现场现浇条形基础通过余留钢筋安装预制条形框架茎墙，作为整个结构稳定的保证。茎墙的作用是把房屋整体结构和地面做出高差，并起到防止地面潮气和腐蚀因素侵蚀房屋。

（2）一层地面板安装：在茎墙上通过预制构造锚固集成地面板。

（3）一层立柱安装：在一层地面板上安装立柱，同时打入通长加强承重方钢构件。

（4）一层墙面板安装：在集成地面板上安装墙面板、墙板与楼板之间，墙板与墙板之间采用专用的连接件连接。

（5）二层地面板安装：在一层墙面板之上安装二层地面板，墙板与地面板之间采用专用连接件连接。

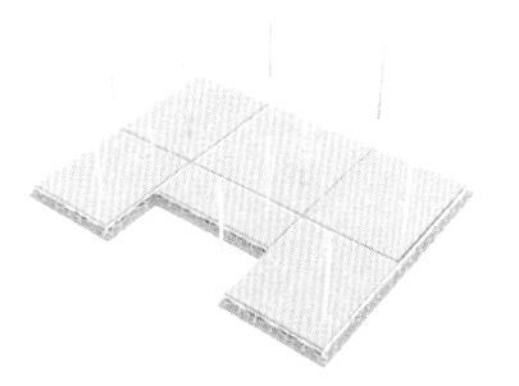

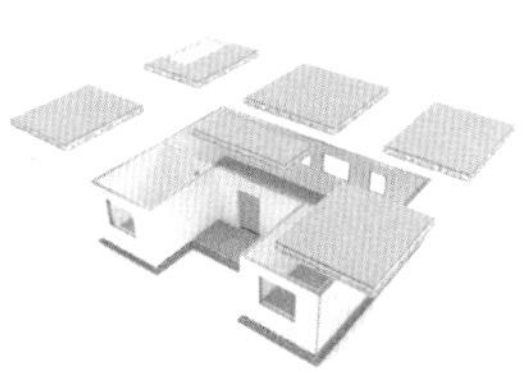

（6）二层立柱安装：在二层地面板之上安装立柱，同时打入通长加强方钢构件。

（7）二层墙面板安装：在二层地面板上安装墙面板，墙板与楼板之间，墙板与墙板之间采用专用的连接件连接。

（8）屋架安装：在二层墙板之上安装屋架，屋架与墙面板之间采用专用的连接件连接。

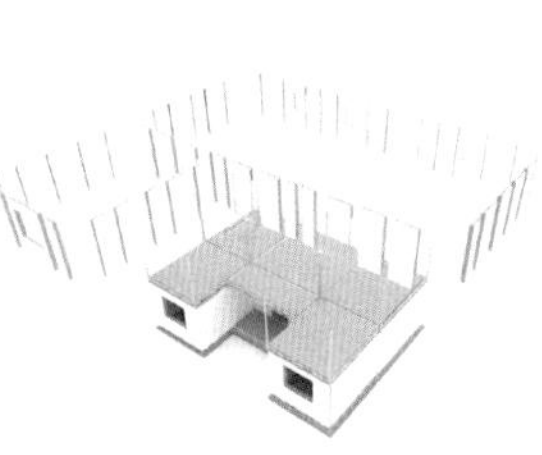

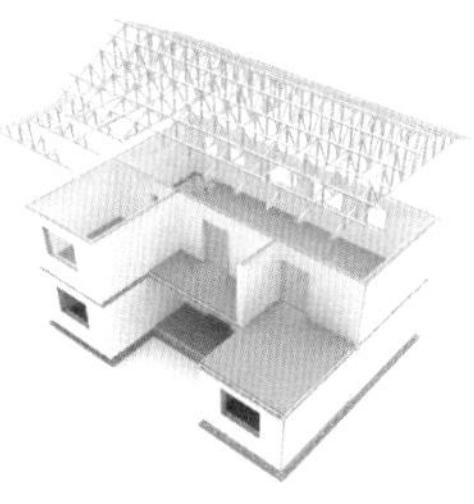

（9）异型板安装：在二层墙面板之上安装异型板，异型板与墙面板之间采用专用连接件连接。

（10）屋面板安装：在屋架之上安装屋面板，屋面板与墙面板之间用专用的连接件连接。

（11）节能门窗等安装：在预留洞口处安装节能门窗。

BIM 应用

装配式建筑核心是“集成”，BIM 方法是“集成”的主线。本设计采用 BIM 技术，串联起设计、生产、施工、装修和管理的全过程。

（1）BIM 与标准化设计：在设计过程中，在考虑农宅平面布局、面积尺寸、设备配套、整体厨房、整体卫浴的基础上，依据住宅使用者的实际需求建立该地区农宅建筑的 BIM 标准构件库，以“预制构件模型”的方式来进行系统集成和表达。

（2）BIM 与工厂化生产：通过 BIM 模型对建筑构件的信息化表达，构件加工图在 BIM 模型上直接完成和生成，这样能够更加紧密地实现与预制工厂的协同和对接。

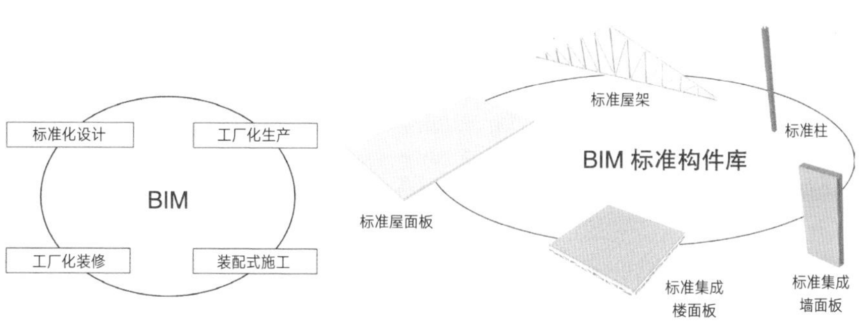

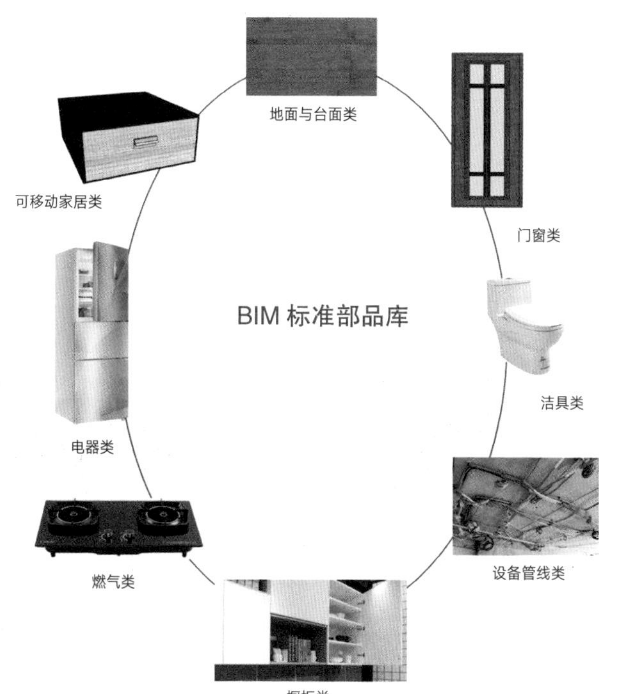

（3）BIM 与装配化施工：在施工时可将施工进度计划写入 BIM 信息模型，将空间信息与时间信息整合在一个可视的 4D 模型中，就可以直观、精确地反映整个建筑的施工过程。提前预知主要施工的控制方法、施工安排是否均衡，总体计划、场地布置是否合理，工序是否正确，并可以进行及时优化。

通过碰撞检测分析，可以对传统二维模式下不易察觉的“错漏碰缺”进行收集更正。如预制构件内部各组成部分的碰撞检测，地暖管与电器管线潜在的交错碰撞问题。

碰撞情况：回风风管与冷冻水管及桥架碰撞
解决方案：调高回风支管高度

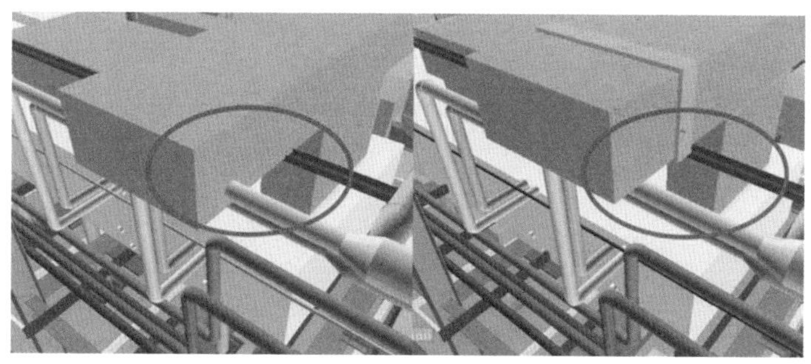

（4）BIM 与一体化装修：将装修阶段的标准化设计集成到方案设计阶段可以有效地对生产资源进行合理配置。通过可视化的便利进行室内渲染，可以保证室内的空间品质，同时整体卫浴等统一部品的 BIM 设计、模拟安装，可以实现设计优化、成本统计、安装指导。

绿色技术分析

（1）太阳高度角：利用 Ecotect analysis 对基地全年的太阳高度角进行分析，可以对建筑日照进行初步评估。

（2）大寒日全天太阳轨迹分析：利用 Ecotect 分析大寒日全天的太阳轨迹图，从早上 8 点到傍晚 17 点进行分析，可对周围建筑物光照的遮挡或周围环境对建筑或建筑的某一构件的遮挡关系与强度进行分析。

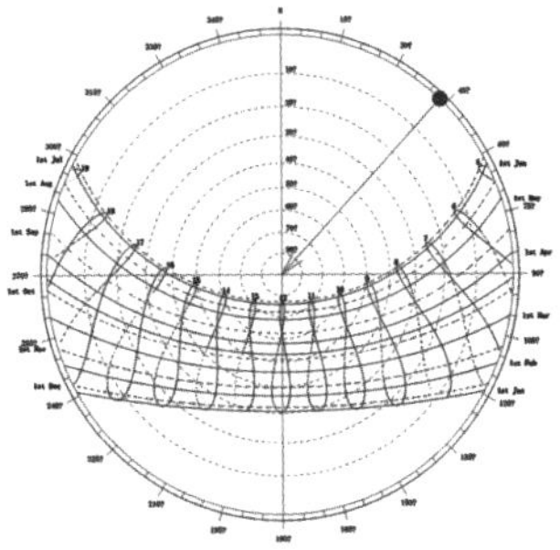

春分 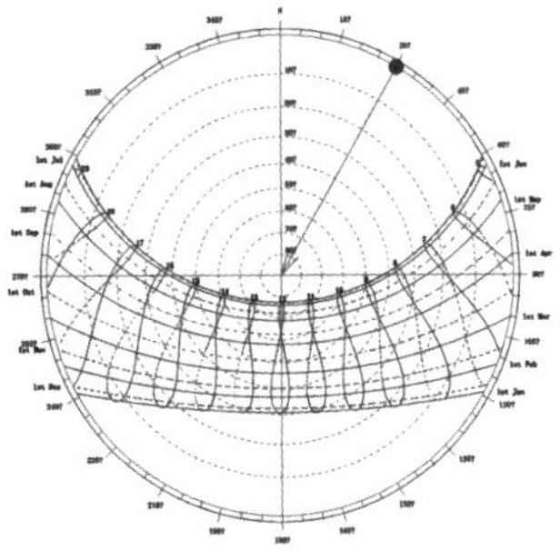　　夏至 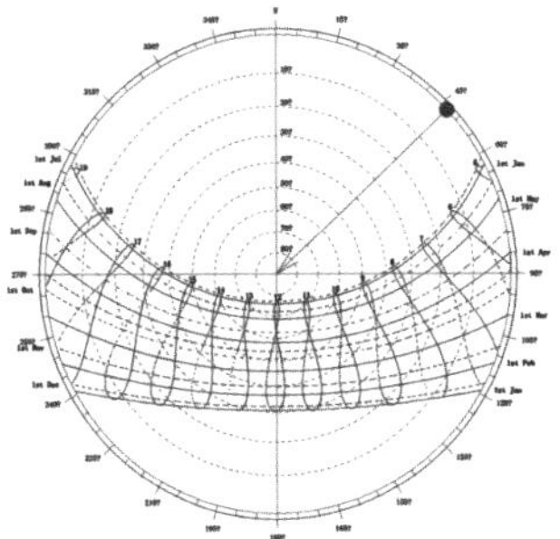　　秋分 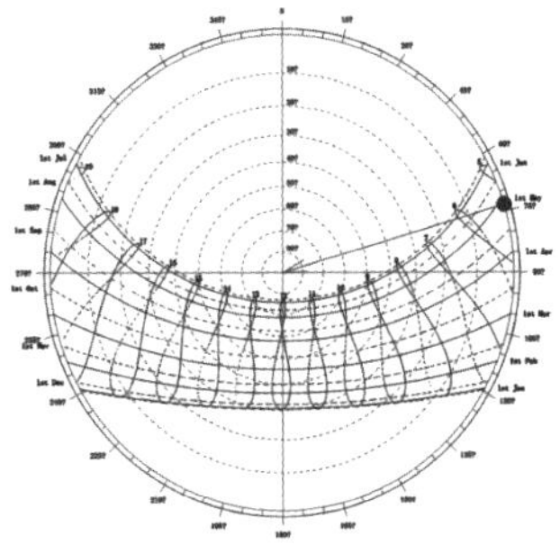　　冬至

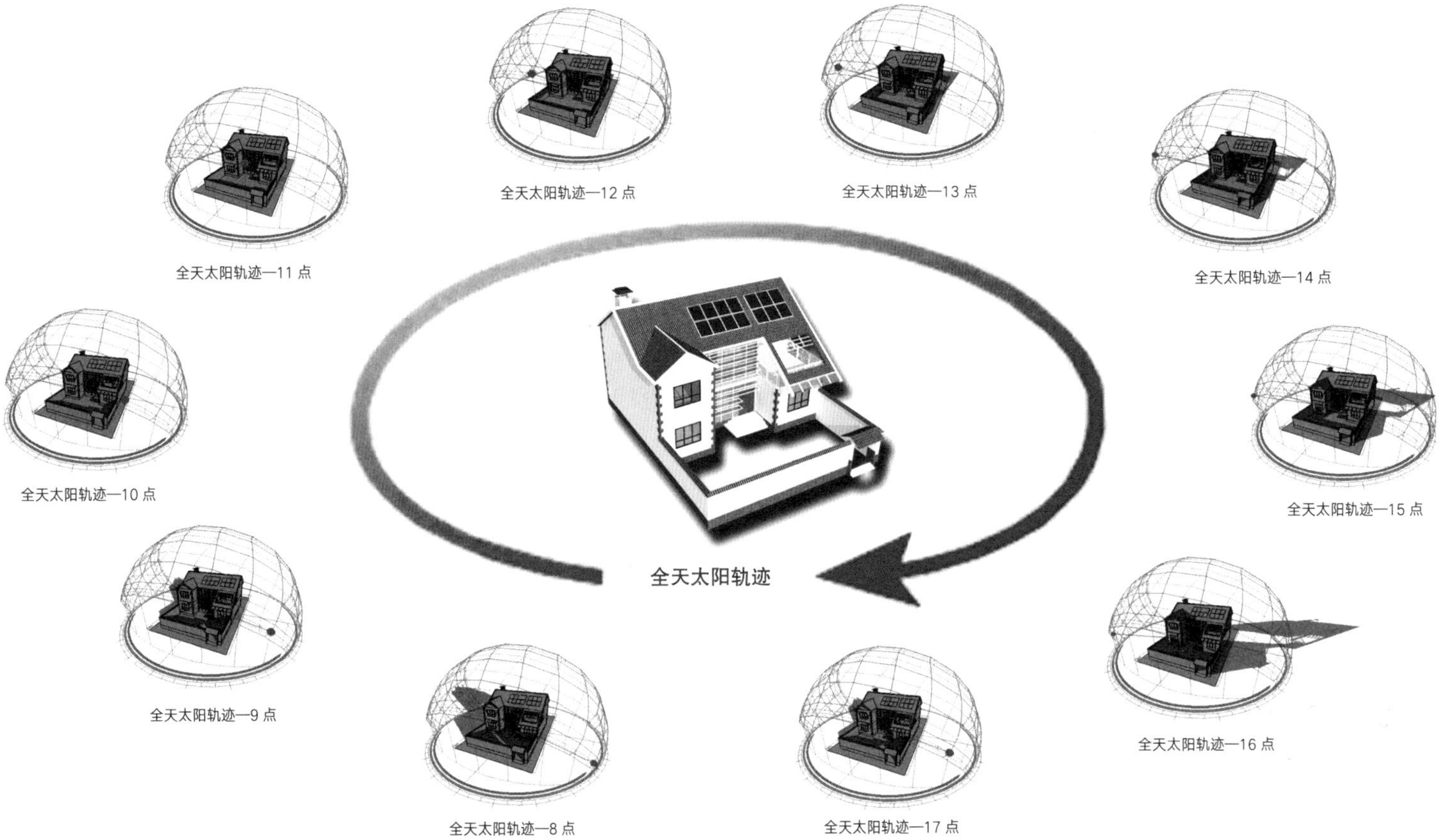

全天太阳轨迹—12 点

全天太阳轨迹—13 点

全天太阳轨迹—11 点

全天太阳轨迹—14 点

全天太阳轨迹—10 点

全天太阳轨迹—15 点

全天太阳轨迹

全天太阳轨迹—9 点

全天太阳轨迹—16 点

全天太阳轨迹—8 点

全天太阳轨迹—17 点

（3）平面类型：建筑平面类型大体分多代之家、三口之家、农户方案、经营户方案等类型，对此将重点以多代之家为类型分析采光系数。

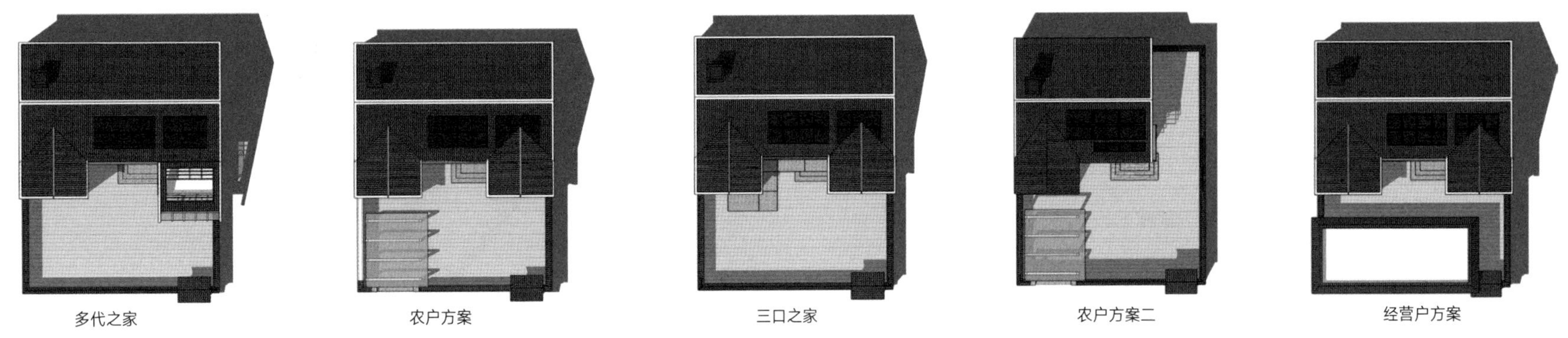

多代之家　　农户方案　　三口之家　　农户方案二　　经营户方案

（4）模拟计算建筑平面太阳辐射量

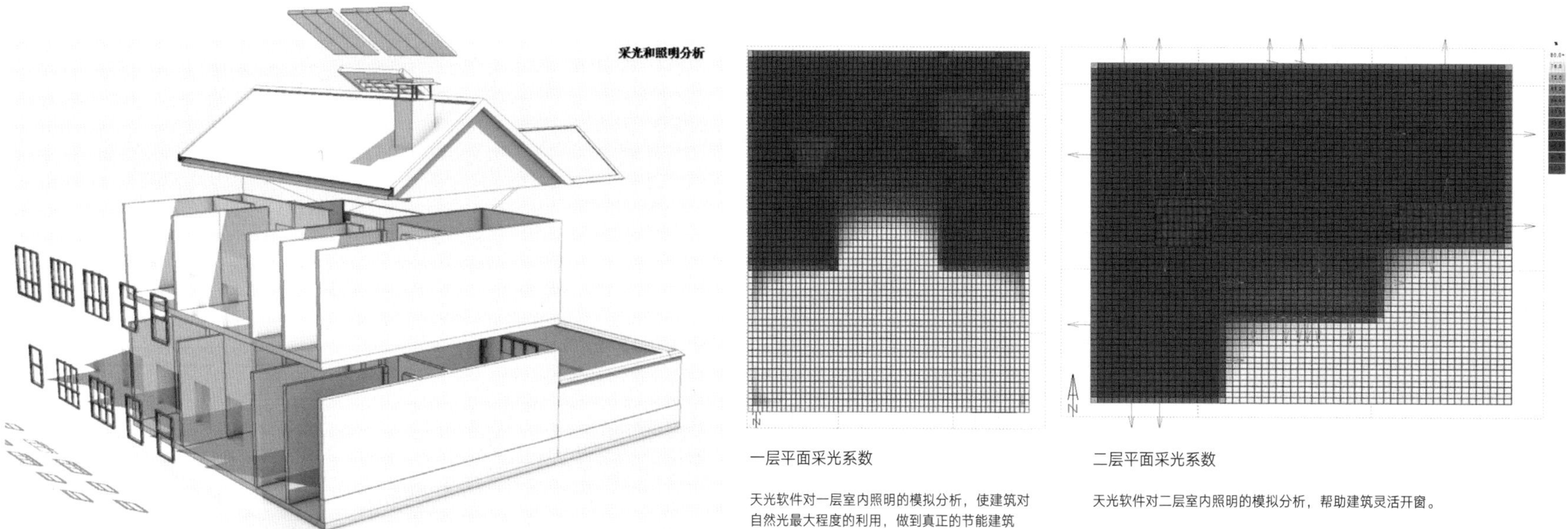

（5）综合环境分析：

（6）月风频分析：

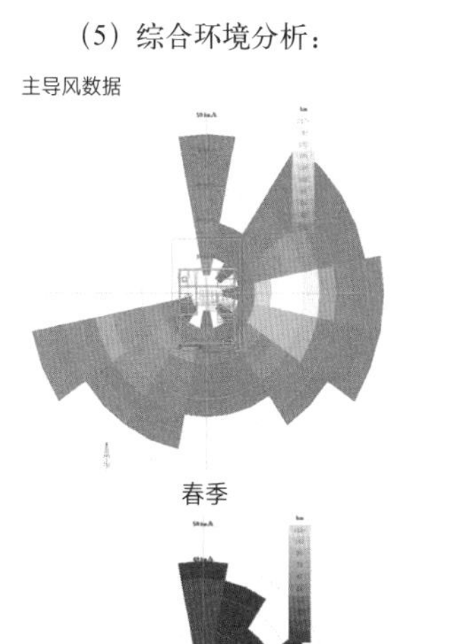

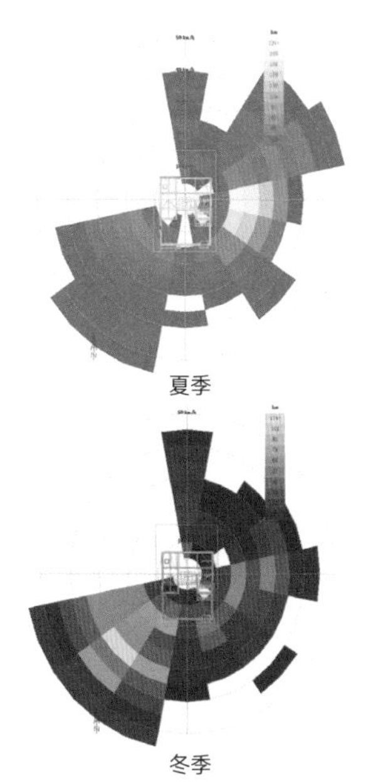

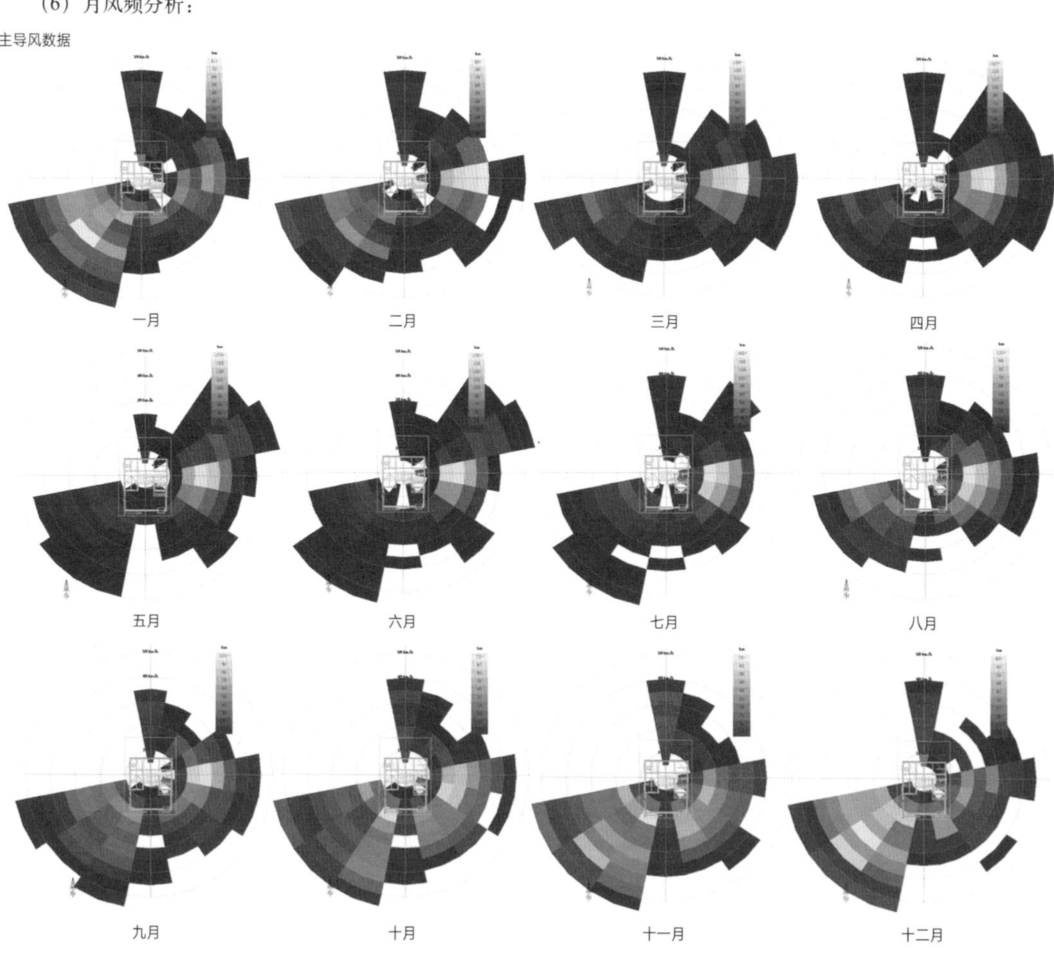

（7）青岛市风力分析：

青岛市有丰富的风资源，但分布不均匀，如何充分与合理利用风能，是青岛市一个新的绿色课题。据测定有效风能密度为 240.3W/m^2，有效风能年平均时间达 6485h。

（8）风环境模拟分析：

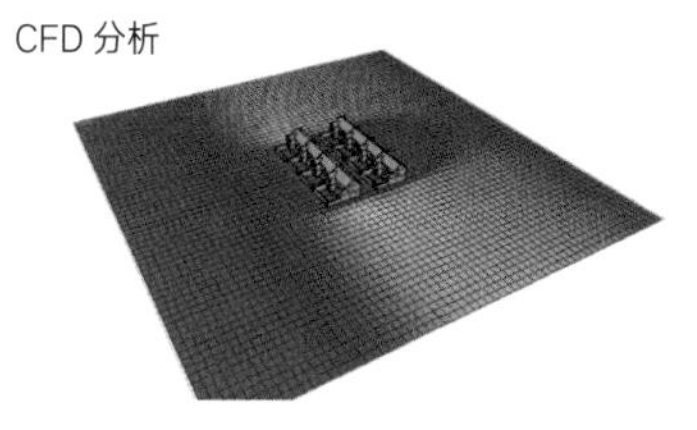

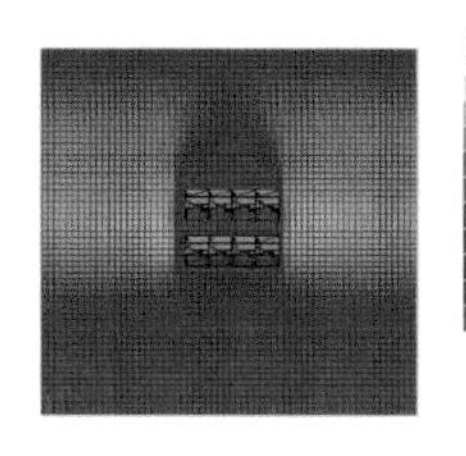

做图部分

总平面图

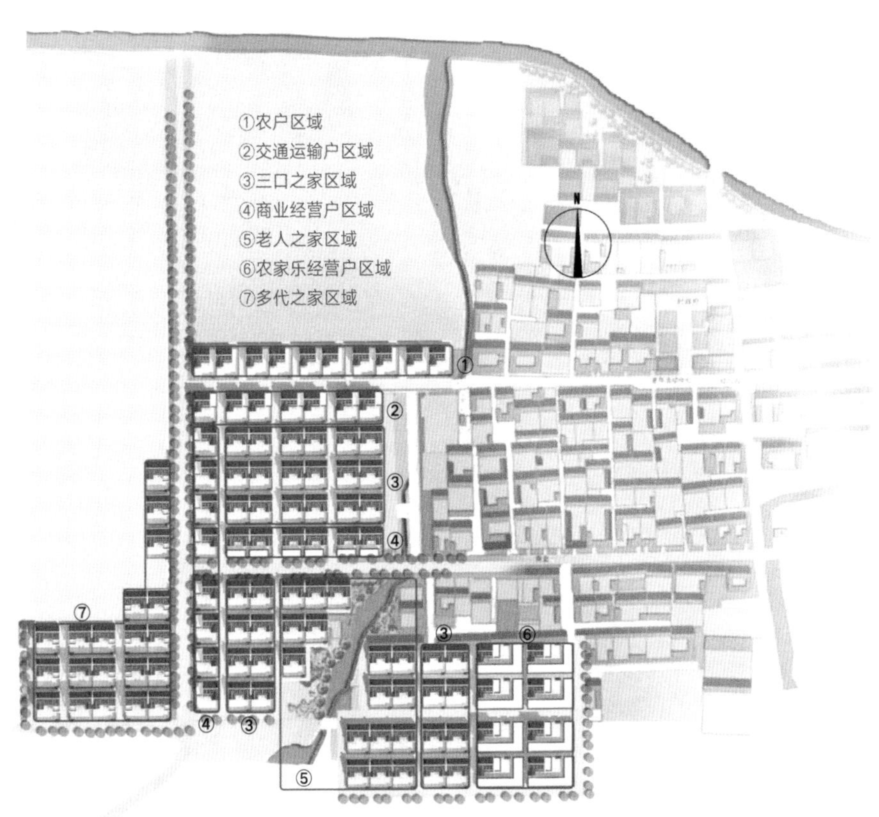

层数分析：新建建筑类型包括一层独栋建筑与二层独栋建筑，为了保证住宅及庭院的光照充足，二层建筑布置于用地北侧西侧及东侧边缘区域，一层建筑则布置于用地中心位置。

二层建筑
一层建筑

交通分析：用地内含有一条南北向主要道路以及两条东西向次要道路，农户、交通运输户、商业经营户均沿道路布置，交通便利提高生活便捷性。

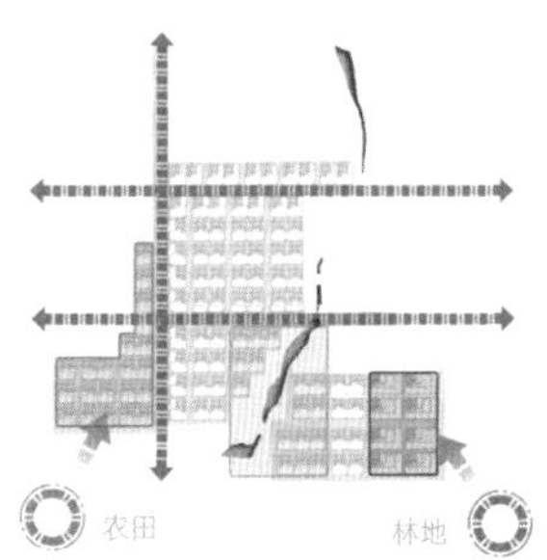

农户区域
交通运输户
商业经营户

环境分析：河道穿过场地，老人之家沿河道布置，改善老人宜居环境。场地东南侧为林地风貌区，故在场地东南角布置农家乐经营户。场地西南侧为农田风貌区，故在场地西南角布置多代之家，便于农耕。

农家乐经营户
多代之家
老人之家
农田
林地

单体建筑方案

农户方案 1

传统农户，除了居住功能，还需要考虑农具、生产资料和庄稼的存放。农户方案一除将生活用房以标准单元模块排布，呈三开间布置外，同时设置农机房模块，用作小型农业用车车库或农用工具的储藏室，与生活用房分开，减少干扰。

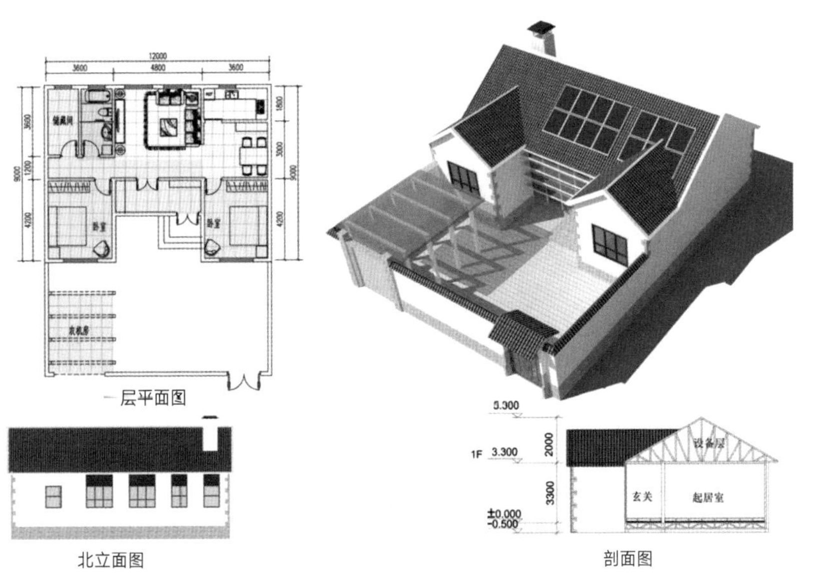

一层平面图

北立面图

剖面图

农户方案 2

由于部分农户对庭院有较大需求，以期用于农业生产，因此本方案在方案1的基础上缩短农宅的开间数，在宅基地的东北角增加一片生产区用于农业生产。同时将生活用房以标准单元模块排布，设置农机房模块，用作小型农业用车车库或农用工具的储藏室，与生活用房分开，减少干扰。

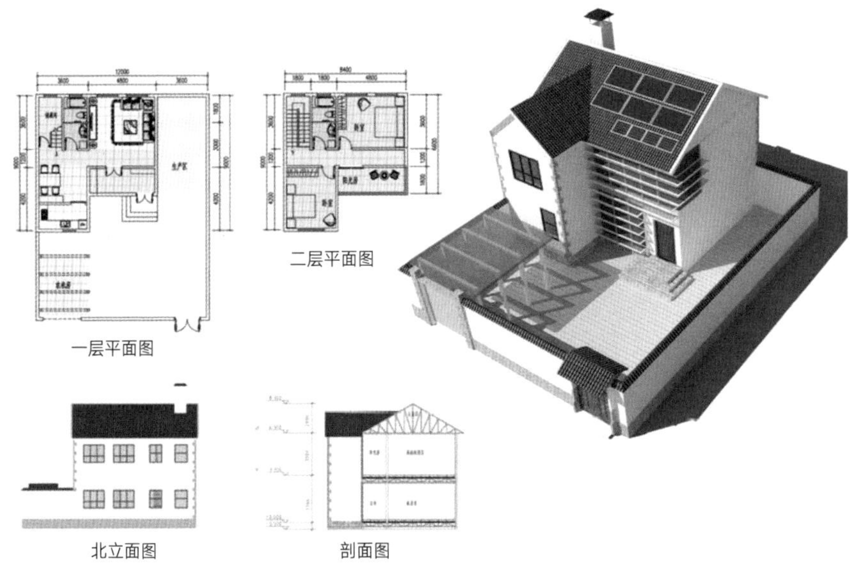

一层平面图

二层平面图

北立面图

剖面图

交通运输户方案

由于本村有少部分村民从事运输行业，因此交通运输户方案除将生活区采用标准单元模块排布外，另外设置车库模块用作平时小型货车存放，农宅呈三开间布置。生活用房采用上下两层设计，车库位于东侧区域，车库入口位于北侧，停车后直接入户，避免由院落开往车库增加停车流线，留出完整院落空间。

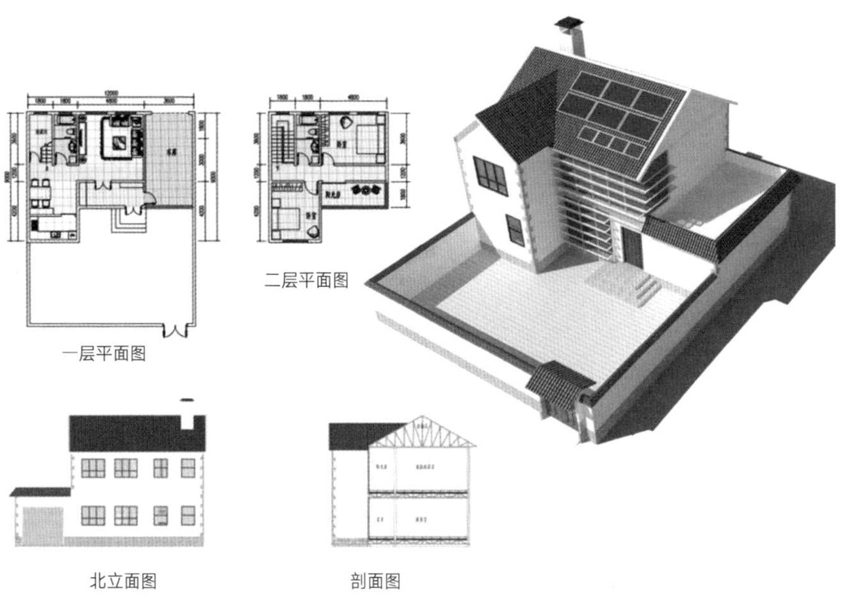

一层平面图　二层平面图　北立面图　剖面图

经营户方案 1

由实地调研发现村落中的沿街农户会从事一定的服务行业，如小卖部、理发店、网吧等。因此本方案针对这类沿街商户设置商业模块。生活用房采用三开间设计，以标准单元模块排布。此方案中道路位于农宅南侧，商业模块沿街布置，方便村民的购物需求。

经营户方案 2

本方案针对道路在东西两侧的情况而设置，采用三开间设计，将生活用房和商业模块以标准单元排布。 生活用房上下两层布置，东侧或西侧布置商业模块，方便村民的购物需求。

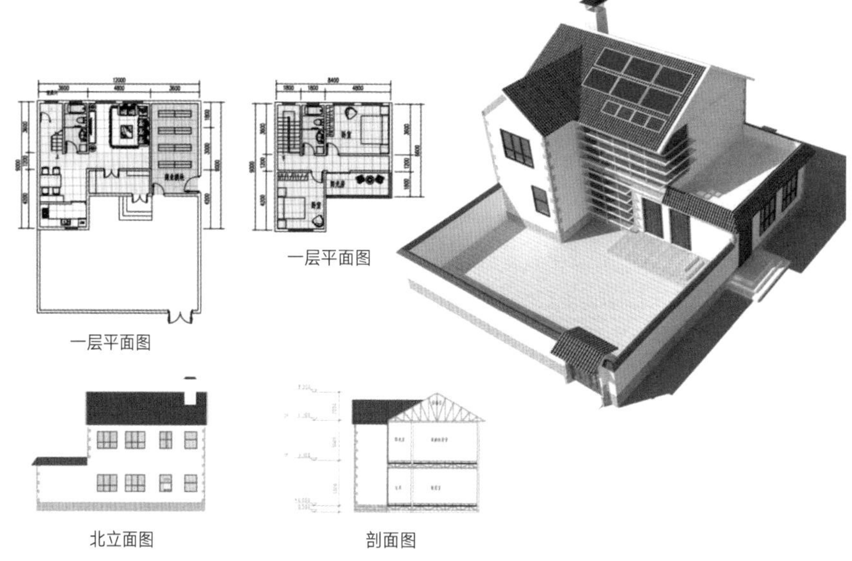

一层平面图　二层平面图　北立面图　剖面图

经营户方案 3

由于该村坐落景区，实地调研中发现该村部分村民从事农家乐等服务行业，且一般为兄弟俩等亲戚合开，因此本方案在联排农宅的基础上对场地进行合理规划，加入标准间模块，厨房模块与包间模块。农宅格局分区明确，按照标准单元模块设计，南侧为客房区，包括客房八间，东侧为就餐区，包括包间三间，北区为户主家庭用房，分上下两层布置，供户主家庭成员日常起居休息之用。院落采用内向型排布方式，与家庭内部用房围合形成庭院。炎炎夏日，客人可在庭院内就餐，充分感受农家乐的趣味所在。

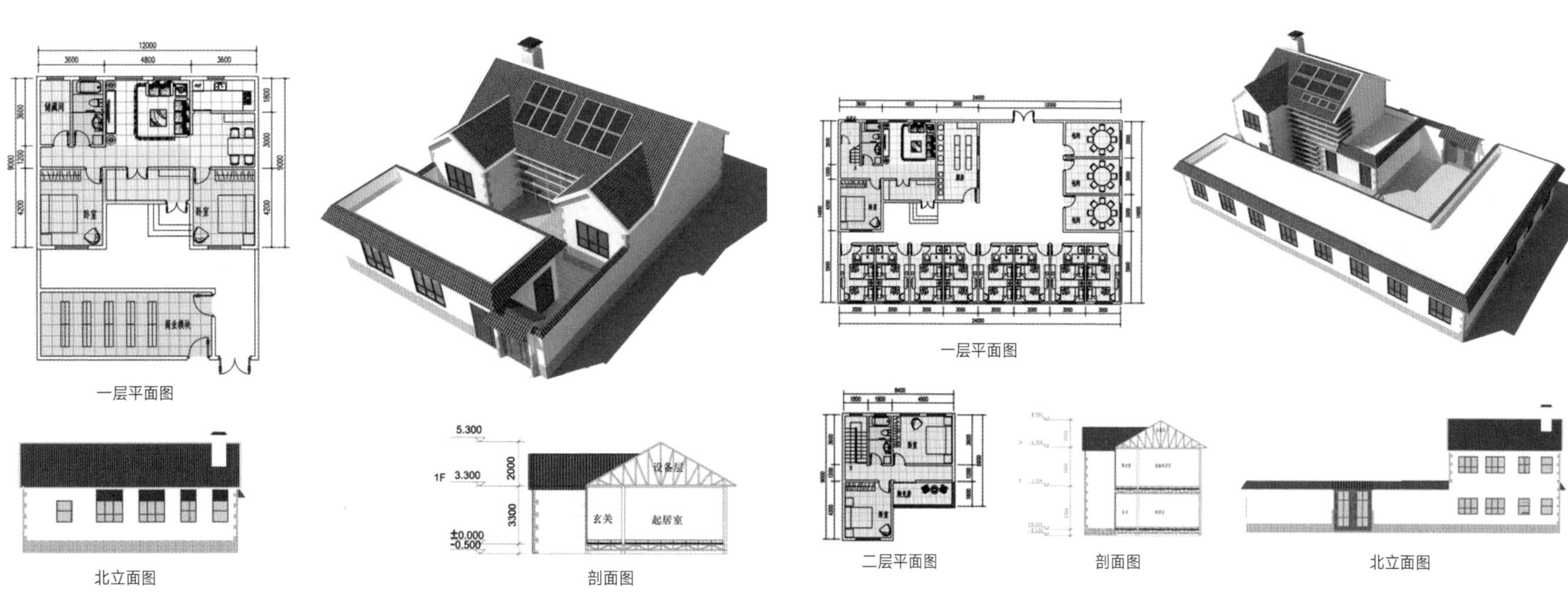

一层平面图　北立面图　剖面图

一层平面图　二层平面图　剖面图　北立面图

经营户方案 4

在调查中发现有部分村民从事餐饮行业，同样也是亲属家庭合开，因此利用联排住宅对场地进行合理规划，加入餐厅模块，包间模块与厨房模块，农宅布局上分为南北两区，形成合院格局，南区为餐厅经营区，餐厅区包括一个大餐厅、三个包间、和公共卫生间。北区为居住区，按标准模块单元进行设计，两个区域相对独立。

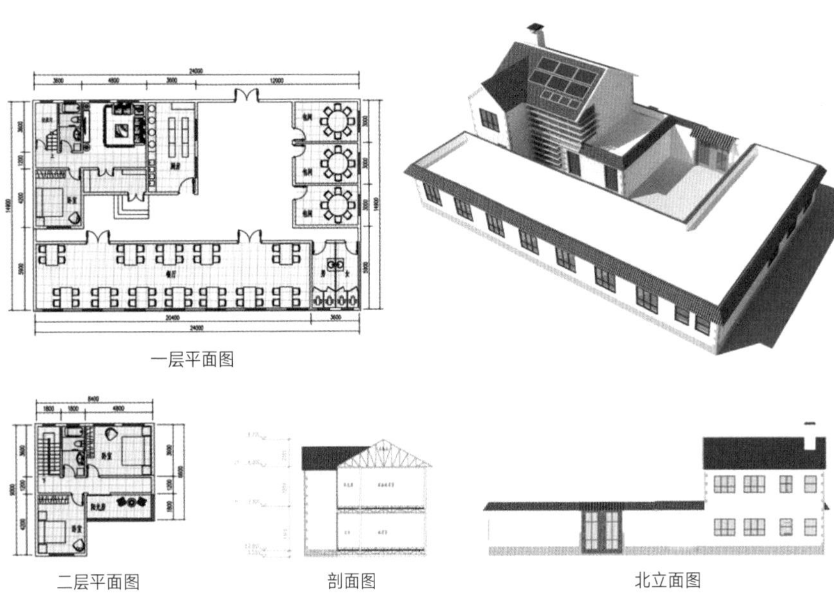

一层平面图　二层平面图　剖面图　北立面图

三口之家

三口之家是常见家庭构成之一，功能空间排比相对简单，正房三间，起居室居中，西侧为卫生间和储藏间，东侧为餐厨空间。东西厢房采光通风条件良好，安排两个卧室。入口处布置玄关，满足冬季保温和夏季隔热的要求，功能上亦可作为阳光房，并布置入门之前的衣帽收纳空间。空间利用合理，并采用标准化模块，最大化减少了单元模块的类型，方便后期家庭结构变更时房间的增设。

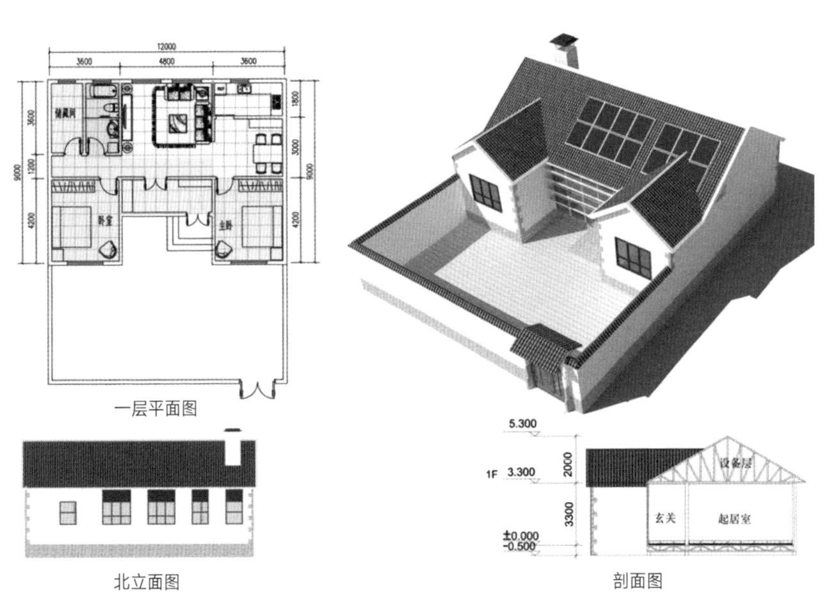

一层平面图　北立面图　剖面图

多代之家

以老两口 + 中年夫妇 + 孩子为例。三代人共同居住的家庭既要考虑营造和谐融洽的家庭气氛，又要注意有相对独立的私密空间。由于人数较多，将房子盖为两层，老人房和中年夫妇在底层，子女的卧室设在二层，使彼此之间具有相对独立性。起居室和卫生间上下两层对应设计，方便使用，餐厅空间为八人餐桌，满足多人聚餐使用。玄关的二层设计为阳光房，作休闲娱乐之用。二层设计晒台做平时晾晒之用。

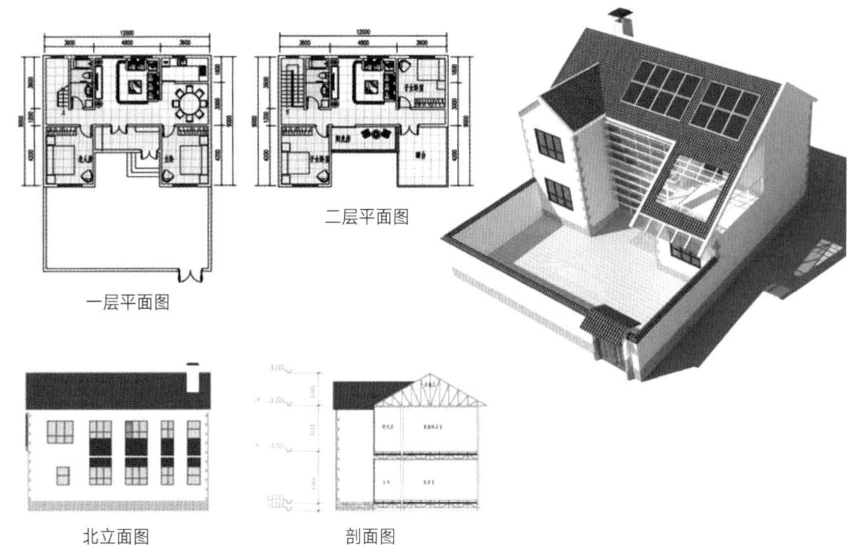

一层平面图　二层平面图　北立面图　剖面图

老人之家

调研发现，老年夫妇一代居住是该村典型家庭之一，年轻人外出工作，家里留下留守老人。在居室构成和使用方式上应注意老年人日常起居的特殊需求。正房三间，起居室居中，西侧布置专用卫生间，东侧布置餐厨空间，餐厅平时布置四人餐桌和一些储藏空间。为方便子女回家聚餐之用，空间设计较为充裕，可增设桌椅。东西厢房布置卧室，老人卧室距离卫生间较近，客卧方便子女回家看望老人之用。由于老人留存的老物件较多，客卧在平时也可作储藏之用。本方案在标准单元模块选择的基础上，满足老年人的特殊需求，例如在卫生间的设计上，专为老年人和行动不便者设计坐式淋浴器，能有效避免老人在洗澡时摔倒。

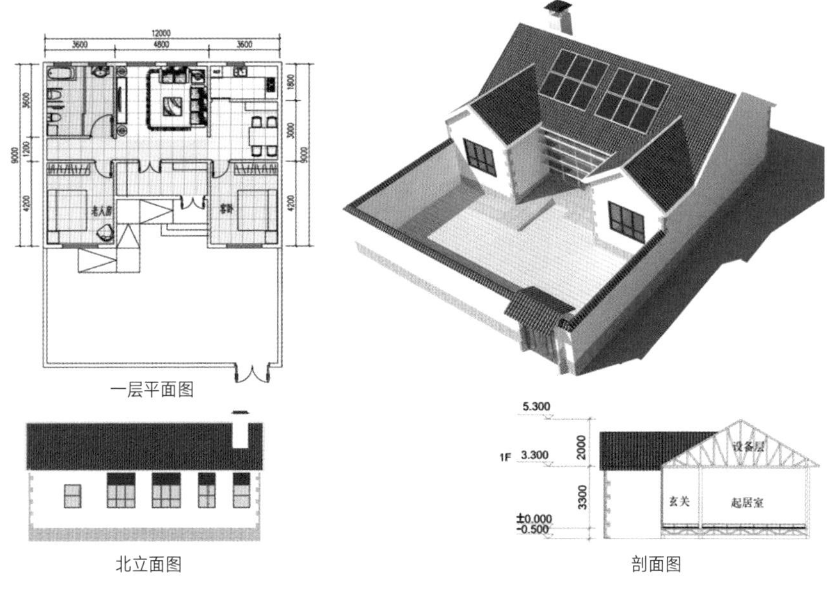

一层平面图　北立面图　剖面图

结构方案

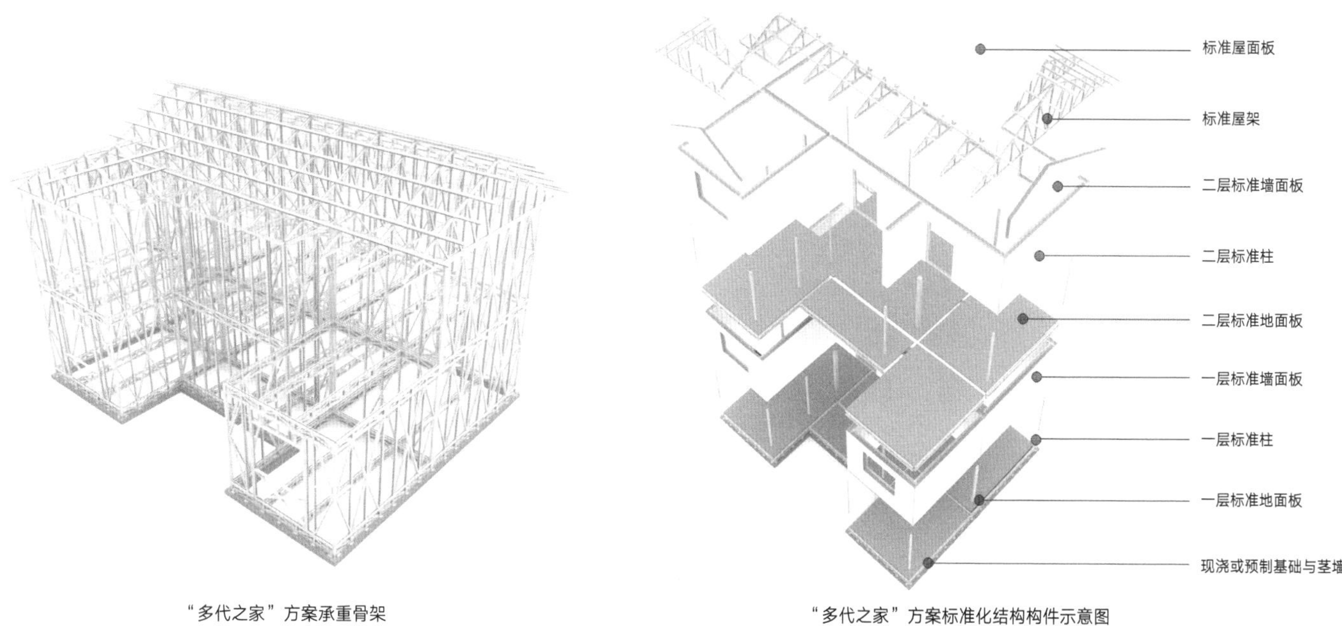

“多代之家”方案承重骨架

标准屋面板
标准屋架
二层标准墙面板
二层标准柱
二层标准地面板
一层标准墙面板
一层标准柱
一层标准地面板
现浇或预制基础与茎墙

“多代之家”方案标准化结构构件示意图

内装方案

内装工业化即用工业化生产的方式来进行内装，可以提高劳动效率、降低成本、降低物耗。内装工业化是将传统现场施工的模块通过工厂智能化、机械化、系统化生产，再通过专业的材料打磨等处理，达到更优异的性能后，再将成品搬到现场进行组装的新型装修模式。

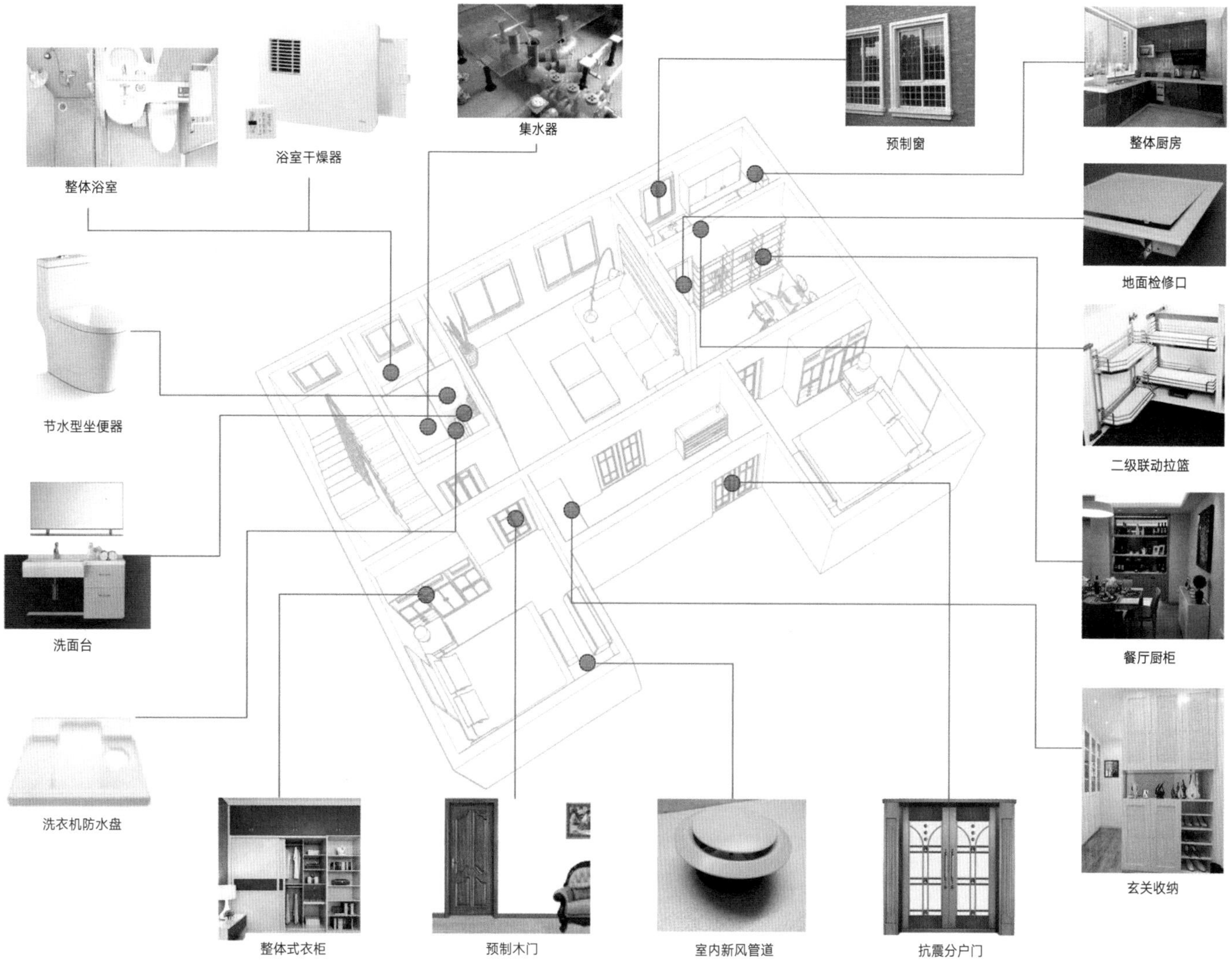

整体浴室
浴室干燥器
集水器
预制窗
整体厨房
地面检修口
二级联动拉篮
餐厅厨柜
玄关收纳
节水型坐便器
洗面台
洗衣机防水盘
整体式衣柜
预制木门
室内新风管道
抗震分户门

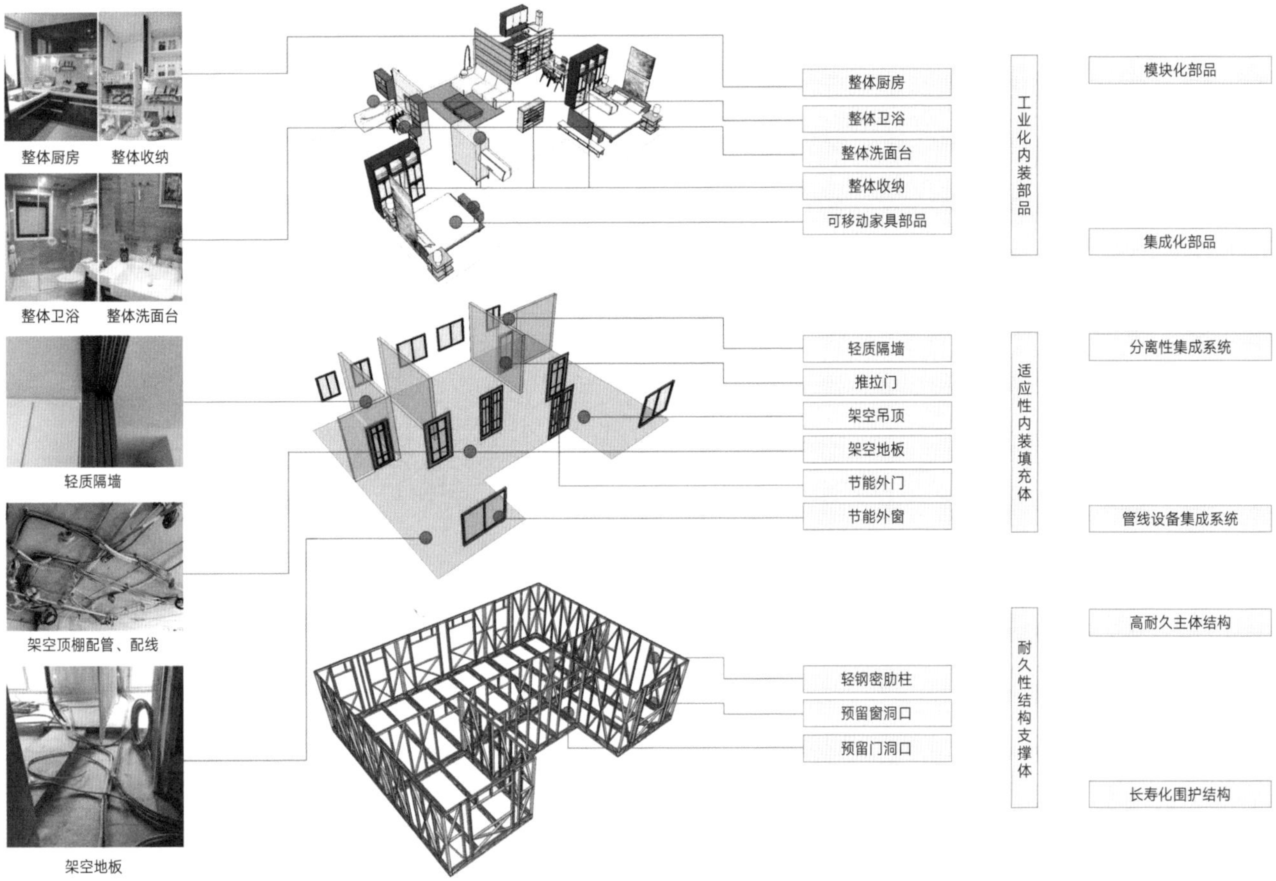

整体厨房 整体收纳

整体卫浴 整体洗面台

轻质隔墙

架空顶棚配管、配线

架空地板

整体厨房
整体卫浴
整体洗面台
整体收纳
可移动家具部品

轻质隔墙
推拉门
架空吊顶
架空地板
节能外门
节能外窗

轻钢密肋柱
预留窗洞口
预留门洞口

工业化内装部品
适应性内装填充体
耐久性结构支撑体

模块化部品
集成化部品
分离性集成系统
管线设备集成系统
高耐久主体结构
长寿化围护结构

SI 体系（以三口之家为例）：

百年住宅（特别是适老住宅）——中国百年住宅是以 SI 住宅体系为基础，通过住宅支撑体与内装体分离，以支撑体耐久性技术、填充体适应性技术、分离性集成技术等关键技术为手段，通过集成化、模块化的部品运用，提出综合性整体解决方案，全面实现建设产业化、建筑长寿化、品质优良化和绿色低碳化四大目标。中国百年住宅的支撑体包括节能门窗等部分，具有 100 年的耐久性；填充体包括住宅的内装部品、轻质隔墙、推拉门、架空吊顶以及架空地板等部分，具有灵活可变性。

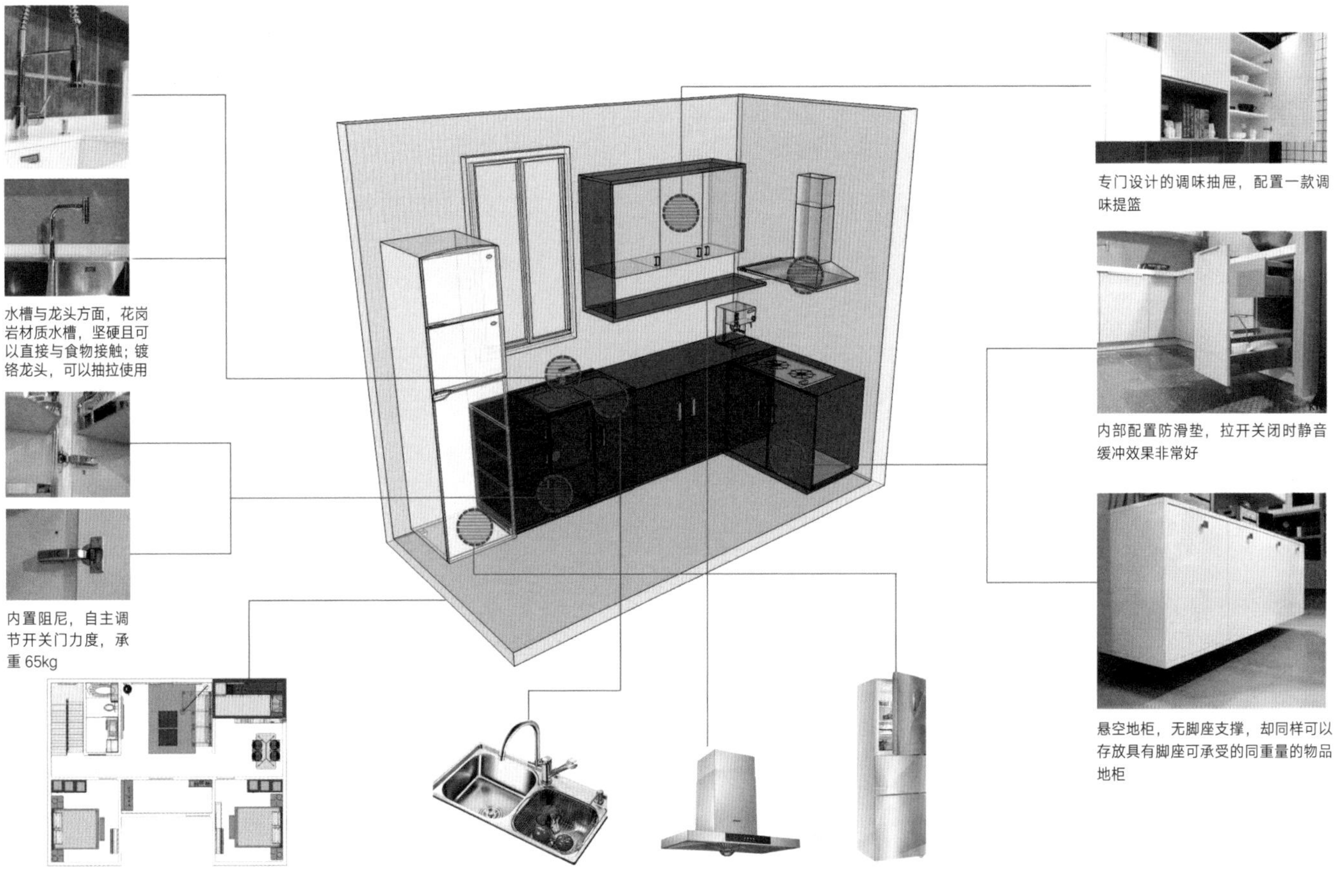

水槽与龙头方面，花岗岩材质水槽，坚硬且可以直接与食物接触；镀铬龙头，可以抽拉使用

内置阻尼，自主调节开关门力度，承重 65kg

专门设计的调味抽屉，配置一款调味提篮

内部配置防滑垫，拉开关闭时静音缓冲效果非常好

悬空地柜，无脚座支撑，却同样可以存放具有脚座可承受的同重量的物品地柜

整体厨房：整体厨房是将橱柜、抽油烟机、燃气灶具、消毒柜、洗碗机、冰箱、微波炉、电烤箱、各式挂件、水盆、各式抽屉拉篮、垃圾粉碎器等厨房用具和厨房电器进行系统搭配而成的一种新型厨房形式。利用“系统搭配”实现厨房空间的整体配置，整体设计，整体施工装修。

（1）整体卫生间：整体卫生间（即整体卫浴）是在有限的空间内实现洗面、淋浴、如厕等多种功能的独立卫生单元。以工厂化生产的方式来提供即装即用的卫生间系统。整体卫生间的产品首先包括顶板、壁板、防水底盘等构成产品主要形态的外框架结构，其次是卫浴间内部的五金、洁具、照明以及水电系统等能够满足产品功能性的内部组件。

（2）收纳

收纳体系基本做到了每个空间都有独立的收纳系统，入户玄关收纳、厨房收纳、卫浴收纳、独立储藏间收纳、卧室收纳等。

最大限度地活用每一寸空间，实现了套内超大收纳量，在满足家庭收纳需求的同时，创造了整洁舒适的居住环境，也为未来生活的无限幸福预留了充足的收藏空间。

将多种部品集合设计就是将空间多功能化，利用三维空间来合并空间和创造空间，在空间不足的情况下满足多种功能需求。以下面几个例子进行示例：

1）组合桌设计。这种组合桌可以放在客厅做电视柜，也可以放在卧室做化妆台或工作台，另外长度也可以按需求自行调节。

2）组合柜设计。衣柜可以与学习桌组合设计，节省学习桌的上部空间做衣柜，弥补储藏空间不足的问题。

3）洗衣机与洗手台组合设计。充分利用洗衣机的上部空间做置物架和储物柜，另外要在洗衣机上方放置一个可以灵活拆装的模板，平时可以用来放置物品，而洗衣服时可以灵活取下，方便取放衣物。

4）洗衣机与衣帽柜、衣柜组合设计。同样是利用洗衣机的上部空间做衣帽柜，洗衣机旁做鞋架。

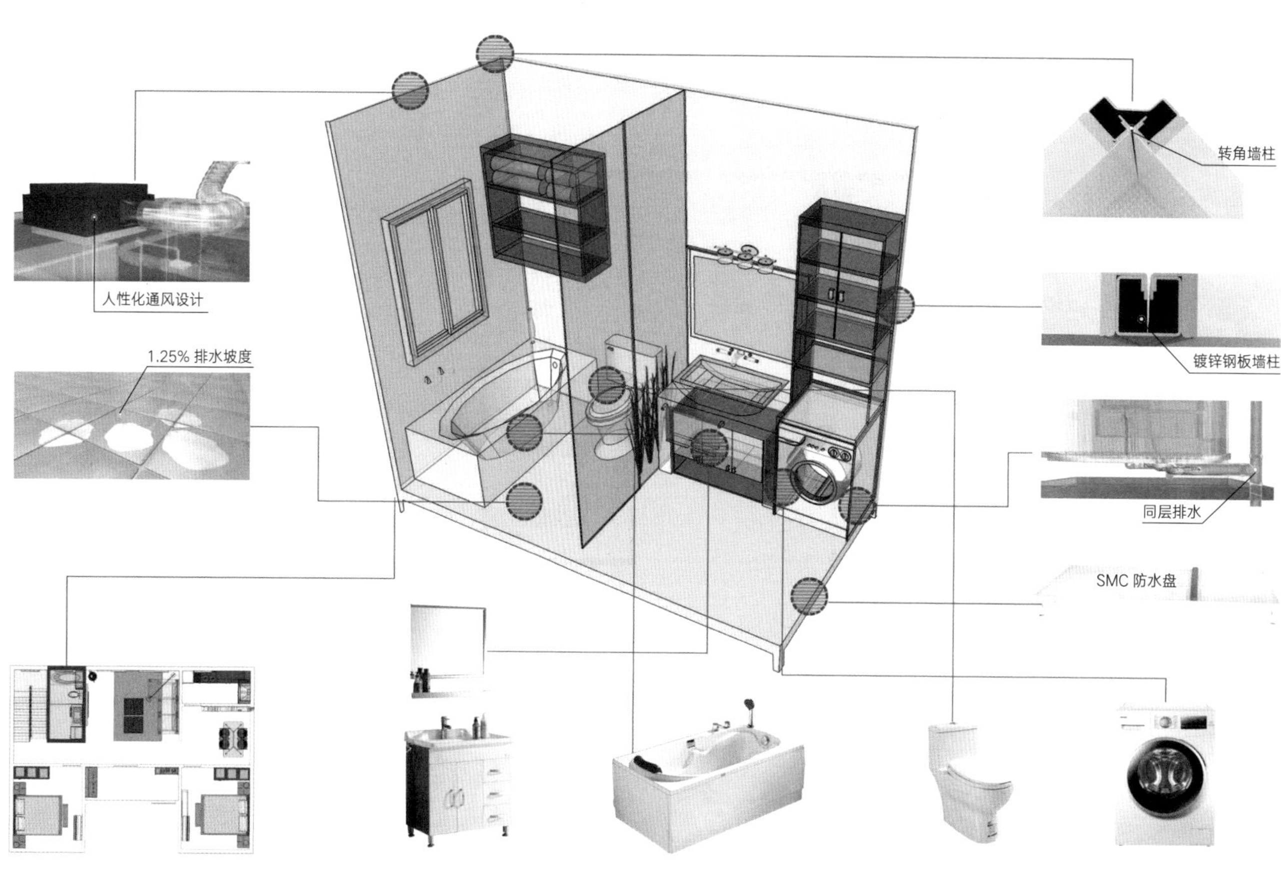

内装部品需求（根据对青岛即墨凤凰村的居住需求调研问卷整体）

功能空间	家具		设施设备		强电弱电	
	名称	数量	名称	数量	名称	数量
起居室	沙发	1	空调	1	插座	4
	茶几	1	电视	1	网线口	1
	电视柜	1	灯	1	电话线口	1
					电话线口	1
主卧	收纳衣柜	1	电视	1	插座	5
	双人床	1	空调	1	双控开关	1
					单控开关	2
	床头柜	2	灯	3	网线口	1
					电视线口	1
次卧	收纳衣柜	1	空调	1	插座	5
	双人床	1			双控开关	1
					单控开关	2
	床头柜	2	灯	3	网线口	1
					电视线口	1
玄关	衣帽鞋收纳	2	灯	1	单控开关	1
	换鞋凳	1				
卫生间	洗手台	1	洗衣机	1	单控开关	3
	收纳柜	2				
	手巾架	1	灯	3	插座	4
	置物架	1				
厨房	整体橱柜	1	冰箱	1	单控开关	1
			电饭煲	2		
			微波炉	1	插座	6
			油烟机	1		
			灯	1		
餐厅	餐桌	1	灯	1	单控开关	1
	餐椅	4				

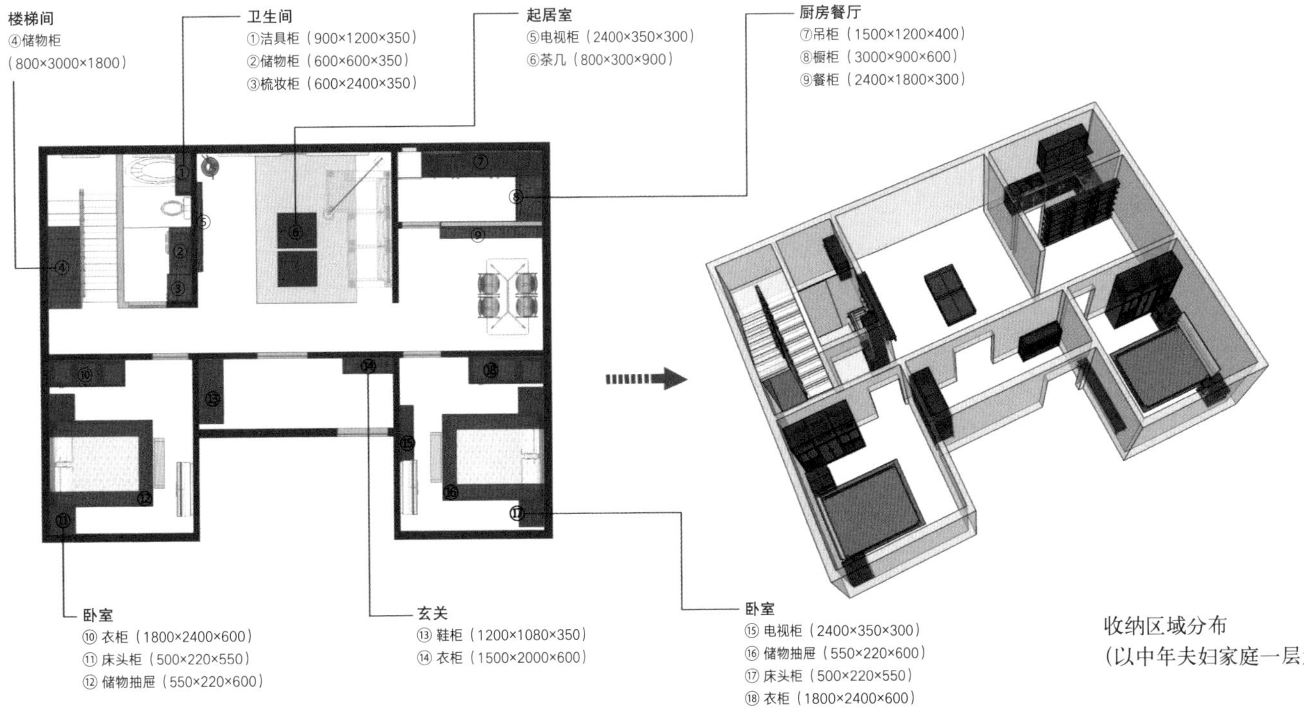

楼梯间
④储物柜
（800×3000×1800）

卫生间
①洁具柜（900×1200×350）
②储物柜（600×600×350）
③梳妆柜（600×2400×350）

起居室
⑤电视柜（2400×350×300）
⑥茶几（800×300×900）

厨房餐厅
⑦吊柜（1500×1200×400）
⑧橱柜（3000×900×600）
⑨餐柜（2400×1800×300）

卧室
⑩ 衣柜（1800×2400×600）
⑪ 床头柜（500×220×550）
⑫ 储物抽屉（550×220×600）

玄关
⑬ 鞋柜（1200×1080×350）
⑭ 衣柜（1500×2000×600）

卧室
⑮ 电视柜（2400×350×300）
⑯ 储物抽屉（550×220×600）
⑰ 床头柜（500×220×550）
⑱ 衣柜（1800×2400×600）

收纳区域分布
（以中年夫妇家庭一层为例，单位：mm）

绿建技术

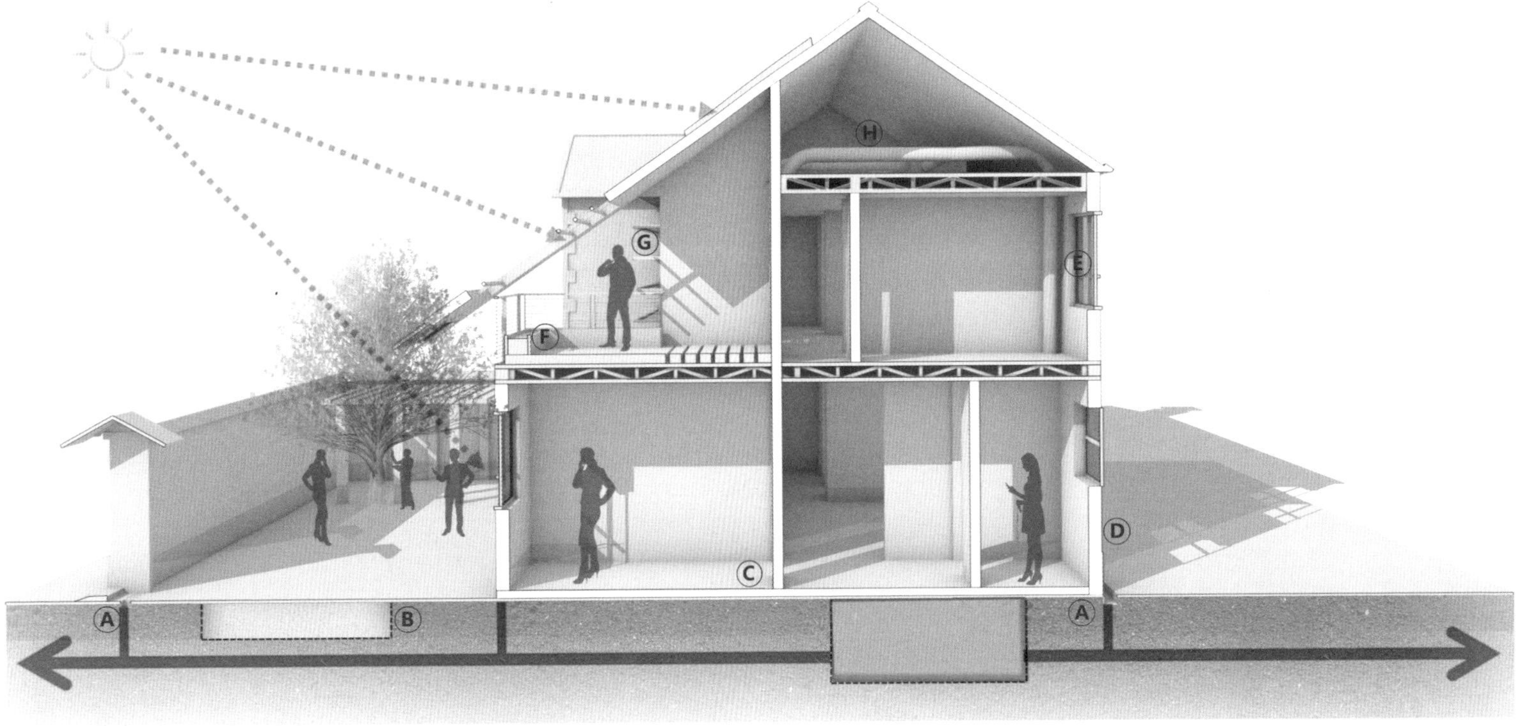

Ⓐ 雨水收集系统——雨水收集的整个过程，可通过雨水收集管道收集雨水、弃流截污、雨水收集池储存雨水、过滤消毒、净化回用，收集到的雨水用于浇溉农作物、补充地下水、还可用于景观环境、绿化、洗车场用水、道路冲洗冷却水补充、冲厕等非生活用水用途。

Ⓑ 新型农宅沼气池——为农村提供廉价优质的燃料一户 3 ~ 5 口的家庭，建造一个 6 ~ 10m^3 的沼气池，只要原料充足，一年可提供 9 ~ 11 个月的做饭和点灯的燃料问题。

Ⓒ 干式地暖模块——干式地暖模块上面直接铺设地暖地板，实现了地暖热量的辐射、传导和对流的有机结合，热效应一般为 30 ~ 50min 即可达到地暖设计温度（18℃以上）。

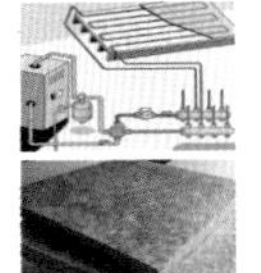

Ⓓ 秸秆保温模块——秸秆是农作物废料，对秸秆合理高效的利用可以使其变废为宝，也避免了处理其所产生的环境污染。抗震性能好。由于秸秆中硅含量较高，秸秆的腐烂速度极慢，加之经过特殊处理后具备了良好的防火、防水、防腐、防虫能力，耐久性大大。

Ⓔ Low-E 中空玻璃——中空玻璃由于铝框内的干燥剂通过框上面缝隙使玻璃空腔内空气长期保持干燥，所以隔温性能极好。中空玻璃则由于与室内空气接触的内层玻璃受空气隔层影响，即使外层接触温度很低，也不会因温差在玻璃表面结霜。

Ⓕ 绿化屋面——屋顶绿化可以提高绿化覆盖，吸附尘埃减少噪声，改善环境质量、缓解雨水屋面溢流，减少排水压力、有效保护屋面结构，延长防水寿命、保持建筑冬暖夏凉，节约能源消耗。

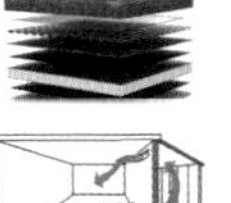

Ⓖ 阳光房——采用玻璃与金属框架搭建的全明非传统建筑，以达到享受阳光，亲近自然的目的。室内布置可以根据个人喜好进行装饰。

Ⓗ 新风系统——新风系统是根据在密闭的室内一侧用专用设备向室内送新风，再从另一侧由专用设备向室外排出，在室内会形成“新风流动场”，从而满足室内新风换气的需要。

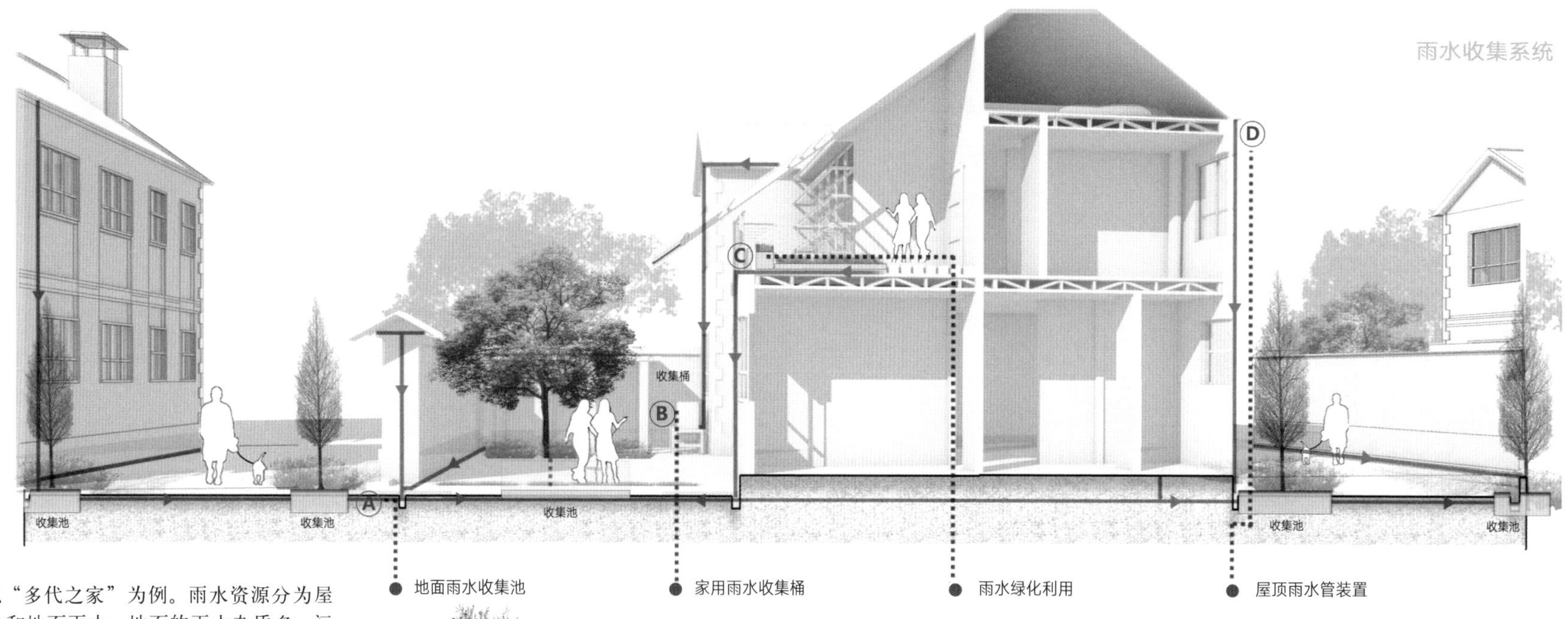

以“多代之家”为例。雨水资源分为屋顶雨水和地面雨水。地面的雨水杂质多，污染物源复杂。在弃流和粗略过滤后，还必须进行沉淀才能排入蓄水系统。雨水收集可分为四部分：地面雨水收集池；家用雨水收集桶；雨水绿化利用；屋顶雨水管装置。通过雨水收集可以达到节能减排，绿色环保，减少雨水的排放量，使干旱紧急情况（如火灾）能有水可取。另外可以用到生活中的杂用水，以节约自来水，减少水处理的成本。

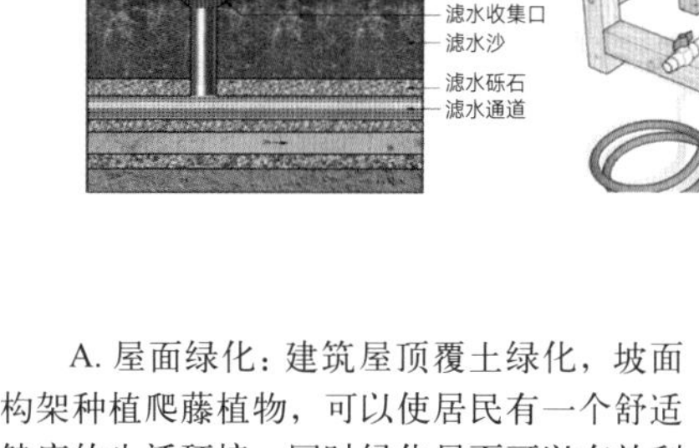

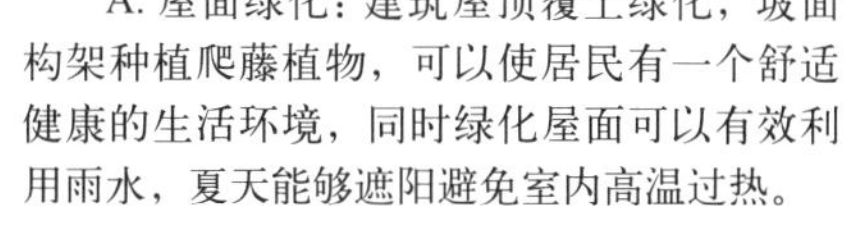

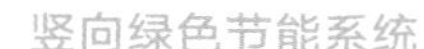

A. 屋面绿化：建筑屋顶覆土绿化，坡面构架种植爬藤植物，可以使居民有一个舒适健康的生活环境，同时绿化屋面可以有效利用雨水，夏天能够遮阳避免室内高温过热。

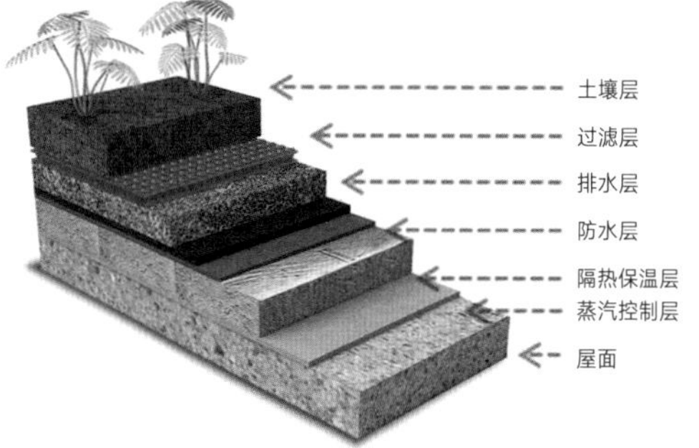

B. Low-E 中空玻璃：建筑立面采用玻璃表面镀上多层金属或其他化合物及中空等特性组成，具有对可见光高透过及对中远红外线高反射的特性，与传统的建筑用镀膜玻璃相比，具有优异的隔热效果和良好的透光性。

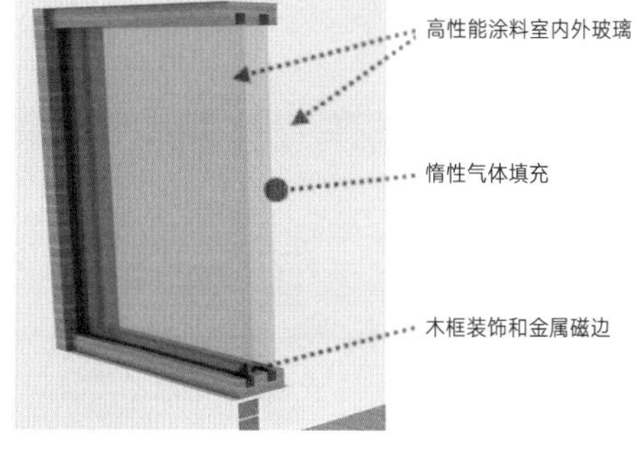

C. 秸秆保温模块：建筑墙体保温材料选择以秸秆为原材料的一种新型节能环保生态建筑材料，利用农村秸秆材料丰富的条件，秸秆墙体材料的性能与黏土砖接近，且舒适性高，使用后能再次回收或自然降解为环境消纳物质，对生态环境几乎无影响。

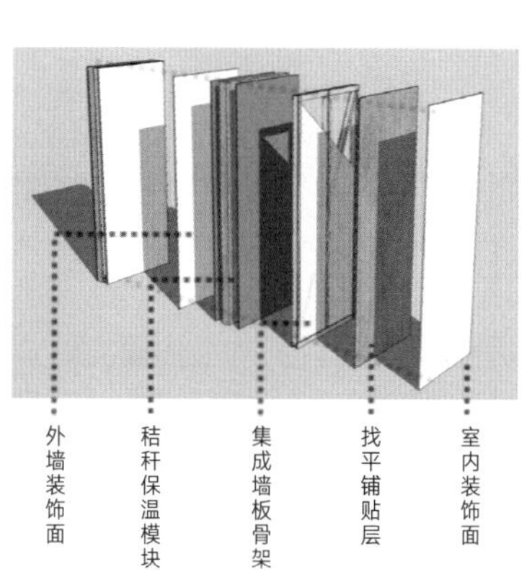

太阳能收集利用系统

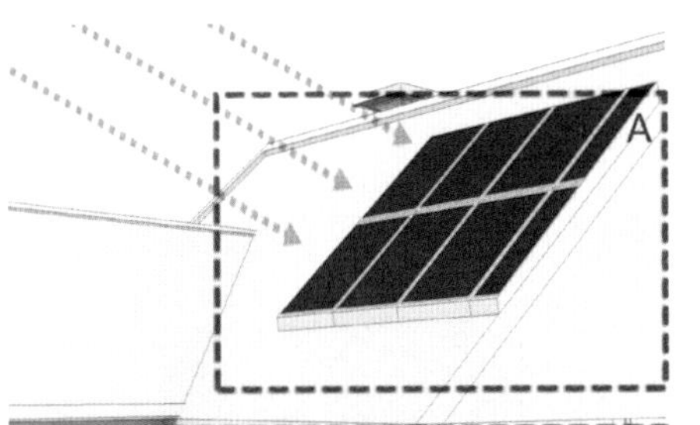

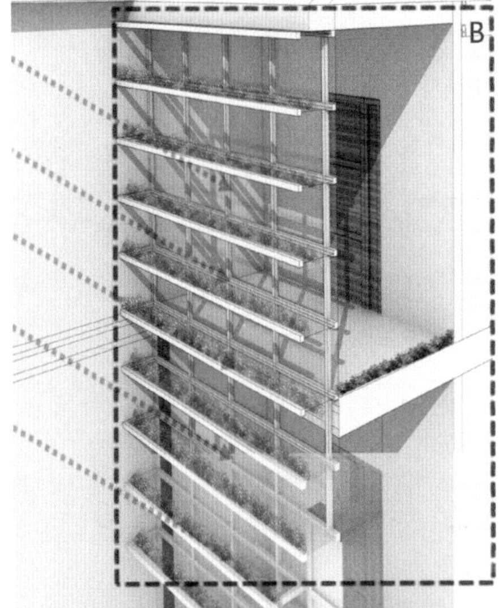

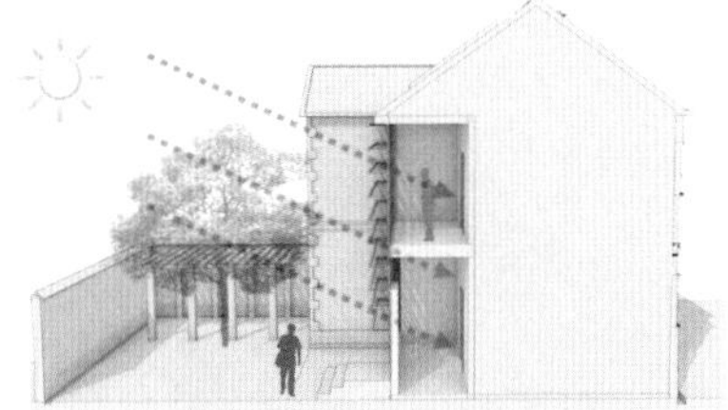

院中树木遮挡一部分阳光，其他阳光进入阳光房及室内。

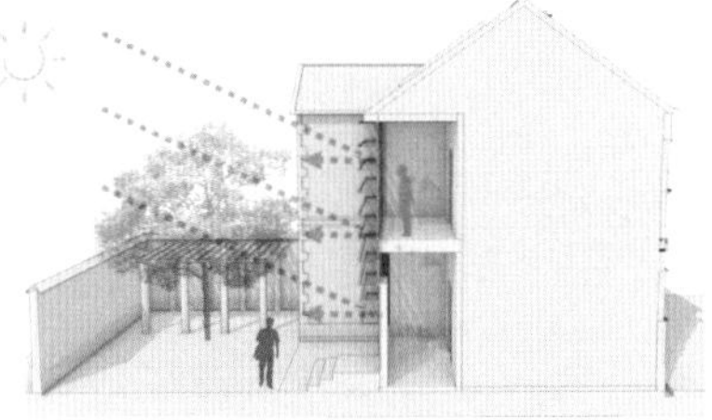

当夏季阳光强度过大的时候，开启阳光房外部遮阳措施，使部分阳光发射回室外。

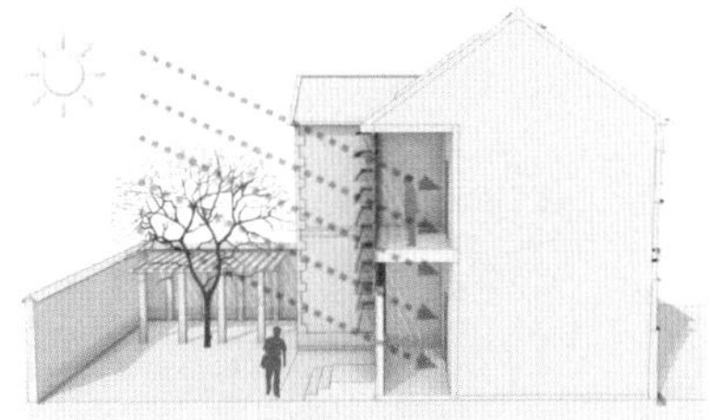

当冬季树木树叶枯萎时，关闭遮挡板，使尽可能的阳光进入阳光及室内。

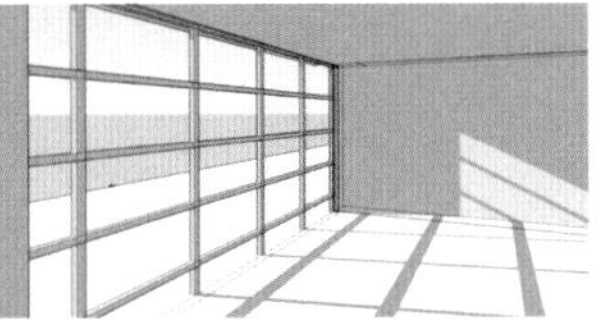

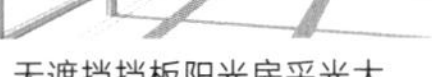

无遮挡挡板阳光房采光大

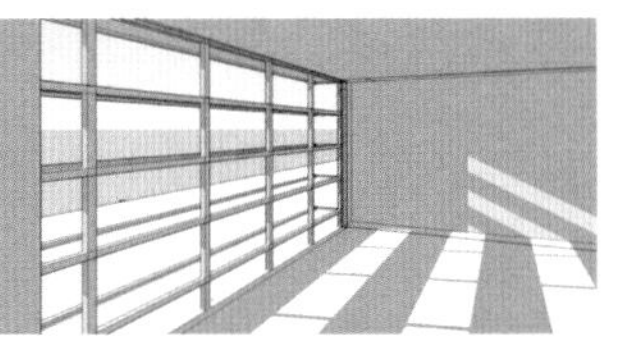

有遮挡挡板采光适宜

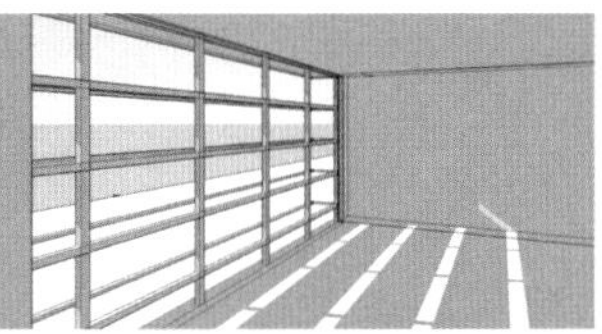

有遮挡挡板傍晚采光情况

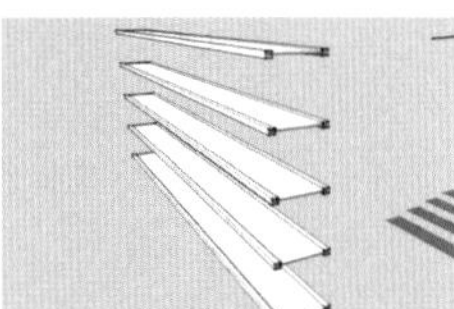

遮挡挡板示意图

A. 被动式阳光房：采用玻璃和金属框架建造被动式阳光房，冬季白天阳光通过阳光房储存热量，夜晚向室内放热，提高室内温度。同时保持采光率高、功能性强、空间有效利用率高，最大的好处，针对不同的人群各有不同。

B. 太阳能光伏发电板：建筑坡屋顶放置太阳能光伏发电板，光伏发电系统主要由太阳电池板（组件）、控制器和逆变器三大部分组成，利用太阳电池将太阳光能直接转化为电能，将电能输送至家庭使用，绿色环保的同时也节约经济。

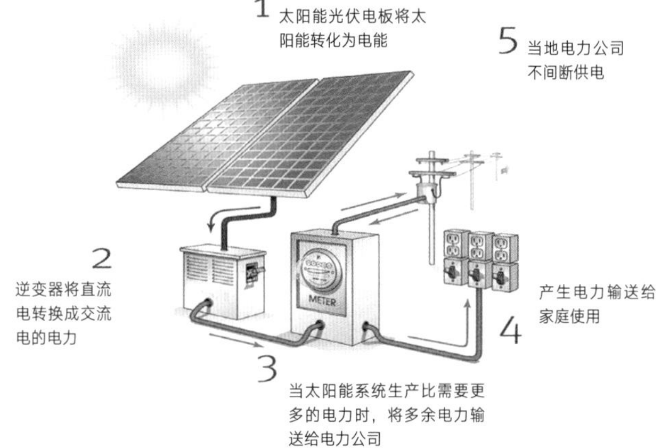

新风系统

新风主机

排风口

进风口

防雨风口

新风系统在送风时会对进入室内的空气进行过滤、杀菌、增氧和冷热交换，排风时会进行热回收交换，回收大部分能量通过系统送回室内。新风系统通过净化和通风打造室内的洁净健康空气环境。新风系统的优点：源源不断地将室内污浊空气排出室外，然后将室外新鲜空气送入室内，让室内 24h 都保持新鲜空气的流通；迅速将室内垃圾、新家具、烟草等散发异味排出室外，防止厨房、卫生间出现异味；减少室内的湿气，避免室内家具、衣物发霉，同时湿气小便于冬季取暖升温，能耗小。

新风系统是由送风系统和排风系统组成的一套独立空气处理系统，通过新风机净化室外空气导入室内。

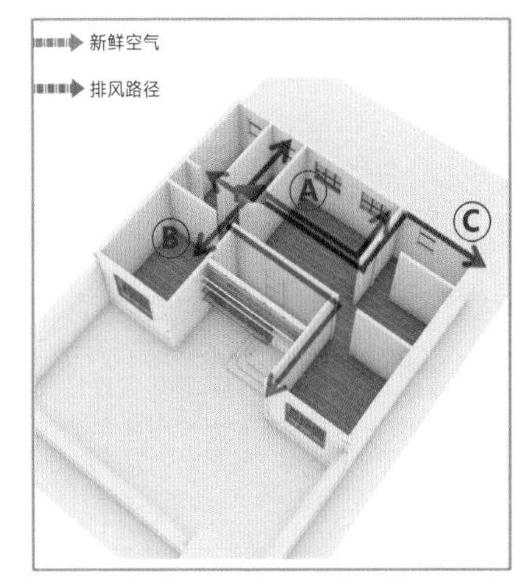

新风路径

室外新风由热交换主机的新风侧引入，经过机组内的过滤网和热交换核心，被排风中的冷源或者热源制冷或加热后，经过新风管路再由新风进入生活区域（如卧室、书房、客厅等）

排风路径

排风从重污染区域（卫生间、储藏室、更衣室），经过排风管路，排入热交换机的排风侧内，此时交换核心把排风中的冷量或热量回收到新风侧中，再由外墙排气罩排出室外。

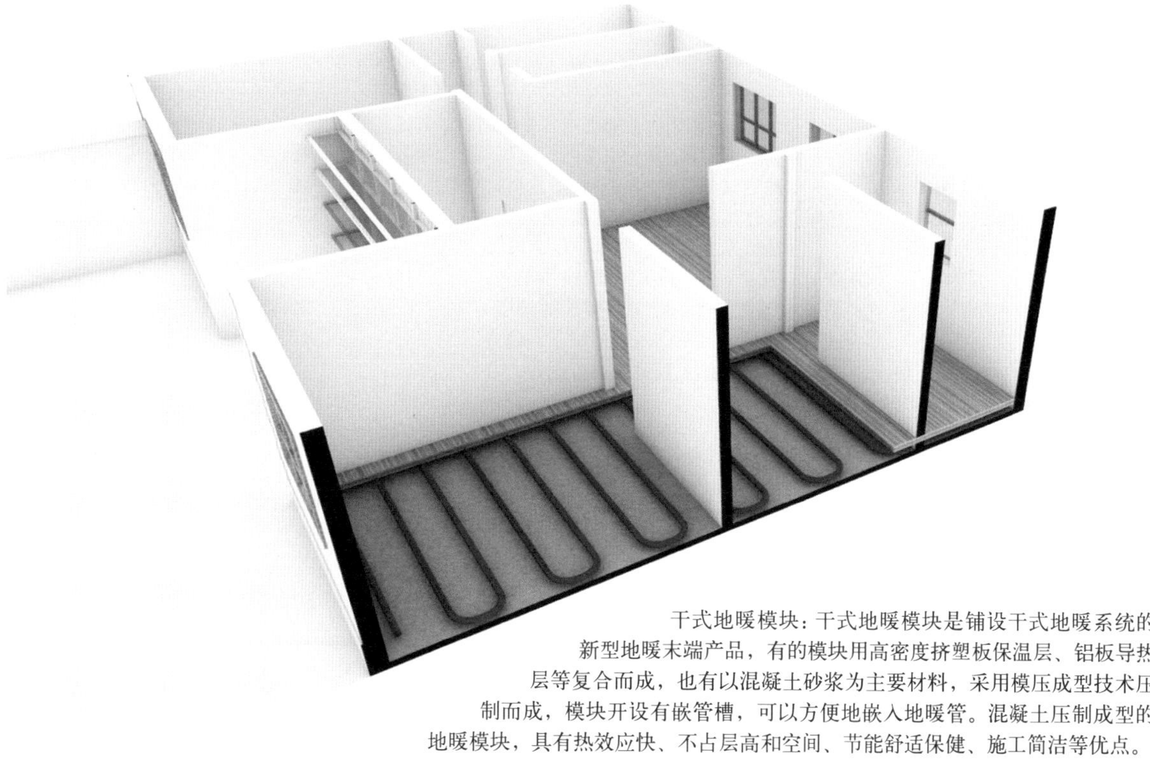

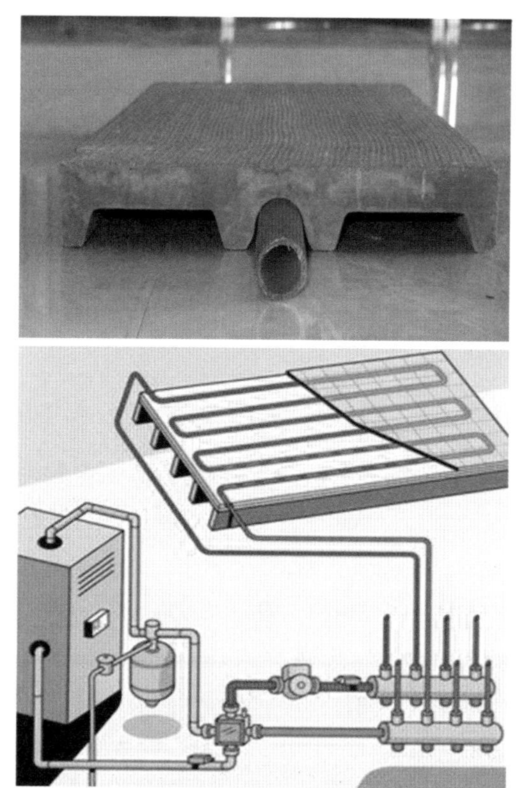

干式地暖模块：干式地暖模块是铺设干式地暖系统的新型地暖末端产品，有的模块用高密度挤塑板保温层、铝板导热层等复合而成，也有以混凝土砂浆为主要材料，采用模压成型技术压制而成，模块开设有嵌管槽，可以方便地嵌入地暖管。混凝土压制成型的地暖模块，具有热效应快、不占层高和空间、节能舒适保健、施工简洁等优点。

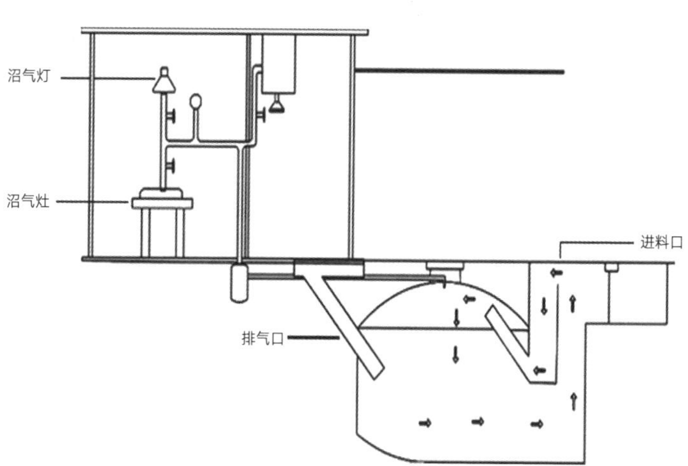

新型农宅沼气池：沼气池的建设应与房屋及周围环境相协调，以利于保持环境的优美与卫生；将沼气池与猪栏、厕所连通修建，做到“三结合”，便于粪便自流入池。沼气池的合理运用可以解决家庭燃料。农村家用沼气池生产的沼气主要用来做生活燃料。一户 3 ~ 5 口人的家庭，每天投入相当于 4 头猪的粪便发酵，它所产的沼气能解决 4 口人家庭点灯、做饭的燃料问题。

学校：青岛理工大学　指导老师：郝赤彪　解旭东　设计人员：刘恒宇　武艺萌　周乐乐　王悦　丛程炜

【灵·乡·记】——北京市门头沟区灵水村

现状调研

区位分析

灵水村位于北京市门头沟区斋堂镇，东距北京市中心 78km。整个村落面积约 6.4hm^2，平均海拔 430m，现有 200 余户。该村四周群山环绕，风光秀美。尤为难得的是这个深山里的村子在明清时期先后出了多名进士、举人、监生，被称为"举人村"。现在，该村仍保存有大量的明、清时期的寺庙及民居建筑，整体格局和传统风貌均保存较为完好。2012 年，成为"中国传统村落"（第一批）。

气候分析

北京的气候为典型的北温带半湿润大陆性季风气候，夏季高温多雨、冬季寒冷干燥，春秋短促。全年无霜期 180 ~ 200 天，西部山区较短，是华北地区降雨最多的地区之一。降水季节分配不均匀，全年降水的 80% 集中在夏季 6、7、8 三月，7、8 月有大雨。

北京太阳辐射量全年平均为 112 ~ 136kcal/cm^2。两个高值区分别分布在延庆盆地及密云西北部至怀柔东部一带，低值区位于房山区的霞云岭附近。北京年平均日照时数在 230h 左右；秋季日照时数虽没有春季多，但比夏季要多，月日照 230 ~ 245h；冬季是一年中日照时数最少季节，一般为 170 ~ 190h。

建筑材质

建筑现状

住宅质量问题：由于年久失修技术问题，目前房屋质量存在问题，如墙体开裂、隔声性能差、采光通风差等。

空间合理性问题：农宅多为私人搭建，没有经过合理的空间行为方式考量，造成大量的空间浪费、穿套和死角，甚至有危险空间。

资源浪费问题：砖混结构占大部分，烧砖取土导致耕地的破坏，而住宅低层模式造成土地利用率低下。

生态环境危机：大量的秸秆被焚烧或抛弃于河湖沟渠或道路两侧，浪费了资源和能源，污染大气和水体。

提出问题

室内交通空间缺失：院子作为主要的交通空间，室内没有专用的交通空间。客厅兼作交通空间，开门数量与位置对客厅的使用造成了一定的影响。

庭院使用低效：庭院作为辅助空间，在院子西南角，面积足够但不能有效利用。

安全隐患：由于不能满足现代生活需求，居民到处私拉电线、摆放杂物。

部分居室闲置：调研农宅内，现在只有一间卧室经常使用，其他都用作储藏间或预留。

储藏空间不集中、不高效：功能空间的类型较少，房间面积大，大多数行为活动流线交叉。房间没有分类，导致杂物随意堆放。

功能混乱：现状农宅内并没有设置专门的餐厅。因为平时家庭成员不多，用餐大多在厨房、卧室、客厅等场所。如果有亲朋好友来访，则在院子、卧室或客厅等能容纳大餐桌的地方用餐，造成食寝不分。

调研平面图

调研地点：北京市门头沟区灵水村。

院落简介：该院坐北朝南，入口布置在东北侧，沿倒座房的外檐墙设置照壁一座，院落规模较小，厢房均为面阔两间，正房及倒座房则面阔三间。

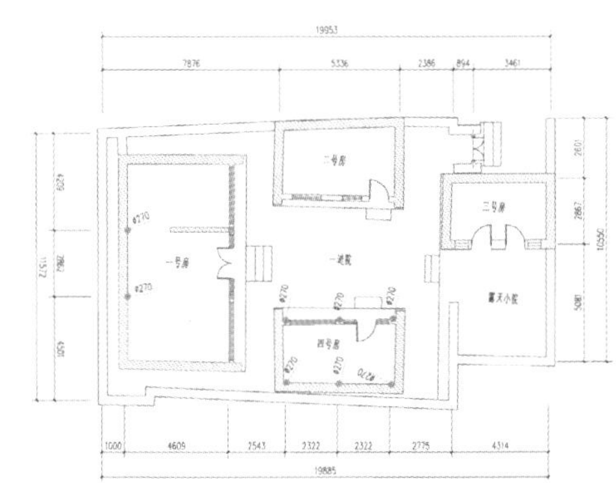

设计方案

A 户型设计

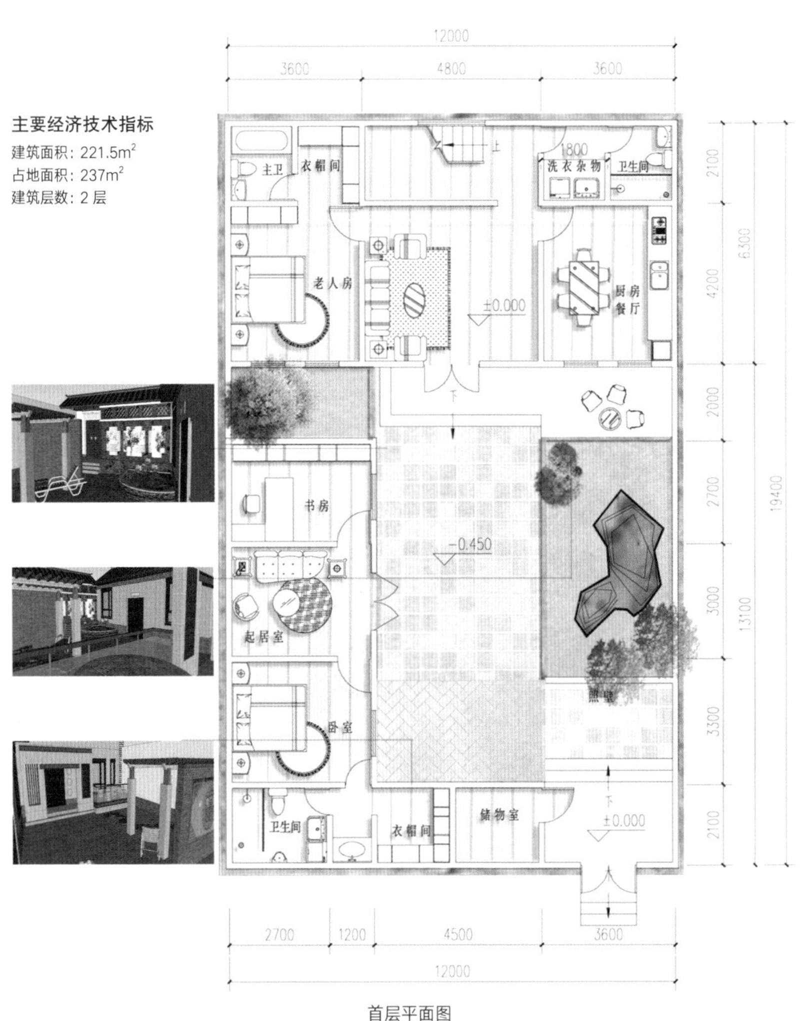

首层平面图

户型特点： 相对独立的居住环境，空间私密性更好，互不干扰。

户型介绍： 适合祖孙三代式三组家庭居住。孩子作为家里晚辈，居住在西厢房，给予孩子独立的生活空间，当孩子外出求学或者不在家时，又可作为民宿对外经营。老人和家里户主可居住在北面主室。老人房设置在一层，方便出行。房内设计有独立卫生间，充分考虑老人对于使用卫生间的特殊要求。户主在二层居住，既方便照料老人，又有相对独立的空间。

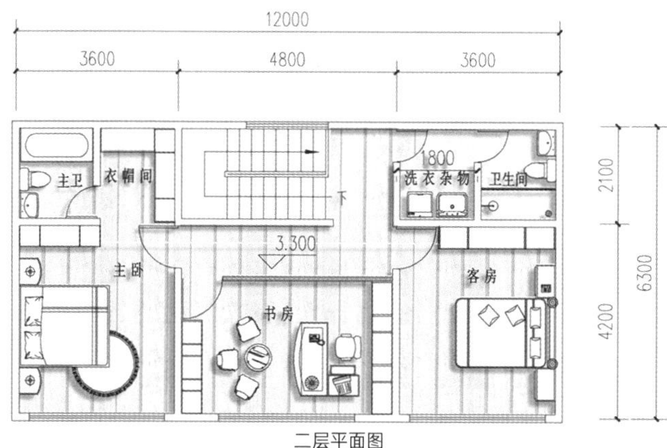

二层平面图

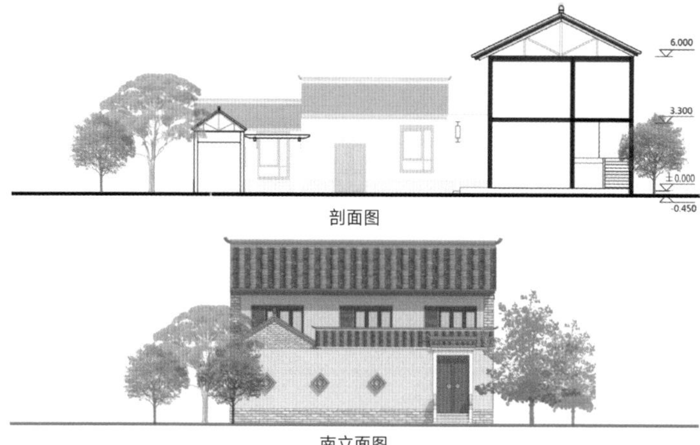

剖面图

南立面图

B 户型设计

户型特点： 功能分区明确，动与静的分离。

户型介绍： 北侧房屋以静为主，布置卧室、起居室、书房等。厢房布置娱乐、用餐功能，动静区分，院落更具整体性。西南角设计室外卫生间，符合传统村落。

布局方式： 入口处设置照壁，以回归传统风水布局。

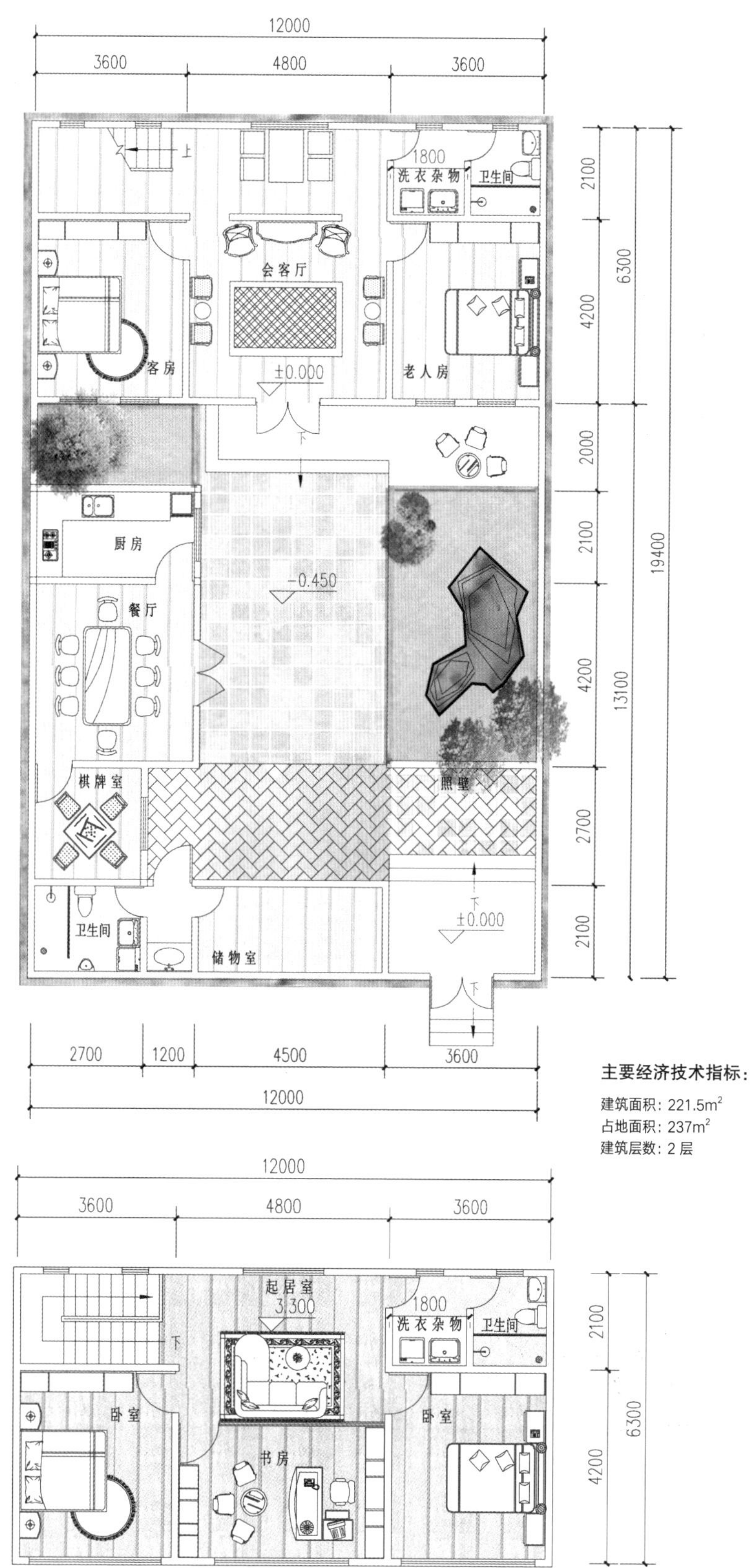

主要经济技术指标：

建筑面积：221.5m²

占地面积：237m²

建筑层数：2 层

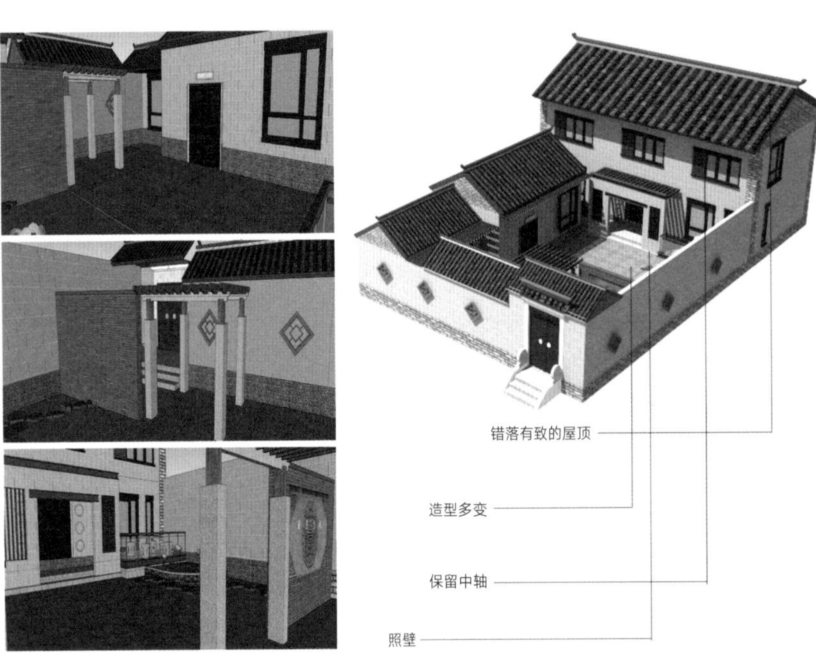

技术部分

装配式技术

1. 结构优势

经济适用：目前装配式形式有很多，虽各有千秋，但村民普遍反映造价偏高，尚没有达到可以接受的标准。成本控制是基础，以成本控制红线思维引导此农宅设计，在满足基本品质、性能与安全标准条件下，使村民住得舒心。本方案采用板式承重结构。近期钢筋价格增长，所以降低钢筋使用率能有效控制成本。

绿色低碳：全寿命周期建造理念，一体化部品集成技术、全覆盖的绿色建材与循环使用方式。

安全耐久：板式体系安全可靠耐久，可抵御恶劣自然环境的影响，保障生命安全。

易于推广：要考虑产业推广应用的可行性，技术应与应用推广模式相结合，应考虑到目前的生产建造水平和模式。

2. 结构材料

轻型混凝土。

3. 连接方式

采用榫卯连接，增强房屋的整体性和安全性。

施工流程

01 布置纵墙

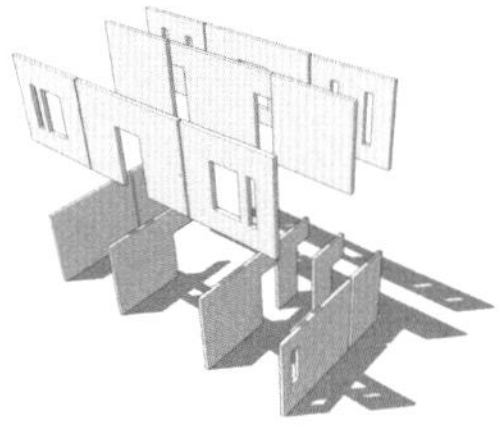

02 布置横墙

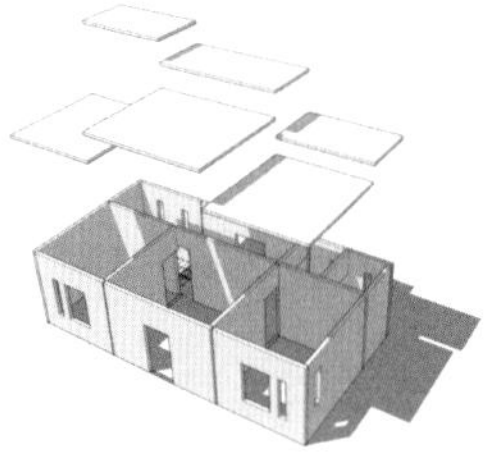

03 屋面和地面

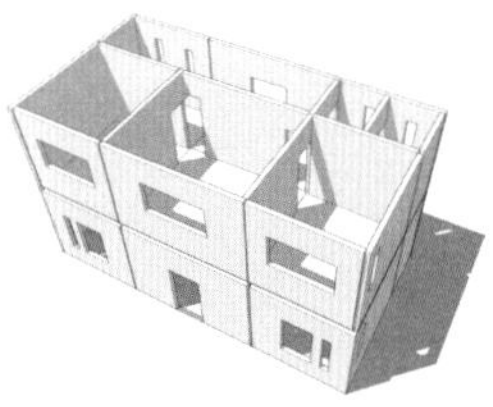

04 二层施工

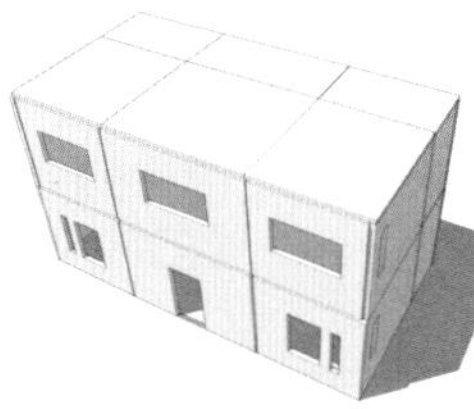

05 二层楼面

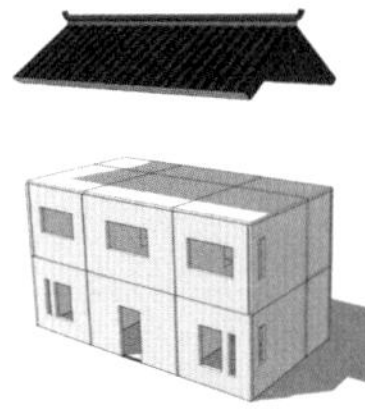

06 安装屋顶

07 单体完成

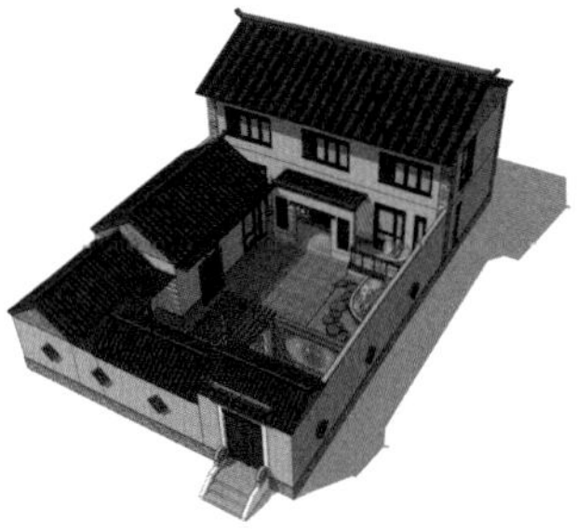

08 合院形式

板式结构农宅体系标准化构件模数

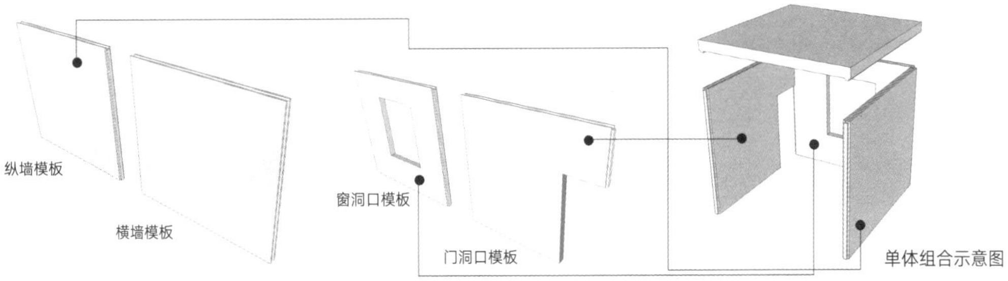

纵墙模板

横墙模板

窗洞口模板

门洞口模板

单体组合示意图

墙板构件剖面尺寸详图

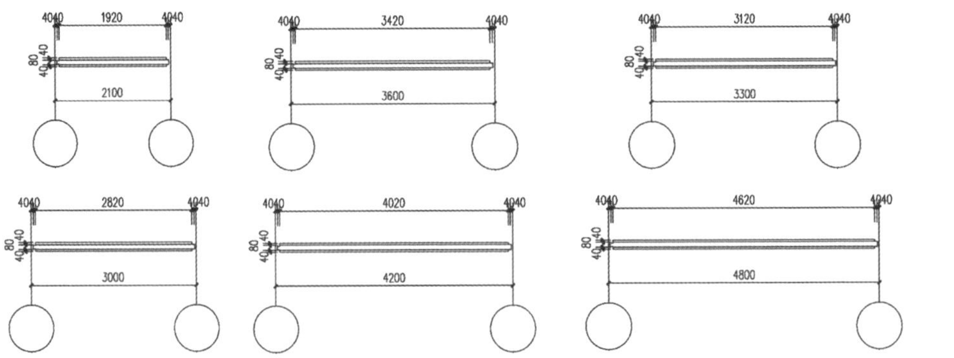

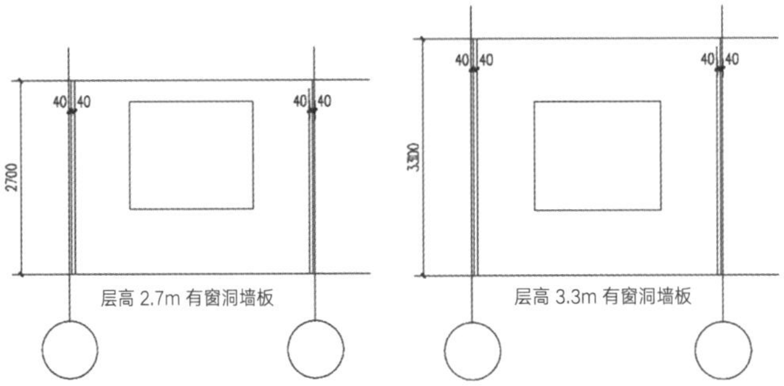

层高 2.7m 有窗洞墙板

层高 3.3m 有窗洞墙板

本方案的墙板，门窗，屋面板都按照模数设计，以不同模数去满足多样的空间尺寸。

学校：北京工业大学
指导老师：戴俭
设计人员：白洋　江美君　蒋雪莹

【期颐宅】——可循环农宅设计与建造

现状调研

传统建造缺点：养老设计缺乏

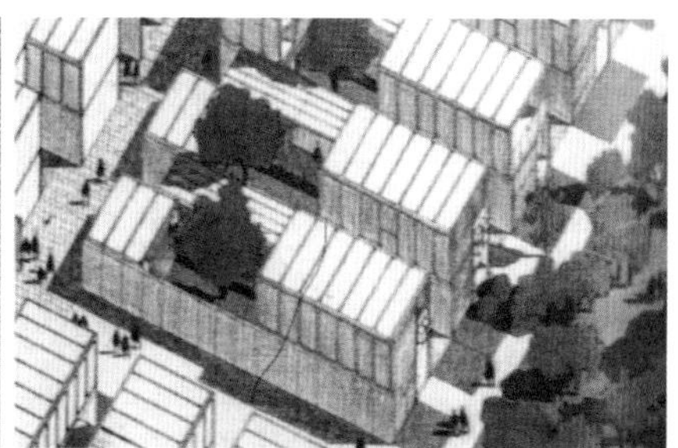

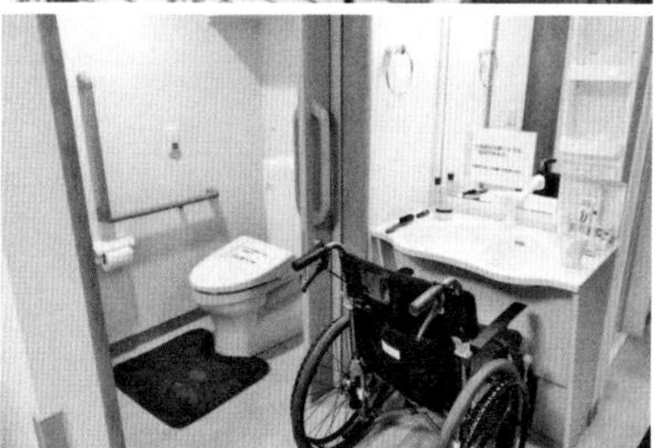

运作模式

1. 传统扶贫方式可能问题

（1）老人保障金无法最大化、最优化利用，实际价值与期待值不匹配。

（2）企业、社会力量在扶贫工作中发挥力量小。

2. 期颐模式社会意义与优势

（1）老人保障金最优化投资，作为基础有利于激发子女对老人的赡养以及社会、企业对老人的关怀。

（2）根据资金多少、条件好坏确定房屋规模，具体情况具体分析使得扶贫具有针对性。

（3）监督机制、保障机制协同保证模式正常准确运行。

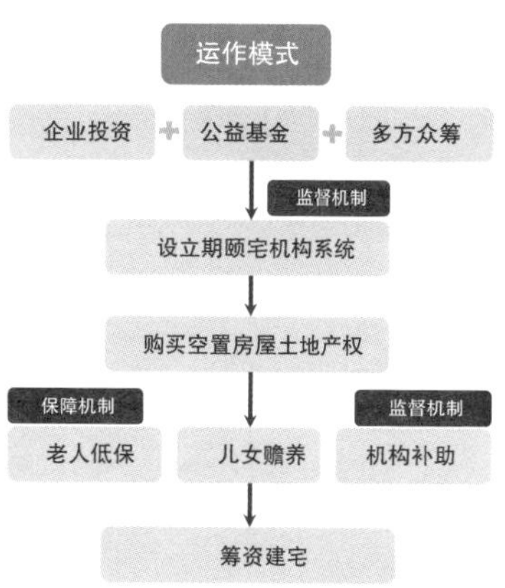

建造模式

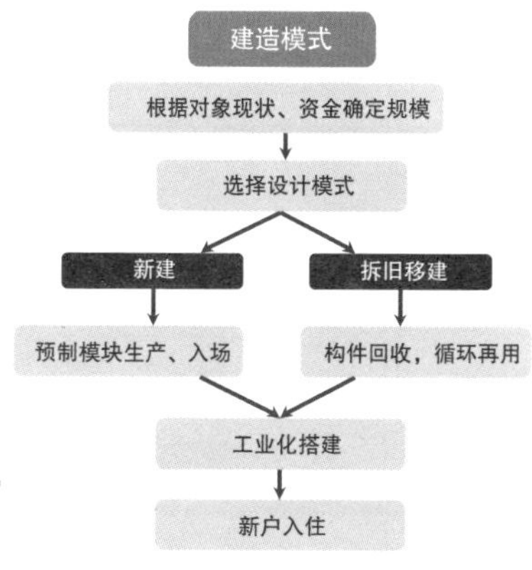

1. 传统建造问题

（1）传统农宅发展与城市规划衔接不上，基础设施跟不上。

（2）住宅质量差，建筑寿命不长。

（3）搭建时间久，人力、材料成本高，现场杂乱。

2. 新型体系社会意义与优势

（1）全生命周期住宅，材料可重复拆建，寿命长。

（2）采用工业化生产方式，与城市化建筑发展方向易衔接。

（3）工业化生产建造，周期短，成本低，易控制。

设计方案

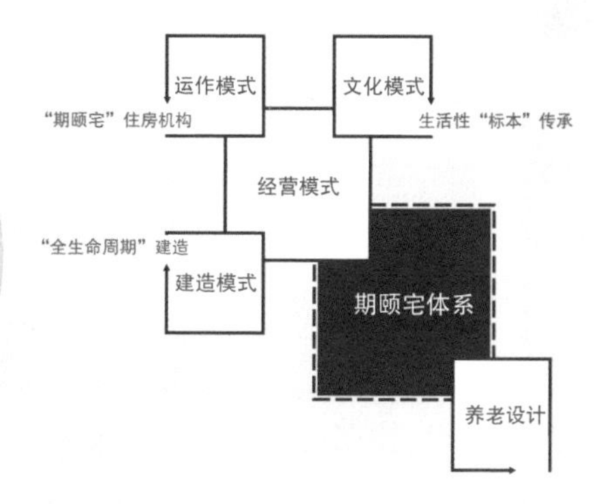

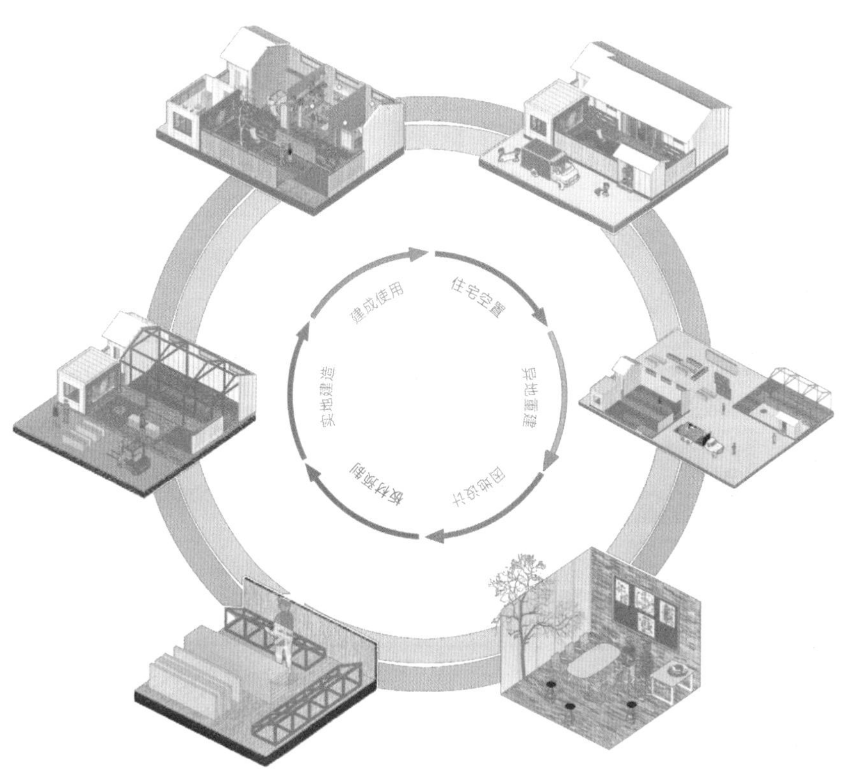

轻型预制板式房屋系统建造体系：轻型预制板材与轻钢结构复合。

建造体系中使用板材：轻质蒸压加气混凝土板，简称ALC板，由粉煤灰、水泥、石灰等为主要原材料，钢筋网片增强，高温高压蒸汽养护而成的多气孔混凝土产品。将该材料与建造体系运用于期颐宅系统，反复拆卸、异地再建，形成住宅全生命周期目标。

蒸压加气混凝土板用途：结构、维护一体化。

建造体系优势

标准化生产	体系化装配	模块易运输
施工效率高	劳动强度低	设备要求低

建造材料优势

物理性能强	板材自重轻	板材强度高
绿色环保型	造价成本低	维护承重一体

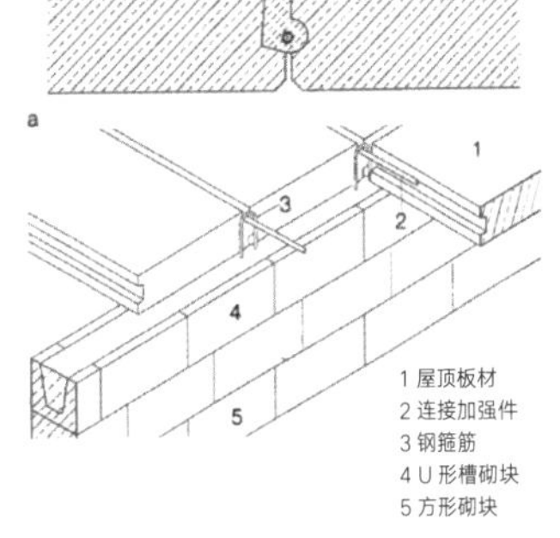

屋面板

承重墙板

立面元素

文化模式

1. 乡村文化现状

(1) 老人独居，农村空心化现象明显。

(2) 血缘传承人外居，集体关系弱化。

(3) 传统睦邻关系流失，民风渐不古。

2. 乡村文化愿景：社会意义

(1) 期颐宅具有开放性，加强睦邻关系。

(2) 血缘关系传承转换为社会关系传承。

(3) 吸引村民回乡，老人安居，强民风。

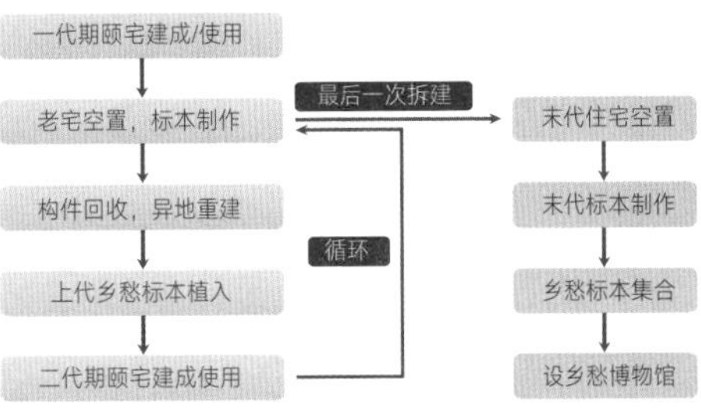

乡愁标本：乡村事迹的记录，实体老物件，前代主人的照片

养老设计

室内外无高差

尺度适合轮椅通行

老人防摔倒扶手

适老性卫浴

设计成果

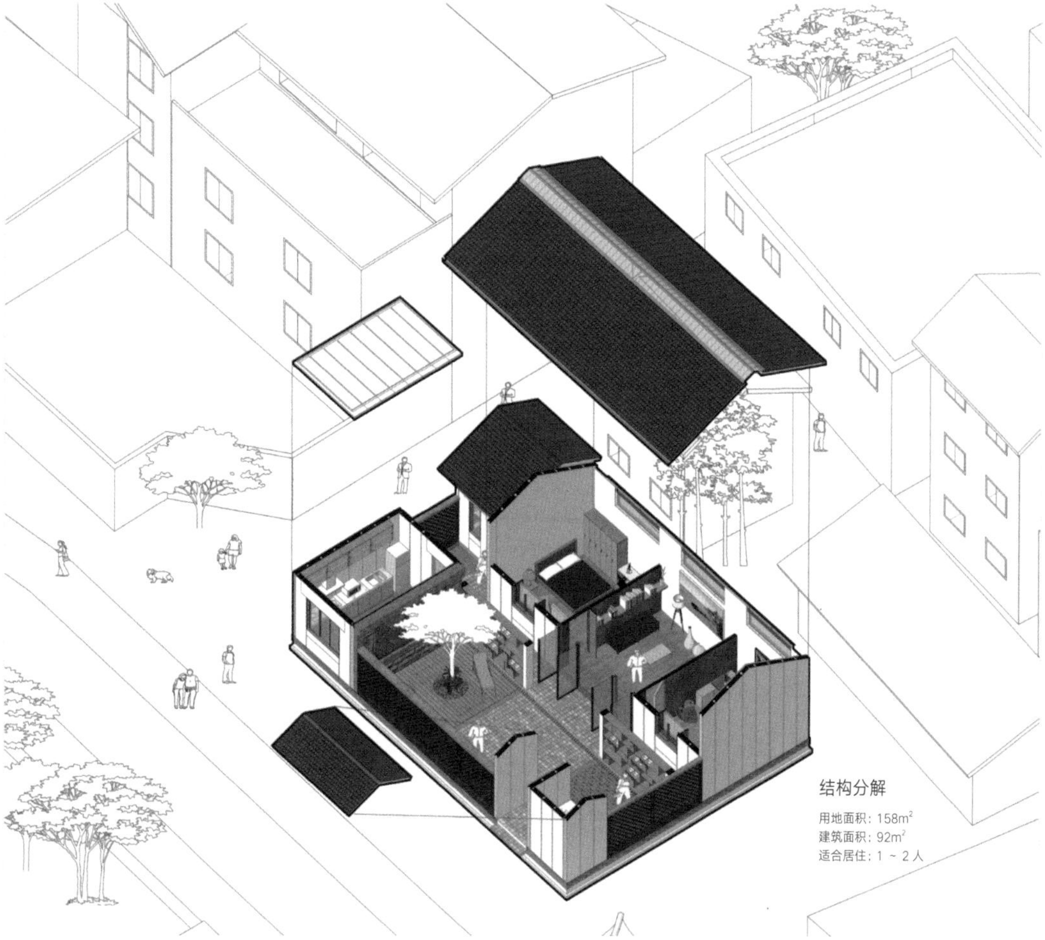

结构分解

用地面积：158m²
建筑面积：92m²
适合居住：1～2人

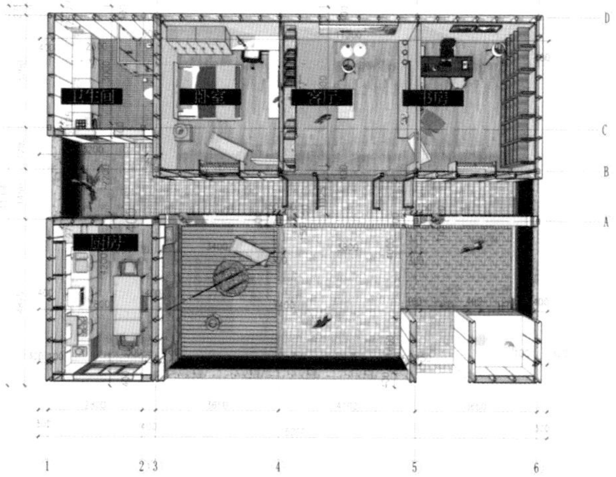

平面图

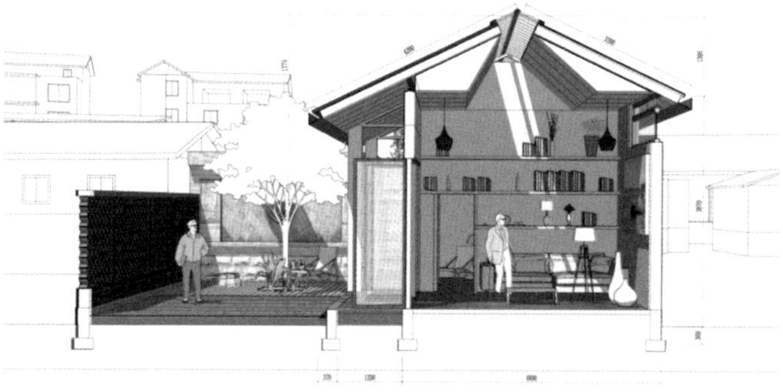

剖透视

期颐宅入口

期颐宅鸟瞰

学校：东南大学　　指导老师：徐小东　　设计人员：安帅（华东建筑设计研究总院）刘梓昂　张炜

三等奖

【屋顶·记忆】——山东省乳山市

设计说明

原建筑情况：建筑：地基由毛石碎块、泥土、沙子等组合建成；基础为地面圈梁和水泥砂浆等组合而成。无柱子，由墙承重，墙体由黏土烧结砖和水泥砂浆建成，墙体上的梁为木制梁，屋顶为木架梁和保温土，卢苇草和黏土烧结红瓦装修；墙面为腻子、瓷砖和木板；顶棚为塑料空心板。总结：墙体没有保温材料，地面防水材料较差，建筑抗震效果差，屋顶有裂纹。

设计目的：改善该户的居住环境和舒适度，更好地在农村推广绿色装配式建筑。

新建筑情况：建筑：岩石、碎石土、砂土、粉土、黏性土和人工填土组合建成，基础由钢架和水泥砂浆等组合而成。承重结构为工字形钢柱和梁，屋顶架子也为工字形钢，墙体为保温层和围护层，屋顶为保温层，防水层和围护层由板和棕条组成。建筑为装配式建造，有节能设计，如收集雨水设备、风力发电机和太阳能板等。

总结：建筑中发电量可以自足，多余电量可以向国家电网提供，建筑抗震性较高，保温较好，屋顶活动空间增大，屋顶有绿化，使建筑更好地融入自然。

区位分析

大乳山滨海旅游度假区位于威海乳山市，地处胶东半岛南端，滨临黄海，与青岛、烟台、威海三大旅游城市之间的车程均在1h左右，与韩国、日本隔海相望，是胶东半岛"黄金"海岸线的重要旅游目的地。

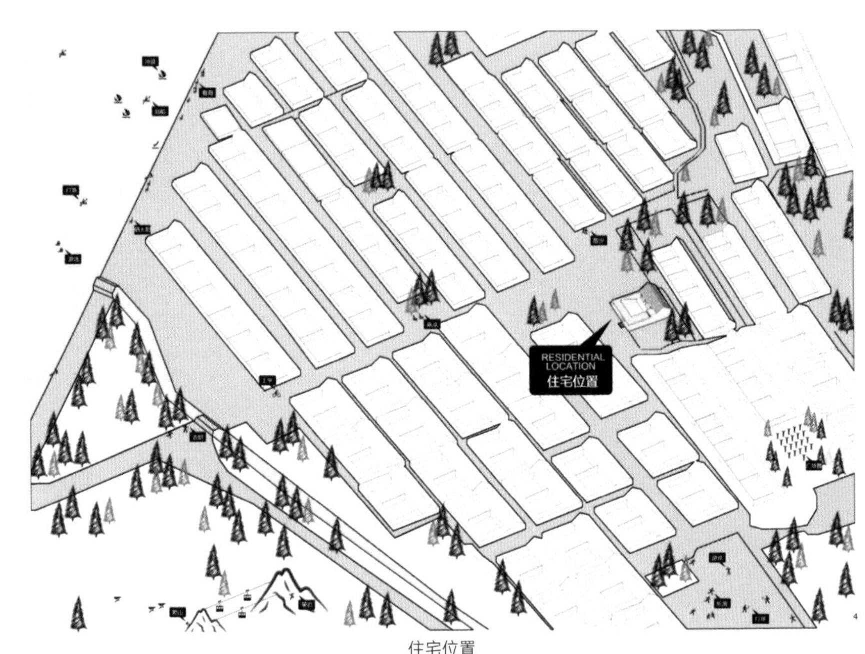

住宅位置

主卧 　大门 　厢房 　道路 　主街

小巷 　街道 　山墙 　多福山 　旧房子

低矮白门 　主要道路 　屋后 　大门 　新建筑

度假区以景观独特的“大乳山”为中心，海陆总占地面积为 52km^2，山、海、滩、湾、岛资源期权，景观丰富，环境优美，山海湾相连，湖海滩相映，拥有三亚的浪漫，千岛湖的优美，春温秋爽、冬暖夏凉，年平均气温在 11.4℃。

度假区以威海市打造潜力幸福海岸线为依托，以“母爱温情，福地养生”为文化主线，经过三年来的开发经营，已是“旅游观光、休闲度假、康体养生、文化娱乐”为一体的综合性大型休闲旅游胜地。“母爱、爱母、敬母、回报母亲”的中华民族优良传统文化在这里光大并先后被评为“中国十佳休闲圣地”，中国女摄影家协会在此设立摄影创作基地；中华母亲节促进会和国际休闲产业协会也分别在此设立论坛会址。

地域性作为建筑的基本属性之一，是人类聚落与建筑形态在漫长的演变过程中与当时、当地的自然、社会人文因素、经济技术条件相互作用的结果，具有时间、空间的限定和不断发展、自我更新的特征。在全球一体化和信息交流日益频繁的今天，建筑的领域性作为保持文化的多样性的一个重要的途径，已受到世界各国的广泛关注。

山东省威海市传统民居技术

因地制宜，就地取材。充分运用当地盛产的石材、木材芦苇草等进行房屋的建设。如运用芦苇草编织的屋顶，在下雨时可以吸收透过瓦片的雨水，天气转晴又可以很快晒干，当地居民多以方此法来做屋顶防水。同时居民的屋顶利用当地产的松木，进行防腐涂刷，作为支撑构架。

体态规整，秩序明确。威海多山临海，房屋多建在北有山南临海的地区，平面布局较为平整，个别的布局依地形而建较为灵活。

注重生态环境保护，与自然和谐而居。体现“天人合一”的居住观和自然观。以天生材料生产直接作为建筑材料，减少了二次加工对环境的污染和破坏。

威海属于北温带型大陆性气候，四季变化和季风进退都较为明显，与同纬度的内陆相比，具有雨水丰富，年温适中，气候温和的特点。传统民居适应变化多雨的气候条件，体现了当地建筑突出的特点。在建筑空间处理和构造做法上，注意冬季保温，其他季节屋顶开场空间的利用等。

传统民居屋顶构造

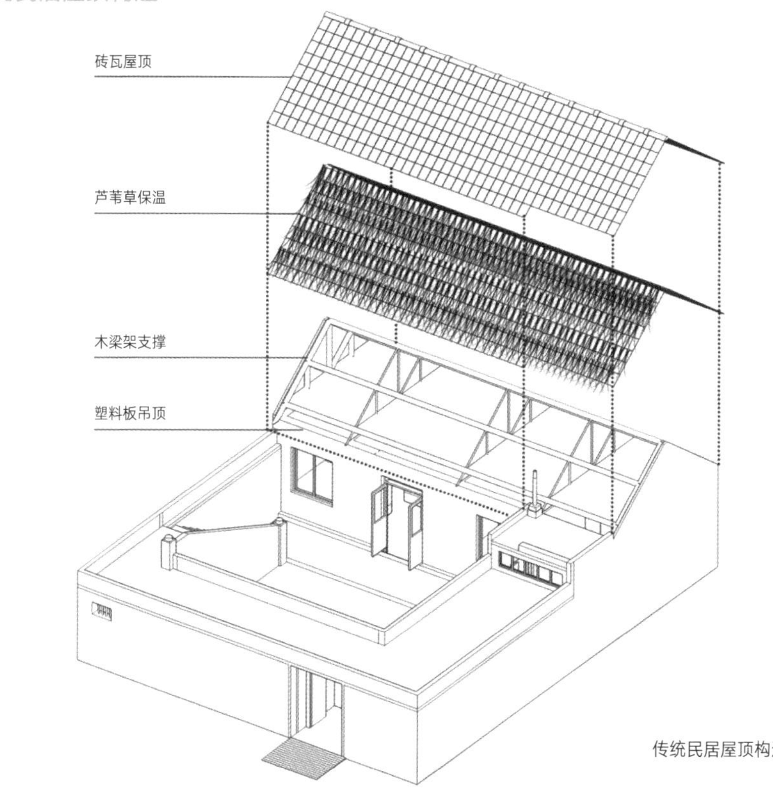

传统民居屋顶构造

废弃建筑材料的应用

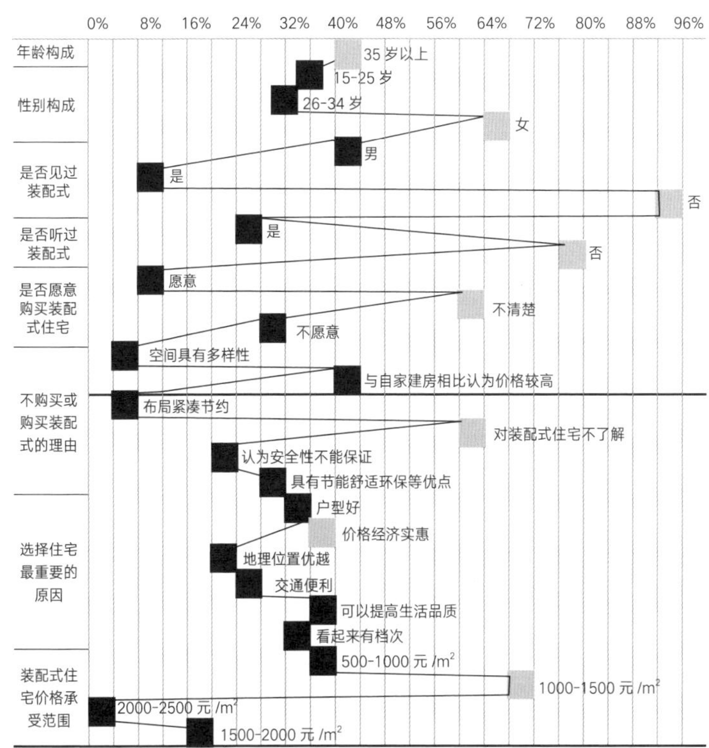

当地居民调查问卷统计

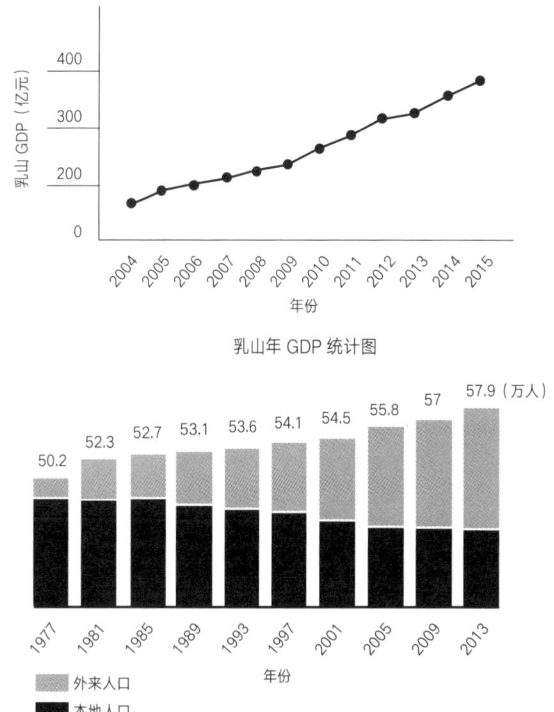

乳山年 GDP 统计图

乳山人口统计图

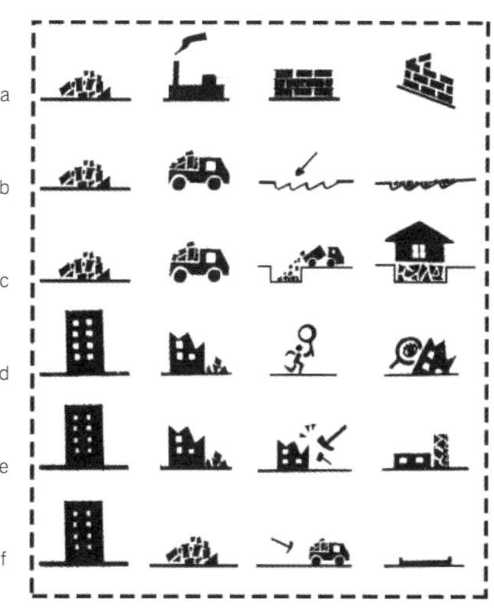

a. 建筑废弃物在经过特殊处理后，制作成空心砖之类的建筑原材料，继续回馈场地建设。
b. 建筑废弃物经过筛选，作为平整场地之用。
C. 建筑废弃无经过筛选，作为填充建筑基础之用。
d. 对于一些具有传统民居特色的建筑，由于具有科研价值，应该给予保护。
e 被破坏的建筑经过整治后，在特殊场地建设特色建筑，场地之用。
f. 破坏严重但是具有纪念价值的，可对建筑基址保留，达到保留纪念的作用。

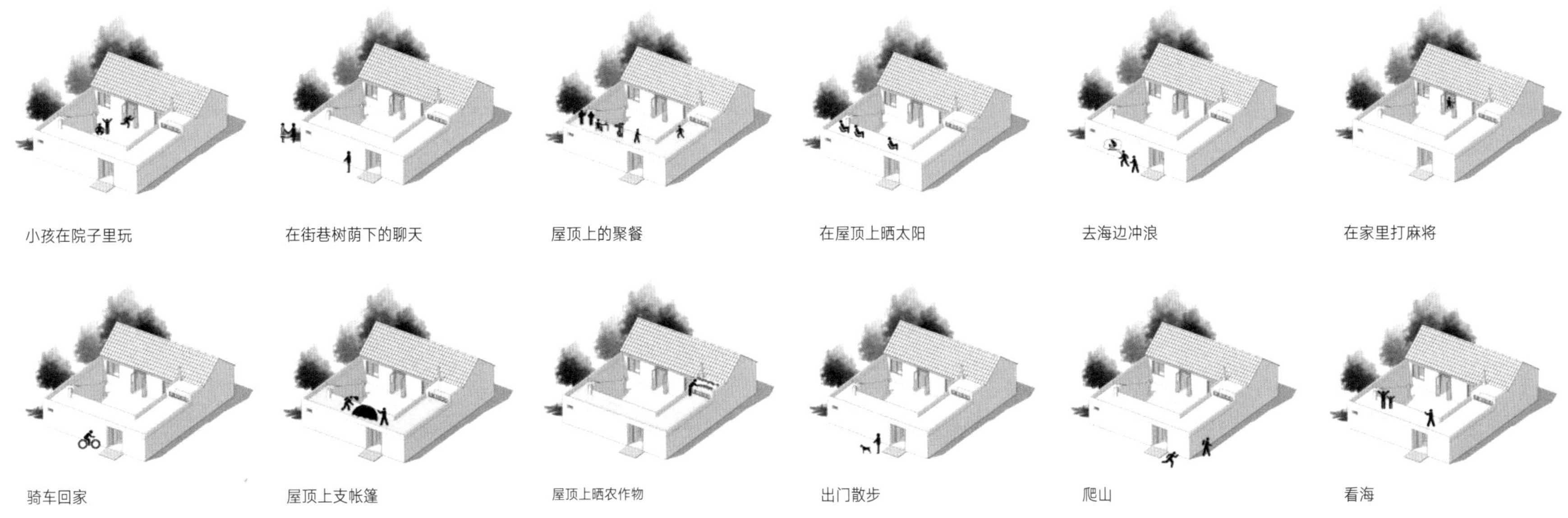

原有住宅生活空间分析

乳山地区民居，因地制宜地使用当地的木材、石材和芦苇草等作为建筑材料，和当地的环境一样天然柔美。灵活的布局方式融于当地居民的生活习惯。

传统的乳山民居采用砖砌体、稻草结合瓦的屋顶、木檩条等建造，生活空间主要有：

1. 客空间：主要是北房中的两间带火炕的卧室，当地居民的习惯是在炕上进行聊天娱乐（打麻将）等。

2. 饮空间：就是北房的门厅，穿插和联系两间卧室的空间。使整个空间显得较为拥挤，在生活当中造成了许多不便。

3. 居住空间：兼会客、带火炕。

4 屋顶空间：当地民居最具有特色的空间。乳山是以风景秀丽养生圣地而闻名，而当地的屋顶空间恰好发挥了乳山这一个最重要的优点，在屋顶上晒晒太阳，聚会，偶尔天晴的时候可以在屋顶上搭帐篷、数星星。乳山市地势曲折，有山有水，在屋顶上乳山的风景尽收眼底，所以在当地民居中屋顶空间可以算是一个灵魂空间。

总结：优化设计中，考虑保留屋顶活动并作为一个住宅的中心，整合改善原有住宅功能混杂的布局。采用装配式建造方法，创造一种现代化的适合属于当地居民的住宅形式。

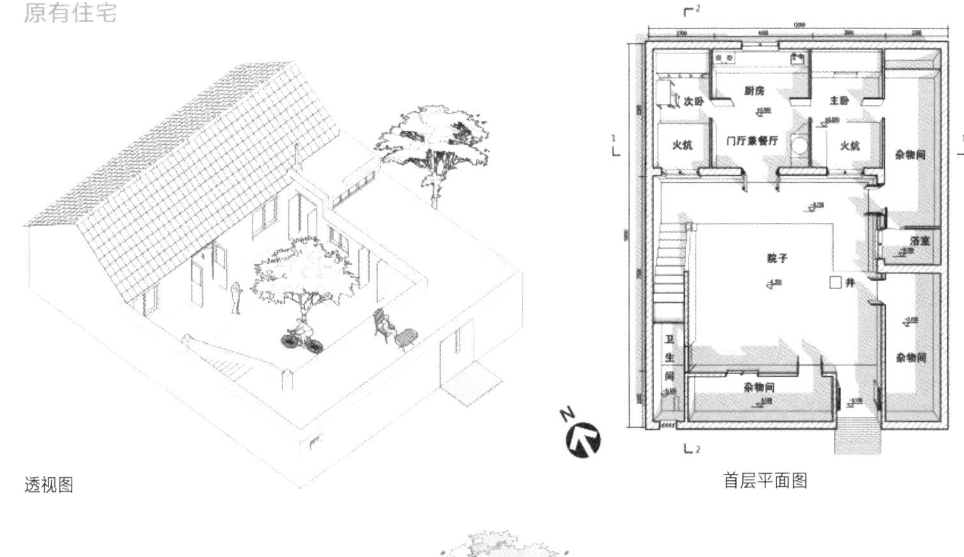

透视图　　首层平面图

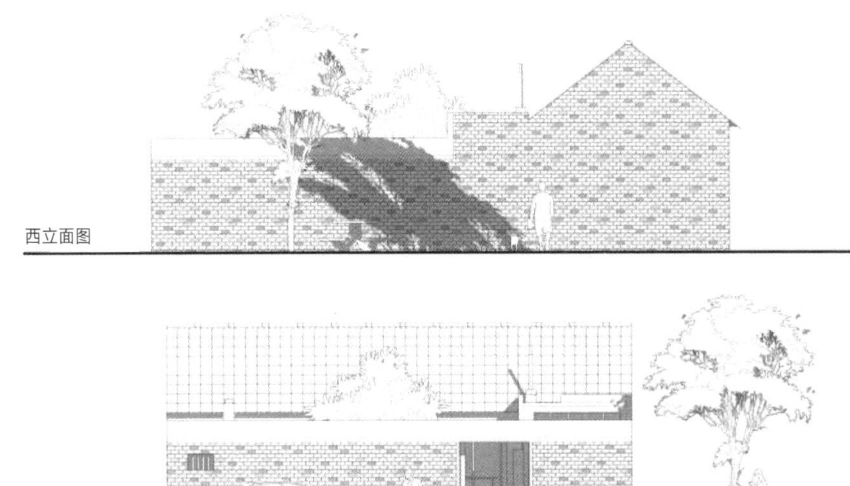

西立面图

南立面图

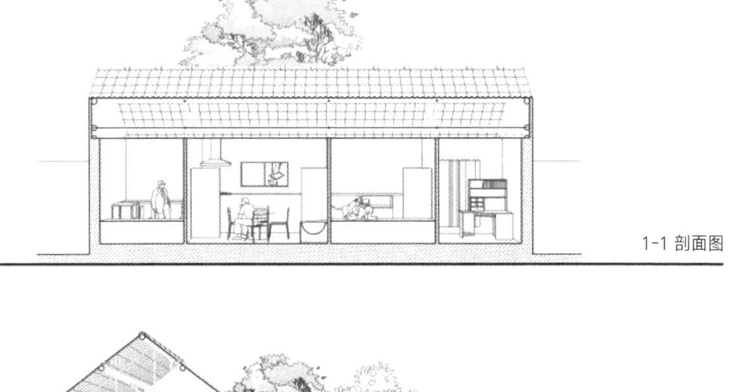

1-1 剖面图

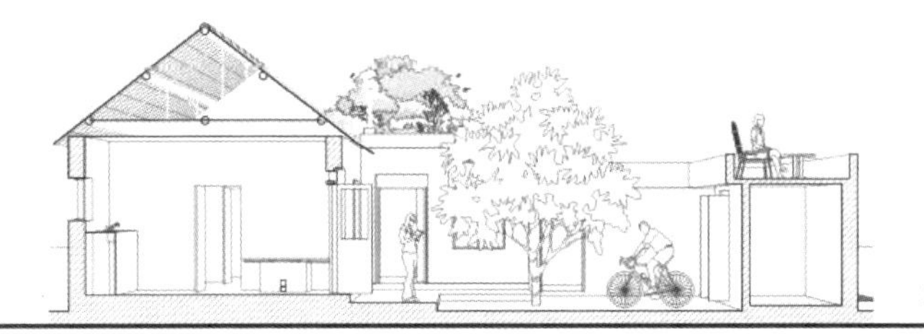

2-2 剖面图

体块分析

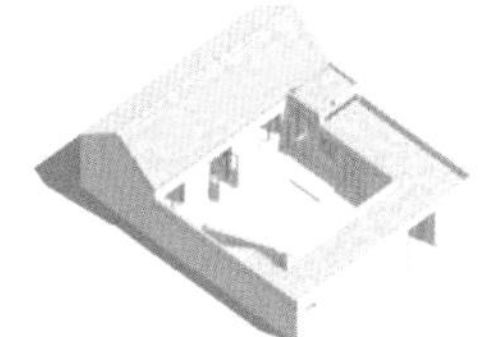

1 根据原有建筑提取出传统的建筑图底关系。

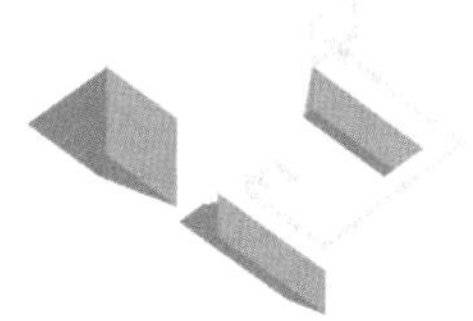

4 延伸屋顶露台，使建筑由室内到室外形成回路。

2 生成体块空间，围合院子与建筑的组合体。

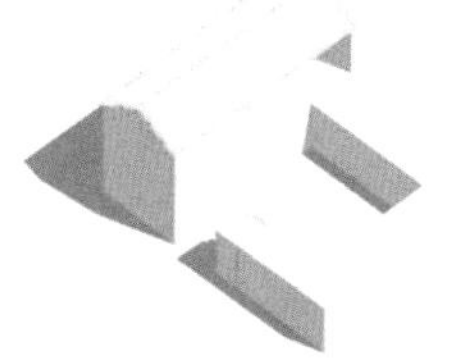

5 提取原有建筑坡屋顶形态。

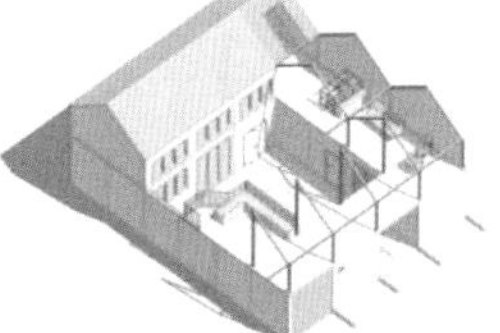

7 建造屋顶绿化和休闲空间，突出屋顶露台的灵魂空间。

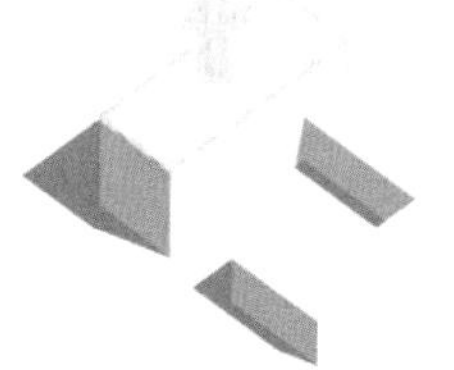

3 增大建筑使用面积北侧生成二层。

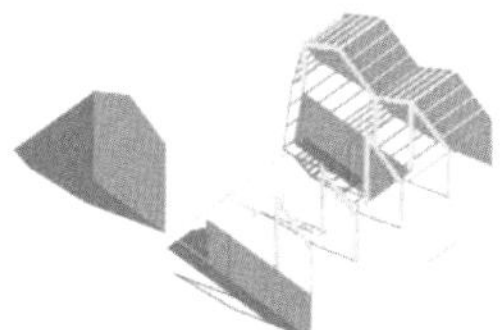

6 整合屋顶空间，与北侧屋顶形成整体。

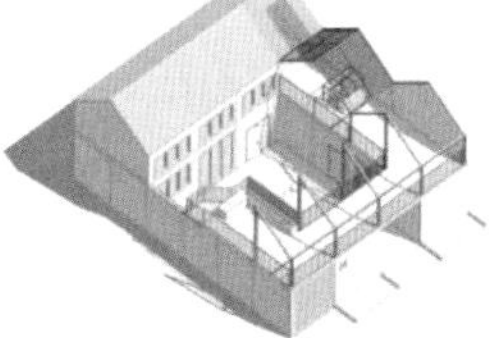

8 完成整体效果感受效果。

建造过程

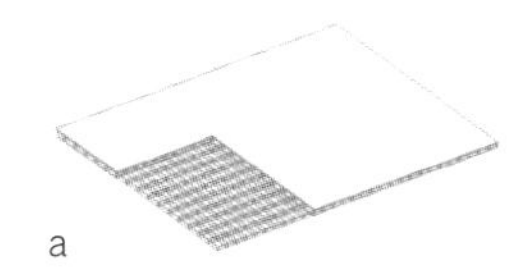

a

b

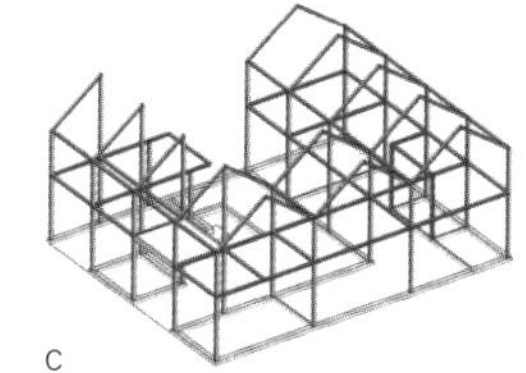

c

d

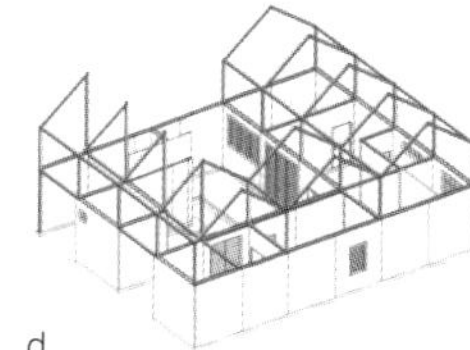

e

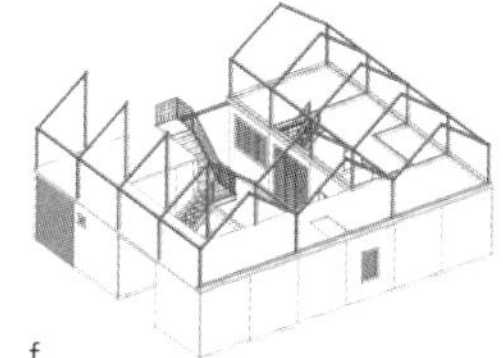

f

g

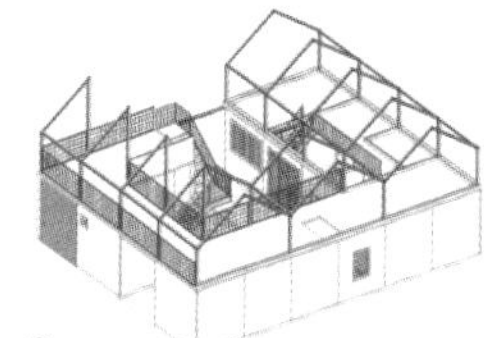

h

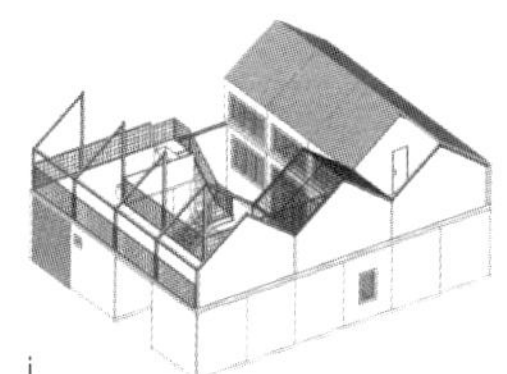

i

改造住宅

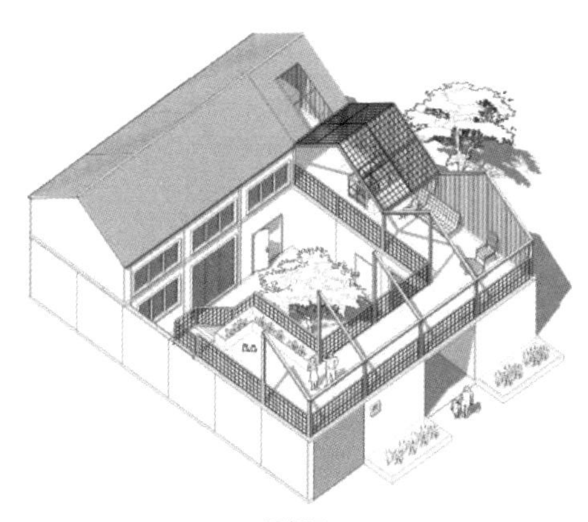

透视图

首层平面图

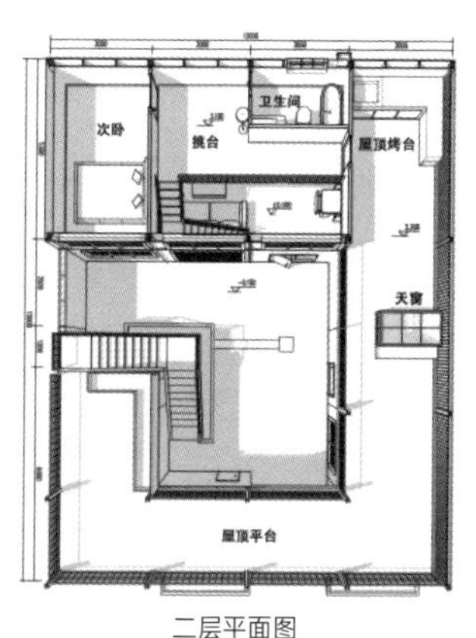

二层平面图

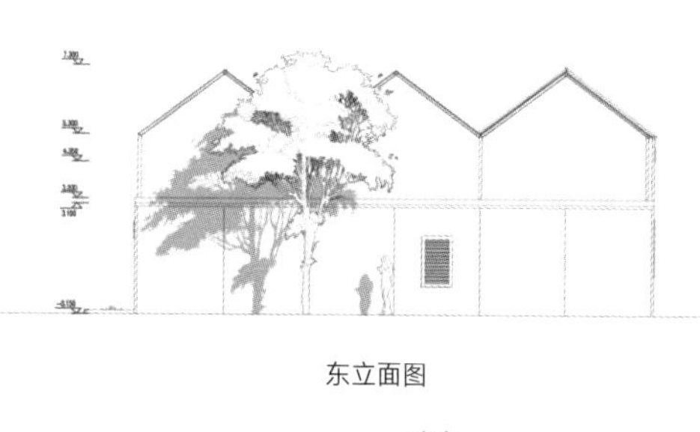

东立面图

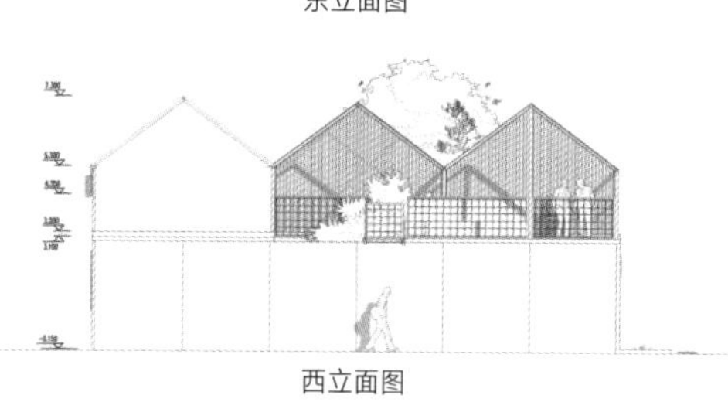

西立面图

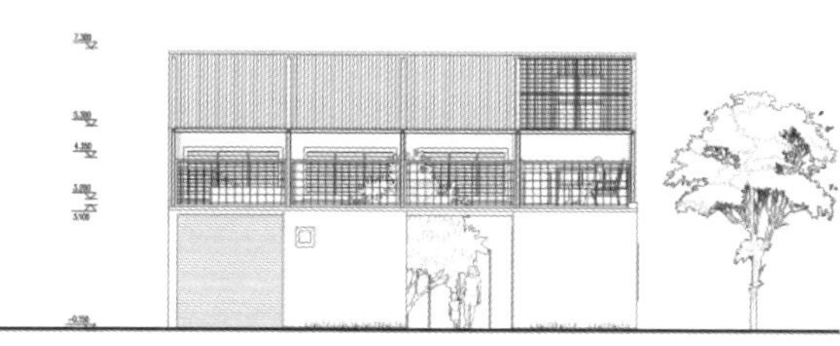

南立面图

1-1 剖面图

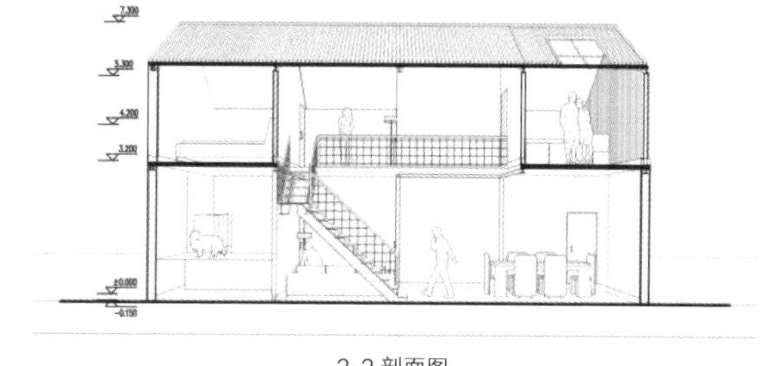

2-2 剖面图

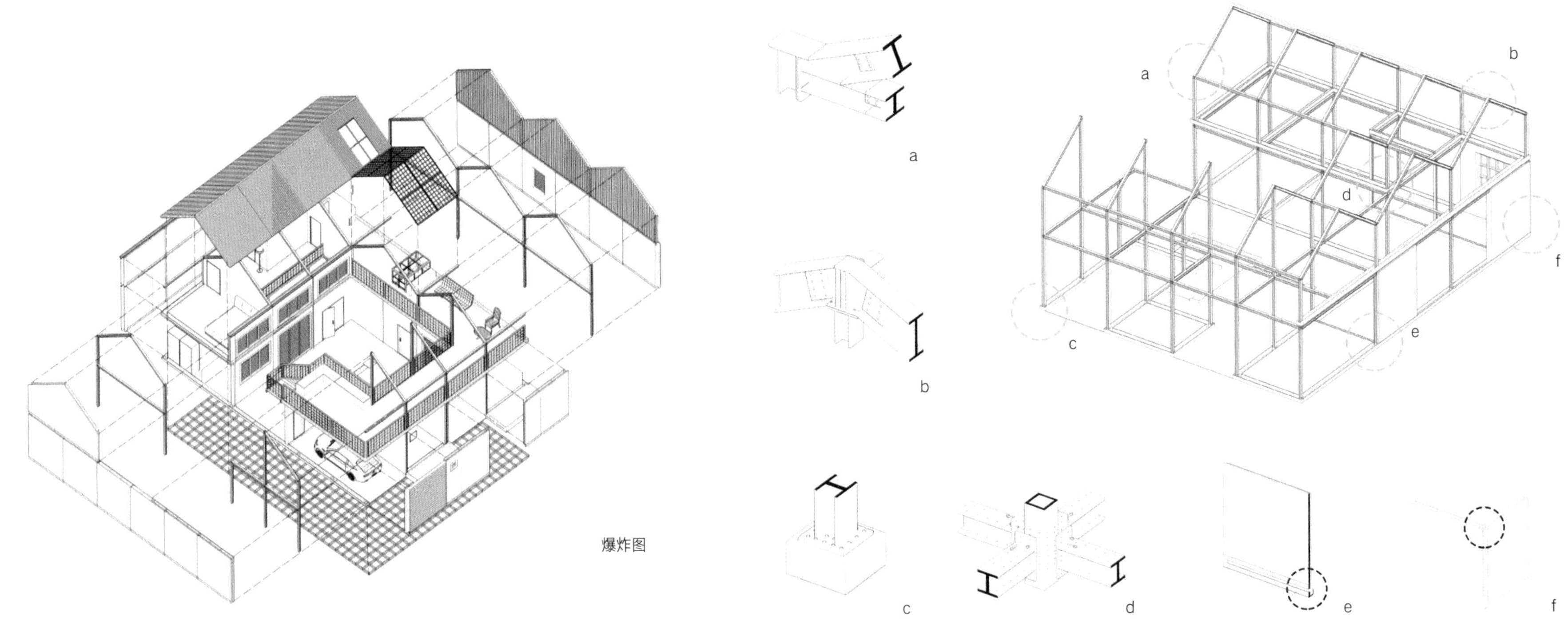

爆炸图

优化装配式住宅钢结构轴测图三维示意

节能设计

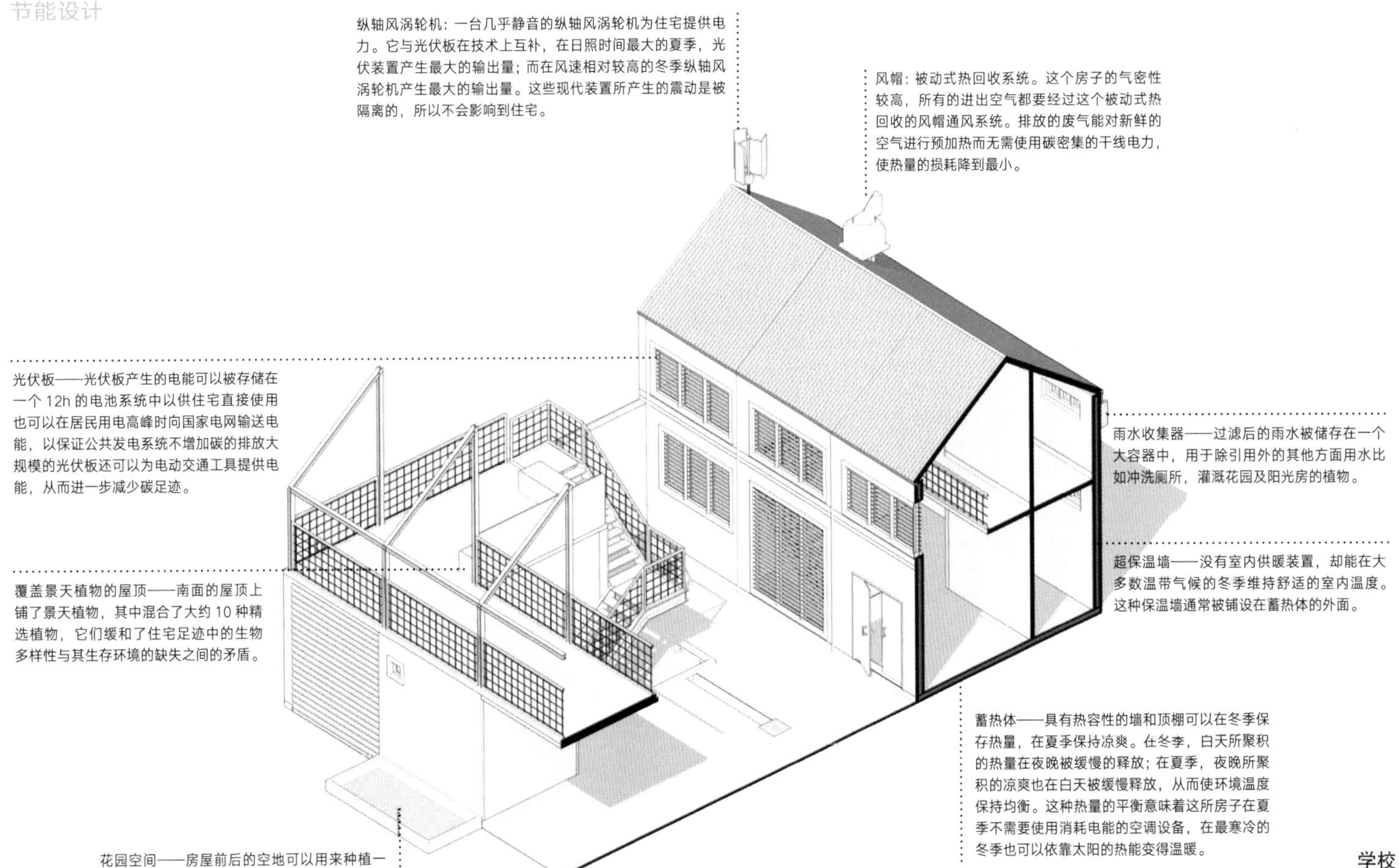

学校：内蒙古科技大学
指导老师：武斌　乌进高娃
设计人员：姜斌　王海涛　岂梦朵

【新型牧民住居】——内蒙古

调研分析

现状生产生活方式

传统生产生活方式

分析说明

1. 牧区人民的生产、生活(牧业、半农半牧)虽然得到了极大提高,但砖瓦房代替了原有的蒙古包,失去了牧区独有的地域特色。

2. 现有的蒙古包由帆布和钢建造，蓄热、通风、保温能力较差。

3. 由于地处中国北部严寒地区，建筑平面展开，体形系数较大，不利于建筑的保温，需要大量的供暖（烧煤为主，无组织供暖）设施维持室内的舒适度，耗能较大，污染较大，破坏环境；卫生间为旱地厕所，距离生活区较远，使用不便；生活生产用水，需外出运水解决。

4. 建筑内部流线交叉，功能混杂，没有得到合理的组织，不利于使用（如厨房距餐厅较远，或有可能经过室外，特别是冬季不利于用餐）。

5. 本地域风能、太阳能资源丰富，政府的新能源惠民政策为太阳能、风能在牧区的发展提供了有利条件。

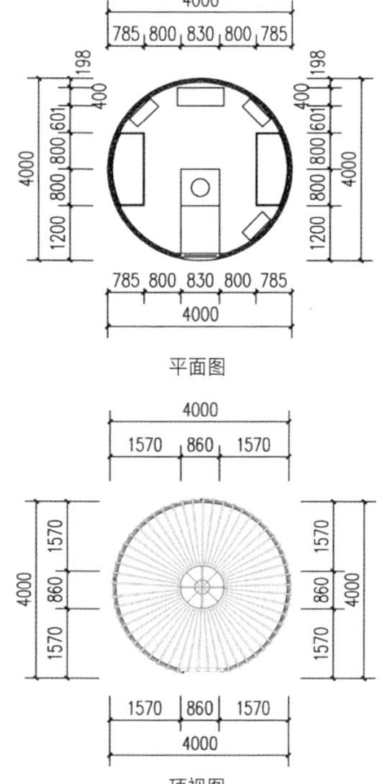

平面图

顶视图

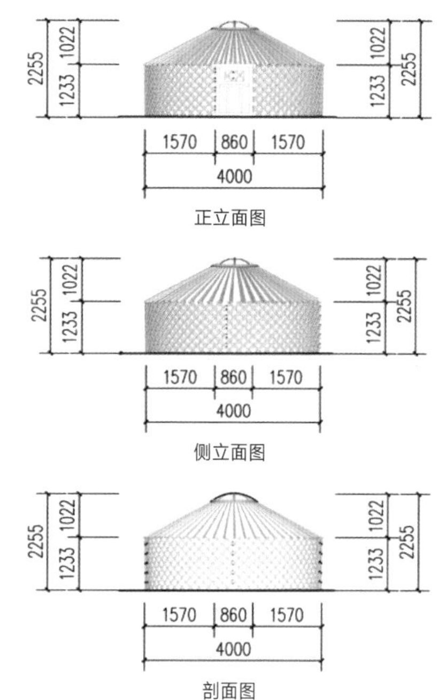

正立面图

侧立面图

剖面图

传统蒙古包

蒙古包各构件尺寸及其空间大小关系表

哈那片数（个）	蒙古包直径（m）	哈那高度（m）	乌尼长度（m）	陶脑直径（m）	蒙古包面积（m^2）
4.00	3.80	1.23	1.85	1.29	19.60
4.00	3.44	1.17	1.70	1.00	15.50
5.00	4.30	1.23	1.80	1.13	22.60
5.00	4.00	1.34	1.67	1.12	21.80
6.00	4.32	1.30	1.92	1.10	24.60
6.00	4.00	1.20	1.80	1.05	20.80
7.00	5.10	1.40	2.45	1.00	37.80
10.00	8.22	1.72	3.40	1.45	133.80

构思过程

方案构思

平面	哈那	乌尼	套脑	围毡	顶毡	蒙古包
圆形平面转译为八边形平面，保持传统蒙古包的精神性	哈那、乌尼转译为格子，圆形的套脑转译为八边形套脑，保持蒙古人对蒙古包的原始感知需求			原始的毡子转译为现代装配式的耐候模块，解决了传统蒙古包耐候性差的问题		新型装配式牧民住居

说明

本设计以传统蒙古包住居“建构”为出发点，实现传统蒙古包“建构文化”的现代转译，使得历史文明与现代装配式技术“融合”，以实现人与自然的“和谐”，进而为牧民提供较强“环境支持力”，实现牧区的可持续发展。

新型牧民住居

设计说明

传统蒙古包住居自身为装配式建筑，但耐候性差，舒适性差。而本设计以蒙古包传统建构逻辑为出发点，以解决其耐候、舒适度为目标，对其进行现代转译，获得新型牧民住居，以期传承传统住居文化，实现牧区的可持续发展。以下为本设计考虑要点：

1. 设计采用现代木结构装配式技术，各构件（复合板材、耐候模块、防水模块等）工厂化预制，进行装配式建造。

2. 将传统蒙古包建构逻辑与现代技术结合，既突出地域特点，又聚焦现代性。

3. 建筑外部场所与内部空间均继承传统蒙古包的精神内涵，与周围环境达到和谐统一。

4. 建筑供暖、供电等用新能源（风能、太阳能等国家惠民政策）技术，并采用现代耐候技术，增加室内环境舒适度，减少能耗和污染。

5. 建筑材料主要采用复合木板等，有利于降低工程造价。

6. 新型牧民住居建构逻辑与传统蒙古包建构逻辑类似，其实践施工操作性强。

设计方案

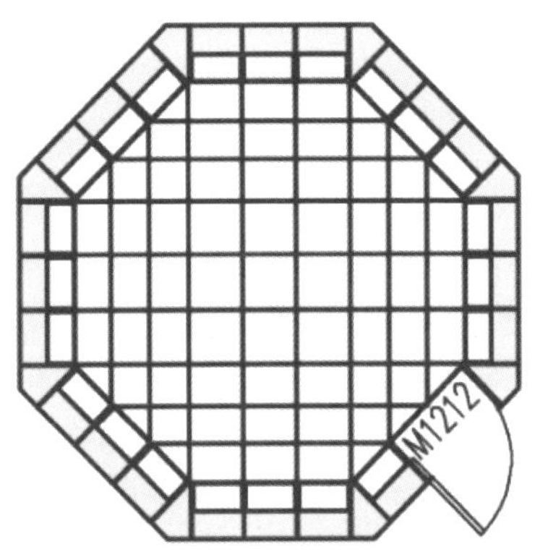

平面图

建筑面积：25.52m²

建筑层高：2.285m

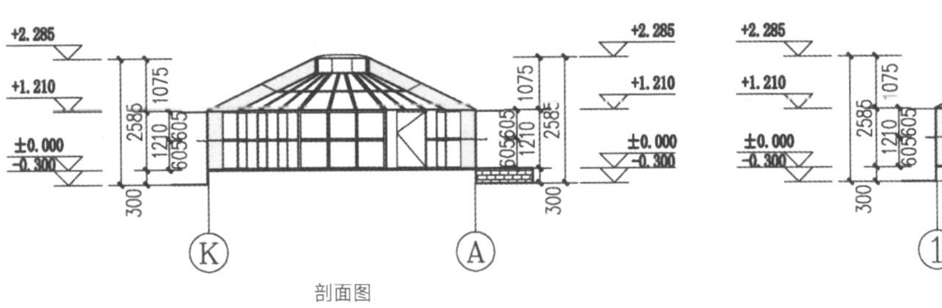

剖面图

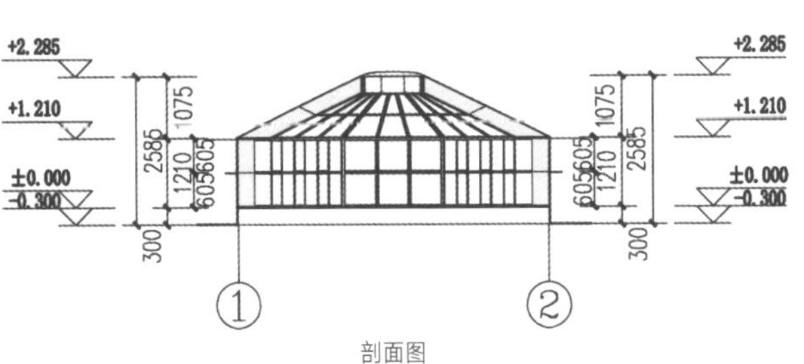

剖面图

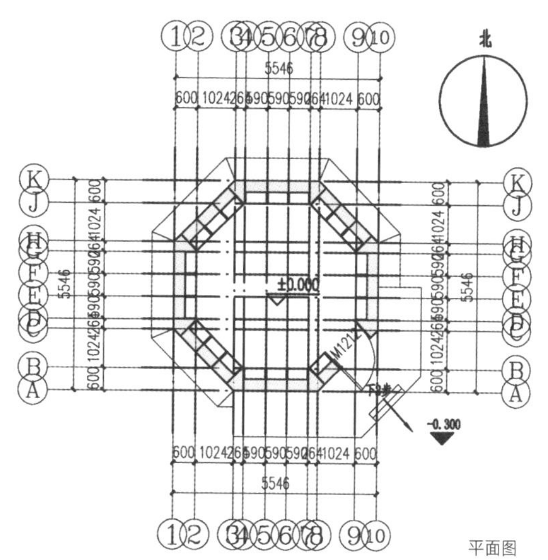
平面图

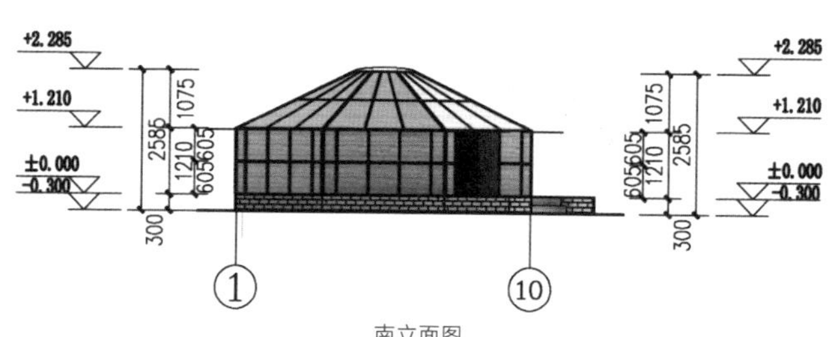
南立面图

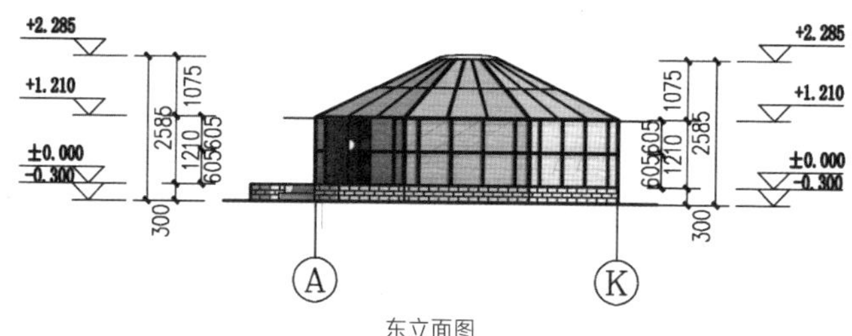
东立面图

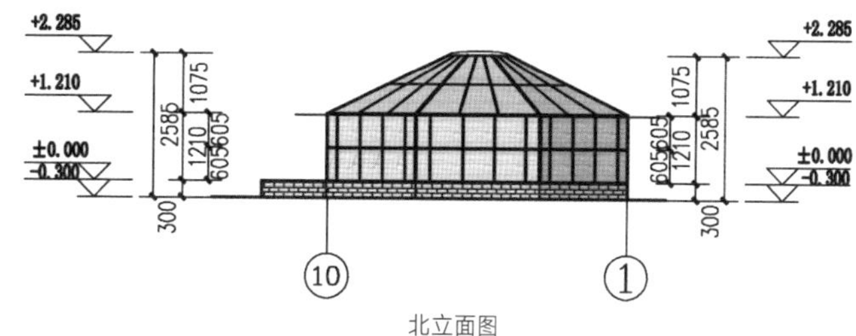
北立面图

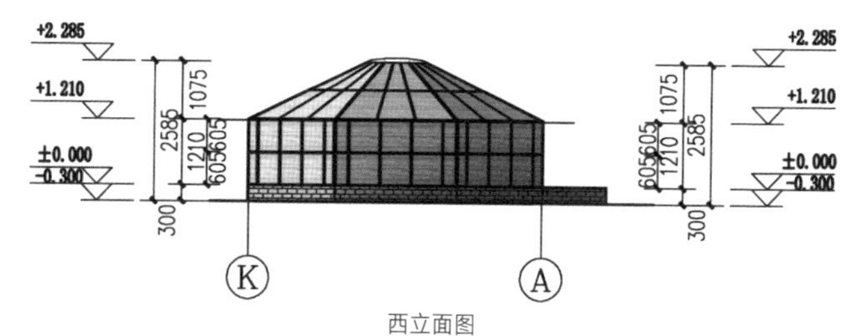
西立面图

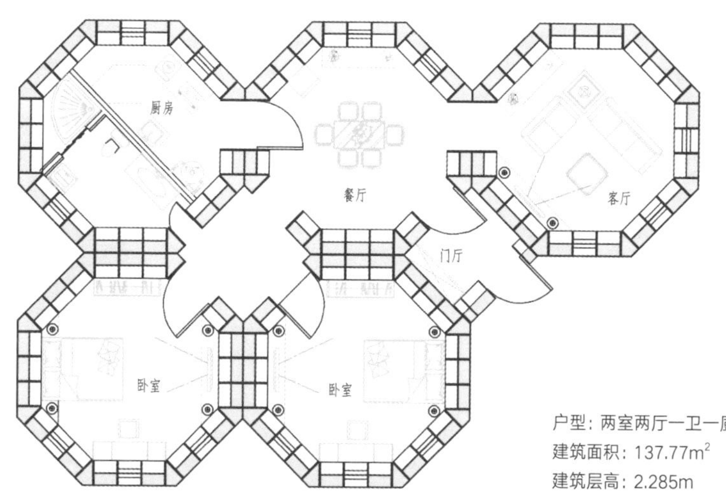

户型：两室两厅一卫一厨
建筑面积：137.77m²
建筑层高：2.285m

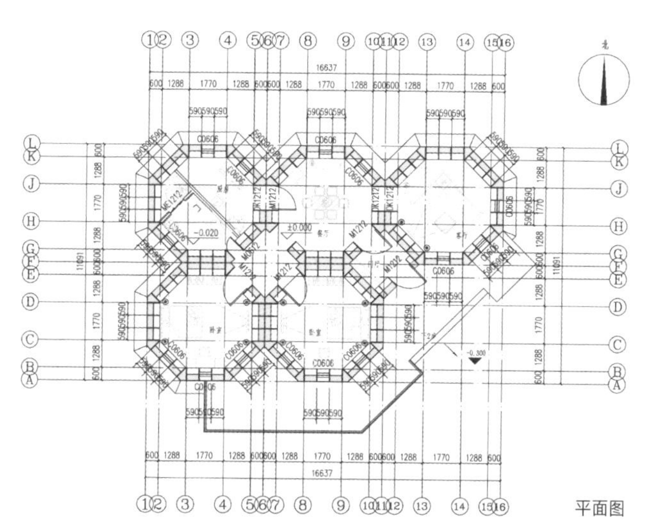
平面图

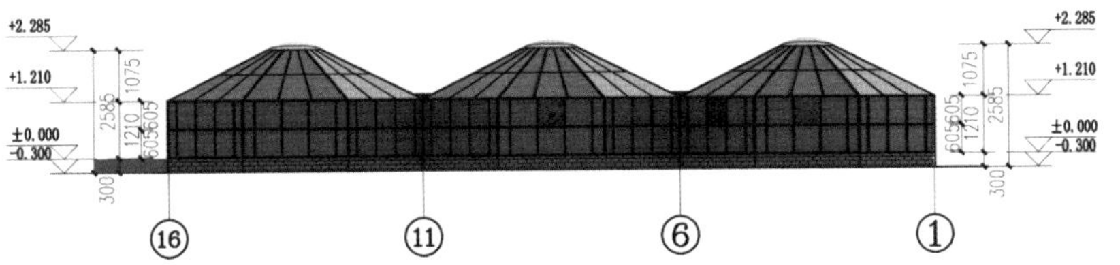

北立面图

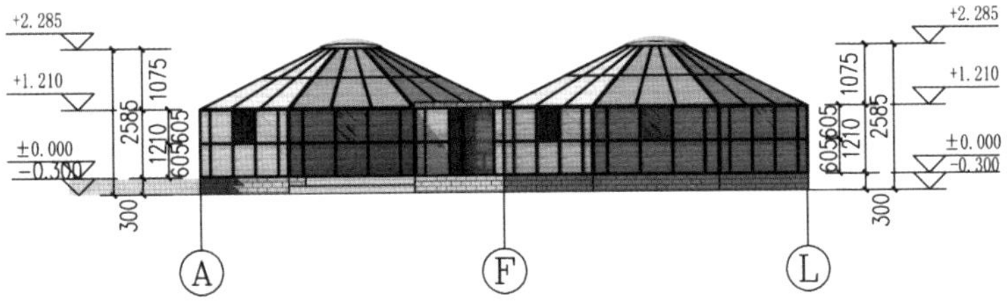

东立面图

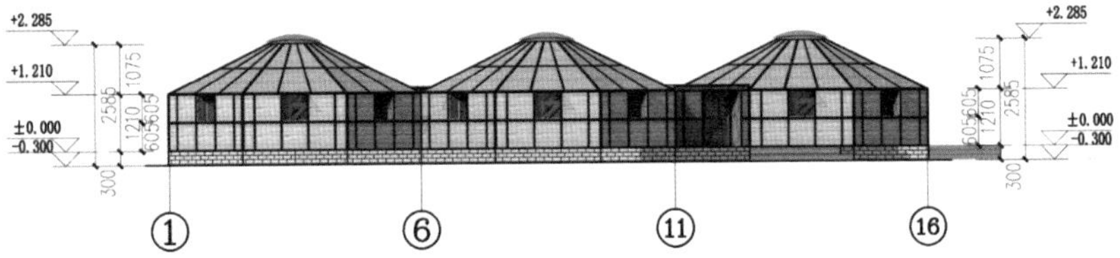

南立面图

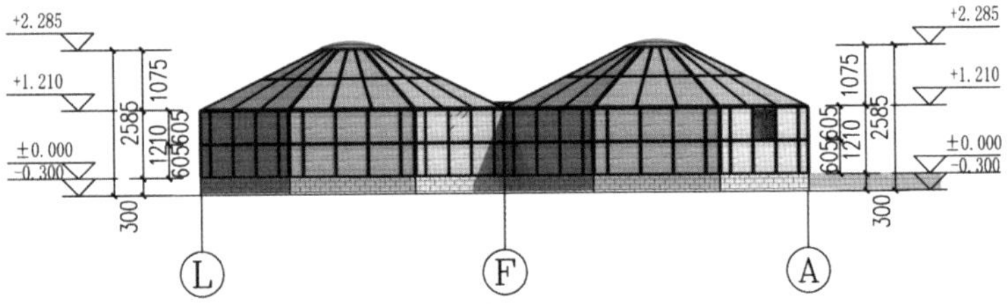

西立面图

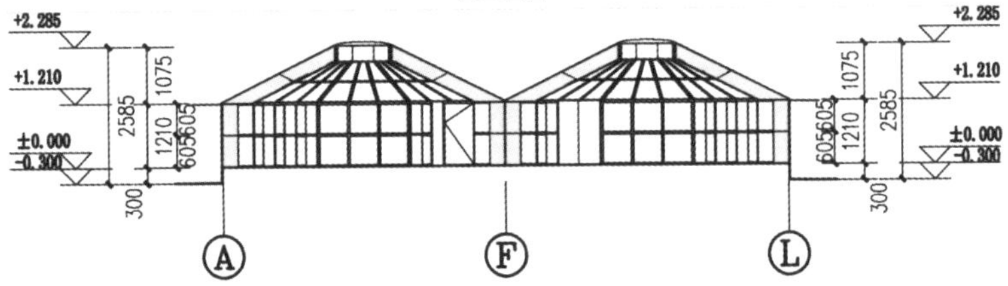

剖面图

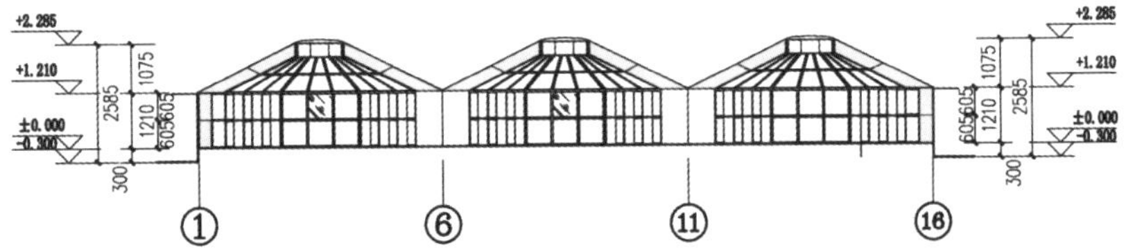

剖面图

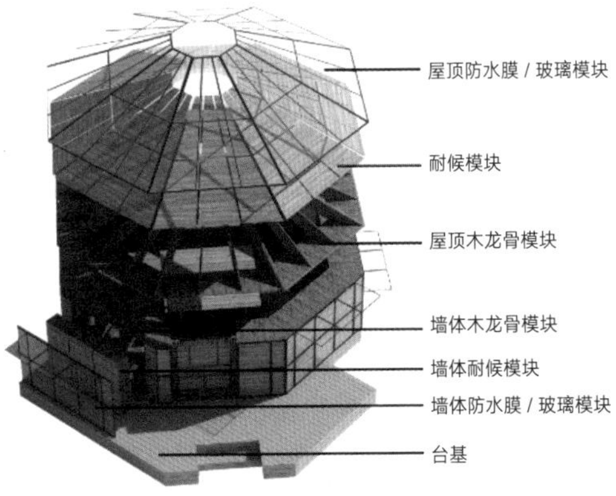

套脑：采用榫卯进行交接

木龙骨：将板材用榫卯结构进行连接

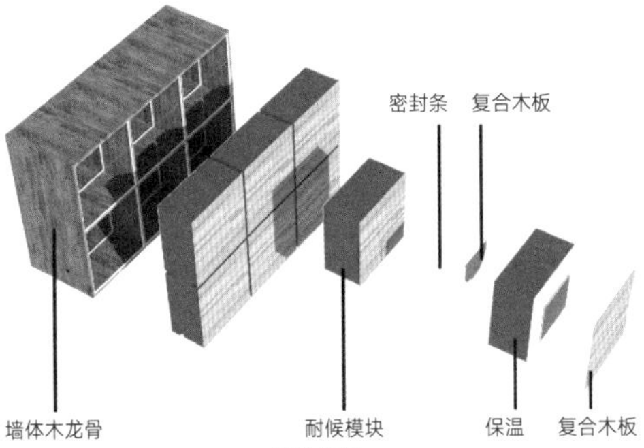

密封条　复合木板

墙体木龙骨　耐候模块　保温　复合木板

墙体模块

传统蒙古包根据生产生活需要，空间进行顺序展演，本设计将地面设计为"个"字，格局需要进行抬升，为室内空间变化提供多种可能。

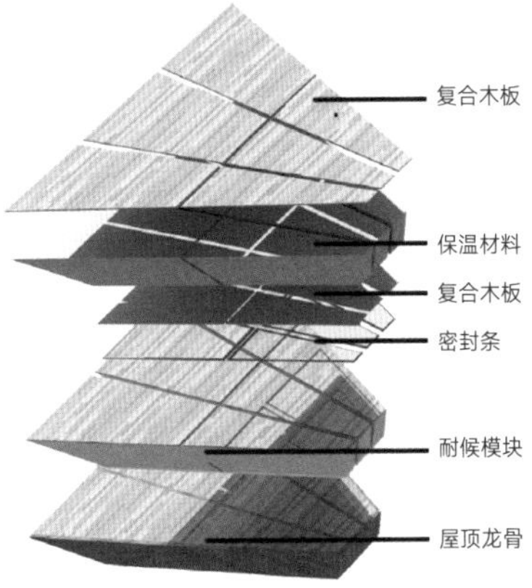

复合木板

保温材料

复合木板

密封条

耐候模块

屋顶龙骨

屋顶模块

地面

地基设计预埋太阳能地热管道，加大混凝土层，有利于蓄热，增加室内的热环境稳定，减少冬季耗能，减少污染。

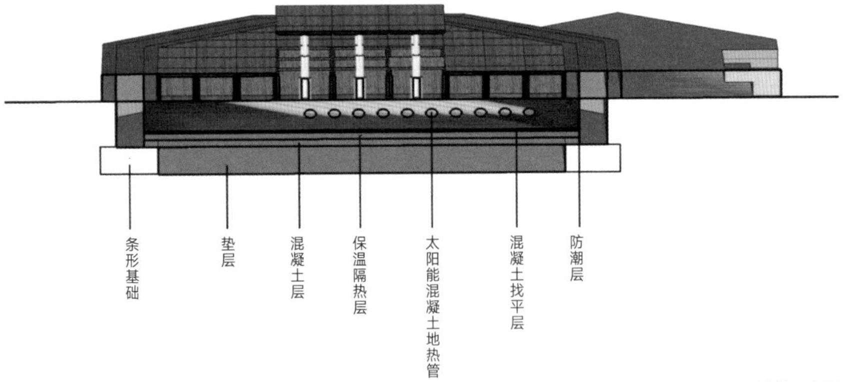

屋顶防水膜 / 玻璃模块

耐候模块

屋顶木龙骨模块

墙体木龙骨模块

墙体耐候模块

墙体防水膜 / 玻璃模块

台基

透视图

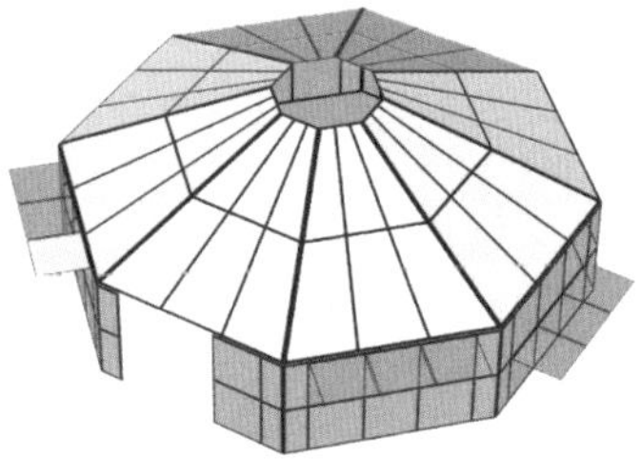

防水玻璃 / 膜材料

条形基础

垫层

混凝土层

保温隔热层

太阳能混凝土地热管

混凝土找平层

防潮层

地基示意图

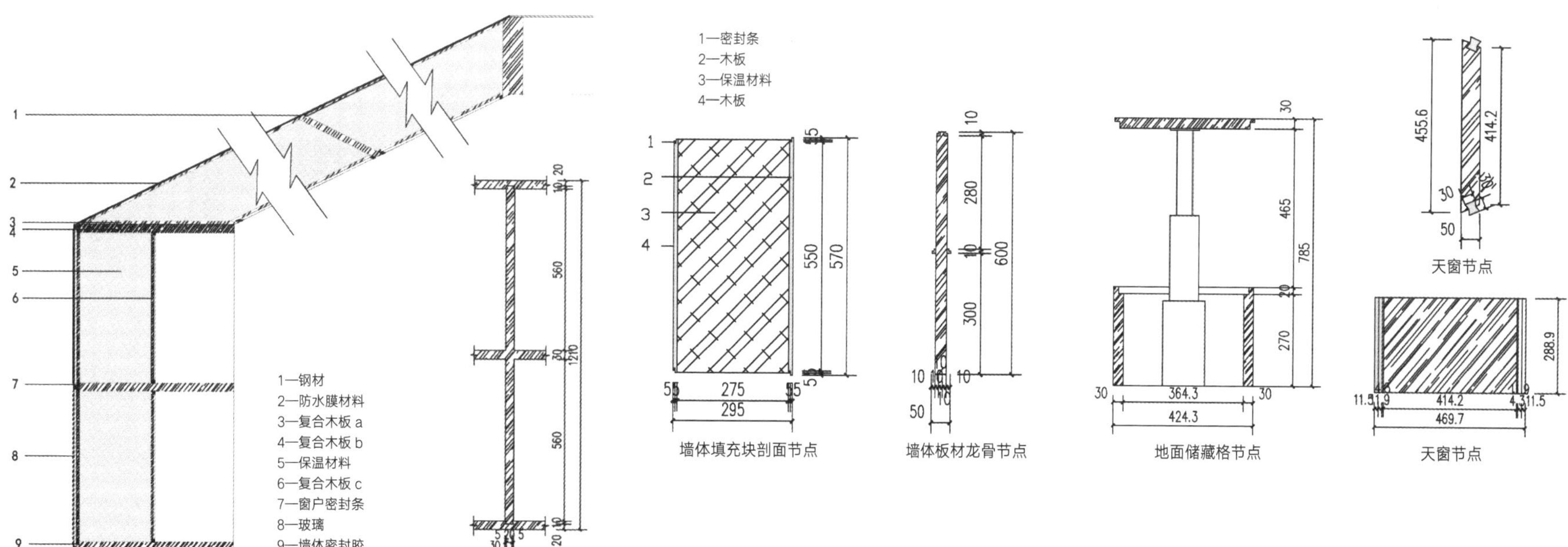

设计分析

建构逻辑

设计采用现代木结构装配式建造技术，对蒙古包的材料、构造工艺、结构逻辑、营建体系等进行“现代置换”。

内蒙古新型牧民住居实现了建构的真实性、秩序性、创新性、地域性；实现蒙古族住居文化的现代传承，且对传统住居文化的可持续发展有重要意义。

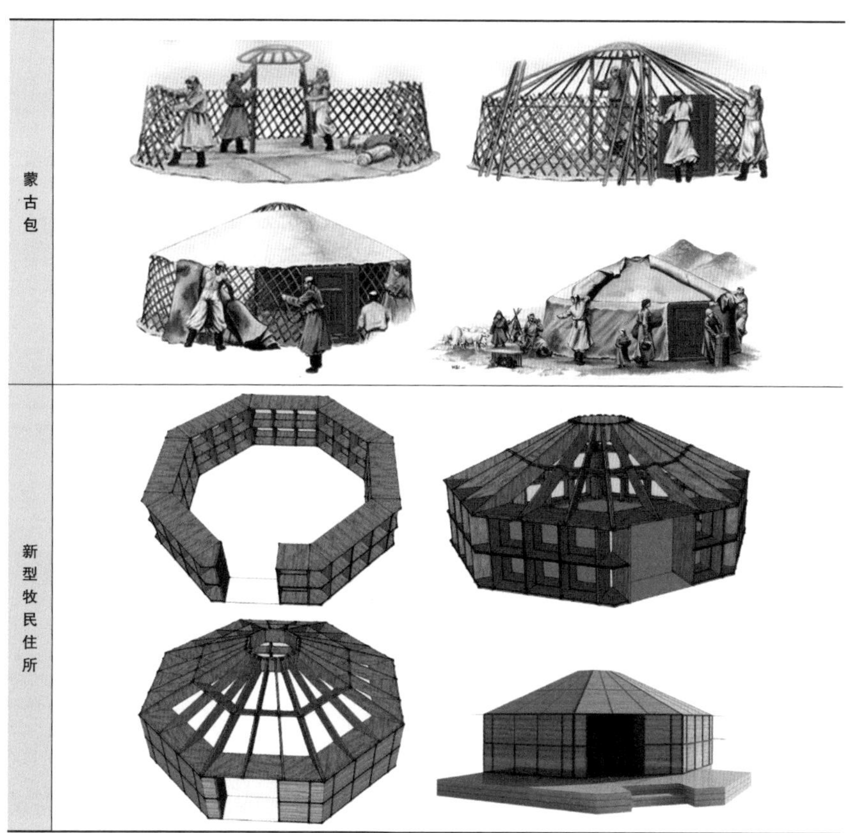

感知分析

新型牧民住居传达了传统住居的外部场所精神，体现了蒙古包原始“象天建构”和与自然和谐相处的思想，与周围环境达到和谐统一。

内部空间继承了传统蒙古包住居空间体验。

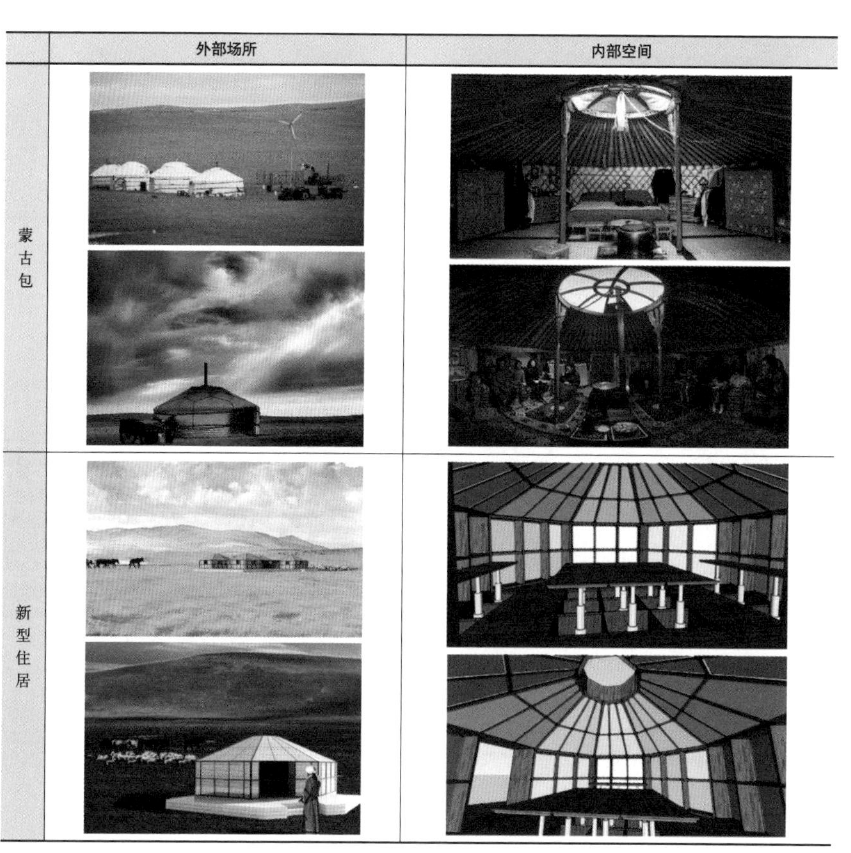

学校：内蒙古工业大学　　指导老师：白丽燕　　设计人员：李云伟　额日敦布　佟连刚

【新型农宅】——新疆喀什市麦盖提县

调研分析

区位分析

素有“瀚海绿洲”美称的麦盖提县隶属于新疆维吾尔自治区喀什地区，位于喀什地区东部，塔克拉玛干大沙漠西南边缘。地处东经 77° 28′ ~ 79° 05′，北纬 38° 25′ ~ 39° 22′ 之间。南邻叶城县，西接莎车县，北隔叶尔羌河与巴楚县相望。东临塔克拉玛干大沙漠与和田地区皮山县相连。

建筑风格

麦盖提县的民居房屋呈方形，有较深的前廊；室内凿壁龛，并饰以各种花纹图案。建筑方式是以粗木或沙石作基，土块砌墙，或笆子墙，房顶架梁棱、椽后铺苇席加土抹泥。房屋平顶，开天窗采光，四壁不开窗只留门。现在，建筑式样发生变化，多留壁窗，建材由土木结构向砖、混凝土结构发展。

建筑现状

1. 建筑聚落——密集布局，制造巷道遮荫效果

聚落中的建筑通过密集布局，可以有效减少建筑外立面受热面积，从而最大限度减少室内外空气通过墙体发生的热量传导。出于最大化利用空间与制造巷道遮荫效果双重考虑的“过街楼”“悬空楼”，横跨窄巷、架空构筑。

2. 建筑材料——就地取材，以泥土和木材为主

干燥、少雨的气候特点制约着喀什民居对建筑材料的选择，这不但影响到木材在这一地区民居建筑用料中的比重，还直接导致以生土为代表的非生物性建筑材料的广泛采用。

3. 门窗——狭小或者不设窗户

喀什民居建筑另一个鲜明的特点就是在建筑的外墙体上很少设置窗户，即使设窗，窗户面积也相对较小。这正是为了适应当地大风沙、强日照的气候特点。

4. 屋顶——构筑平坦，多为平顶

喀什地区少雨水，由于可以不用担心降雨对建筑的影响，所以当地民居建筑屋顶多设置为平顶。在炎热的夏季傍晚屋顶便成为了居民纳凉的理想场所，屋顶同时还具有晾晒东西的功能。

5. 院落——多被植物遮挡，带有宽柱廊

常规庭院由上下两层建筑围合而成，在墙体的围合下，夏季的炽热阳光被厚实的建筑外墙体与高挑的植物、柱廊、棚架层层遮挡，在院内汇集成了大面积的荫凉区域。

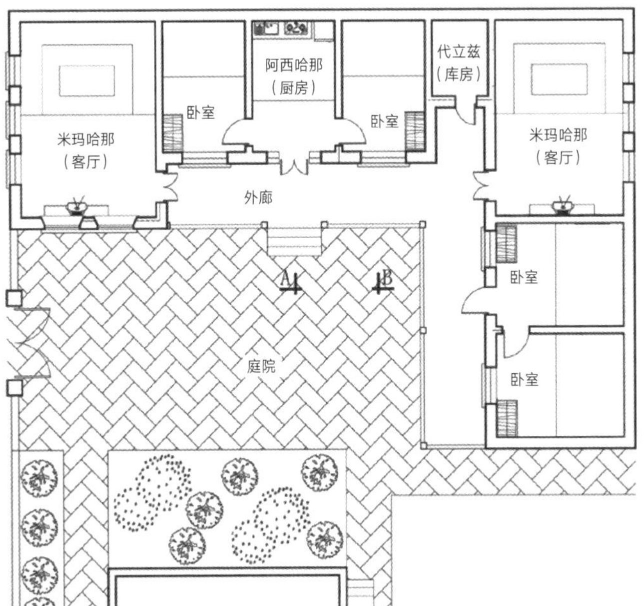

民居测绘

该民居属于半凹字形布局的民居，在麦盖提县十分常见，也属于当地民居的典型形制之一。该民居室内布置还保持着民族传统。

经济技术指标

序号	名称	面积（m^2）	备注
1	一户面积	660	约一亩
2	果园		
3	庭院	100	
4	客厅	36.44+33.51	两套
5	卧室	67.75	四套
6	起居室		
7	外廊	40.7	
8	厨房	15.0	
9	库房	6.7	

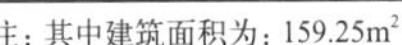

注：其中建筑面积为：159.25m^2

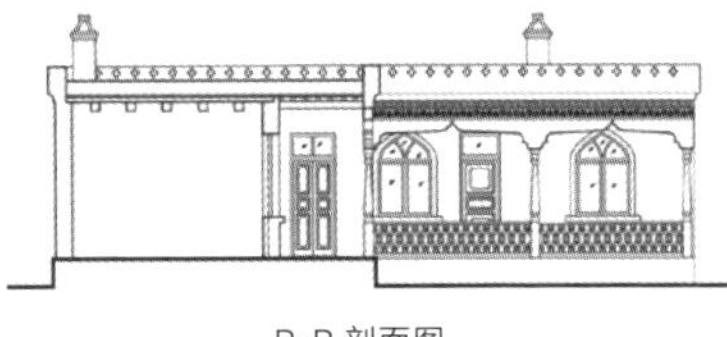

B-B 剖面图

西立面图

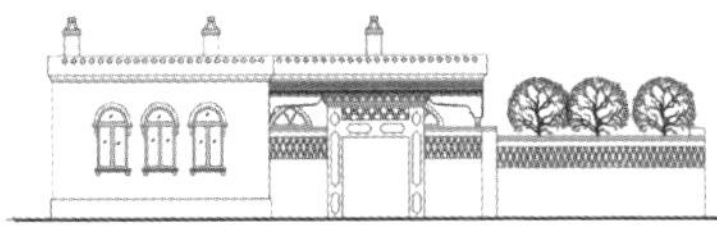

北立面图

麦盖提县当地住宅布局特色

1. 经调查得出该地区每个家庭有 4 ~ 7 人，需要的卧室比较多。
2. 中室当地人称“代立兹”，可以做厨房兼库房，由它通向两边的卧室。
3. 客厅“米玛哈那”通常较大，面宽大至 6 ~ 9m，甚至还会更大些。
4. 生活习惯造成了厨房和卧室连在一起，并且室外的走廊里也会放上炕，供人们乘凉休息。
5. 客房的使用频率远远小于卧室，有客人的时候客房才开。

技术部分

太阳能沼气绿色一体化设计

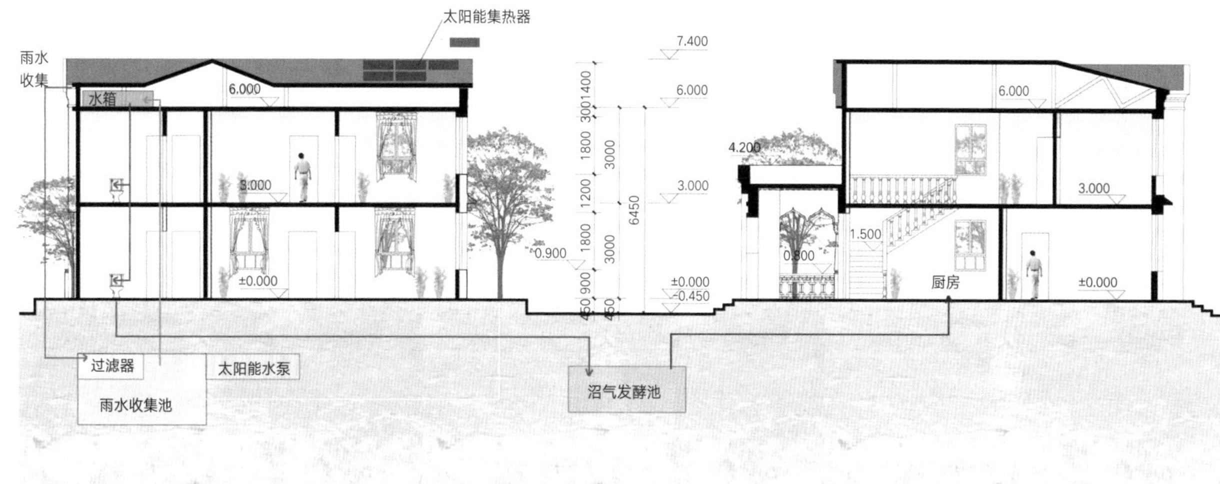

预制柱之间连接方式建议

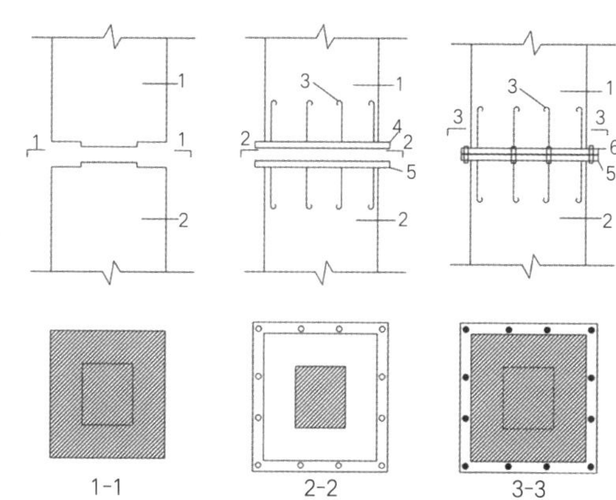

装配式农宅现场搭建分解图

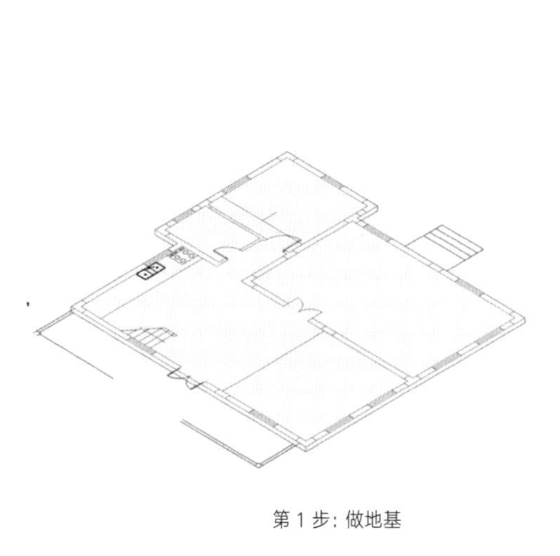
第 1 步：做地基

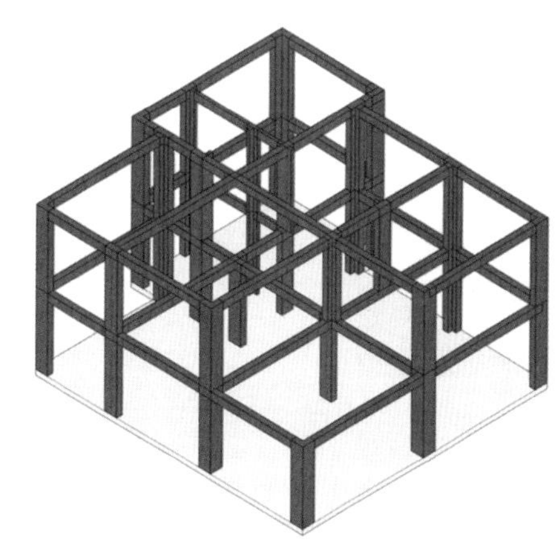
第 2 步：焊接预制结构柱与梁

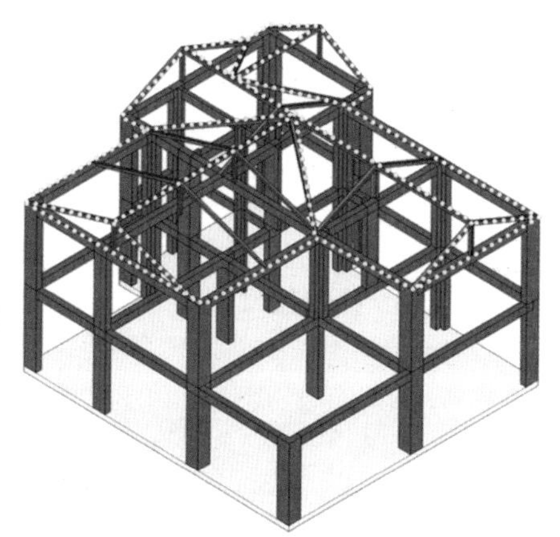
第 3 步：焊接预制楼盖结构

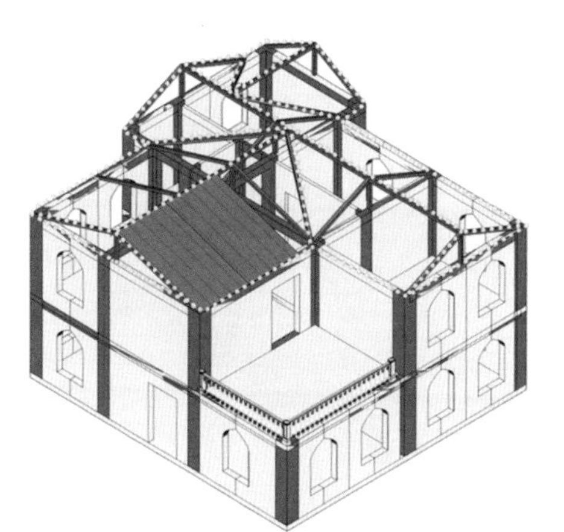
第 6 步：建立预制屋盖和栏杆构件

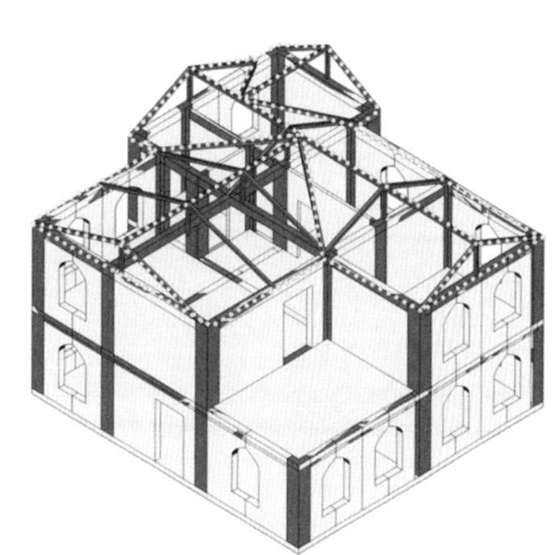
第 5 步：建立预制楼板和二层围护结构

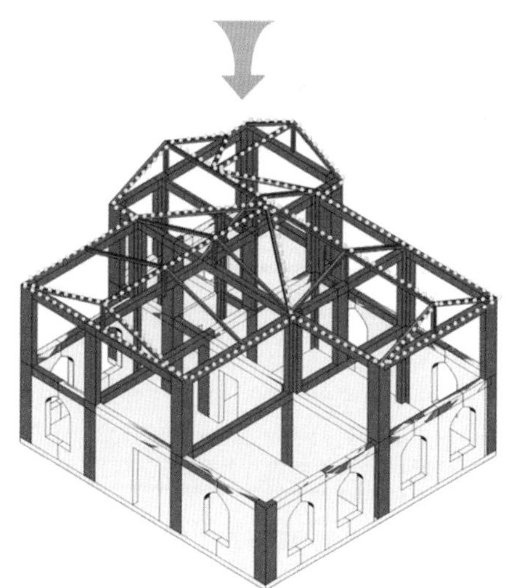
第 4 步：建立预制一层围护结构

做图部分

户型一

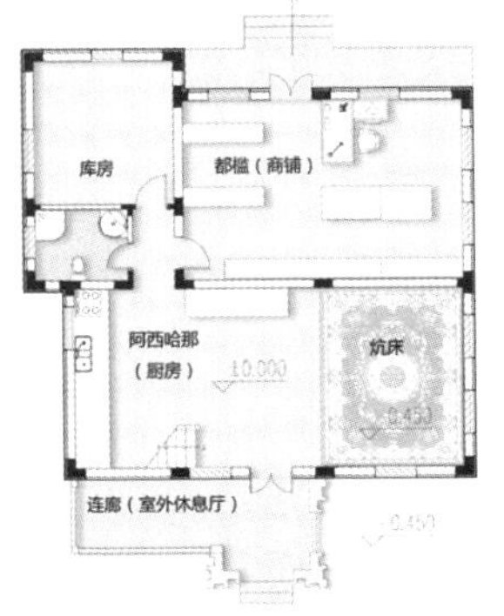

户型一：首层平面图

户型一：二层平面图

户型一：南立面图　　户型一：东立面图

1. 设计说明

业主是商业户，经济情况中上等，家庭有5口人，3个孩子均上学，是典型的当地居民。按照业主的需要和结合当地民居的特点，建筑外观和空间功能均保留了新疆民居的元素，在根据装配式建筑的特点，各个空间进行了巧妙的设计，保证了建筑的经济，美观和安全要求。

2. 户型特点

（1）建筑空间设计体现了新疆民居的特点。

（2）设置了炕床，保证了维吾尔族文化的特点及生活习惯

（3）庭院内多处设置了绿地，提高绿地率。

（4）利用太阳能一体化、沼气池等生态设施，节约资源。

户型二

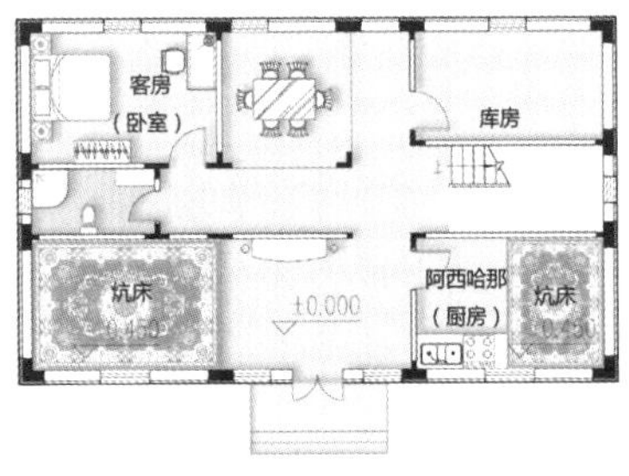

户型二：首层平面图

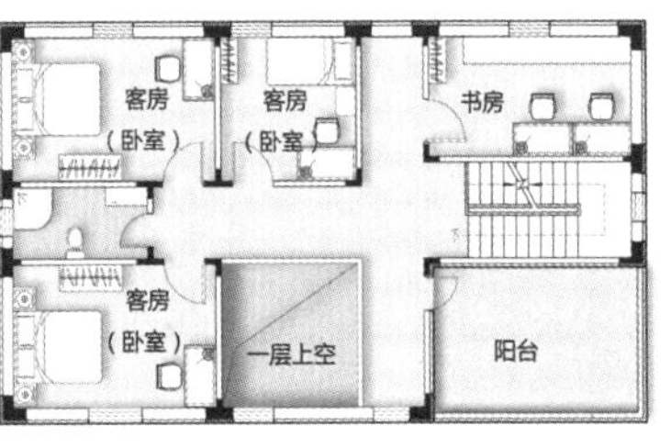

户型二：二层平面图

1. 设计说明

业主是农民，文化水平是初中，经济情况中等，家庭有8口人，两个儿子都结婚了，但是还没分家。按照业主的要求，客厅空间要满足更多的客人，因为亲戚比较多，节假日来的客人不少。户型二也是结合当地民居的特点，建筑外观和空间功能均保留了新疆民居的元素，根据装配式建筑的特点，各个空间进行了巧妙的设计，保证了建筑的经济、美观和安全要求。

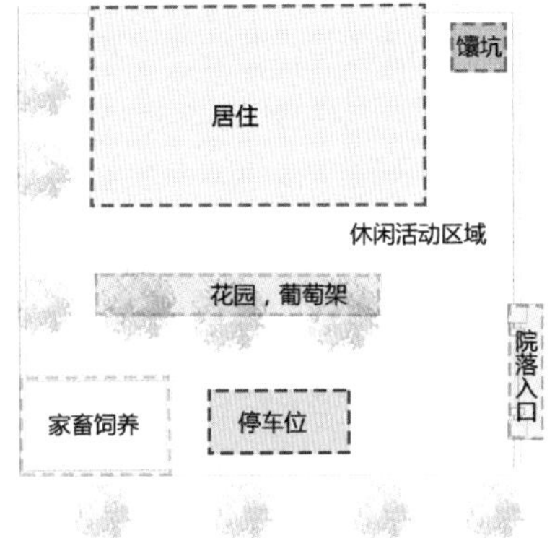

2. 户型特点

（1）建筑空间设计体现了新疆民居的特点。

（2）二层设置了室外阳台空间。

（3）设置了炕床，保证了维吾尔族文化的特点及生活习惯。

（4）庭院内多处设置了绿地，提高绿地率。

（5）利用太阳能一体化，沼气池等生态设施，节约资源。

新疆当地的民居主要采用河源市的建筑布局，院落一般包含住宅用地，馕坑、夏天休息的场所，家畜饲养，停车等主要的功能。

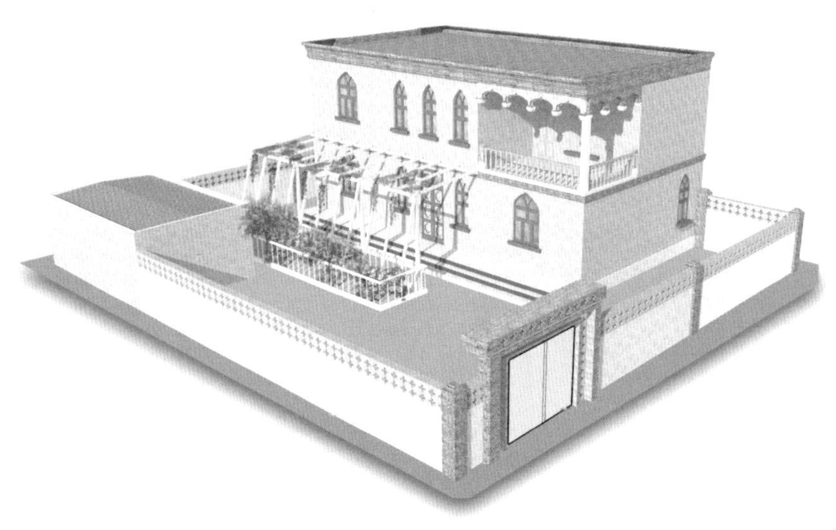

喀什民居打破了中国传统民居中封闭、私密的意识形态，将室外的部分空间纳入平时生活起居中的一部分，空间利用程度达到最大，是民居自发形成的一大特色。

说明部分

建筑元素提取

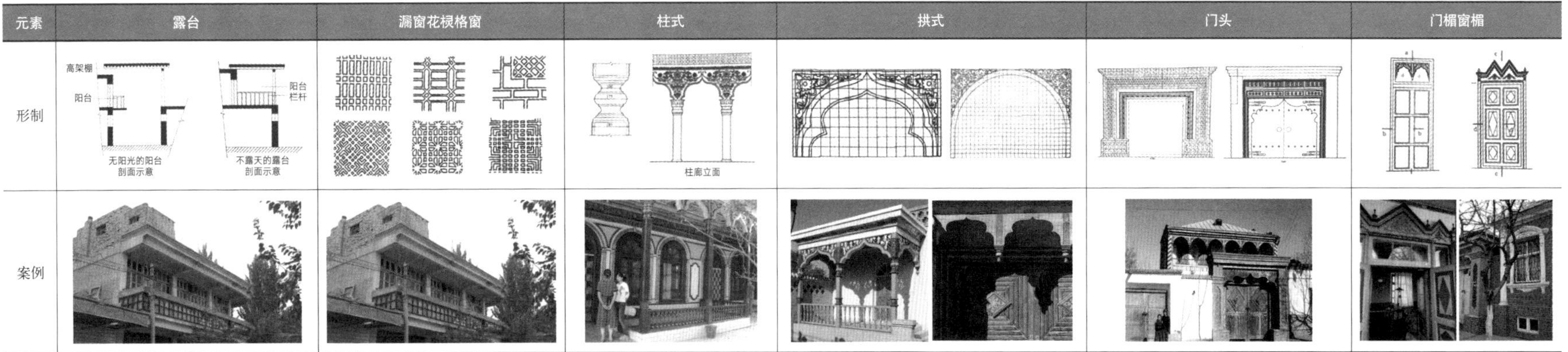

元素	露台	漏窗花棂格窗	柱式	拱式	门头	门楣窗楣
形制						
案例						

设计要点

卫生间、屋顶水箱、太阳能集热器垂直布置，形成一体，利于结构布置，明确了干湿分区，并最大限度地节省了管线设备。

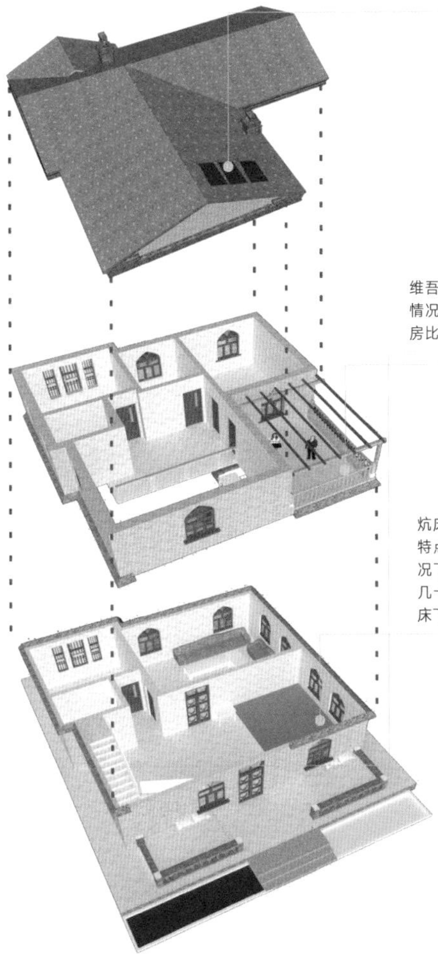

入口大厅的设计为户型争取更多的阳光，为家庭创造了一个清新怡人的活动、休息的场所，并起到了交通枢纽的作用。

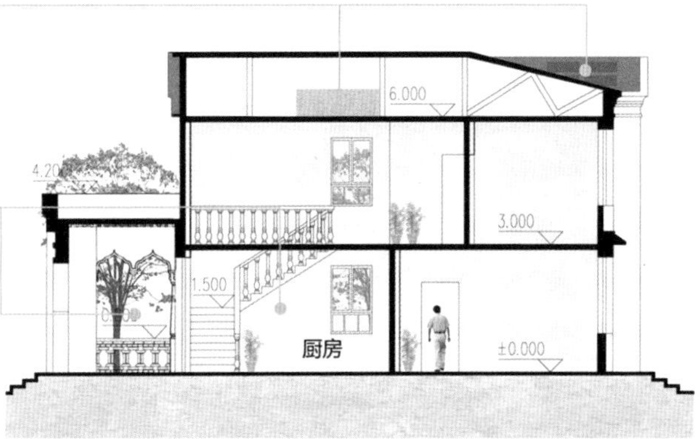

6.000

3.000

1.500

厨房

±0.000

维吾尔族的生活习惯是厨房、卧室没有特殊的情况时一般没有分开，在家具布置中开放式厨房比较多。

窗户、门斗、屋顶、围栏的设计体现了当地特色

炕床是维吾尔族民居的一个重要特点，炕床是多功能的，一般情况下，来亲戚的话上面可以坐好几十个人，晚上也可以躺下，炕床下面可以做储物空间。

当地人在院子里喜欢种花，绿色的环境让人赏心悦目。

建筑的二层局部设计了退台式的阳台，有利于采光、休息，体现了当地民居特色。

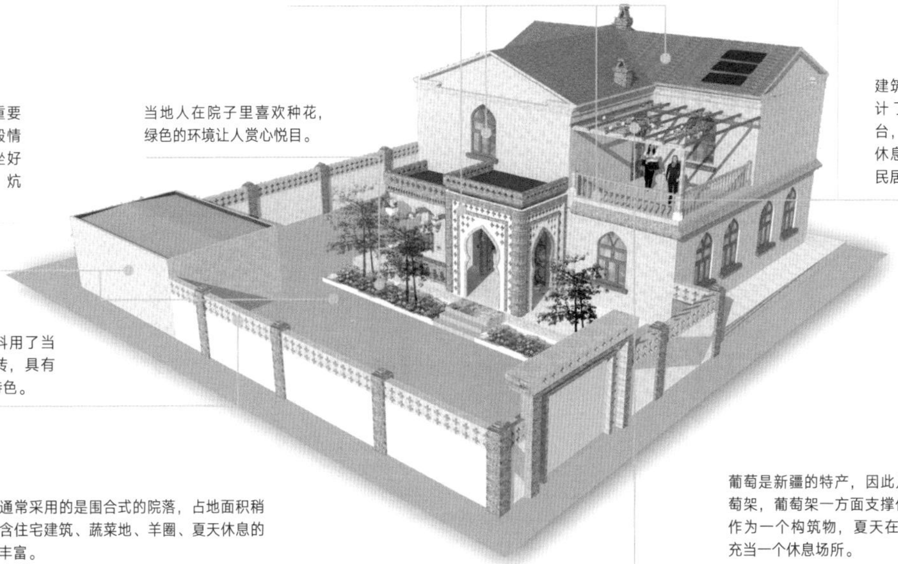

院子墙的材料用了当地传统的黄砖，具有浓郁的地域特色。

维吾尔族的民居通常采用的是围合式的院落，占地面积稍微大，院落内包含住宅建筑、蔬菜地、羊圈、夏天休息的大棚等，功能很丰富。

葡萄是新疆的特产，因此几乎每家都有葡萄架，葡萄架一方面支撑作用，另一方面作为一个构筑物，夏天在下面可以休息，充当一个休息场所。

学校：北京工业大学　指导老师：戴俭　设计人员：钟文慧　常晓雪　阿布都克力木

【谈·笑·间】——安徽省肥西县天河村

基础篇

前期调研

天河村简介

天河村位于安徽省肥西县高刘镇西北部，东与河东村连接，南与洪店村接壤，西北部与六安市寿县的王集、黄楼村毗邻。现有耕地面积 4349 亩，水产面积 700 亩。全村共有 32 个村民组，683 户人家，村民共计 2947 人，其中劳动力 1655 人，外出务工 1300 多人。村民人均年收入 4000 左右，村集体年收入 3 万元左右。

天河村典型传统居住建筑测绘

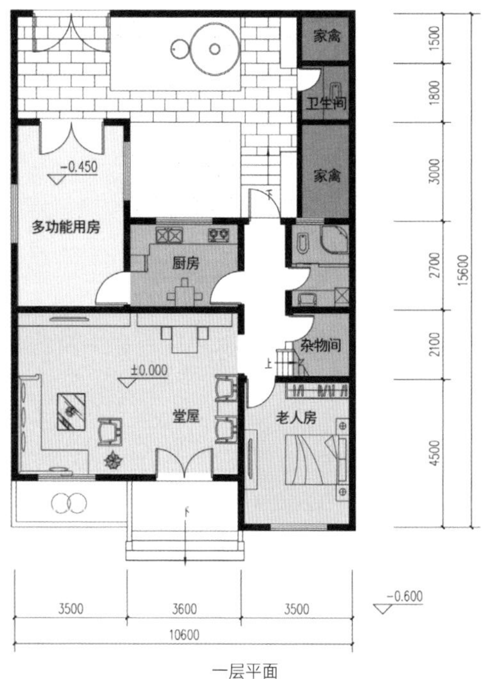

一层平面

二层平面

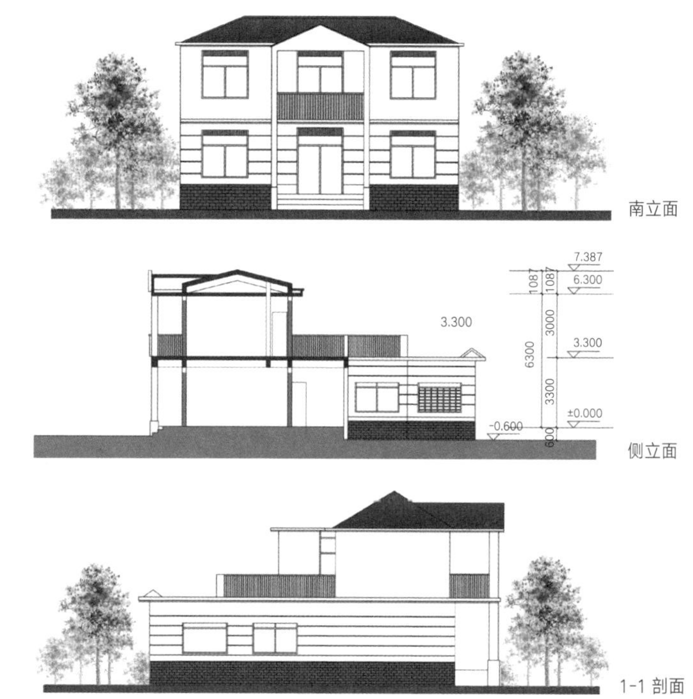

调研案例基本信息统计

皖中地区位于长江与淮河之间的特殊地理位置，使得以民居为代表的传统建筑融合了北方合院与南方天井式住宅两种不同建筑模式。明初由政府推动的皖中移民，来自江西、徽州及山东地区的迁入居民带来的荆楚、淮扬、饶赣等文化，造成了皖中地区的文化变异与整合。在自然、社会两方面因素的作用下，皖中地区形成了自身独特的地域建筑特征，产生了植根于当地自然生态和文化传统的建造技术。

案例编号	1	2	3	4	5	6	7	8	9	10	11	12
建筑名称	洪疃村134号	洪疃村146号	洪疃村147号	张治中故居	杨岗村51号	杨岗村52号	杨岗村191号	金家大屋	李克农故居	烔炀老街29号	烔炀南街32号	烔炀中街91号
地理位置	巢湖市黄麓镇	巢湖市黄麓镇	巢湖市黄麓镇	巢湖市黄麓镇	合肥市肥西县	合肥市肥西县	合肥市肥西县	巢湖市烔炀镇	巢湖市烔炀镇	巢湖市烔炀镇	巢湖市烔炀镇	巢湖市烔炀镇
建筑面积	207.0m^2	110.2m^2	97.8m^2	219.4m^2	79.2m^2	85.0m^2	88.7m^2	323.7m^2	149.5m^2	92.8m^2	44.0m^2	59.3m^2
建筑层数	1	1	1	1	1	1	1	1	1	2	1	2
建筑属性	自宅	自宅	自宅	政府管理	自宅	自宅	自宅	自宅	政府管理	自宅	自宅	自宅
保护程度	一般	较好	较好	优秀	较差	较差	一般	较好	优秀	较差	较差	较差
平面图示	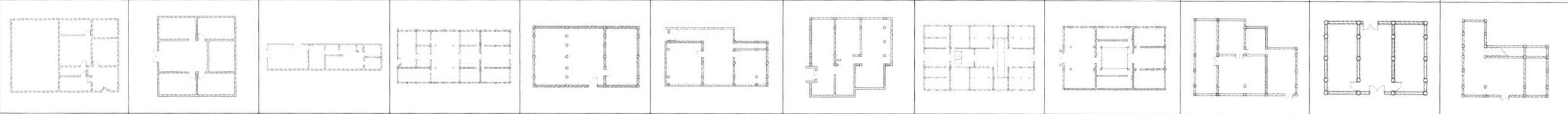											
实景照片												

平面模式分类

皖中地区地势平坦，传统民居大多建于平地，建筑单体沿袭古越巢居，局部有两层，形体上高低错落。朝向上通常坐南朝北，开间采用三间或三间以上的单数间，进深通常大于两间，形成多个院落，呈现“房间—院落—房间”的院落式布局。民居的典型平面布局紧凑，基本单元为规整矩形房屋，布置厅堂、卧室、厨房等功能，多数围绕内院或天井形成封闭式院落，以满足居住需求，有轴线关系但不受轴线束缚，空间分布自由灵活。其形制可归纳为集中式、单进院落、多进院落三种。

类型	典型案例	平面模式	功能组合	图例
集中式	案例1、5、6、10、11、12		卧室—厅堂—卧室；厅堂—前院	
单进院落	案例2、3、7、9	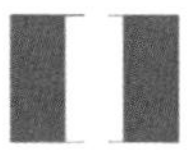	卧室—天井—卧室；卧室（上）、厅堂（下）	
多进院落	案例4、8		卧室—天井—卧室；厅堂；卧室—天井—卧室；厅堂	

皖中地区地域建筑特色与文化符号提取

皖中地区是指安徽省淮河以南与长江以北的地区，地理位置兼容南北，自然气候温和宜居，人文历史积淀深厚。合肥居皖之中，襟江带淮，拥八百里巢湖明珠，被誉为“皖中明珠，湖天圣境”，其建筑风貌在皖中地区具有较高的代表性。

本次设计通过内容分析法对住房和城乡建设部村镇建设司于2013年收录入《中国传统民居信息采集表》中的有关皖中地区的传统民居进行了系统梳理，共计获得46幢具有典型代表意义的传统民居，并在此基础上对46栋民居进行了建筑风貌要素的分析和归纳。

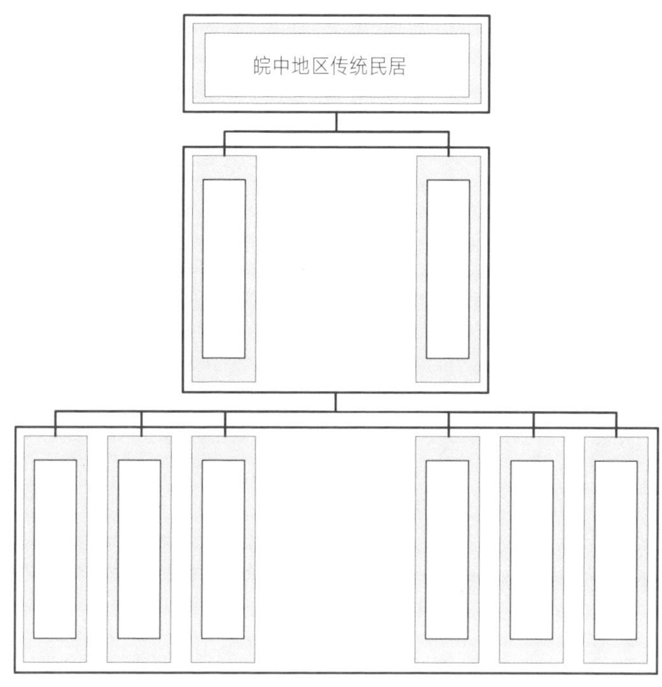

皖中地区传统地域建筑要素提取——主体构成要素

屋顶类型	硬山	悬山	歇山
建筑所处位置及名称	肥东县渡江战役总前委就址	巢湖市张治中故居	合肥市宋世科住宅
	肥西县小月埂 340	巢湖市李克农故居	合肥市宋世科住宅
	肥西县三河东街第一家	合肥市李鸿章家族当铺	合肥市卫立煌故居
	肥西县孙立人旧居	巢湖市洪家疃村 147 号	合肥市卫立煌故居

围护墙体类型	砖＆砖与其他材质混合
建筑所处位置及名称	巢湖市李克农故居
	肥东县六家畈大宅
	合肥市张治中故居
	肥东县王信一民居

结构类型	抬梁式	穿斗式	抬梁穿斗混合式
建筑所处位置及名称	肥东县渡江战役总前委就址	巢湖市刘庚章故居	巢湖市李克农故居
	肥西县刘铭传故居	巢湖市刘疃村 51 号	巢湖市刘疃村 52 号
	肥东县六家畈大宅	肥东县下塘堰 15 号	巢湖市烔炀中街
	肥西县杨振宁故居	庐阳县张增香宅	巢湖市张治中故居

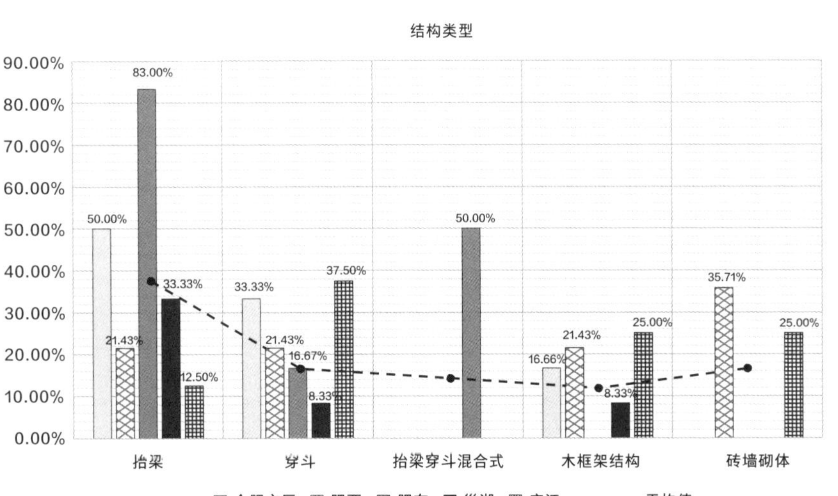

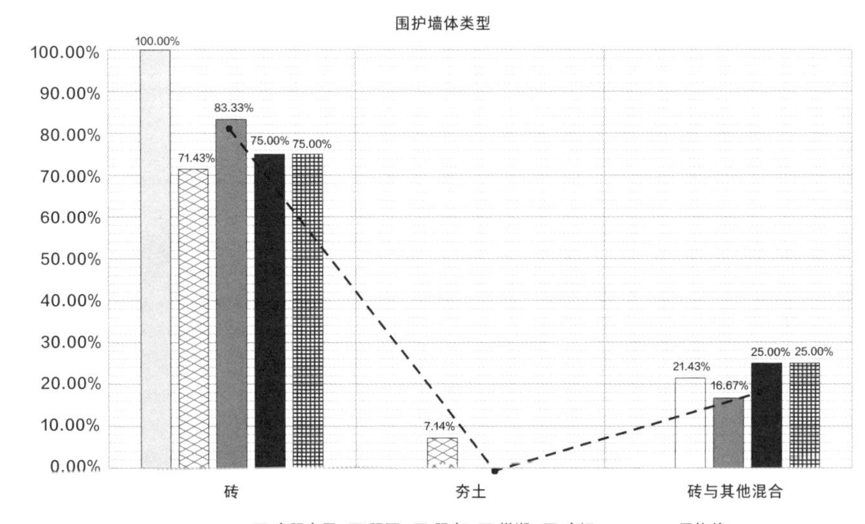

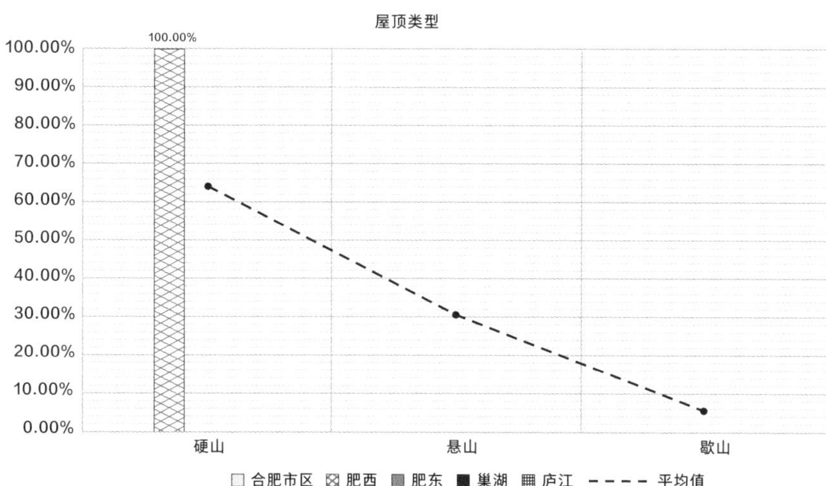

皖中地区传统地域建筑要素提取——建筑色彩要素

皖中地区传统民居在建筑材料方面较为统一，反映了该地区民居在建筑材料上的本土性和因地制宜的精神内涵。皖中地区传统农房建筑的主体构成要素是以硬山屋顶、抬梁结构加砖块墙体为主，在农房色彩要素方面则是以赤木色门窗、青灰色屋面、白灰色墙体及灰色墙角为主。上述统计结论为接下来产业化农房地域性设计提供了设计参照标准。

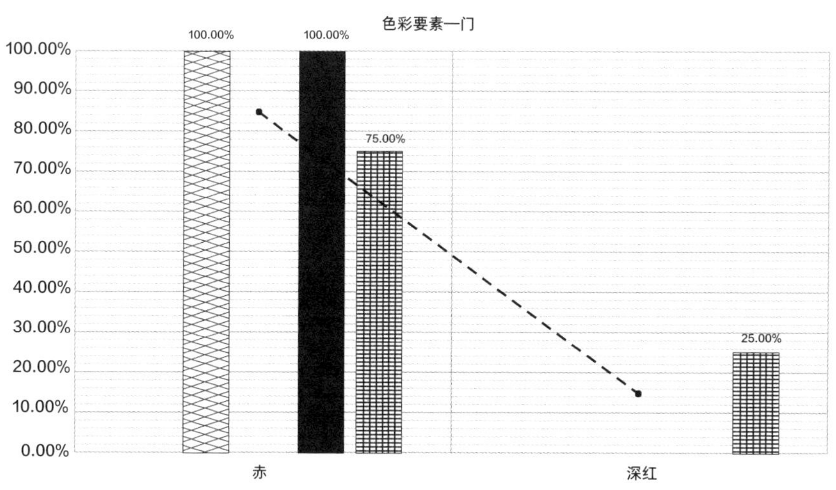

皖中地区传统民居门框色彩以赤木色为主

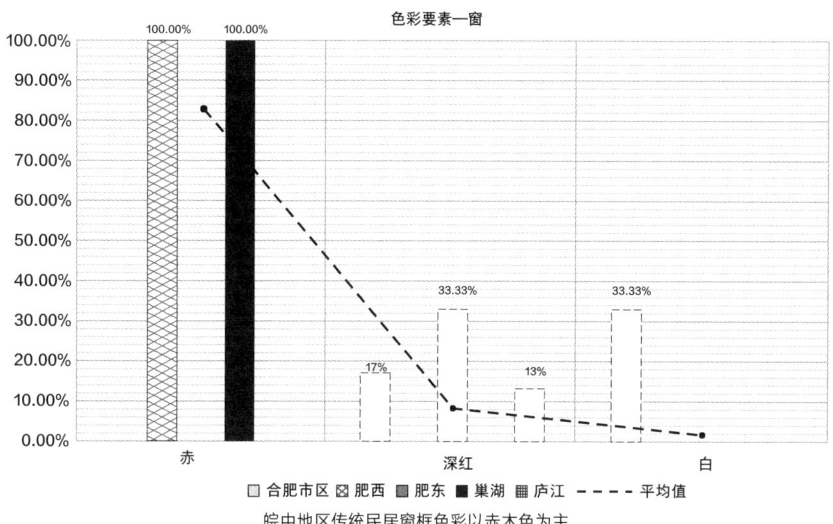

皖中地区传统民居窗框色彩以赤木色为主

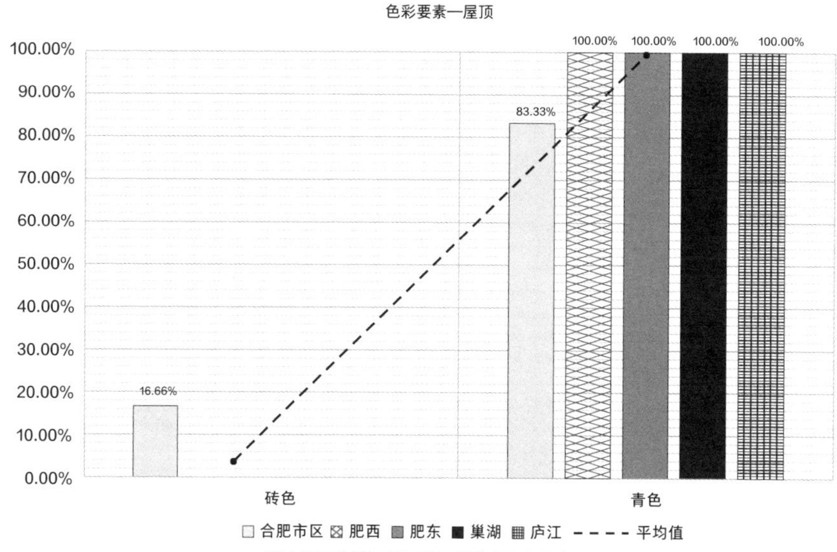

皖中地区传统民居屋顶色彩以青灰色为主

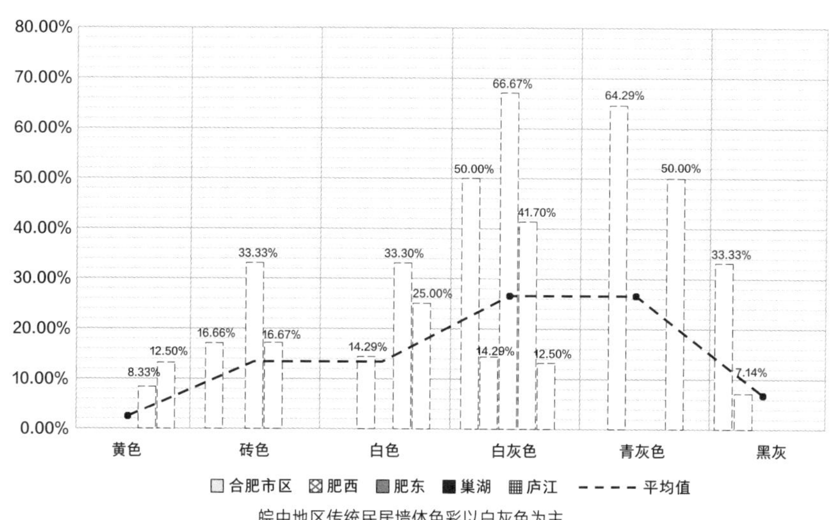

皖中地区传统民居墙体色彩以白灰色为主

色彩一墙角

黄色 砖色 白色 灰色 灰白色 黑灰色

合肥市区 肥西 肥东 巢湖 庐江 平均值

皖中地区传统民居墙角色彩以灰色为主

设计理念

以人文本，提高农民的生活质量，为广大农民谋福祉是贯穿本次设计的根本理念，而装配式的建造方式是达成这一理念并大范围推广而选取的最佳途径。通过利用装配式快速、便捷、成本低廉等优点并结合了江淮民居的建筑特色，为广大农民群众营造一所既可以为他们带来欢声笑语又符合其原先生活习惯的“谈笑间”。

效果图

外墙构造

外墙板工厂预制步骤如下：在工厂中，在混凝土中挂柱预埋挂爪，将混凝土外墙挂板挂在挂柱上；挂柱内侧用射钉固定XPS板和外墙内板，内填充矿棉保温板组成外围护墙体。

将工厂预制完毕后的外墙运至现场，通过混凝土挂柱上的吊钩固定在梁下的钢导轨中进行安装。

外墙板采用这种构造方式的优势在于，因其各部分组构件尺寸的固定，后期可直接拆解、重复再利用。这无疑符合绿色发展的建筑施工理念。另外，为进一步实现建筑建造过场中的绿色节能，材料中混凝土的黄沙、石子就地取材；矿棉保温板及XPS板均选用皖中当地保温板厂家内生产产品，节省运输距离，降低能耗。

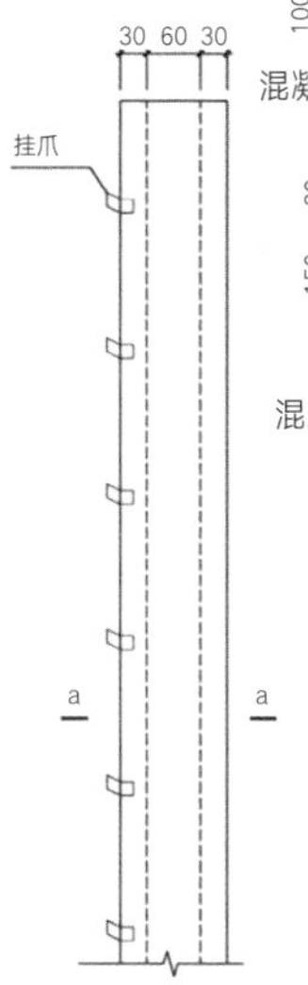

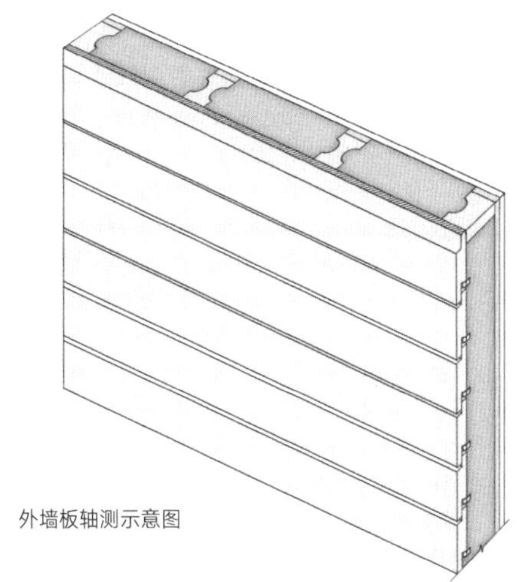

外墙板轴测示意图

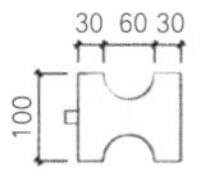

混凝土挂柱平面图（a-a剖）

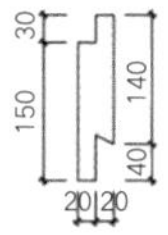

混凝土挂板截面

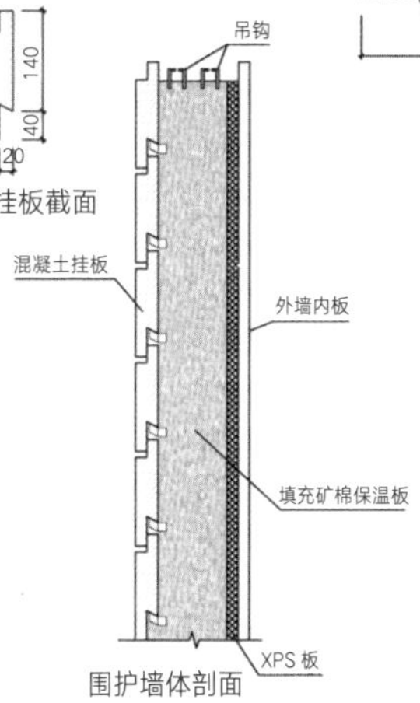

混凝土挂柱剖面图

围护墙体剖面（b-b剖）

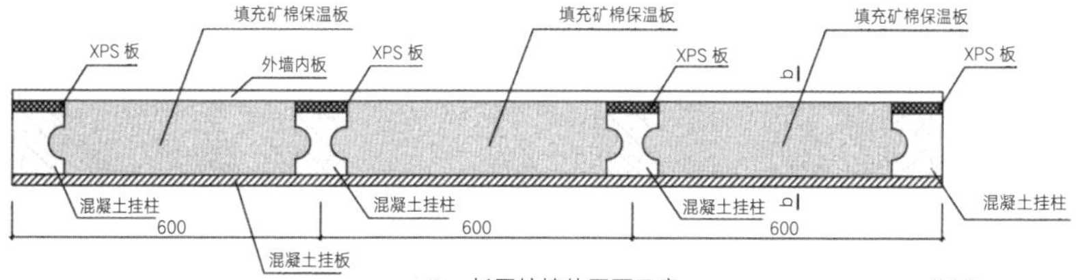

1.8m长围护墙体平面示意

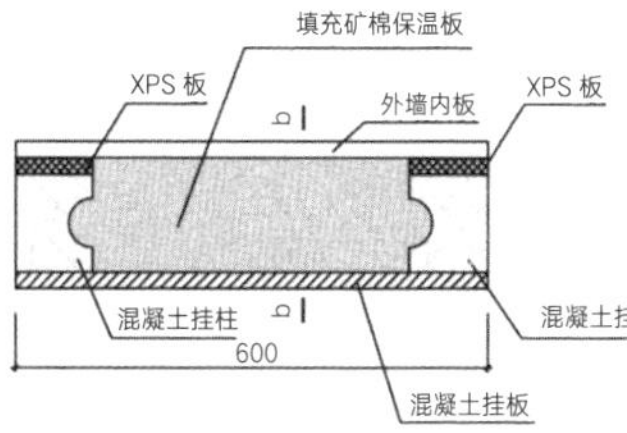

0.6m长围护墙体平面示意

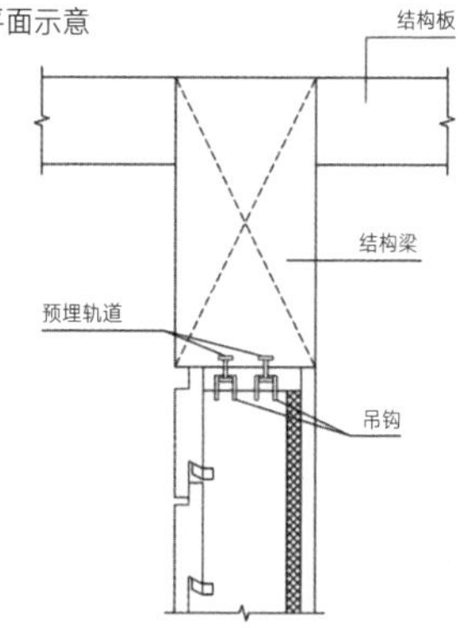

外墙现场固定做法

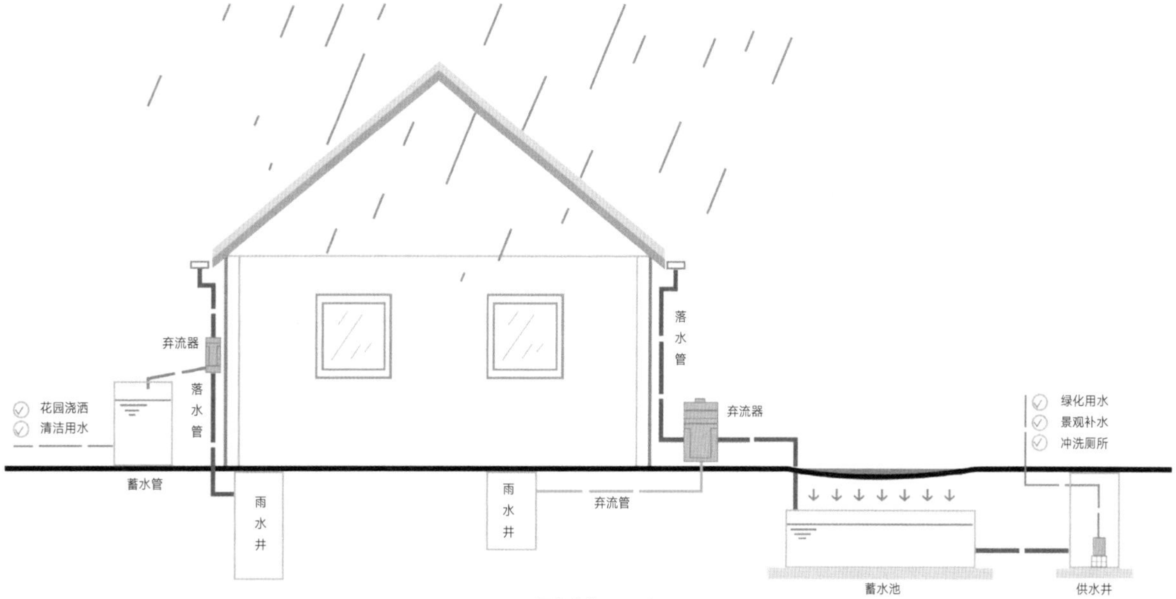

雨水收集

住宅北侧栽种枝叶繁茂的常青树：香樟、广玉兰、桂花等
枝叶繁茂的常青树冬季可以遮挡来自西北方向的寒风，降低建筑能耗

住宅西侧栽种落叶乔木：黄山栾、榉树、无患子、苦楝等
夏季树木枝叶繁茂，可以遮挡西晒，冬季落叶，增加阳光接受面

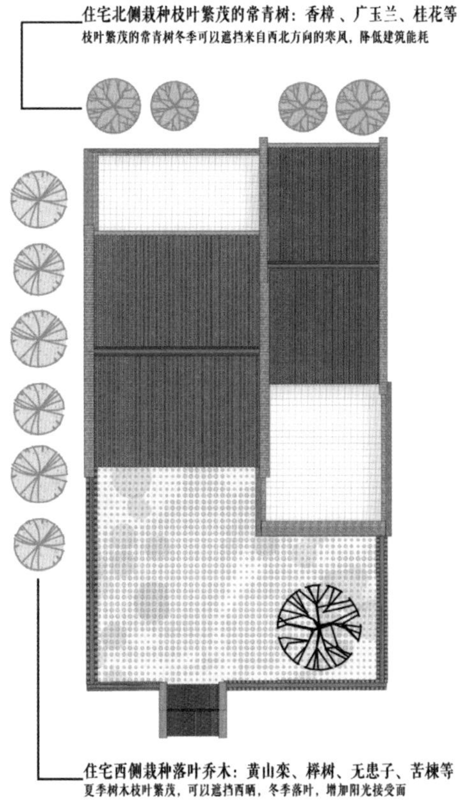

植物种植对农房微环境的影响

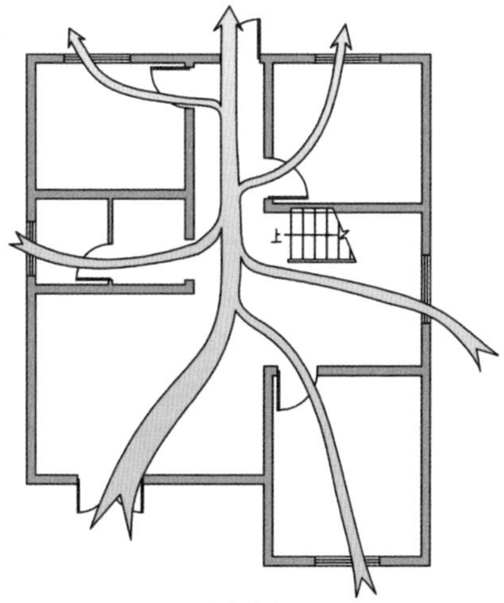

农房穿堂风

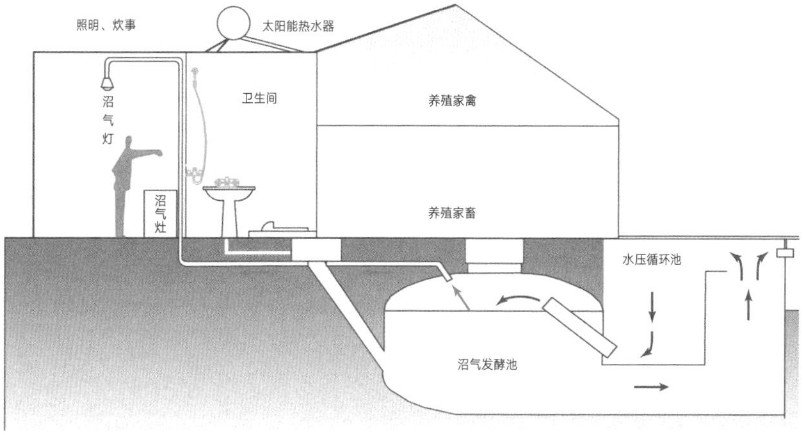

沼气利用

平面图

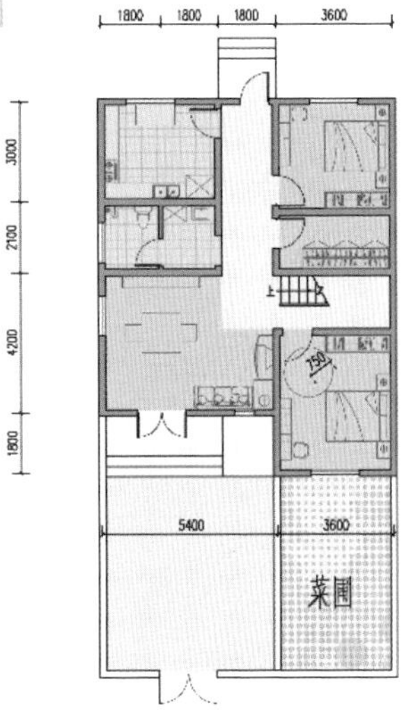

一层平面

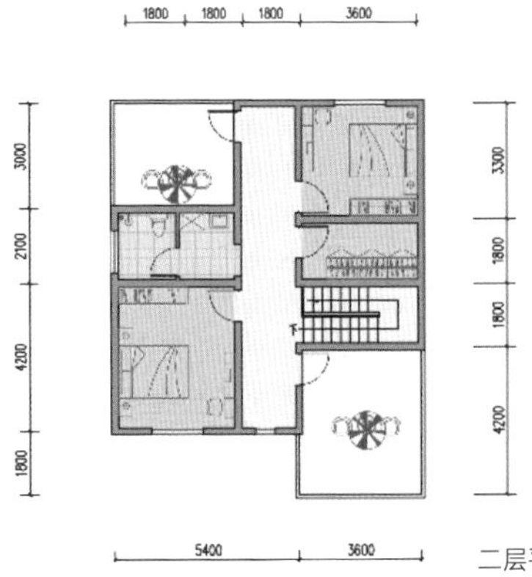

二层平面

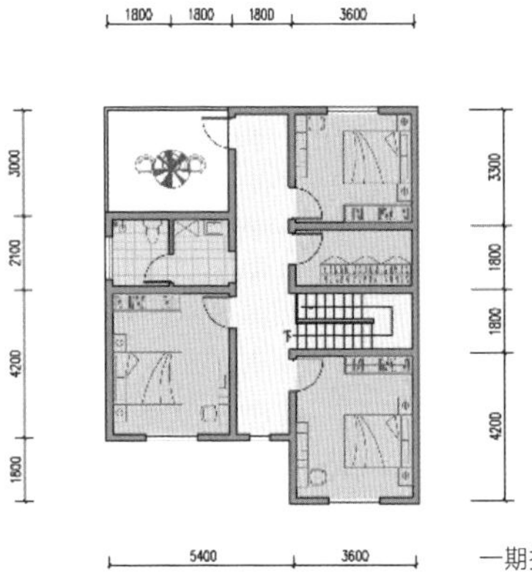

一期扩建

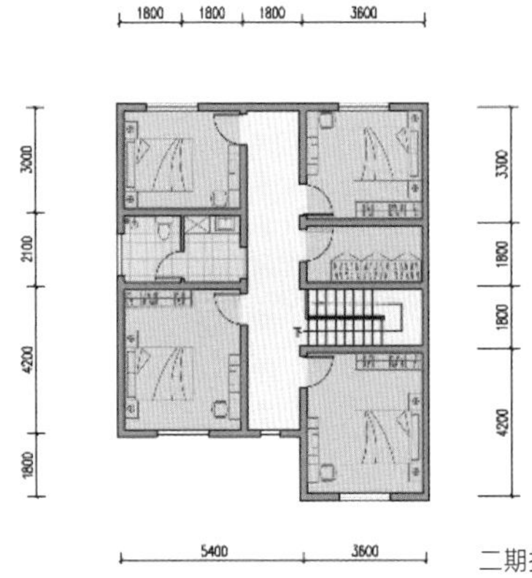

二期扩建

代际扩建

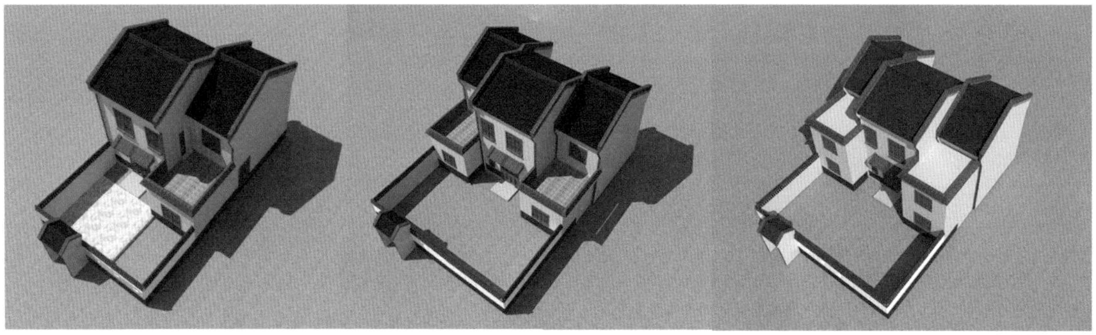

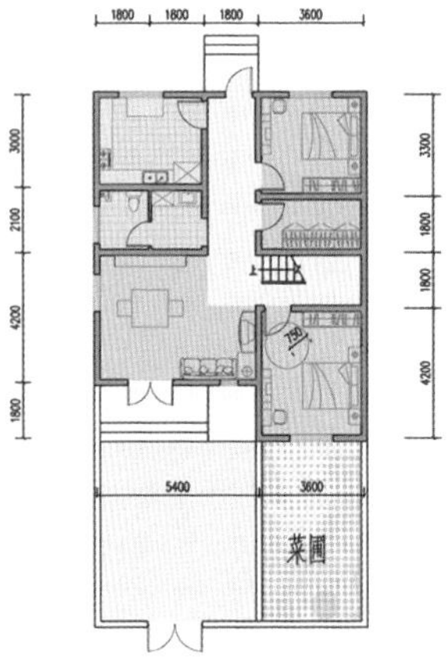

基本型一层平面

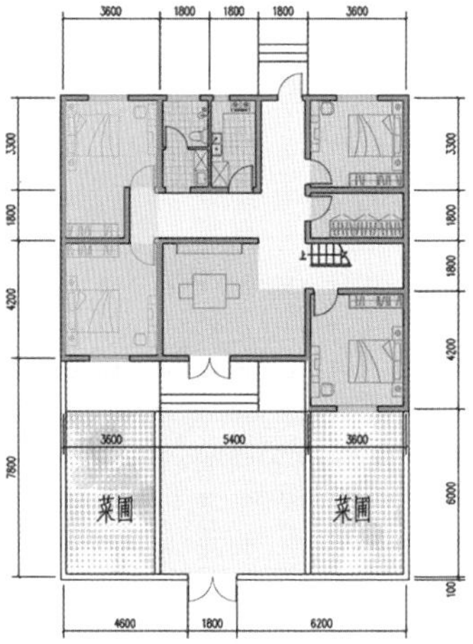

两代居平面，原基本型一侧增加卧室

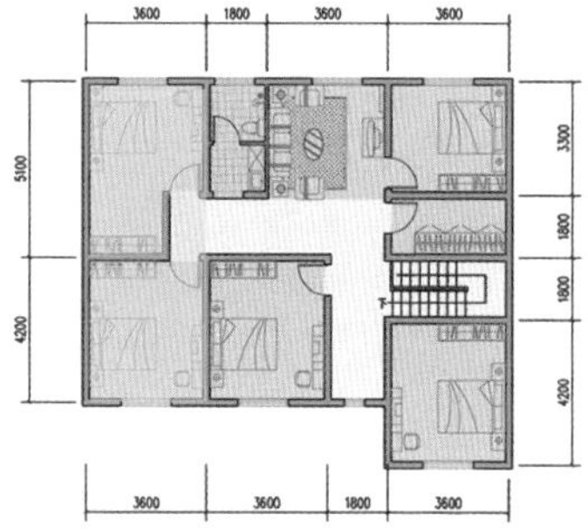

二楼增加卧室，适应人口变化

持续建造

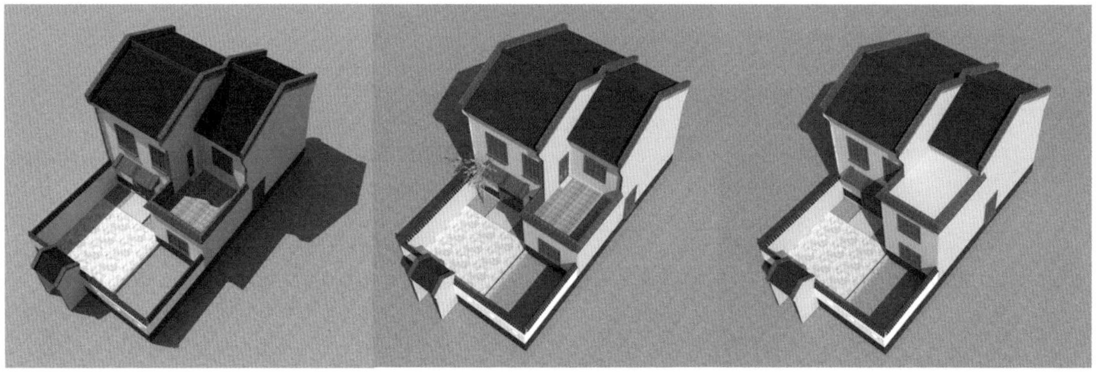

基本型二层平面

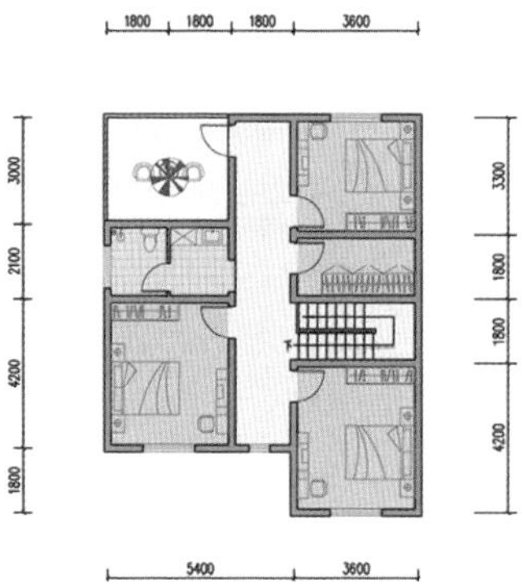

一期扩建平面

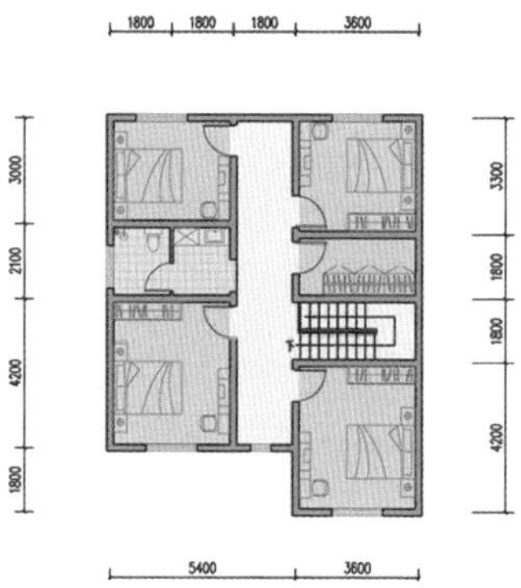

二期扩建平面

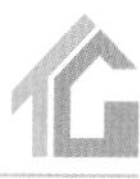

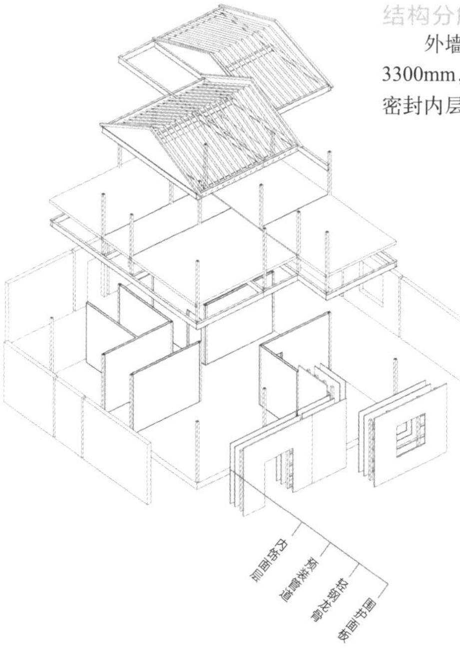
内饰面层
预装管道
轻钢龙骨
围护面板

结构分解图

外墙由外墙层、龙骨架、管道板、面层构成，采用吊装，四层板形式组成，层高3300mm，外挂墙体内三层墙层高2900mm，密封内层结构；最外层面板层高3300mm，密封内层结构；内墙采用砌筑方式；最底下外墙板吊装，梁现场装配，板吊装。

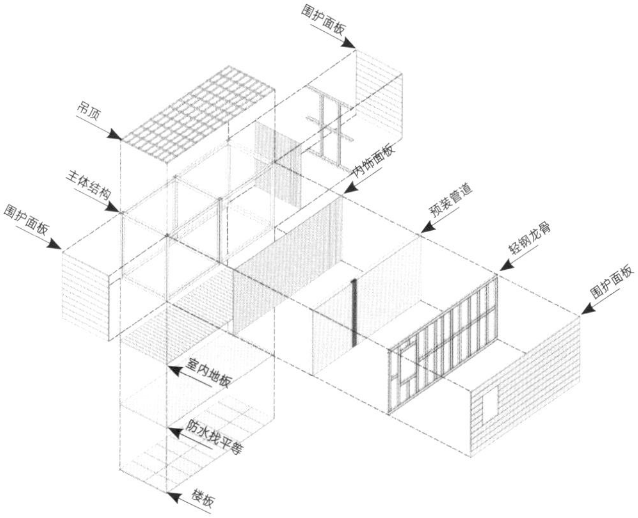
围护面板
吊顶
主体结构
围护面板
内饰面板
预装管道
轻钢龙骨
围护面板
室内地板
防水找平层
楼板

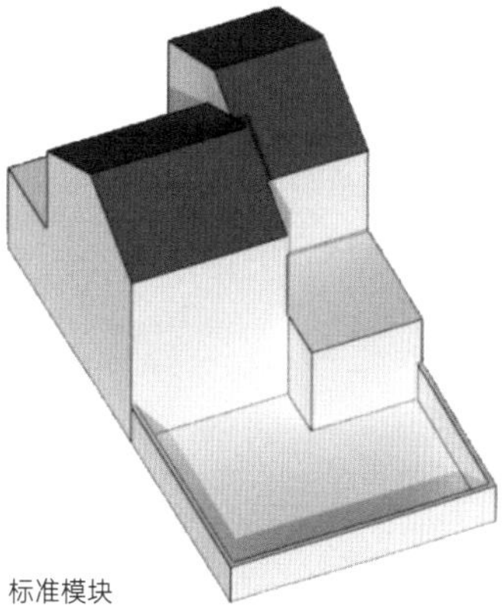
标准模块

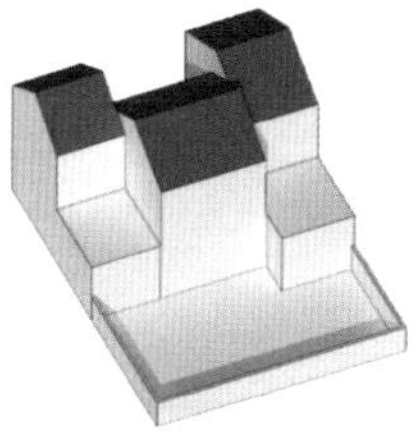
标准模块加建 1

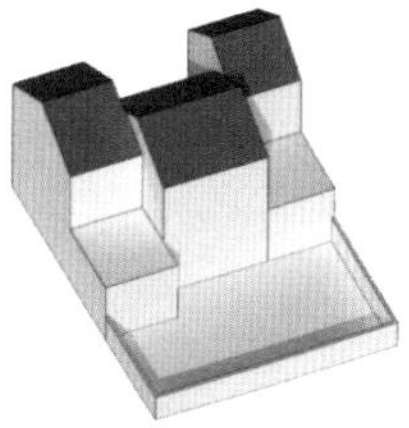
标准模块加建 2

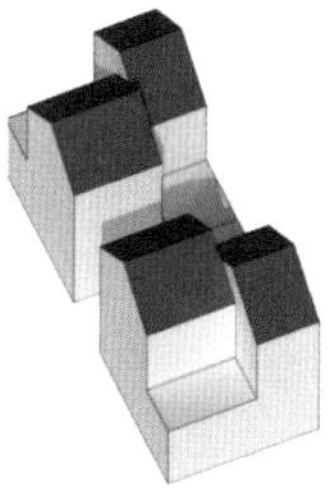
标准模块去院组合 1

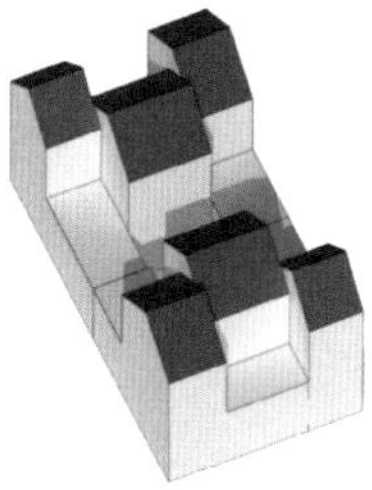
标准模块去院组合 2

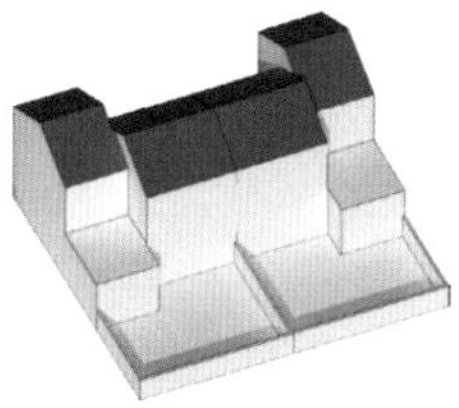
标准模块双拼 1

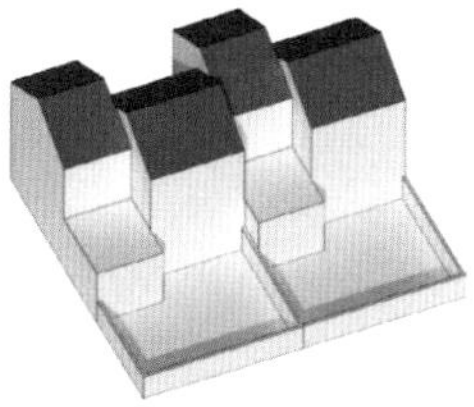
标准模块双拼 2

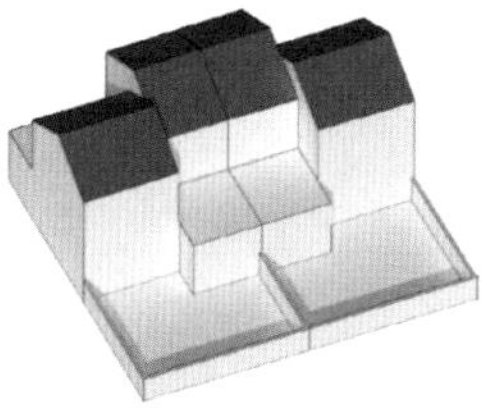
标准模块双拼 3

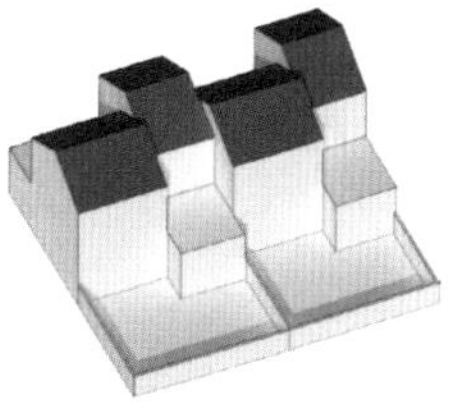
标准模块双拼 4

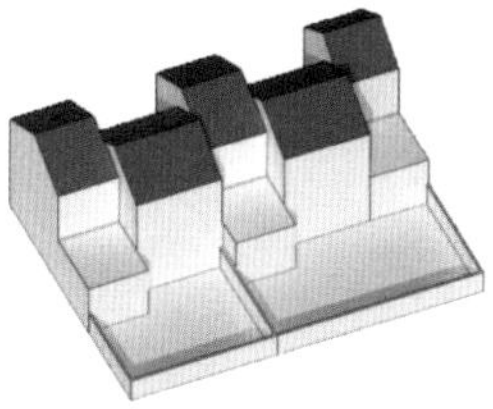
标准模块与加建组合 1

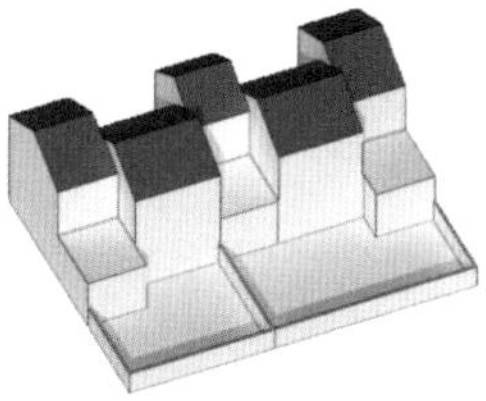
标准模块与加建组合 2

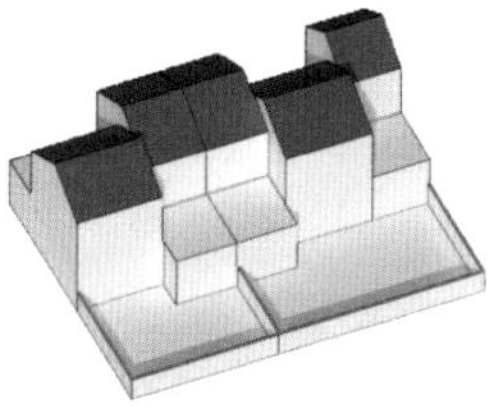
标准模块与加建组合 3

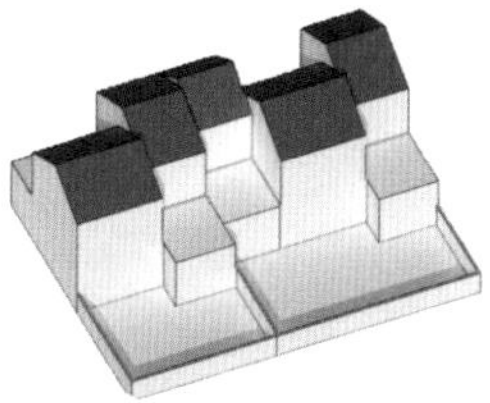
标准模块与加建组合 4

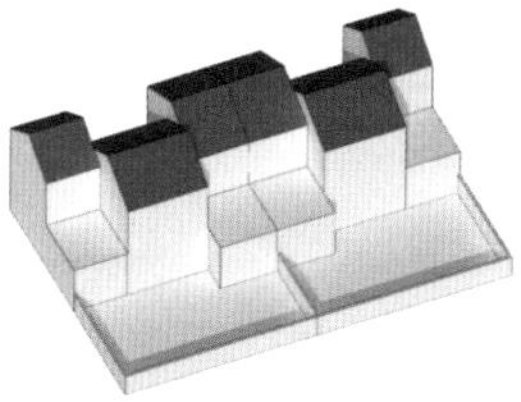
标准模块加建后双拼 1

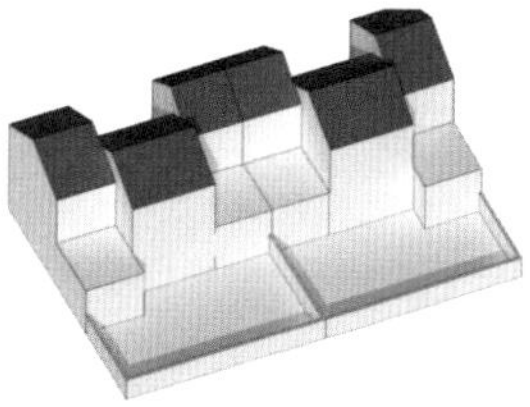
标准模块加建后双拼 2

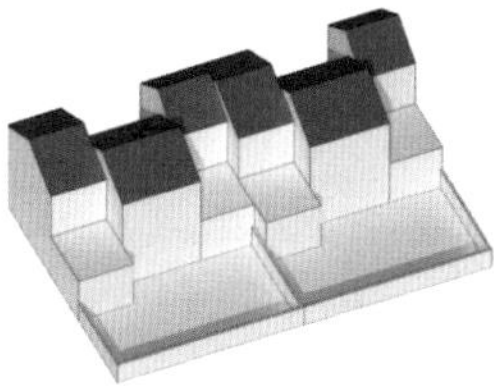
标准模块加建后双拼 3

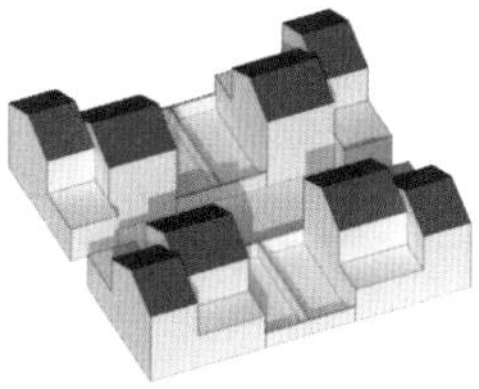
标准模块复合前后组合 1

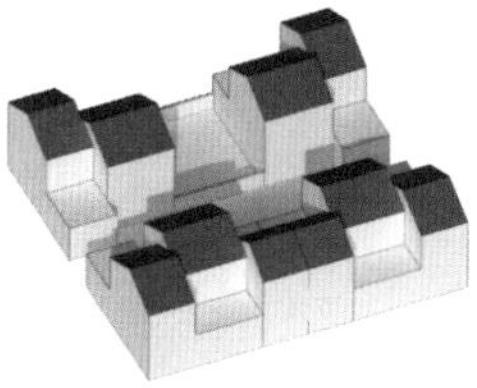
标准模块复合前后组合 2

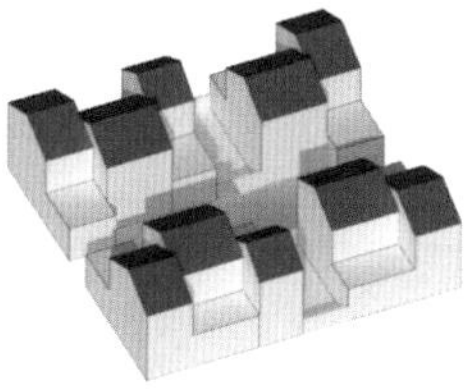
标准模块复合前后组合 3

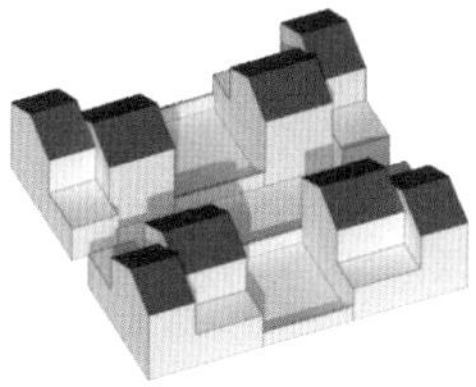
标准模块复合前后组合 4

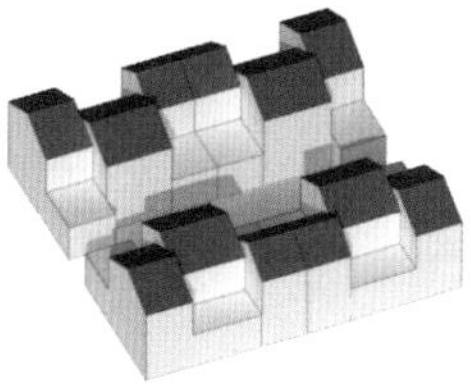
标准模块复合前后组合 5

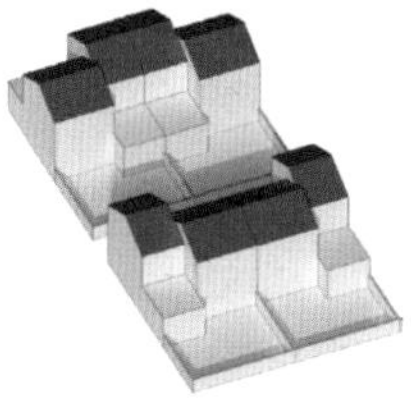
标准模块复合前后组合 1

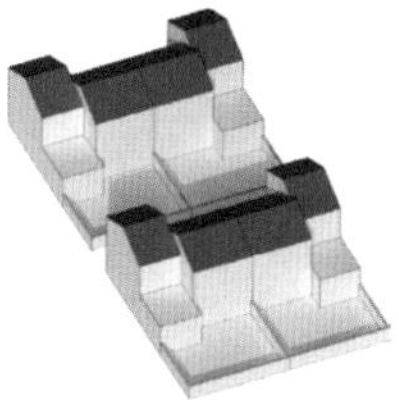
标准模块复合前后组合 2

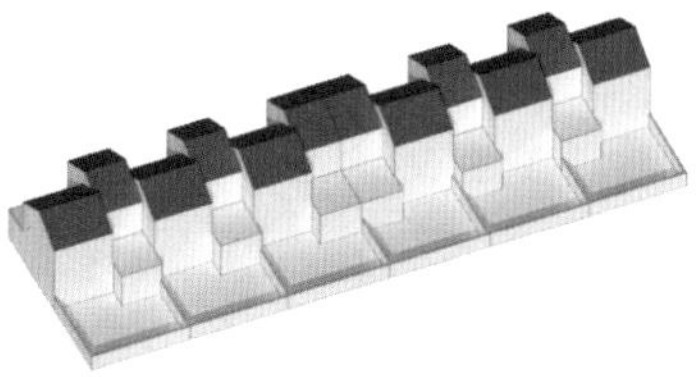
标准模块联排组合 1

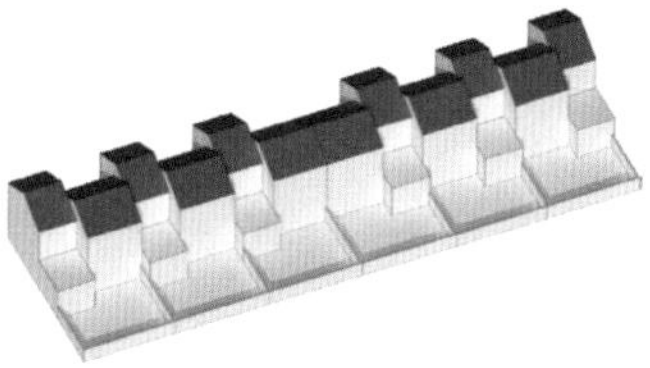
标准模块联排组合 2

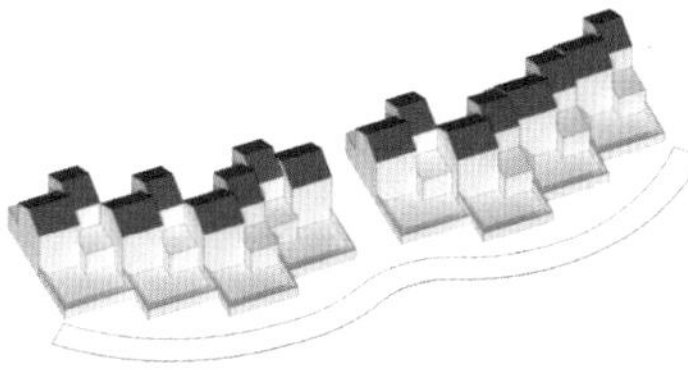
标准模块联排组合 3

学校：合肥工业大学　指导老师：李早　王德才　设计人员：刘俊　李浩　王汉杰　李骏豪　高岩琰　汪强　崔巍懿

【传统民居创新设计】——吉林省白山市长白朝鲜族自治县

前期调研

平安道型朝鲜族民居

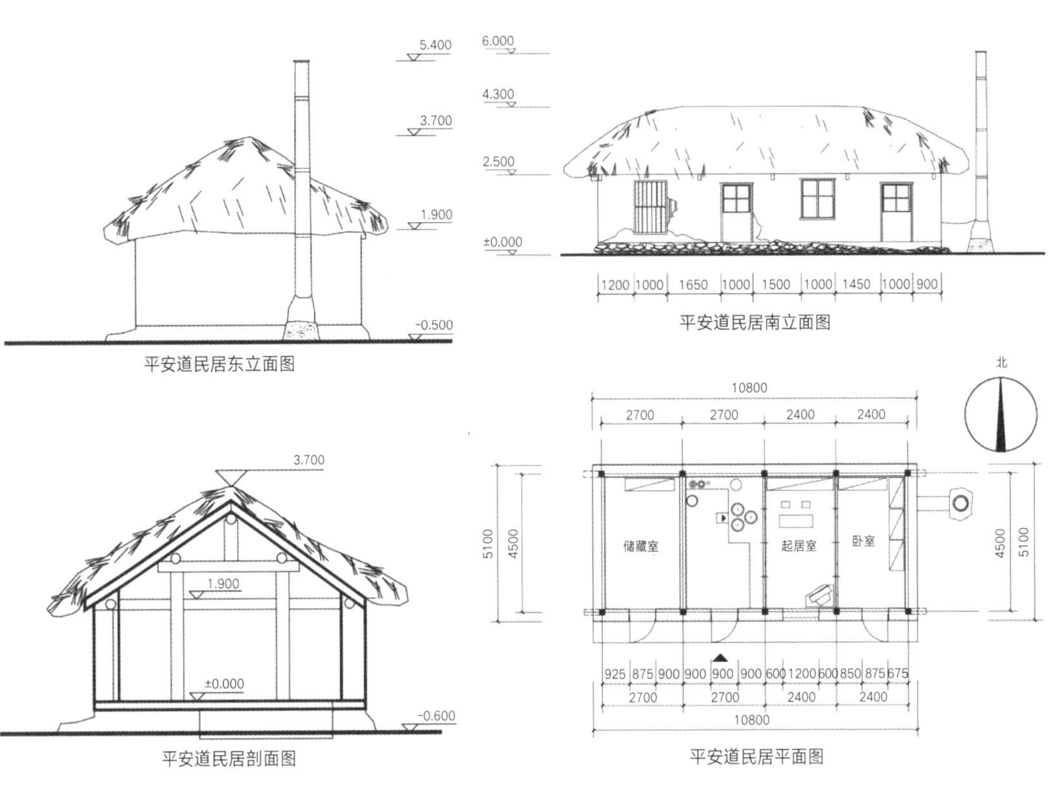

平安道民居东立面图

平安道民居南立面图

平安道民居剖面图

平安道民居平面图

咸镜道型朝鲜族民居

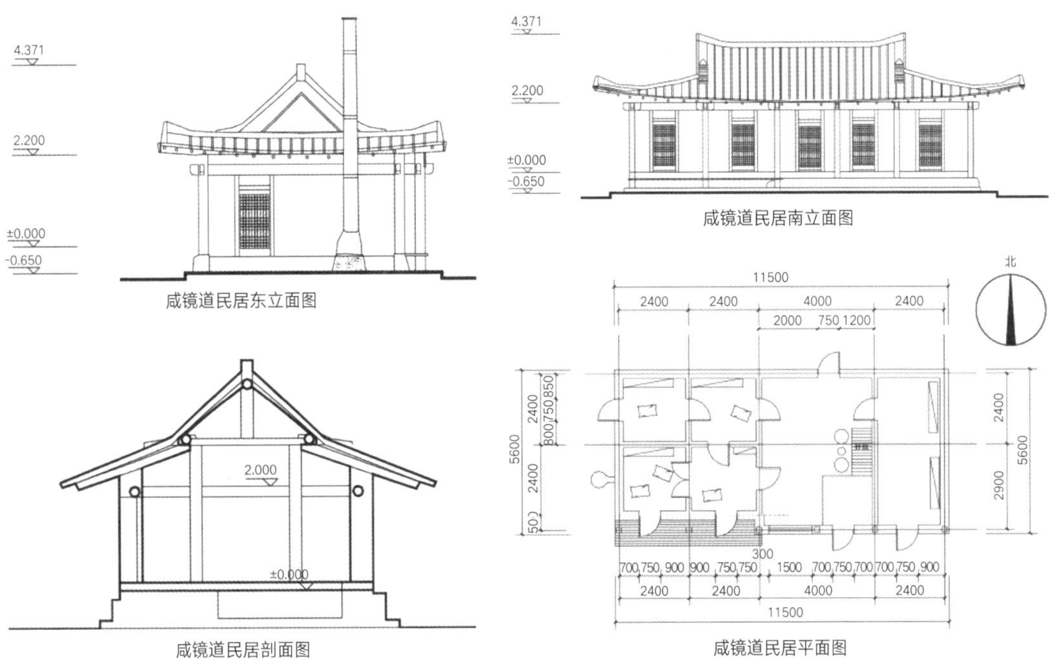

咸镜道民居东立面图

咸镜道民居南立面图

咸镜道民居剖面图

咸镜道民居平面图

朝鲜族民居调研建筑外部现状

咸境道型朝鲜族民居主要分布在我国延边图们江沿岸地区。在选址方面考虑周边河流情况及地形等自然因素，以便于水稻的种植。咸境道型朝鲜族民居历史悠久，大部分建筑寿命超过百年，由于年久失修，在各传统村落中的留存数量并不多，大多数建筑已成为乡镇级及市级文物保护单位。

老房子正面

新房子正面

老房子正面

新房子正面

老房子正面

新房子正面

朝鲜族民居调研建筑内部现状

咸境道型朝鲜族民居以木结构为主，室内冬暖夏凉，用传统的满炕取暖，通过燃烧秸秆等燃料，用大锅烧饭，烧水的同时给整个空间提供热量。在现代生活中，新装修的民居内开始陆续加入立体式厨房，符合现代人的生活习惯，同时也继承着传统。

将拆农房内部

将拆农房内部

老房子内部

朝鲜族民居调研建筑构造细节节点

朝鲜族所在地，地广人稀，有大量的土地用来种植玉米，当玉米收割之后，当地人会把秸秆收集起来，用作外墙的支撑骨架。本次产业化设计也着重考虑了利用当地的材料，用挤压的秸秆作保温层，作为外挂墙体的一部分，节约资源、绿色环保。

屋顶　屋顶　构造剖切房屋

墙体内部　墙体内部　室内构造

下石建村老房正立面　下石建村老房侧立面　下石建村老房背立面

下石建村老房正立面 2　下石建村老房侧立面 2　下石建村老房背立面 2

朝鲜族民居调研的问题

长期以来，吉林省的农村住宅能源供应严重不足，大部分仍旧使用传统的火炕、火墙等分散式供暖方式，热效率低。在传统的农村住宅中，建筑内必须长时间烧稻草、秸秆、煤等来保持室内的温度，在外围护结构保温性不高的情况下，每家每户对能源的消耗量比较大，而且大量消耗煤炭资源，与现代社会追求低碳环保的社会趋势背道而驰，农村急需一种建筑节能方式去解决这个问题。

现代农村中，人们也追求现代化的生活方式，在传统的用大锅烧饭的同时，加入了煤气灶等生活设施，但由于传统的民居内对立体式厨房空间的考虑不足，造成人们在空间使用上存在一些不方便的地方。

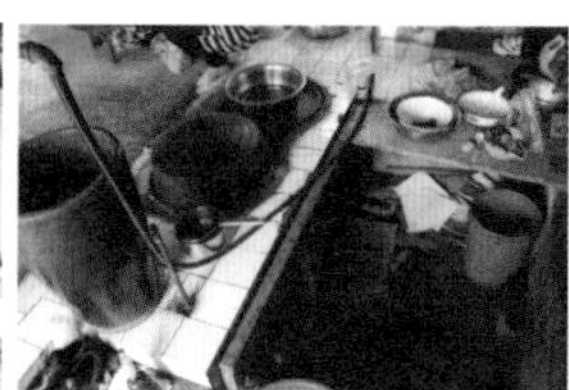

朝鲜族民居调研的初步构思

围合结构采用可组装的双玻折叠门，该平台春、夏、秋季可将窗户开启，为使用者提供休息晾衣、晾晒农作物、室外家庭作业等功能；冬季平台封闭形成“阳光房”，形成独立的空间，加强了内部卧室、起居室的保温性能，也可以从侧面减少燃烧秸秆的量，从而达到低碳、环保、可持续的效果。

立体式厨房的引入，改善了当地居民的生活方式。夏天，利用立体式厨房，方便快捷，符合现代人的生活习惯。

充分利用太阳能，将太阳能热水器考虑到建筑的整体设计中，形成装配整体式农房设计。

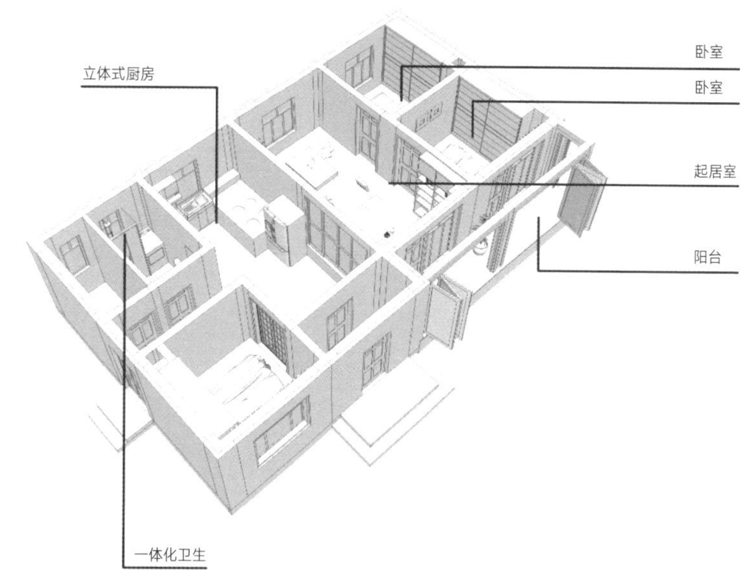

利用凹廊改造的开敞空间，连接了室内室外。作为过渡的灰空间，自然引人向这边聚集，形成室外空间的中心，给人提供了更多的交流机会。

冬季将折叠窗关闭，不仅保温，也开阔了视野。

春季折叠窗角度透视图

冬季折叠窗角度透视图

方案设计

平安道型朝鲜族农房设计（$80m^2$）

设计说明：平安道型朝鲜族民居，主要分布在我国鸭绿江沿岸及周边地区。平面特点为：采用封闭式独立厨房，并在它的东侧布置串联式卧室（炕），该方案建筑面积为 $78.7m^2$，平面形式为4开间，中间是厨房，东侧设置两间炕，靠近厨房一侧的炕空间，作为起居兼餐厅使用；厨房的西侧南面布置卧室，后面设置厕所和储藏间，通过多重墙体抵御寒风，屋顶采用合阁式屋顶。总平面采用前后院布局方式，后院加设一座室外仓库、农用车停车位等。用地出入口设置两处，一个是主要人流入口，另一个是农用车或家用车入口。该方案建筑形式在咸境道型传统民居的基础上进行了创新。首先，将室外厕所进行室内化，且考虑气味对室内环境的影响，将厕所布置在靠外墙一侧，设置窗户，在没有设置下水道的村落，可在建筑外墙一侧埋设集粪坑，粪尿分离，采用定期抽排的方式；其次，屋顶设置太阳能热水器，提高建筑的绿色环保性能；最后，将传统民居中的退间（凹廊）通过折叠式门窗改造成多功能阳光房，夏天将其打开，冬天将其封闭。

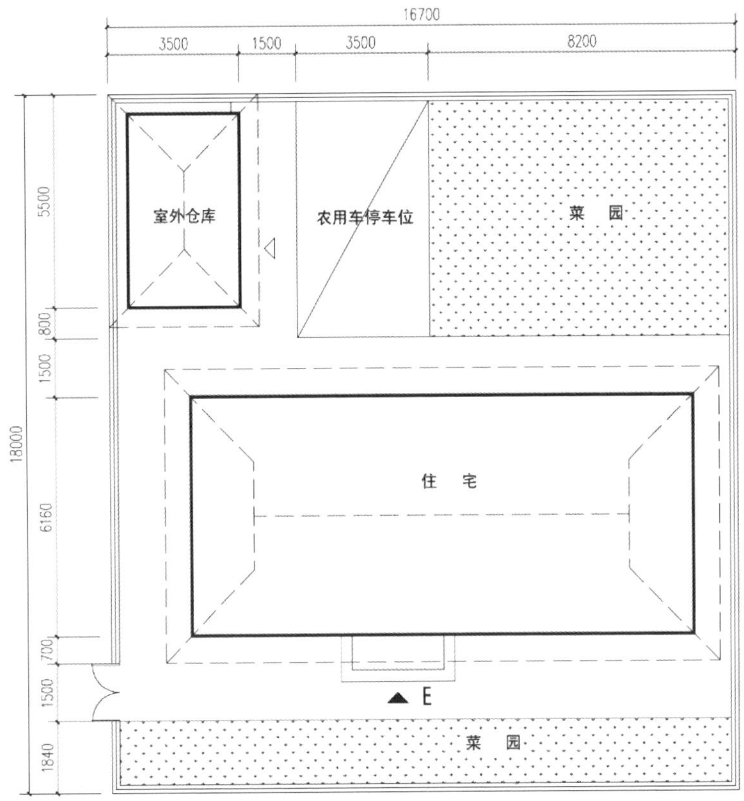

总平面图

注：宅基地面积为 $300m^2$；室外仓库建筑面积为 $15.0m^2$。

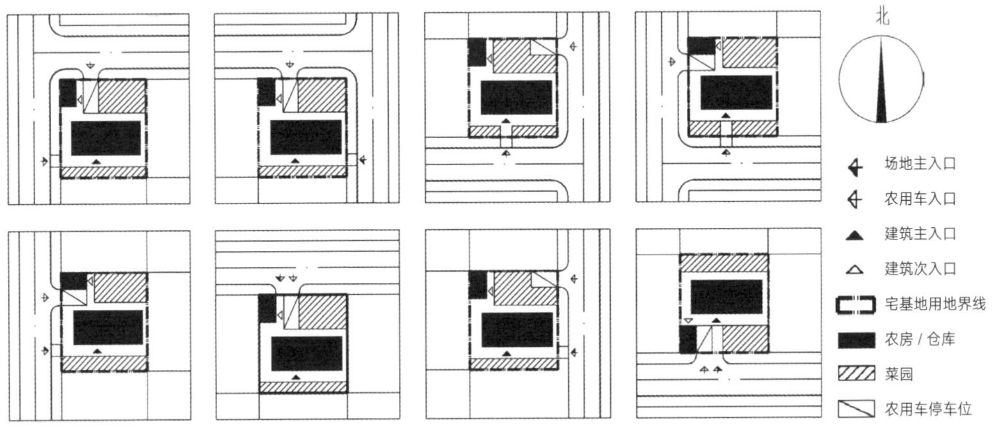

院落布局方式

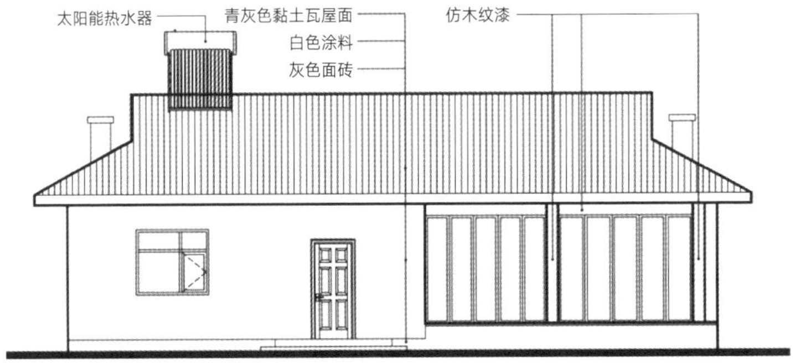

南立面图

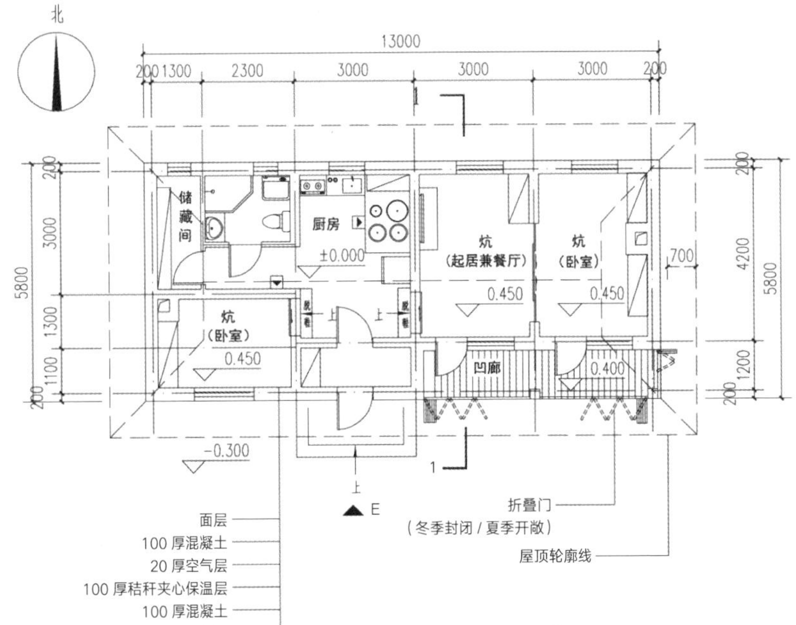

一层平面图

注：建筑面积为 $78.7m^2$；卫生间面积为 $5.0m^2$。

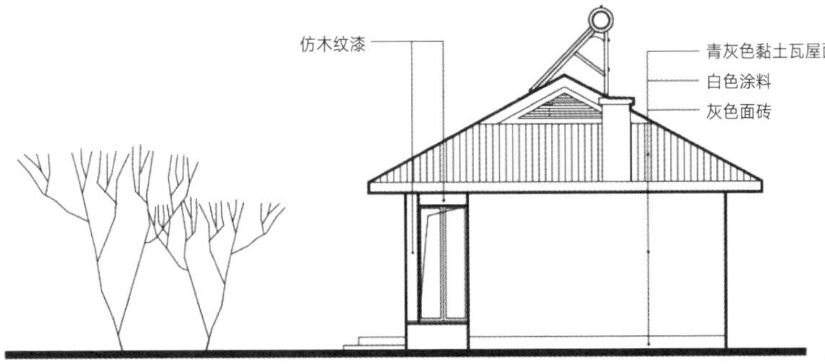

东立面图

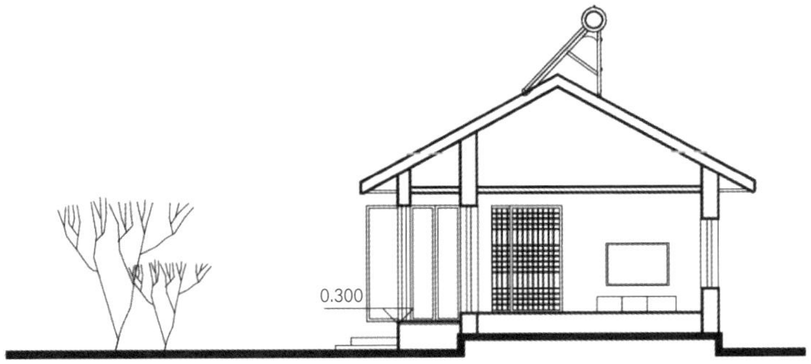

1-1 剖面图

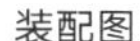
装配图

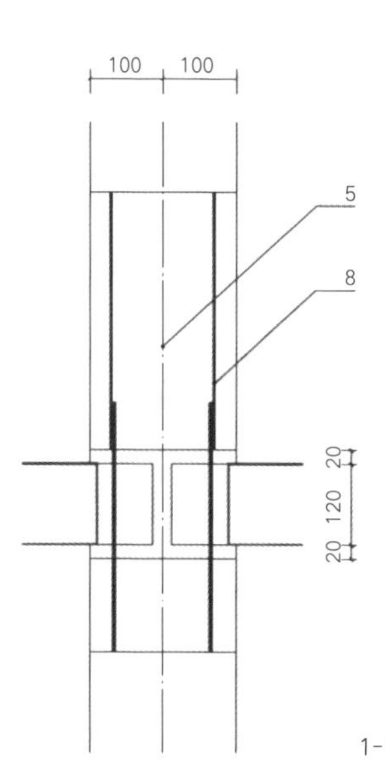

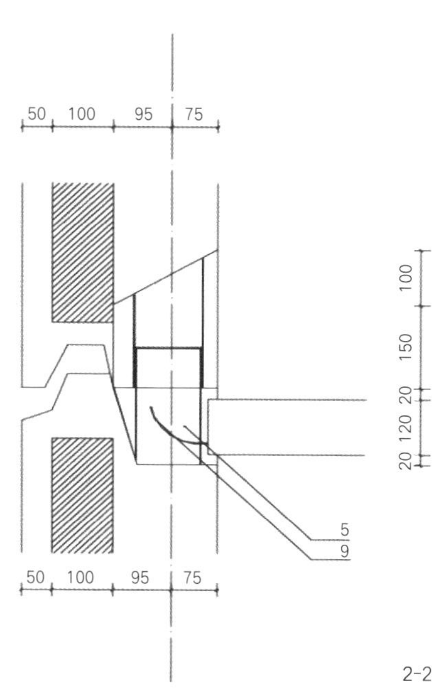

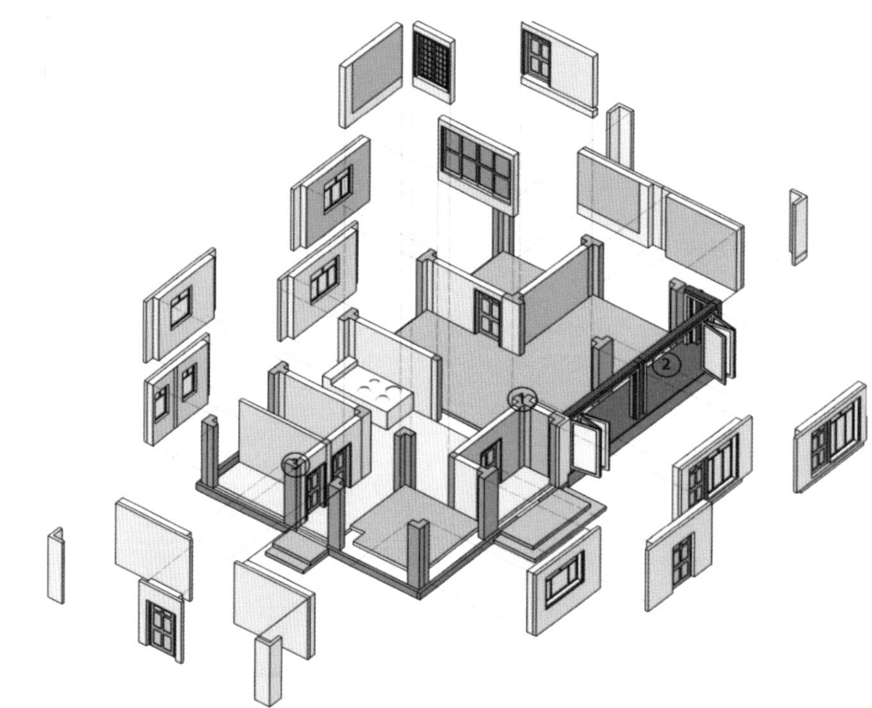

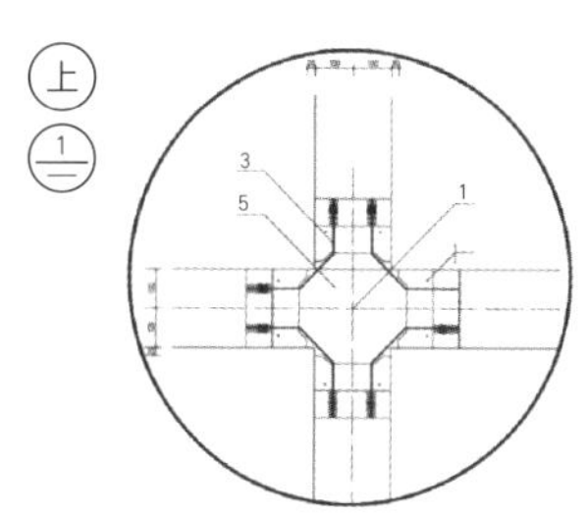

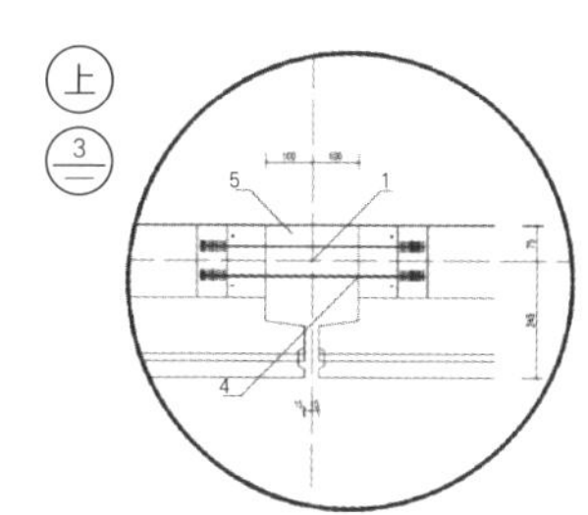

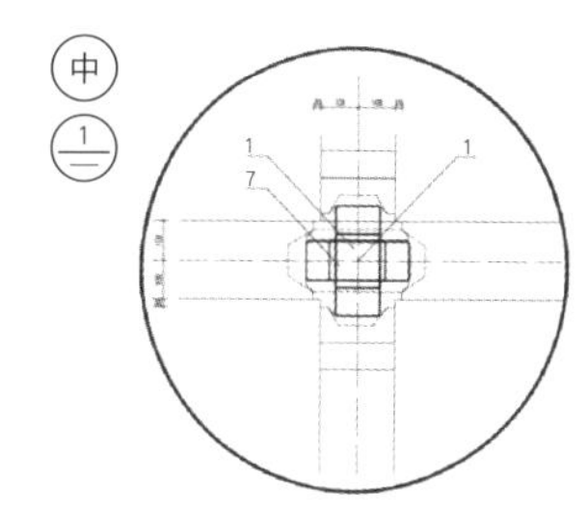

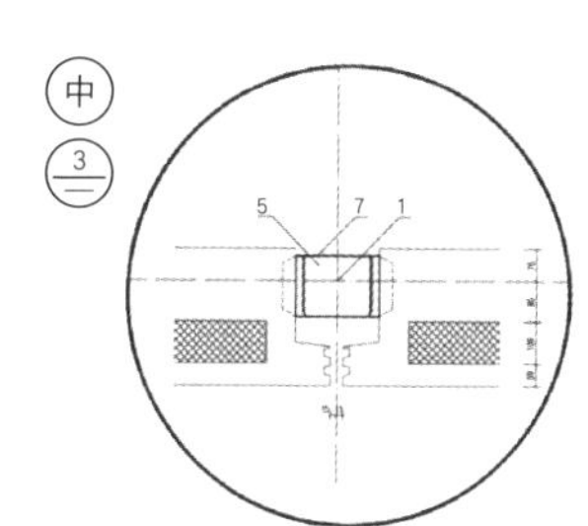

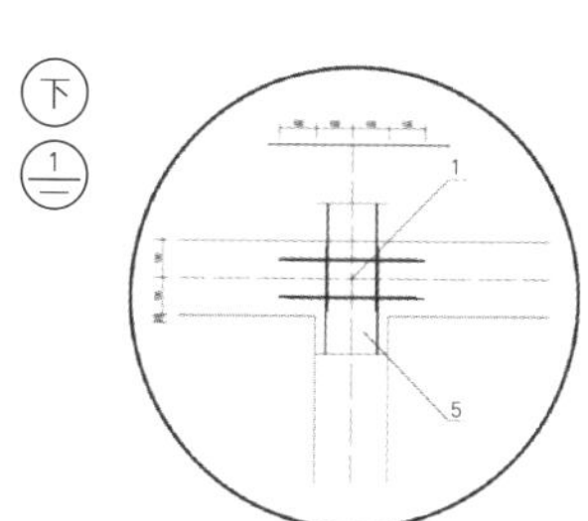

就地取材，用当地的秸秆作为保温材料，在夹心墙体中，秸秆厚度为100mm。

1 12ϕ22 通长
2 2ϕ22 通长
3 1ϕ10 L=350
4 1ϕ10 L=450
5 C20 细石混凝土
6 预留钢筋箍
7 预留钢筋
8 预留钢板
9 吊环
10 -5×40×300

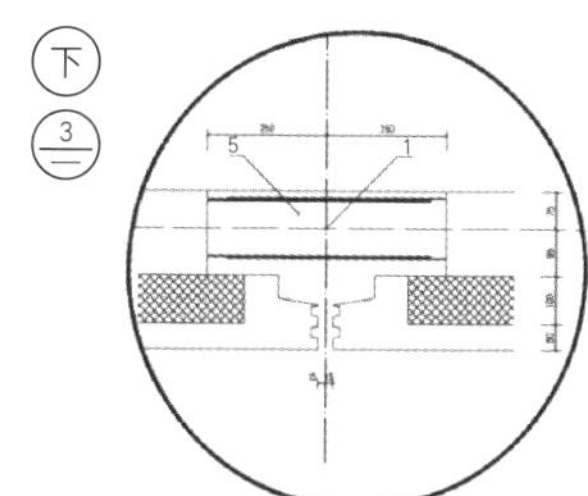

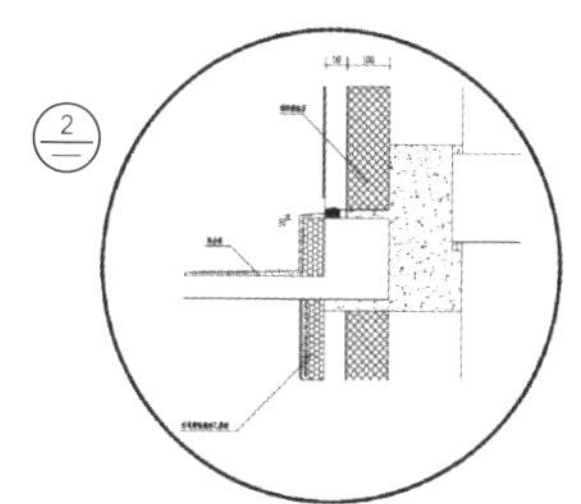

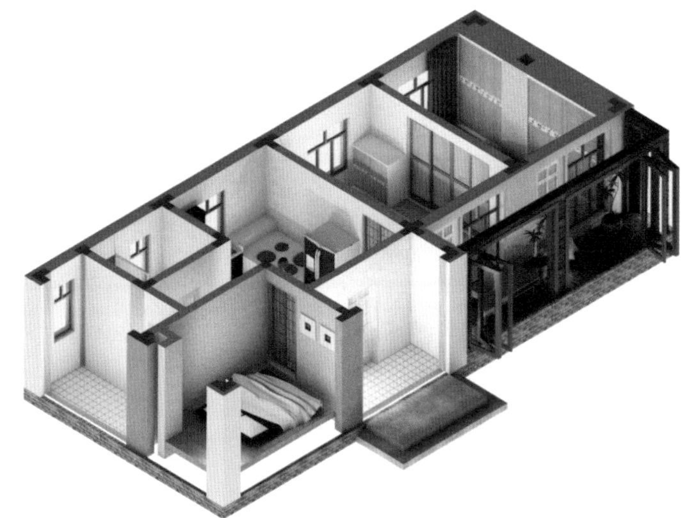

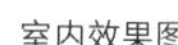
室内效果图

室外效果图

平安道型朝鲜族农房设计（100m²）

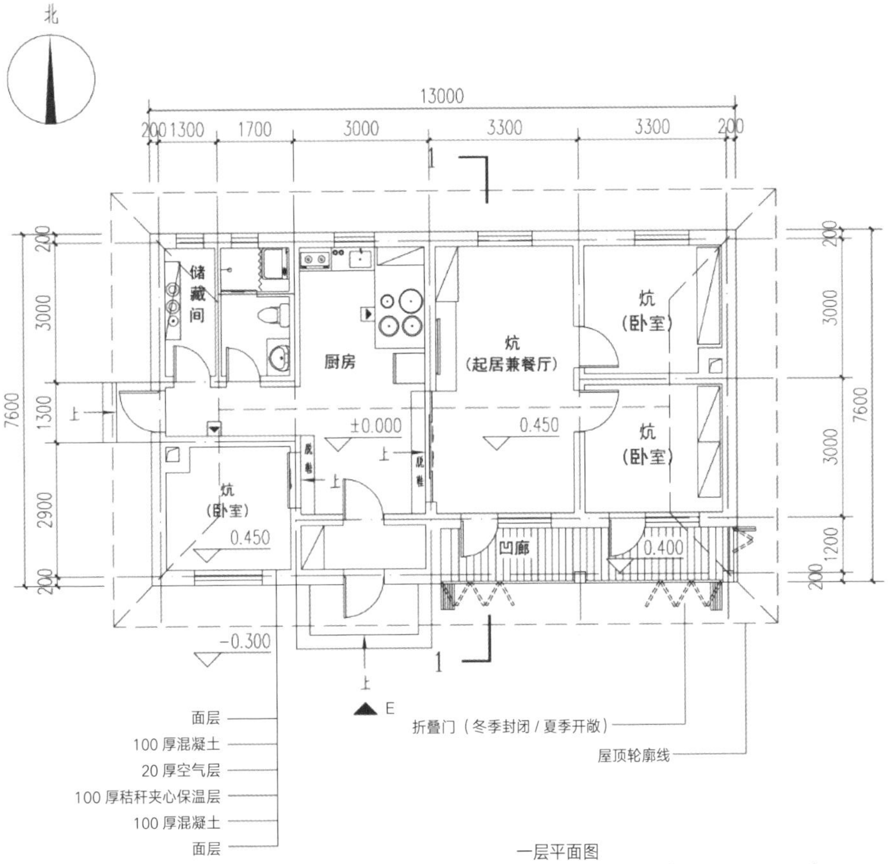

一层平面图

注：建筑面积为 102.4m²；卫生间面积为 5.4m²。

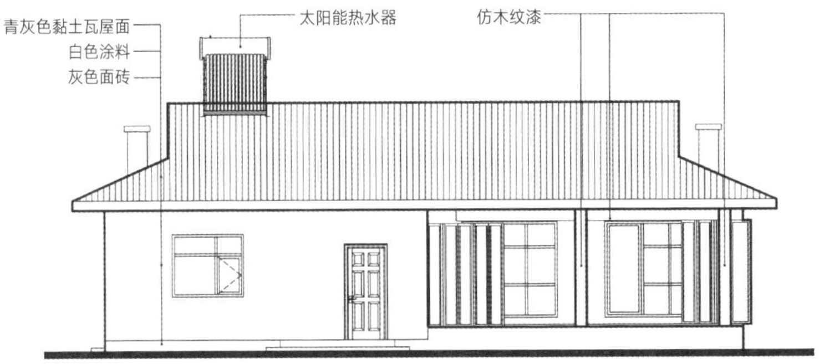

南立面图

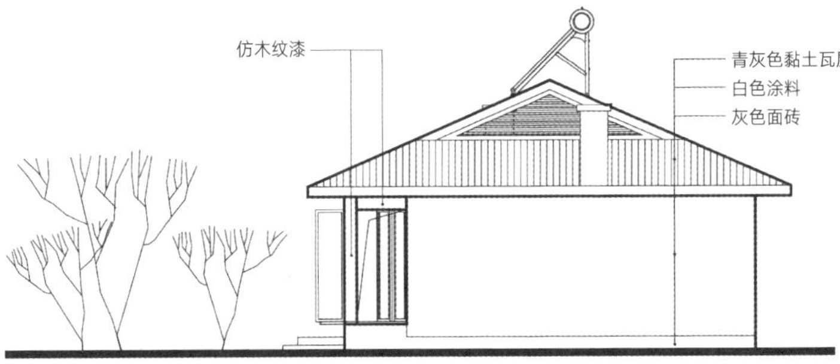

东立面图

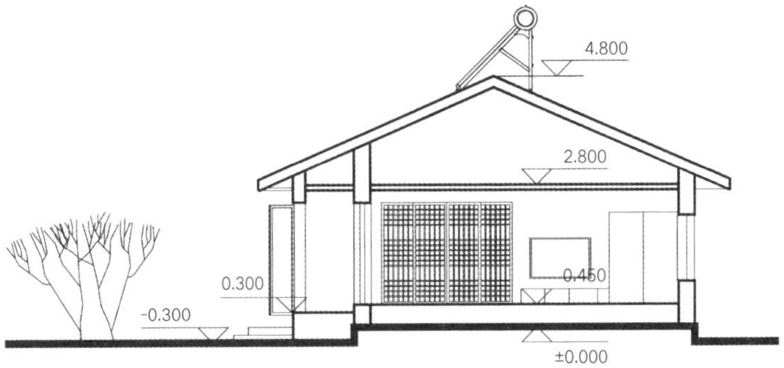

剖面图

装配图

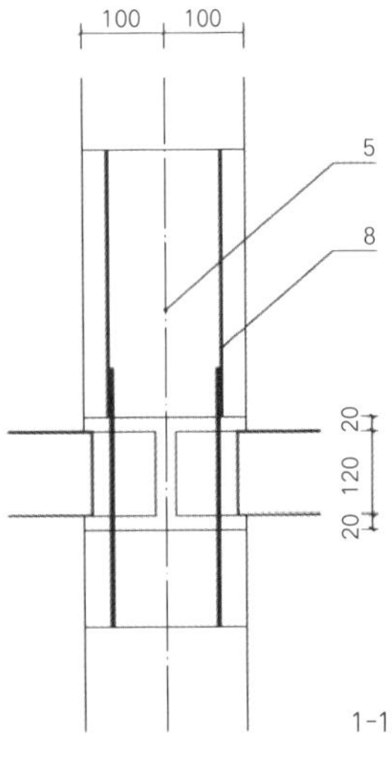

1-1

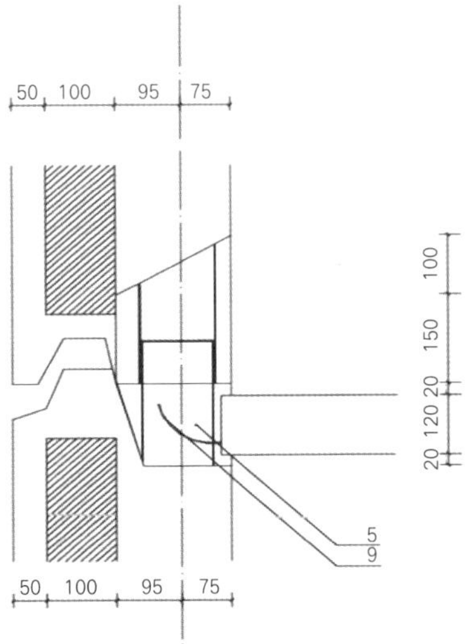

2-2

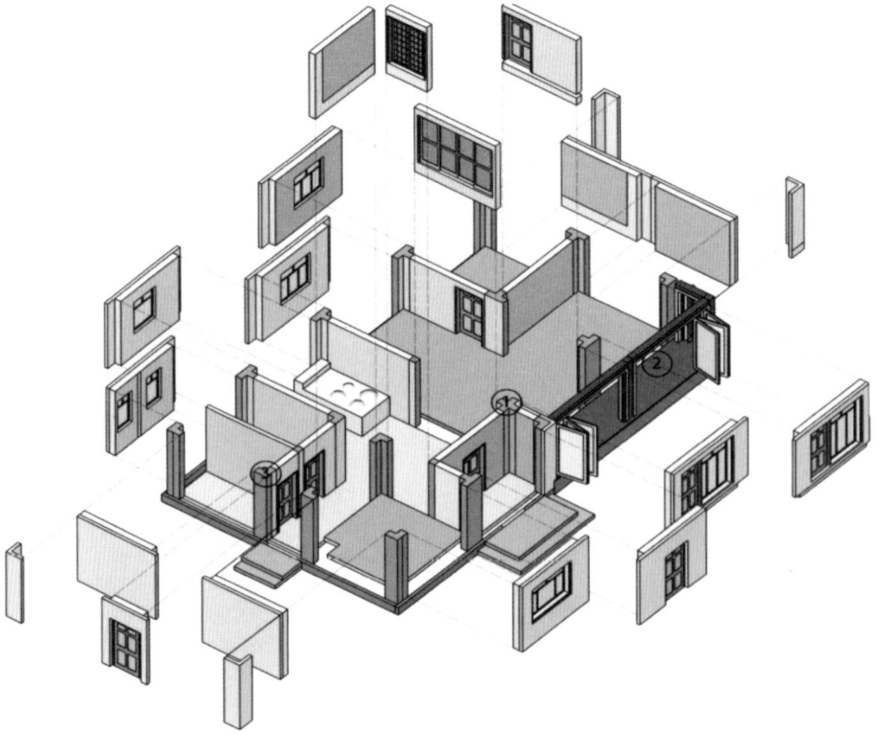

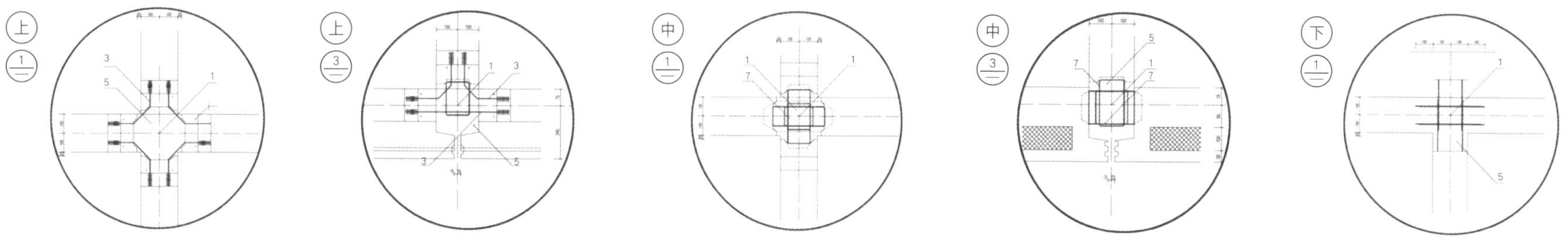

1 12φ22 通长　6 预留钢筋箍
2 2φ22 通长　7 预留钢筋
3 1φ10 L=350　8 预留钢板
4 1φ10 L=450　9 吊环
5 C20 细石混凝土　10 -5×40×300

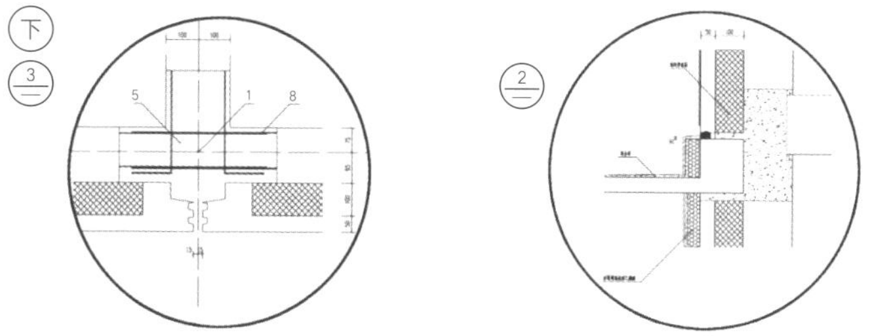

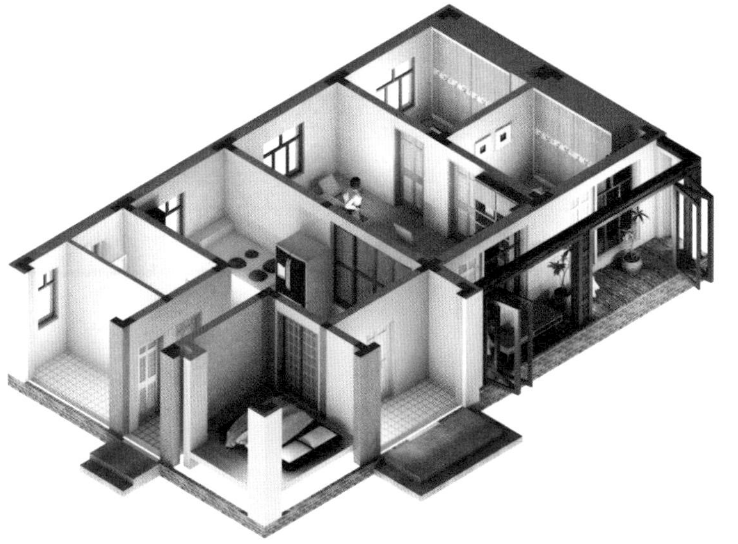

室内效果图

室外效果图

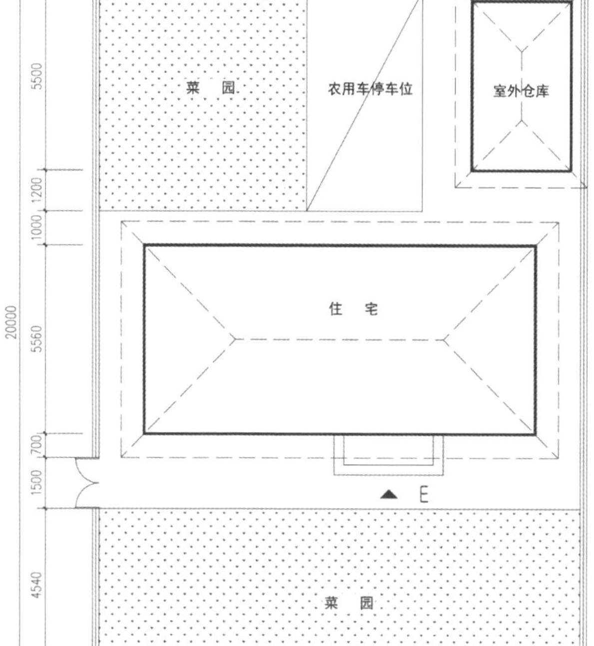

总平面图

注：宅基地面积为 300m²；室外仓库建筑面积为 15.0m²。

咸境道型朝鲜族农房设计（60m²）

设计说明：咸境道型朝鲜族民居，主要分布在我国延边图们江沿岸地区。该方案建筑面积为 65.9m²，平面形式为 4 开间。中间是厨房、鼎厨间，东侧是卫生间、储藏间，西侧是卧室。中间的鼎厨间，是由火炕和下沉式厨房所组成的开敞性空间，该空间也是咸境道型朝鲜族民居的最大特点；屋顶采用四坡屋顶。总平面采用前后院布局方式，后院加设一座室外仓库，主要储藏大型农机具等物品。出入口设置两处，一个是主要人流入口，另一个是农用车或家用车入口。该方案建筑形式在咸境道型传统民居的基础上进行了创新。首先，将室外厕所进行室内化，且考虑气味对室内环境的影响，将厕所布置在靠外墙一侧，设置窗户，在没有设置下水道的村落，可在建筑外墙一侧埋设集粪坑，屎尿分离，采用定期抽排的方式；其次，屋顶设置太阳能热水器，提高建筑的绿色环保性能。

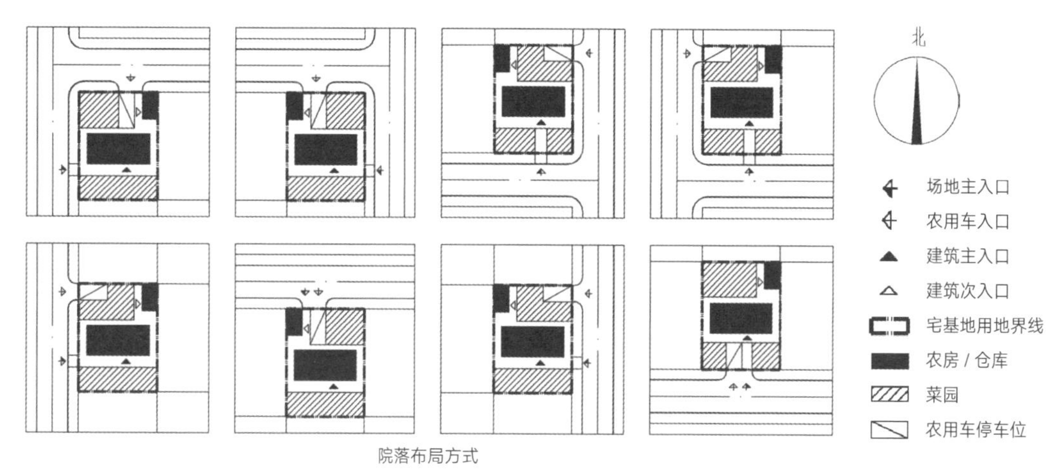

院落布局方式

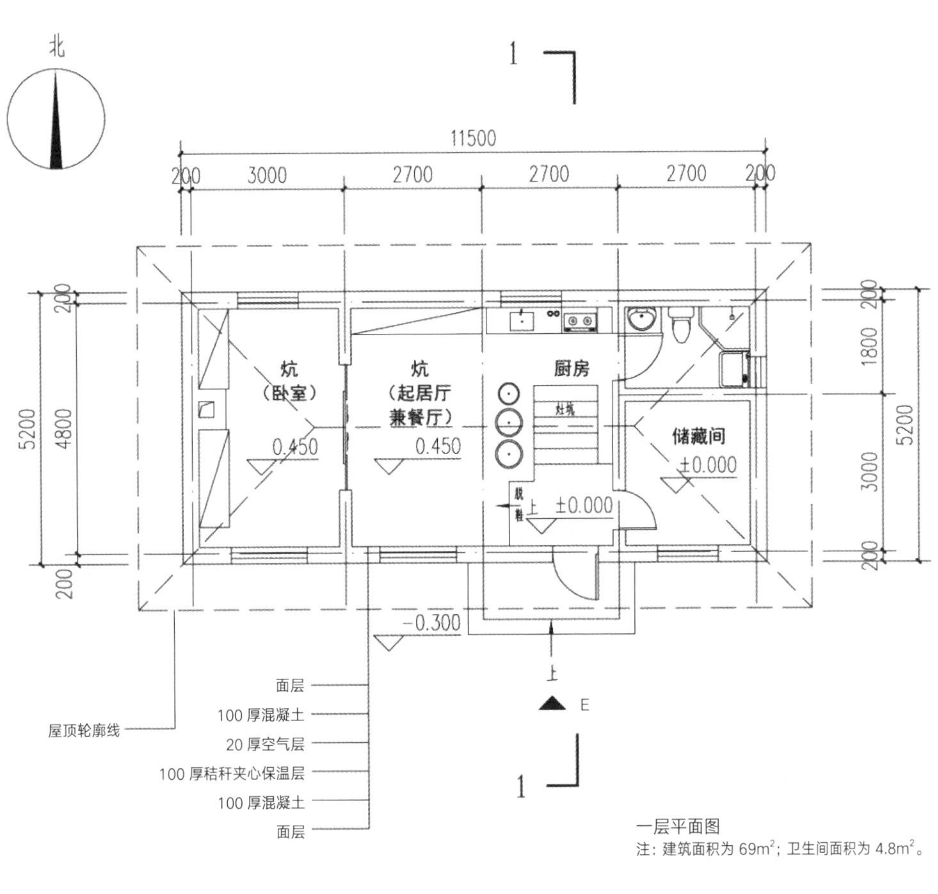

一层平面图
注：建筑面积为 $69m^2$；卫生间面积为 $4.8m^2$。

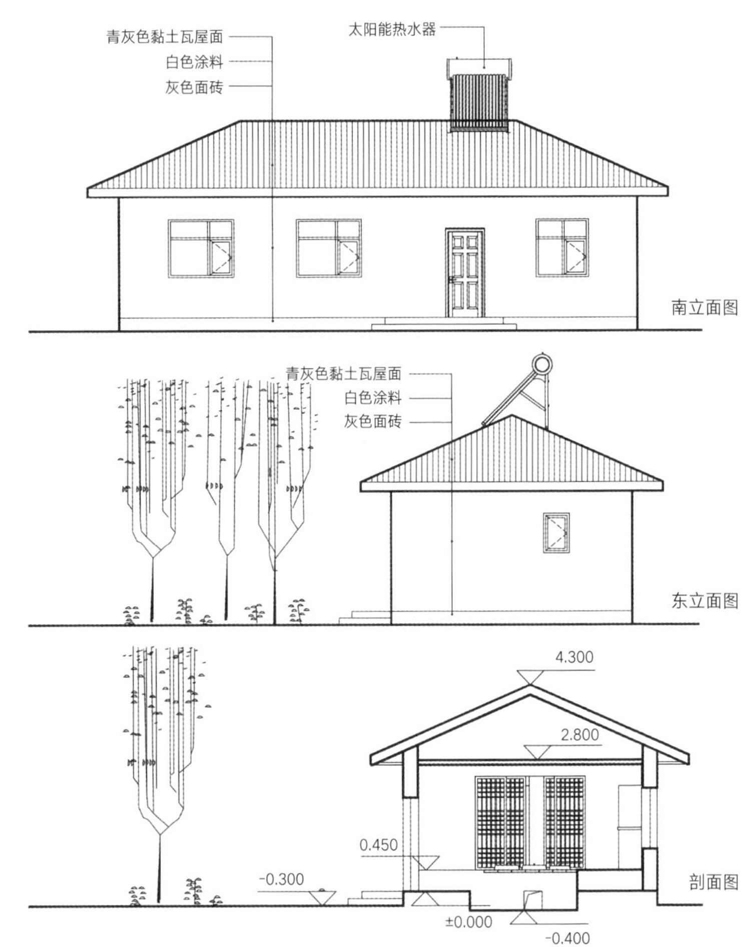

装配图

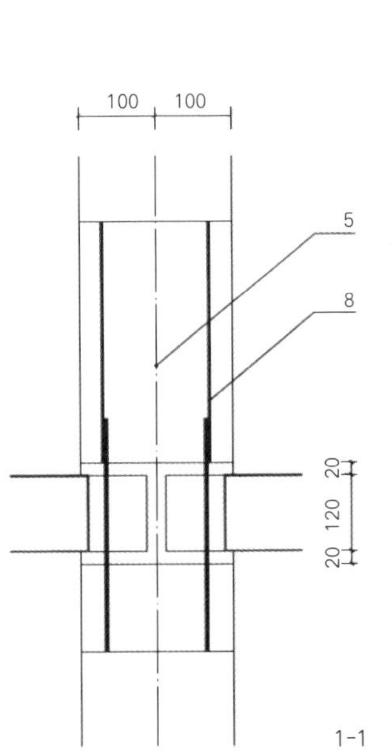

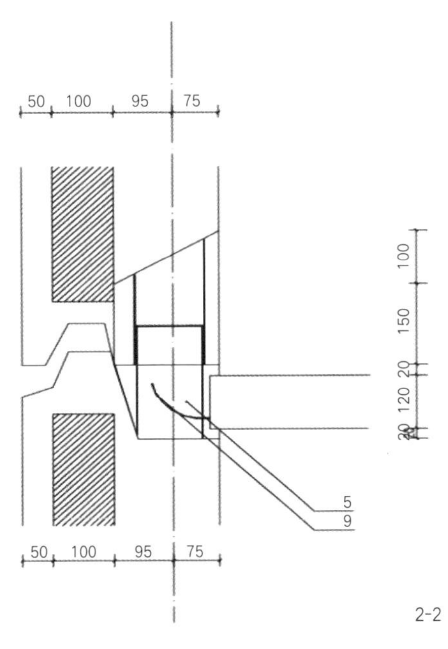

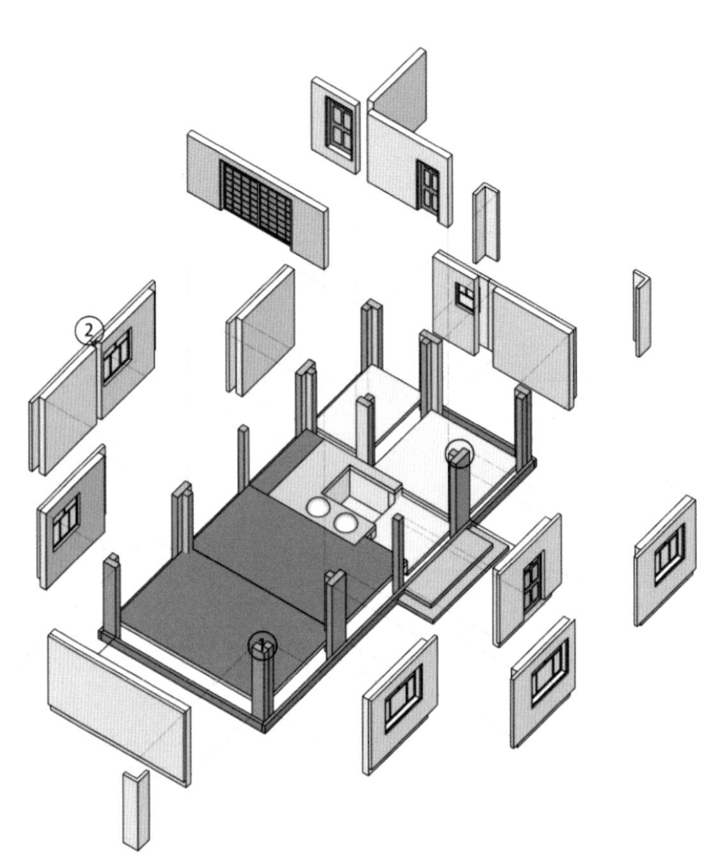

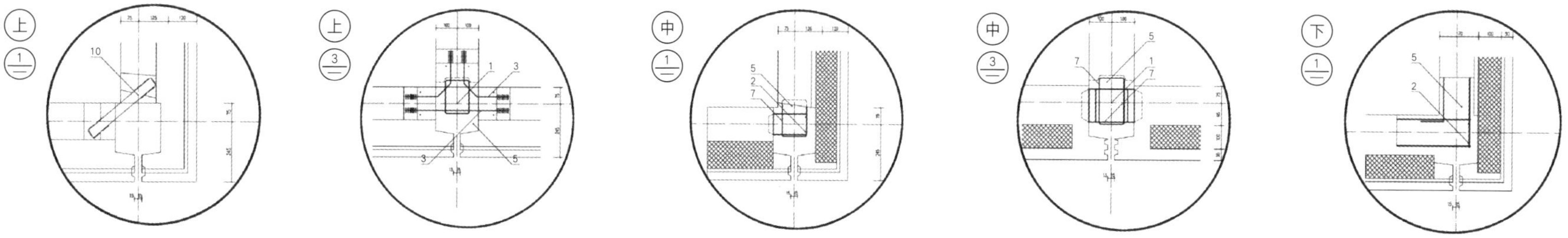

就地取材，用当地的秸秆作为保温材料，在夹心墙体中，秸秆层厚度为100mm。

1 12ϕ22 通长
2 2ϕ22 通长
3 1ϕ10 L=350
4 1ϕ10 L=450
5 C20 细石混凝土
6 预留钢筋箍
7 预留钢筋
8 预留钢板
9 吊环
10 -5×40×300

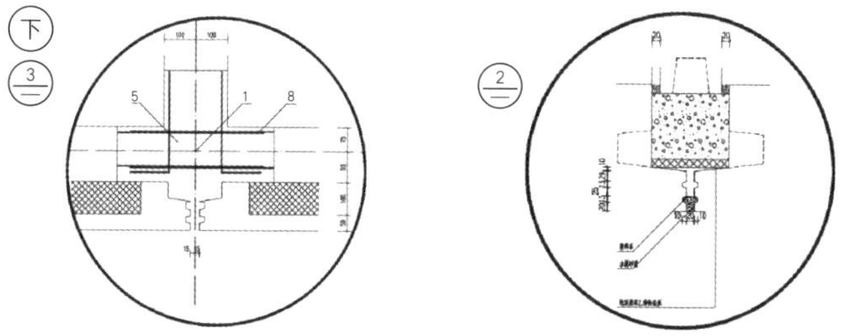

室内效果图

室外效果图

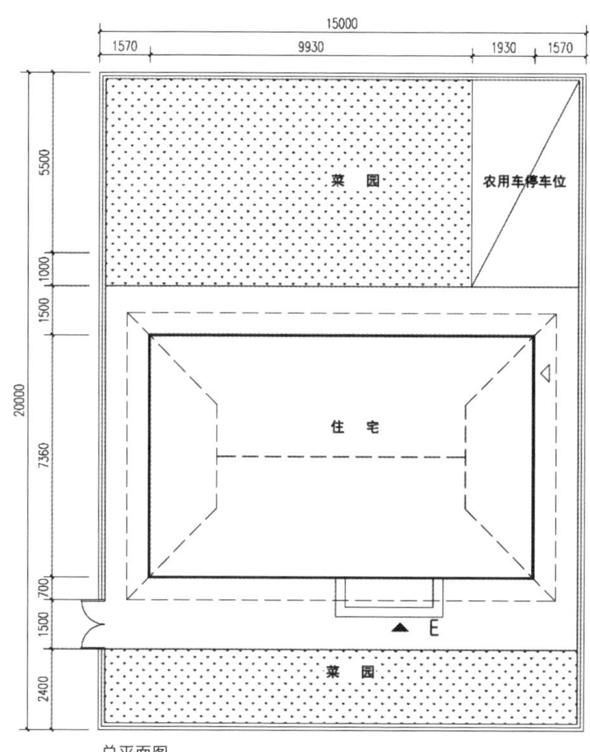

总平面图
注：宅基地面积为300m²。

咸境道型朝鲜族农房设计（80m²）

设计说明：咸境道型朝鲜族民居，主要分布在我国延边图们江沿岸地区。该方案建筑面积为87.2m²，平面形式为4开间，二列型平面。中间是厨房、鼎厨间，东侧是卫生间、储藏间及牛舍，西侧是卧室。屋顶采用合阁式屋顶（歇山式）。总平面采用前后院布局方式，由于住宅进深较大，后院并未加设一座室外仓库，主要农机具都储藏在牛舍或室内储藏间。用地出入口设置两处，一个是主要人流主要入口，另一个是农用车或家用车入口。该方案建筑形式在咸境道型传统民居的基础上进行了创新。首先，将室外厕所进行室内化，且考虑气味对室内环境的影响，将厕所布置在靠外墙一侧，设置窗户，在没有设置下水道的村落，可在建筑外墙一侧埋设集粪坑，尿尿分离，采用定期抽排的方式；其次，屋顶设置太阳能热水器，提高建筑的绿色环保性能。

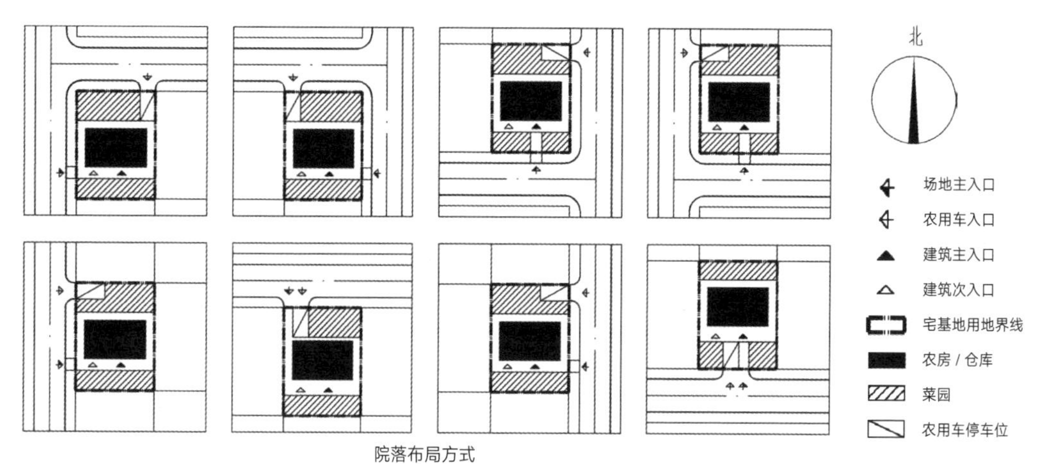

院落布局方式

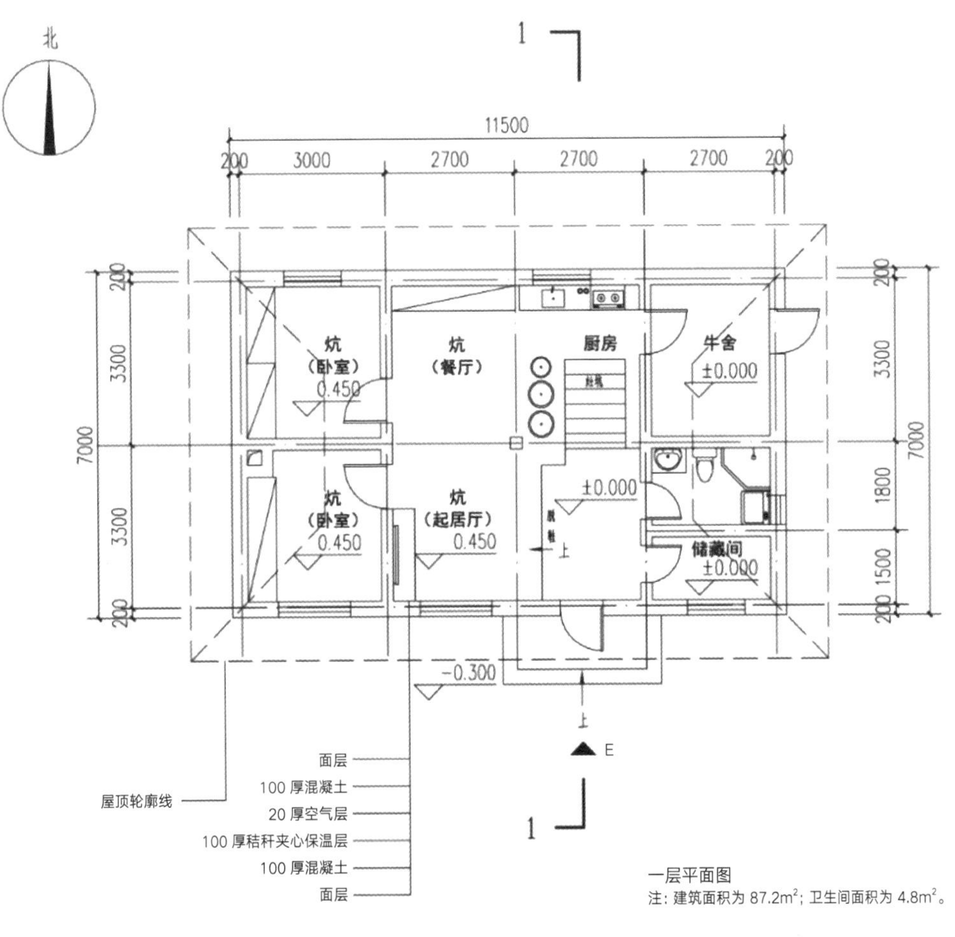

一层平面图

注：建筑面积为 87.2m²；卫生间面积为 4.8m²。

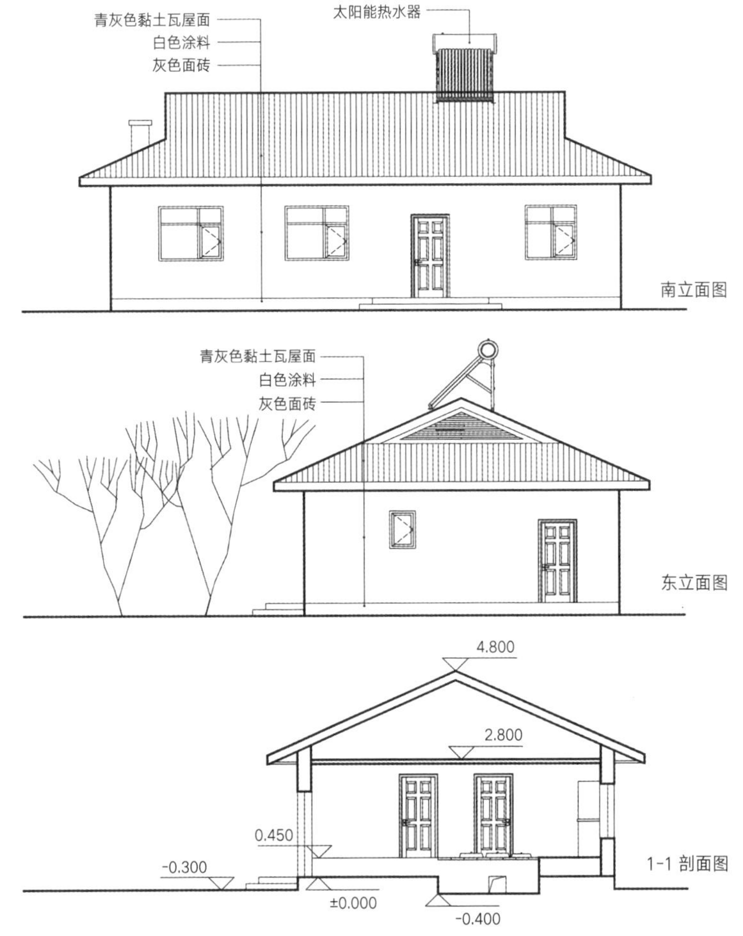

装配图

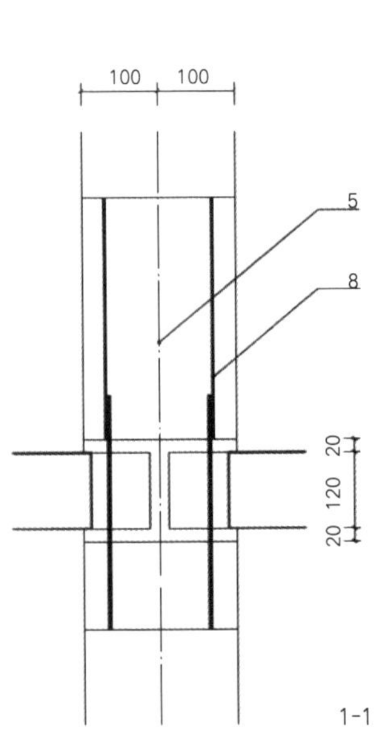

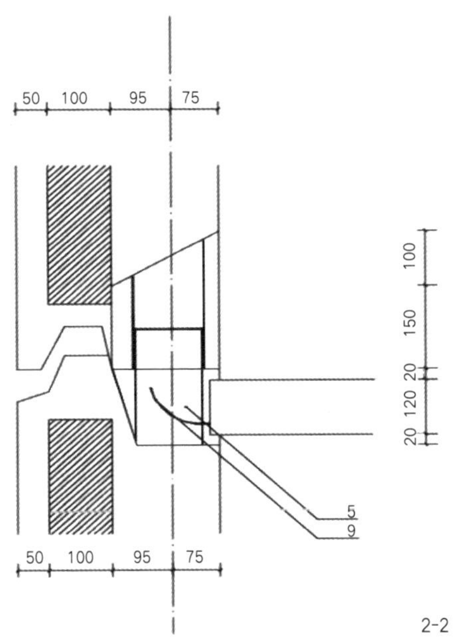

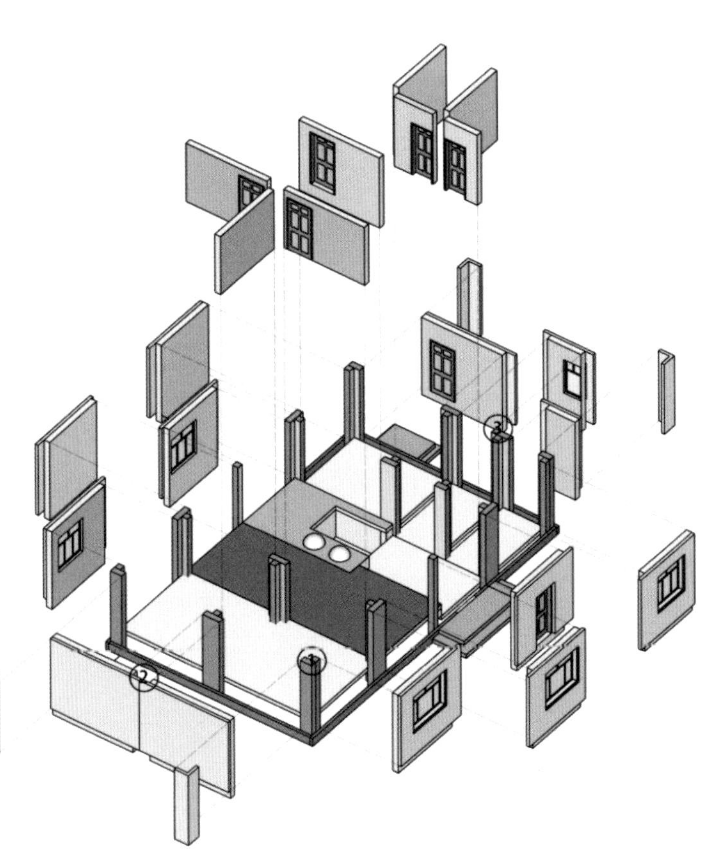

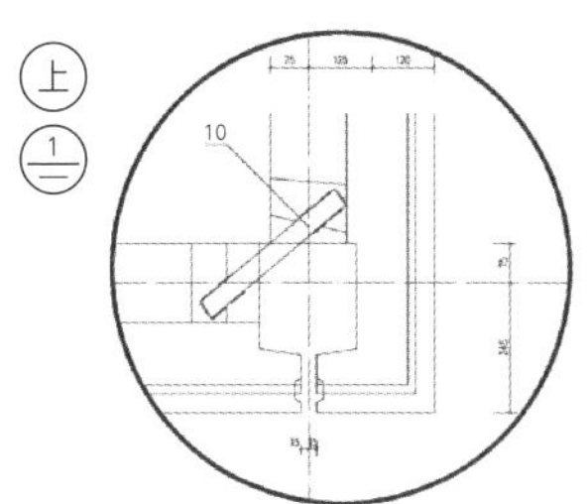

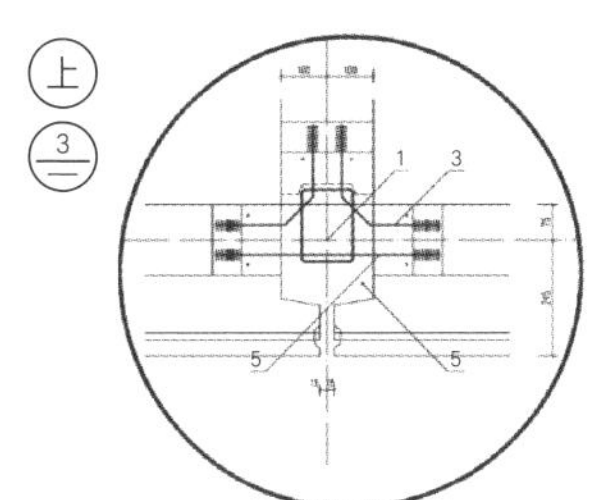

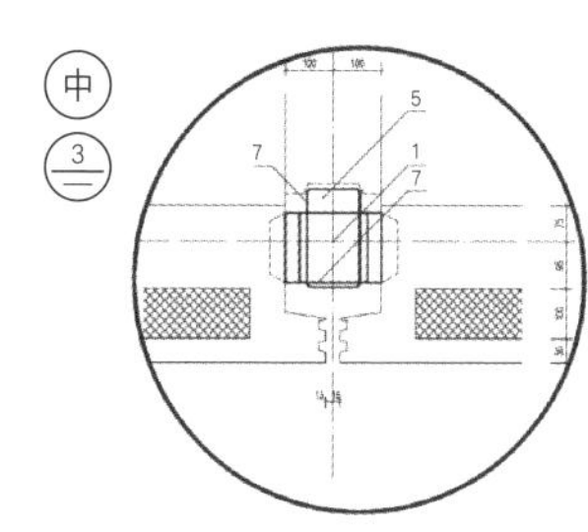

就地取材，用当地的秸秆作为保温材料，在夹心墙体中，秸秆层厚度为 100mm。

1 12ϕ22 通长　　6 预留钢筋箍
2 2ϕ22 通长　　7 预留钢筋
3 1ϕ10 L=350　　8 预留钢板
4 1ϕ10 L=450　　9 吊环
5 C20 细石混凝土　　10 -5×40×300

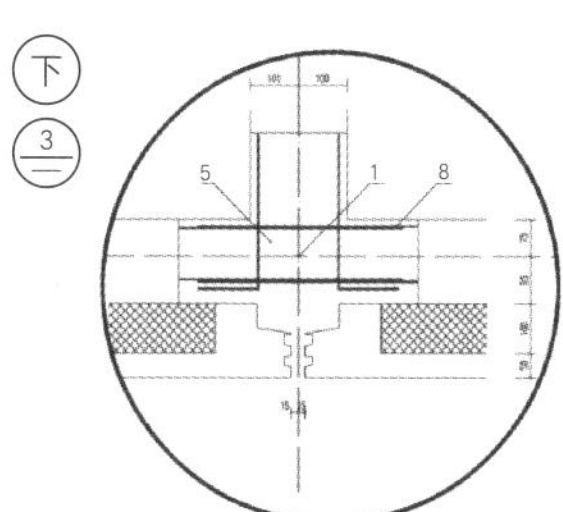

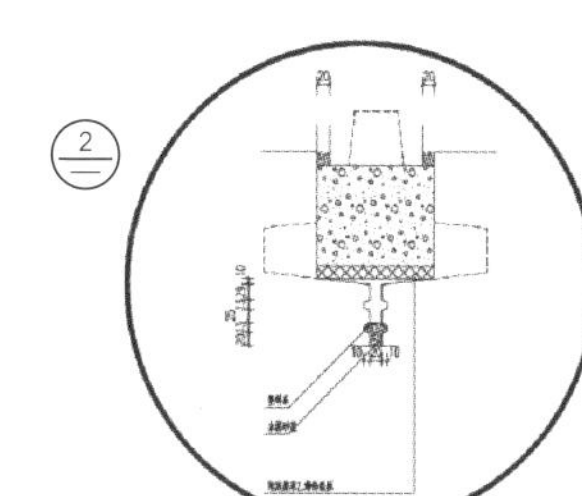

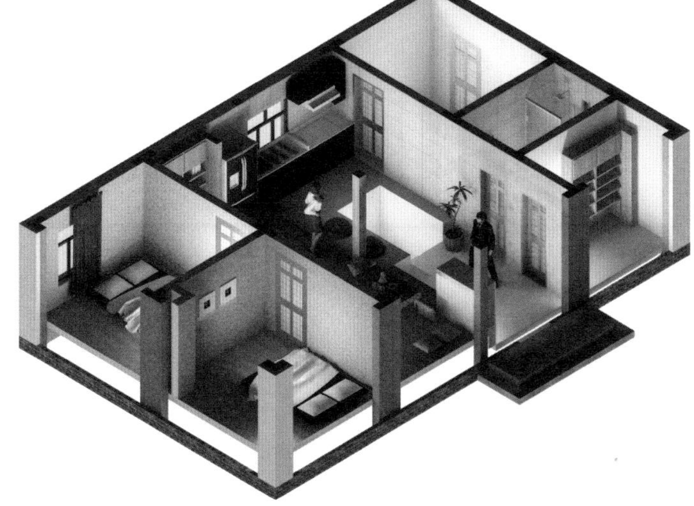

室内效果图

室外效果图

咸境道型朝鲜族农房设计（120m²）

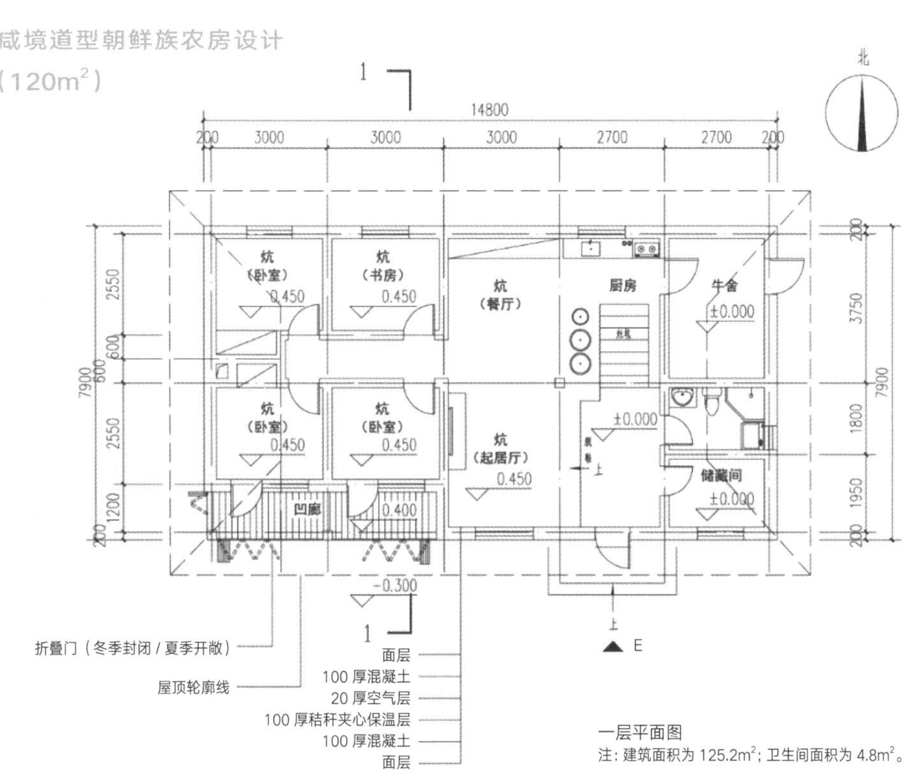

一层平面图
注：建筑面积为 125.2m²；卫生间面积为 4.8m²。

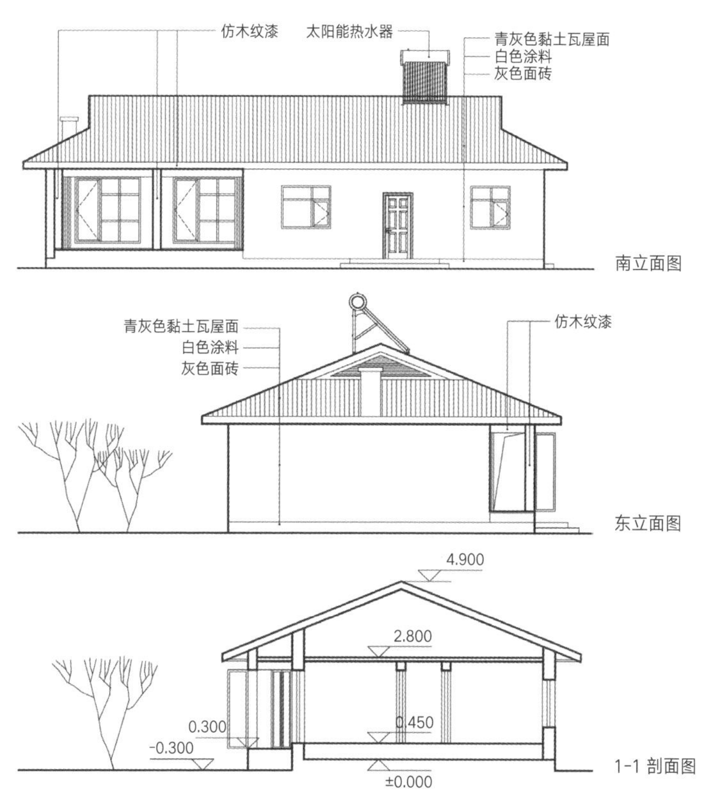

南立面图

东立面图

1-1 剖面图

装配图

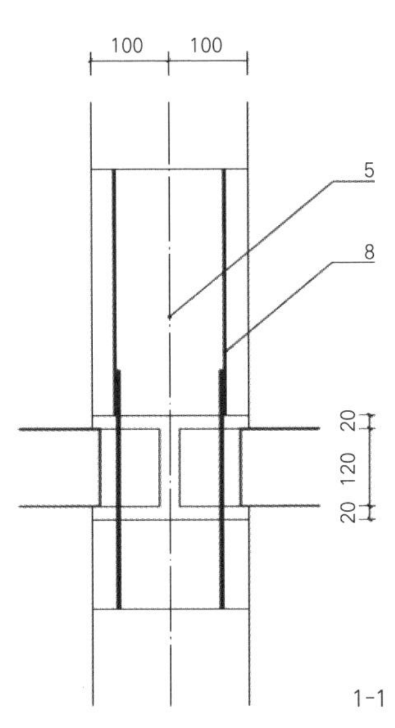

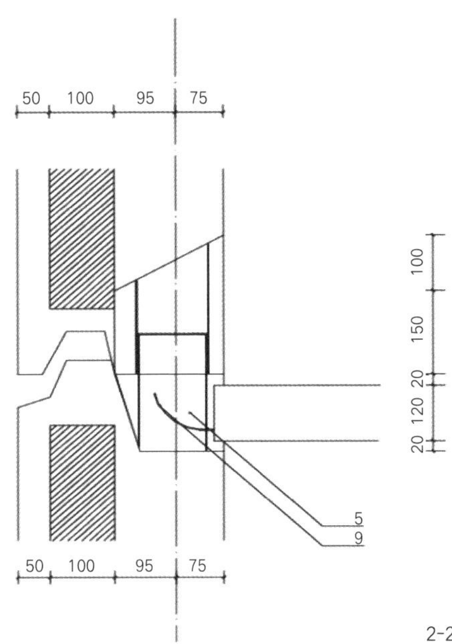

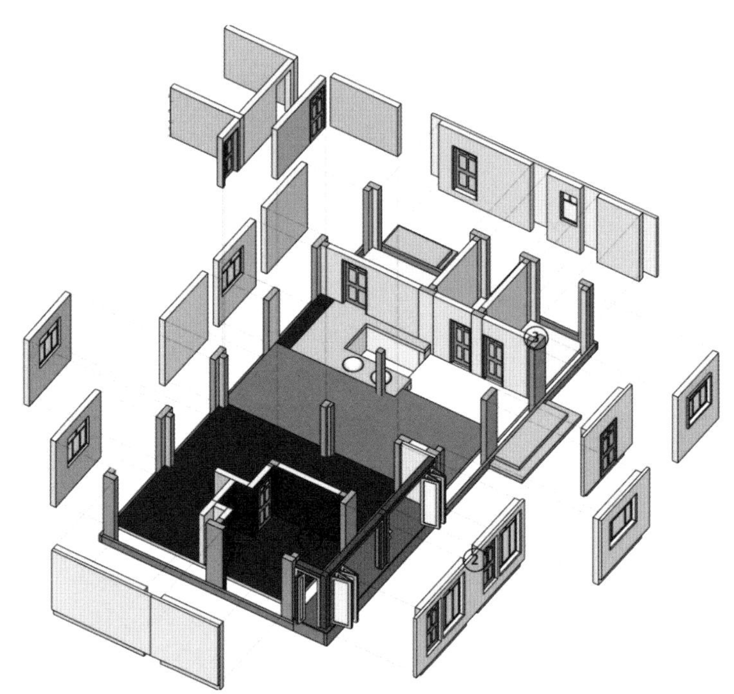

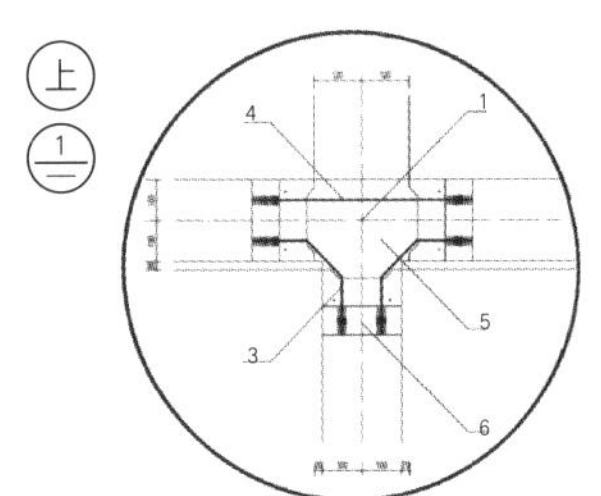

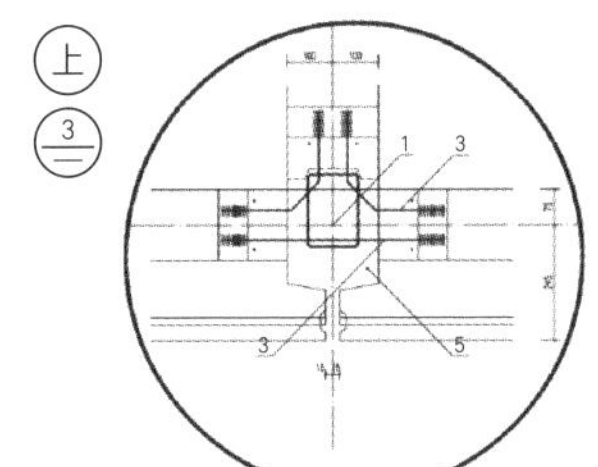

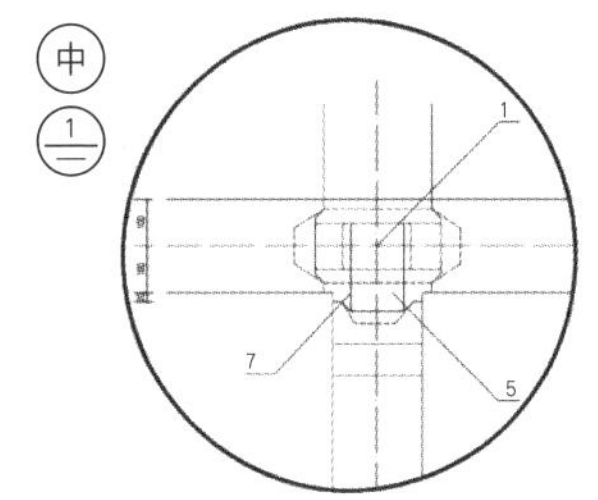

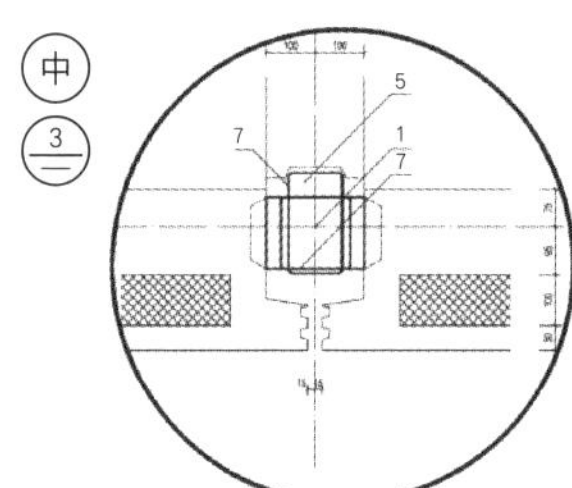

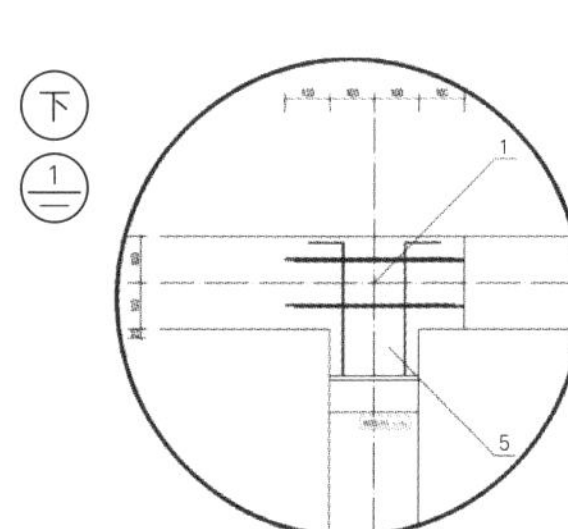

就地取材，用当地的秸秆作为保温材料，在夹心墙体中，秸秆层厚度为100mm。

1 12ϕ22 通长	6 预留钢筋箍
2 2ϕ22 通长	7 预留钢筋
3 1ϕ10 L=350	8 预留钢板
4 1ϕ10 L=450	9 吊环
5 C20 细石混凝土	10 -5×40×300

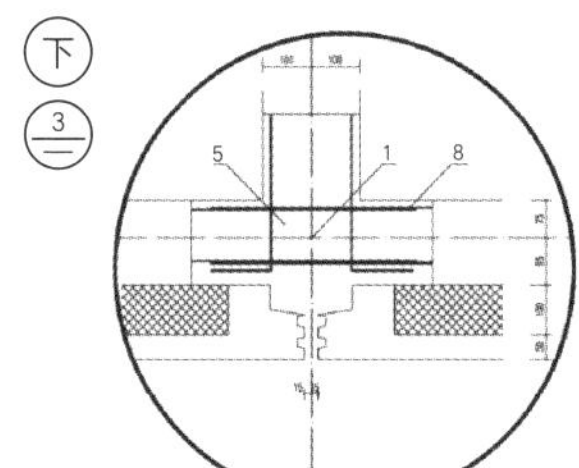

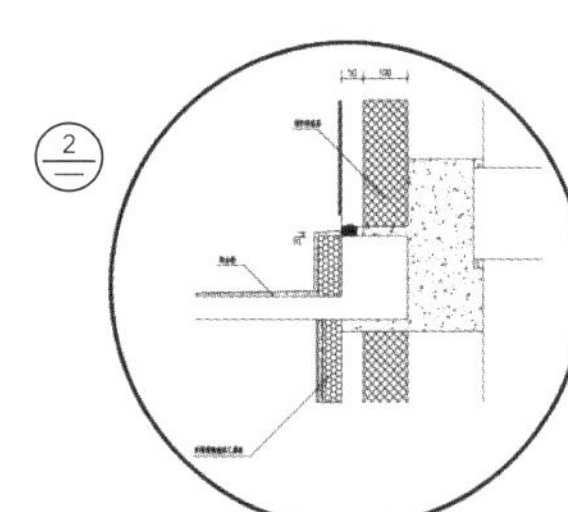

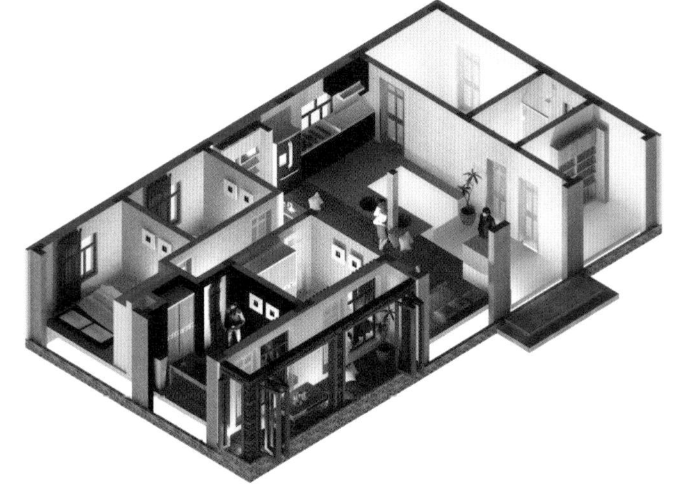

室内效果图

室外效果图

改良设计

改良型朝鲜族农房设计（80m²）

设计说明：改良型朝鲜族民居，是指在多民族地区居住文化的互动与交融过程中所形成的平面形态，主要分布在吉林省中西部地区。平面特点为：采用汉族式平面较多，中间为厨房或走道，两侧布置炕，只是在炕的形态上采用朝鲜族满铺炕或地炕（比炕低 10cm 左右）等形式。该方案建筑面积为 87.2m²，平面形式为 4 开间二列型平面。中间是厨房，东西两侧设置炕，并且将东侧靠近厨房一侧的炕空间做层地炕形成，作为起居兼餐厅使用；平面西侧和北侧设置仓库和厕所，通过多重墙体抵御寒风。屋顶采用四坡屋顶。总平面采用前后院布局方式。用地出入口设置两处，一个是主要人流主要入口，另一个是农用车或家用车入口。该方案建筑形式在咸境道型传统民居的基础上进行了创新。首先，将室外厕所进行室内化，且考虑气味对室内环境的影响，将厕所布置在靠外墙一侧，设置窗户，在没有设置下水道的村落，可在建筑外墙一侧埋设集粪坑，屎尿分离，采用定期抽排的方式；其次，屋顶设置太阳能热水器，提高建筑的绿色环保性能。

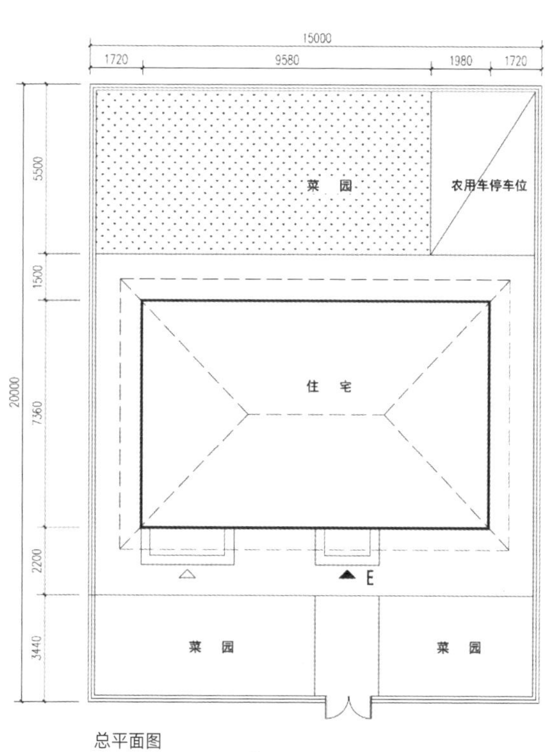

总平面图

注：宅基地面积为 300m²。

北

场地主入口　建筑主入口　宅基地用地界线　菜园

农用车入口　建筑次入口　农房 / 仓库　农用车停车位

院落布局方式

北

11500

200　2400　2300　1000　1500　1100　2800　200

储藏间　±0.000　厨房　±0.000　炕（卧室）0.450

炕（卧室）0.450　±0.000　地炕（起居厅兼餐厅）0.300

200　2100　1200　3300　200　7000　3300　7000

面层

100 厚混凝土

20 厚空气层

100 厚秸秆夹心保温层

100 厚混凝土

面层

E　脱鞋　屋顶轮廓线

一层平面图

注：建筑面积为 87.2m²；卫生间面积为 4.8m²。

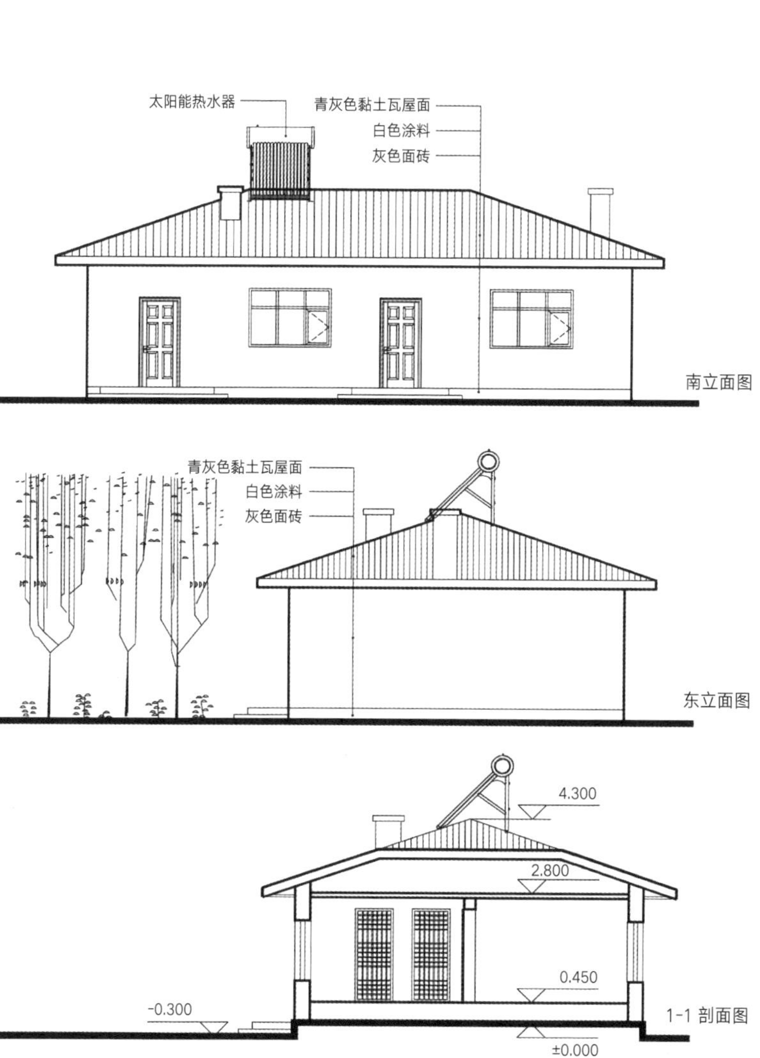

装配图

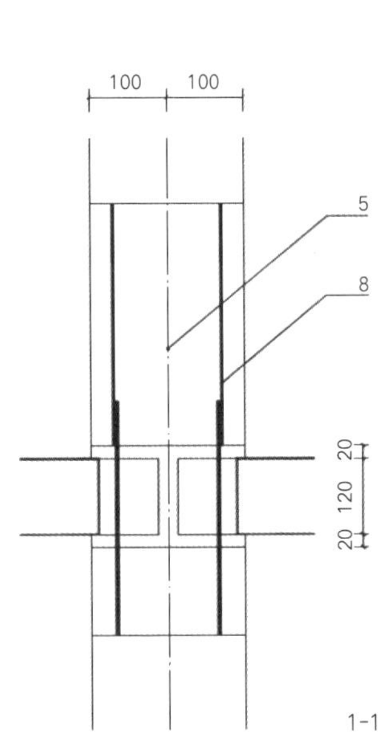

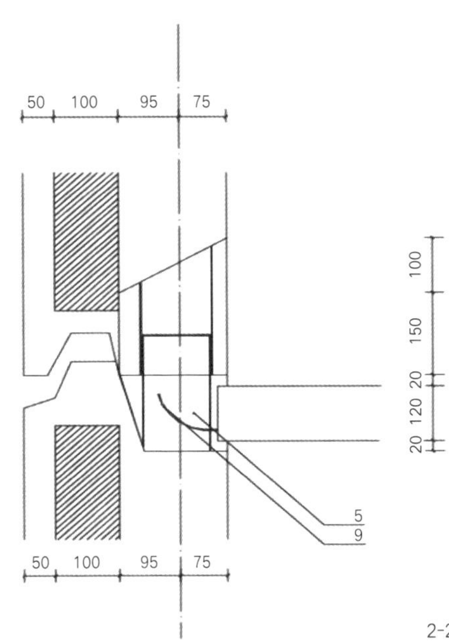

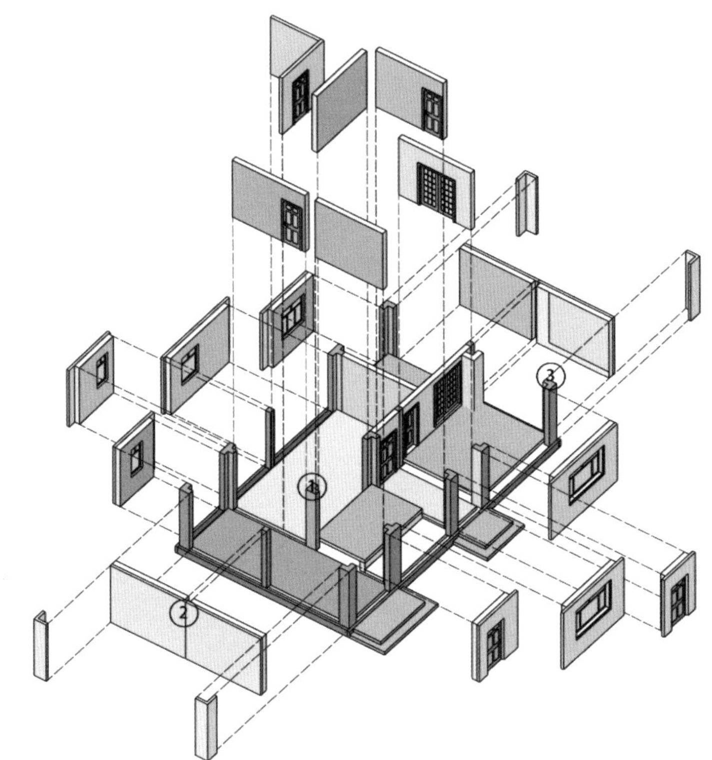

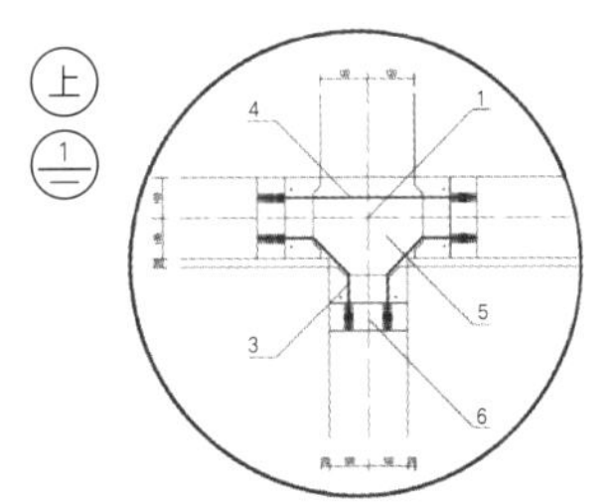

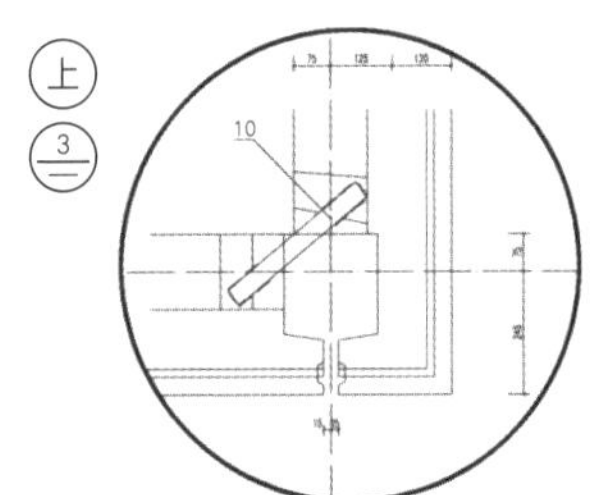

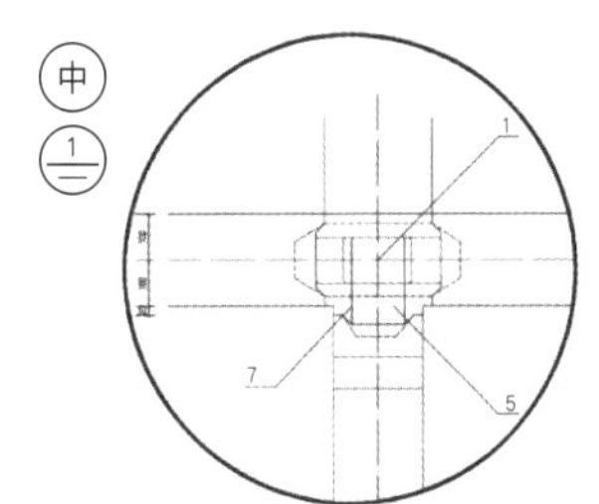

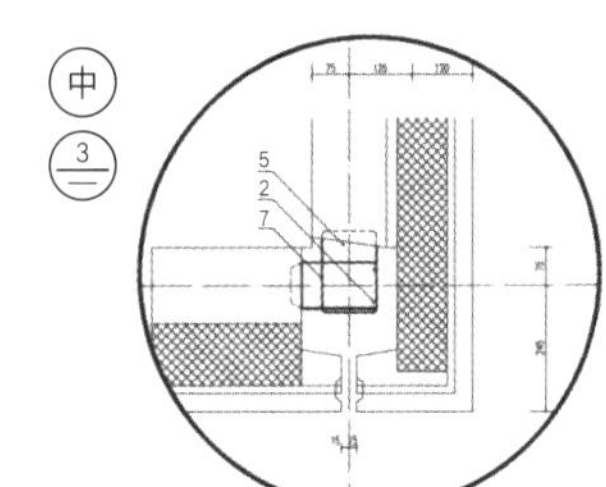

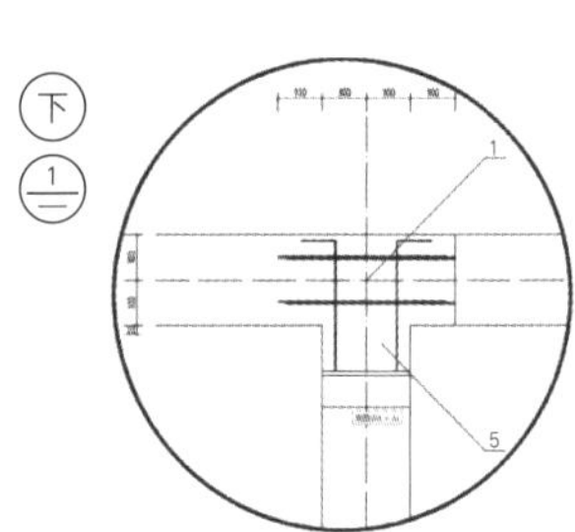

就地取材，用当地的秸秆作为保温材料，在夹心墙体中，秸秆层厚度为100mm。

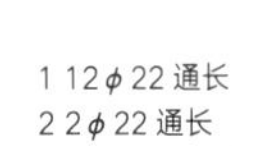

1 12ϕ22 通长
2 2ϕ22 通长
3 1ϕ10 L=350
4 1ϕ10 L=450
5 C20 细石混凝土
6 预留钢筋箍
7 预留钢筋
8 预留钢板
9 吊环
10 -5×40×300

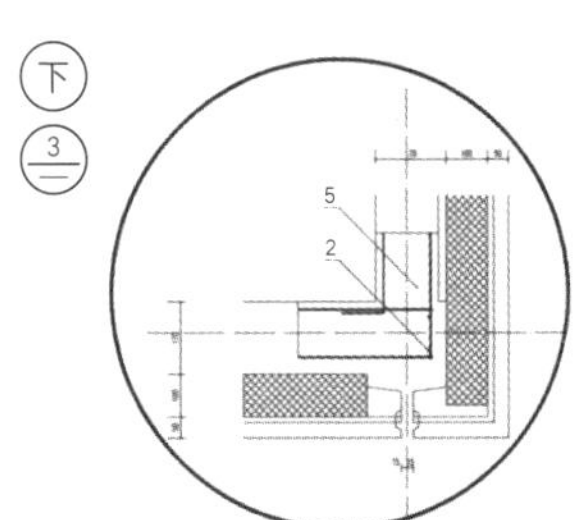

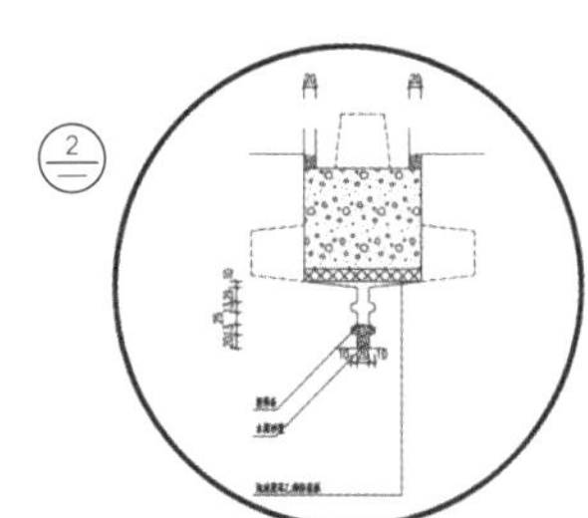

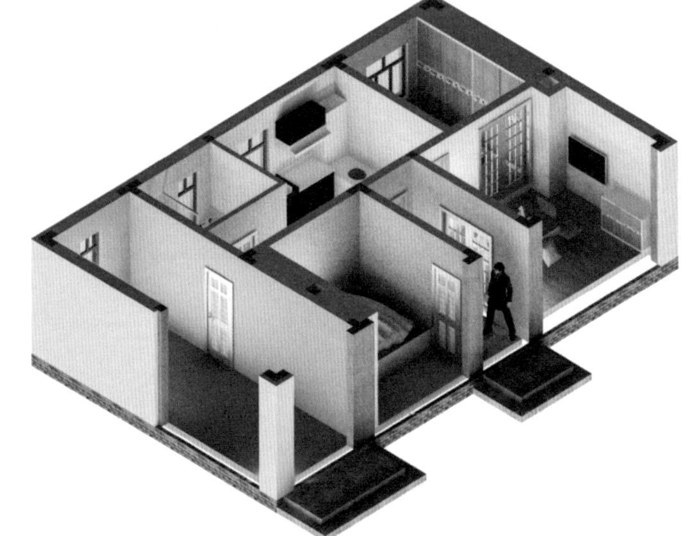

室内效果图

室外效果图

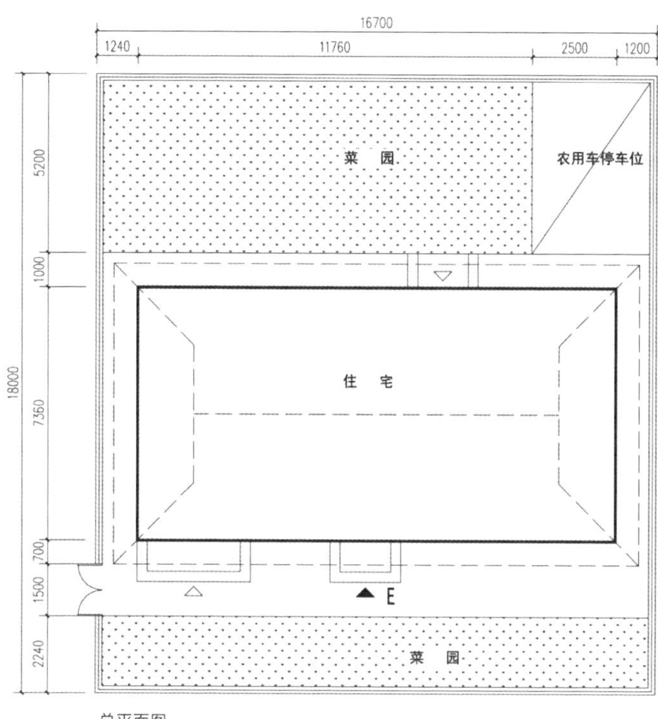

总平面图

注：宅基地面积为 300m²。

改良型朝鲜族农房设计（100m²）

设计说明：该方案建筑面积为 104.9m²，平面形式为 4 开间二列型平面。中间是厨房，东西两侧设置炕，并且将东侧靠近厨房一侧的炕空间做层地炕形成，作为起居兼餐厅使用；平面西侧和北侧设置仓库和厕所，通过多重墙体抵御寒风。屋顶采用合阁式屋顶。总平面采用前后院布局方式。用地出入口设置两处，一个是主要人流主要入口，另一个是农用车或家用车入口。该方案建筑形式在咸境道型传统民居的基础上进行了创新。首先，将室外厕所进行室内化，且考虑气味对室内环境的影响，将厕所布置在靠外墙一侧，设置窗户，在没有设置下水道的村落，可在建筑外墙一侧埋设集粪坑，尿屎分离，采用定期抽排的方式；其次，屋顶设置太阳能热水器，提高建筑的绿色环保性能。

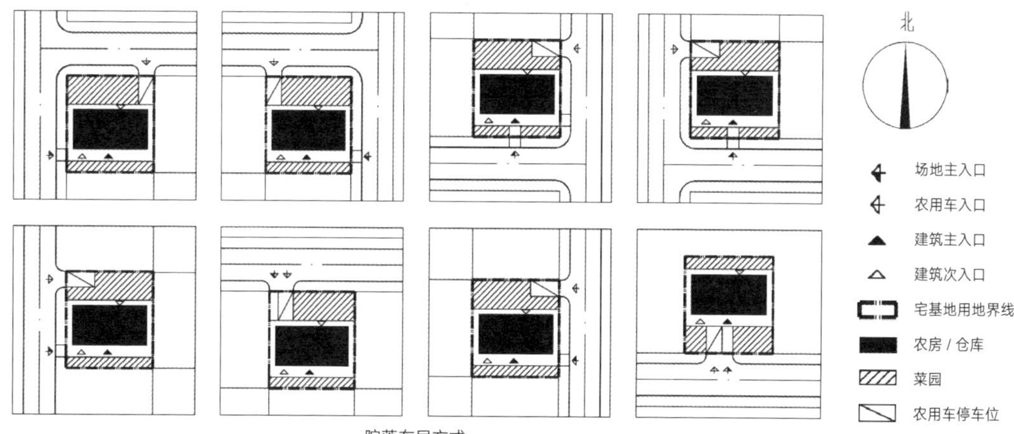

院落布局方式

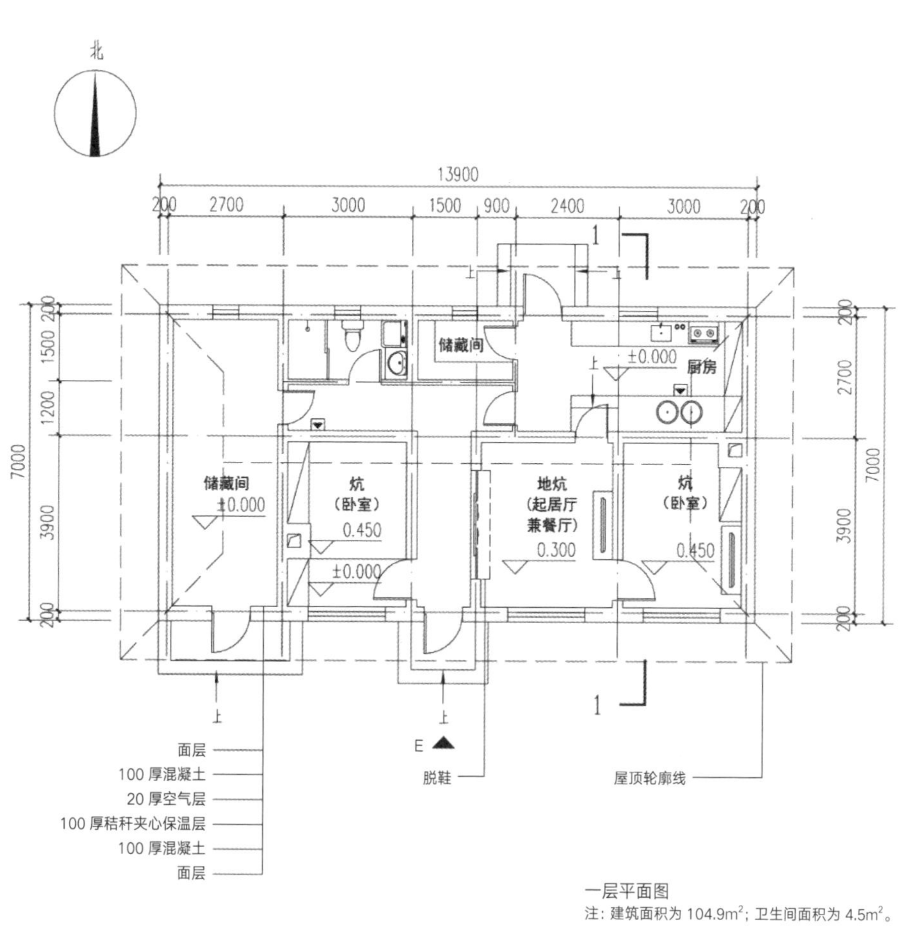

一层平面图

注：建筑面积为 104.9m²；卫生间面积为 4.5m²。

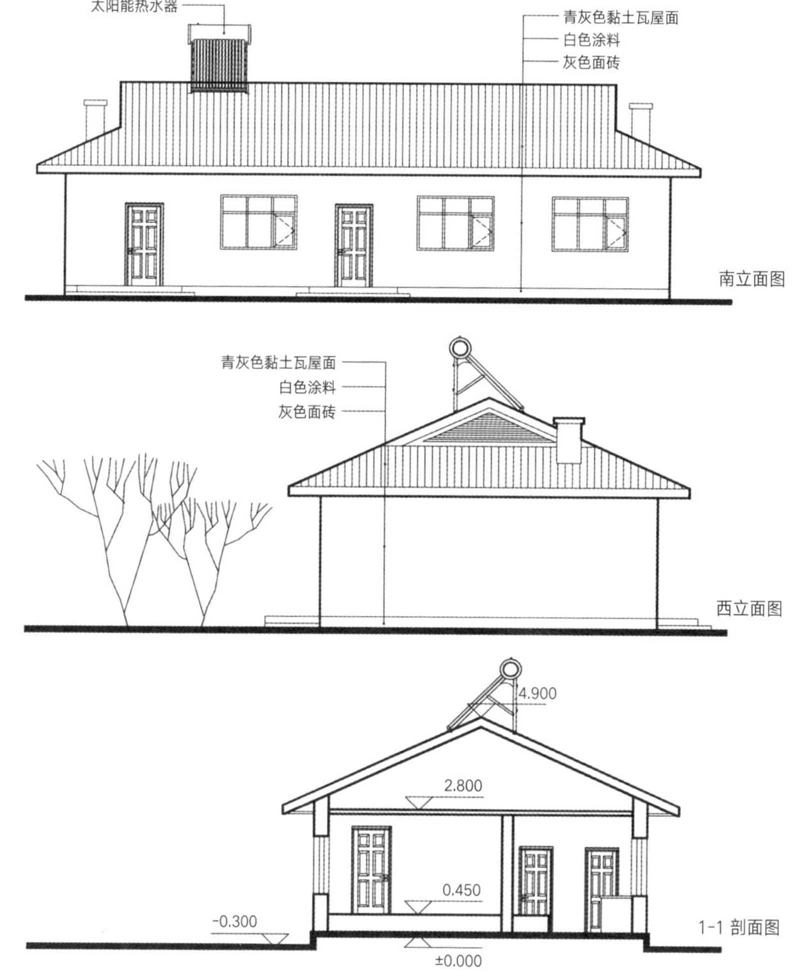

装配图

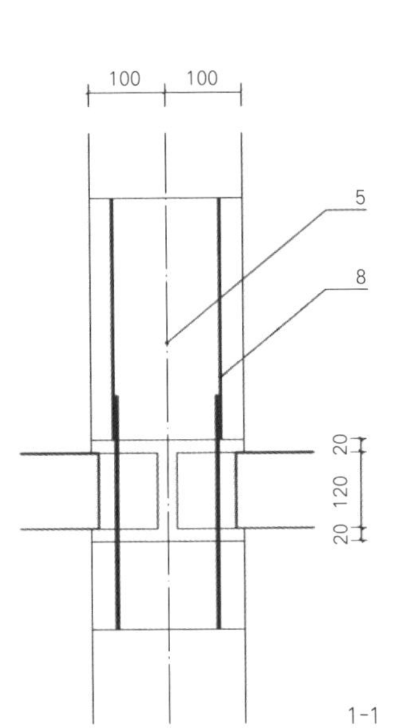

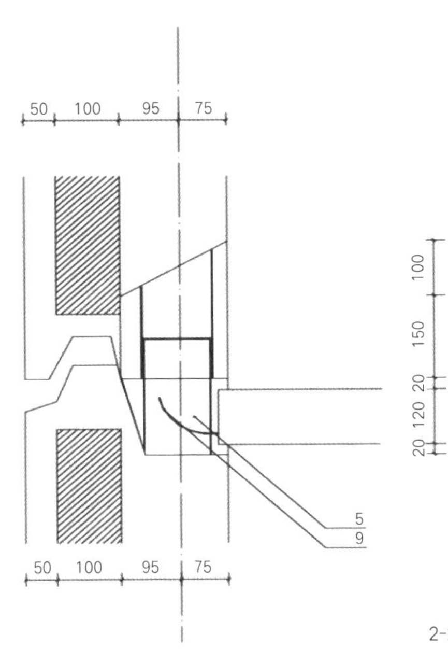

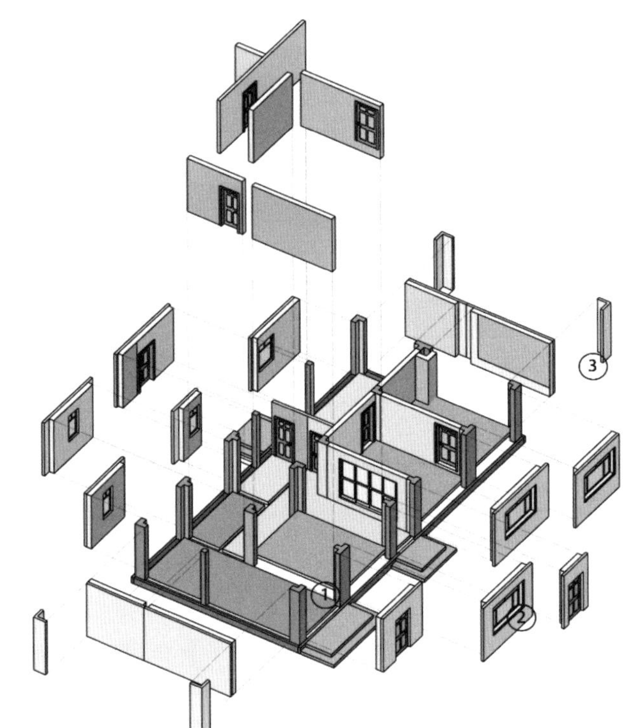

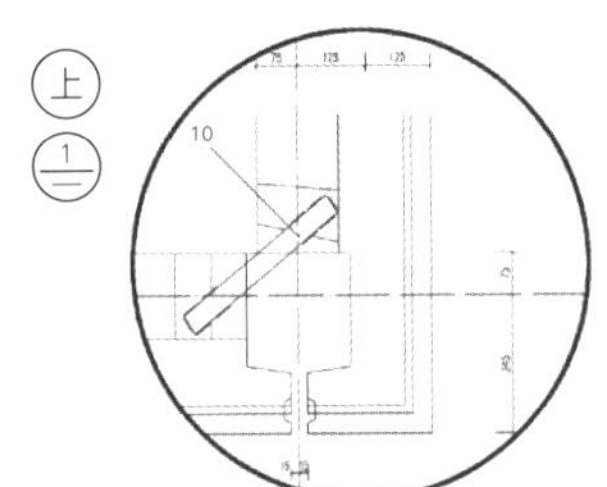

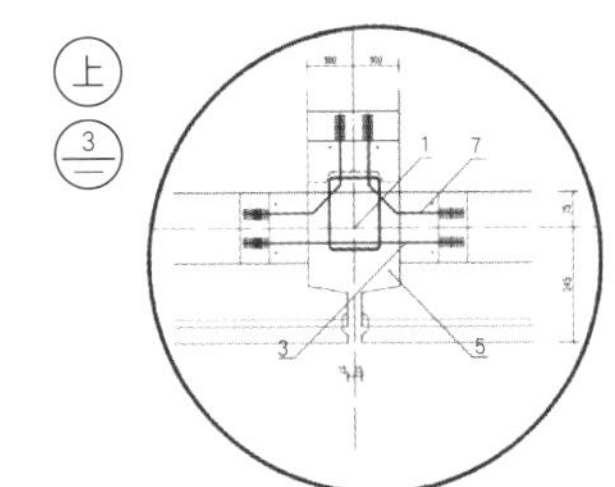

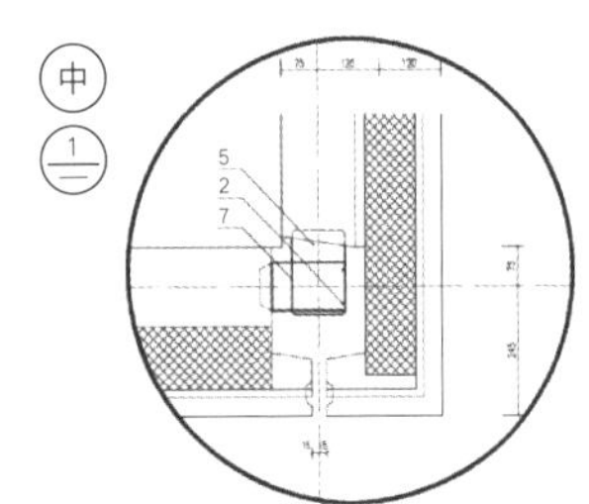

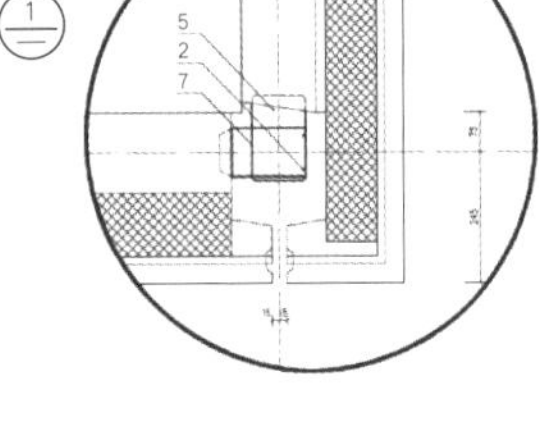

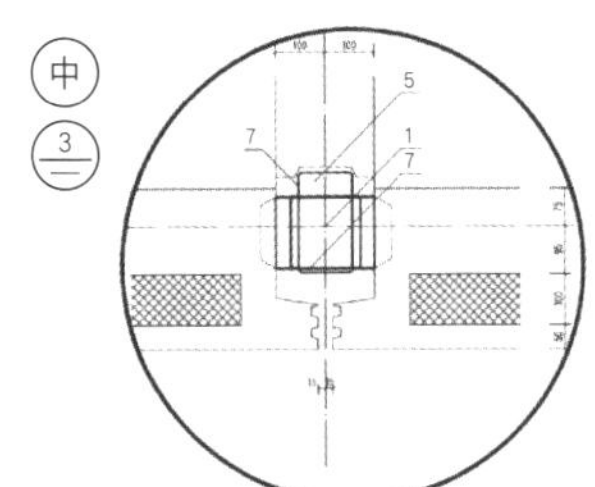

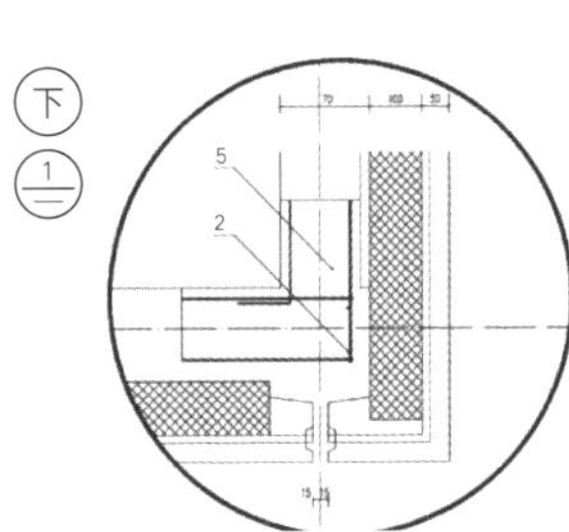

就地取材，用当地的秸秆作为保温材料，在夹心墙体中，秸秆层厚度为100mm。

1 12ϕ22 通长　6 预留钢筋箍
2 2ϕ22 通长　7 预留钢筋
3 1ϕ10 L=350　8 预留钢板
4 1ϕ10 L=450　9 吊环
5 C20 细石混凝土　10 -5×40×300

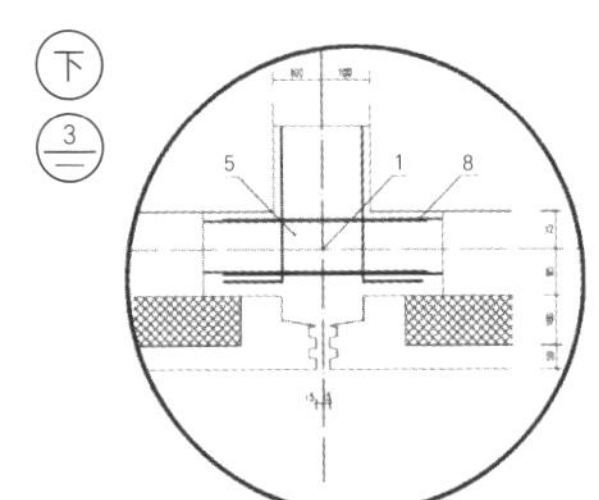

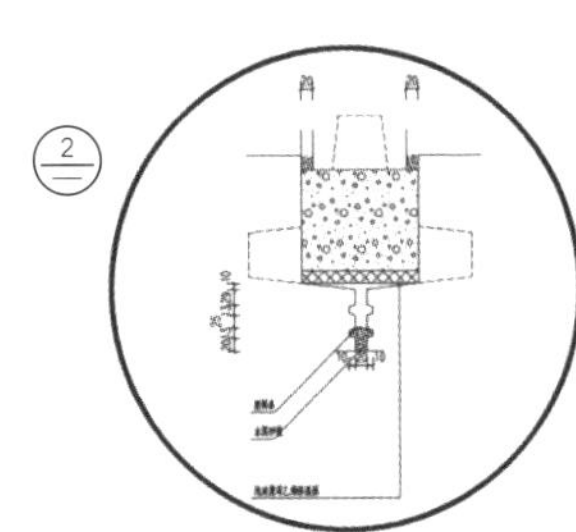

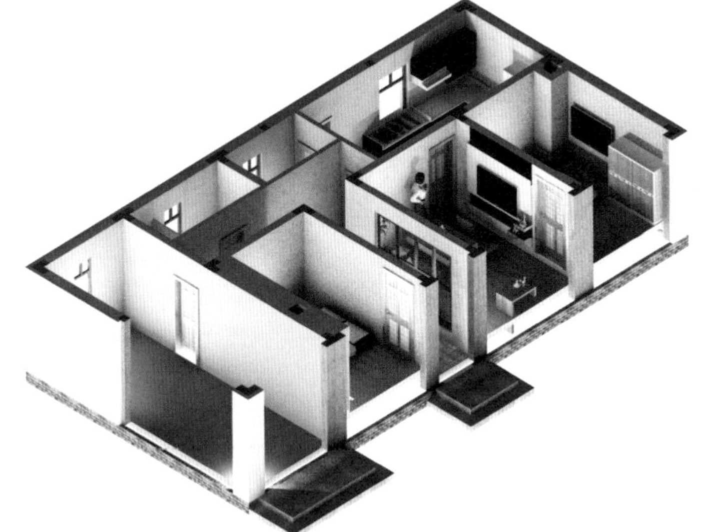

室内效果图

室外效果图

学校：吉林建筑大学　指导老师：金日学　李春姬　张成龙　设计人员：丁张超　杨国樯　姜佳宇　何丹

其他参赛作品

【裴城，不只是回忆】——河南省漯河市裴城镇

裴城村落区域概况

地理位置

裴城村属于河南省漯河市郾城区裴城镇，位于漯河市、平顶山市和许昌市三市交界处，距漯河市西 25km，裴城镇政府西南 4km，北临省道 238，东临省道 220，新洄河从村西绕而北行，交通便捷。

自然条件

气候属暖温带季风气候，四季分明，年均降雨量 800mm。最低气温 -15.9℃，最高气温 42.2℃，平均气温 27.3℃；平均日照时数 2228.9h；日照率为 50%；年平均无霜期为 216 天；年平均降水量 805.2mm，最多年份为 1055.1mm，最少年份为 378.1mm。

历史沿革

裴城始于西周，原名河阳滩、洄渠镇，裴城之名源于唐朝宰相裴度平淮西，正和十年驻跸于此。唐诗云：“昔年入一蔡，千载有裴城。”《郾城县志》载：裴城在县西五十里，裴度伐蔡时治所也，由此改名为裴城镇。裴城旧城“中（间）高四（周）低，形如龟背，南扶舞、叶，北接许、临，西通襄、洛，东达周、界，四通八达，商贾云集。”便是当年裴城的真实写照。裴城村被国家定为首批中国传统村落之一。

建筑肌理

可以观察到东部建筑比较密集，规划比较规整。西部相对稀疏，规划比较散乱，整个裴城村由横向官道和纵向主干道两条十字相交的道路将村落分为四个部分，其中历史建筑、商业、广场主要分布在中央部分。

路网结构

1. 省道 238/220 是裴城村与外部接壤的重要交通流线，与外界交流沟通的绿色通道。

2. 古官不仅是历史记忆的延续，也是贯通整村东西方向的主要内部交通流线，承载着整个村落主要交通量。

3. 纵贯南北的村内主道路是整个村里商业集中地，同时承担着南北向的交通流量。

景观资源——主体水系与周围水系

整个村落主体水系由一条中心水域组成，南北贯穿整个基地，在景观面上就形成了一条丰富的自然景观带，该水域在景观上起到了一个中心引导作用，由于自身蜿蜒变化，在中轴线上形成了不同的布局，滨水景观面积的扩大潜在着更多的可能性，在村落轴线以外的区域也存在丰富的水系资源，基本遍布村落的各大区域，从整体上看大致可以形成一个环形水域包裹全村。

景观资源——主体绿化与整体绿化

从整个村落来看，主要绿化围绕着水系来分布，最主要的绿化以带状遍布在中轴水系周围。从整体的绿化分布来看，绿化的分布也基本围绕不同的水系人为或者自然地形成景观空间，同时南部的大片田野和树林也是该村景观的一部分。

村内建筑功能分布图　　村内建筑年代分布图

省道
官道
村内道路

水系景观节点
中心水系流线
水系景观
景观辐射

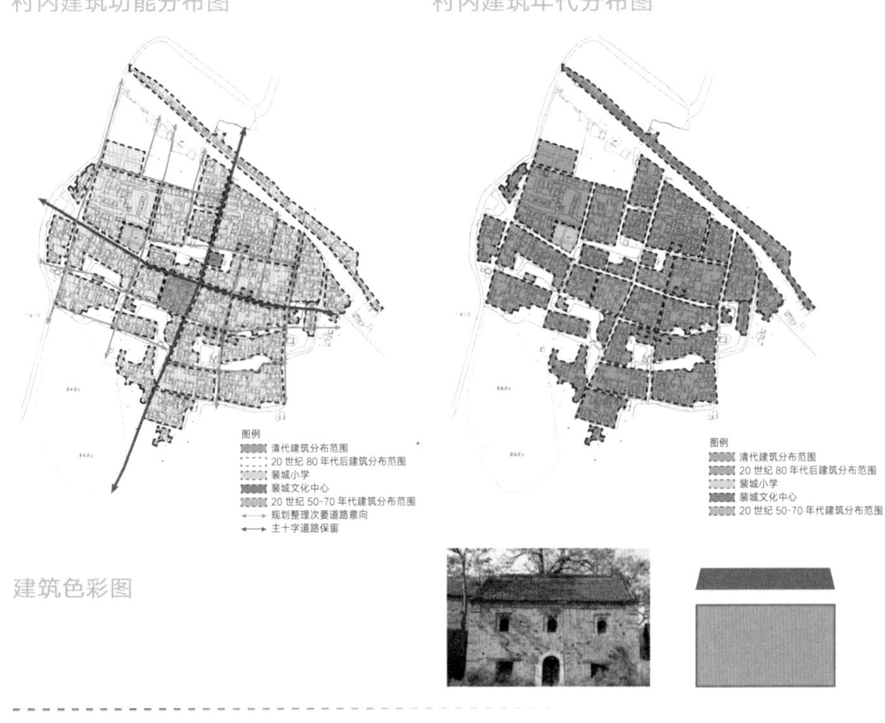

建筑色彩图

人群分析

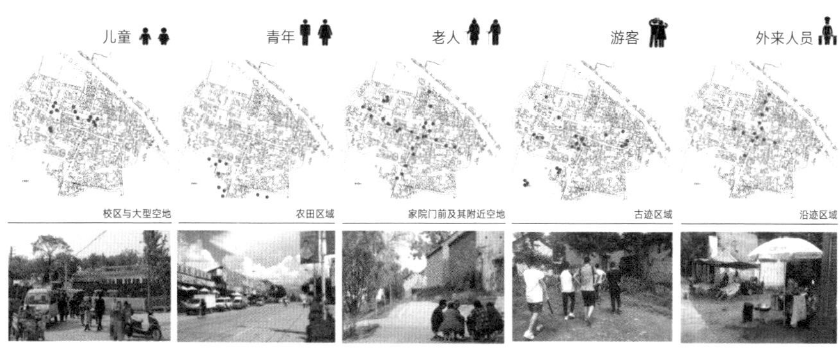

当地典型传统民居

裴城村落总平面图

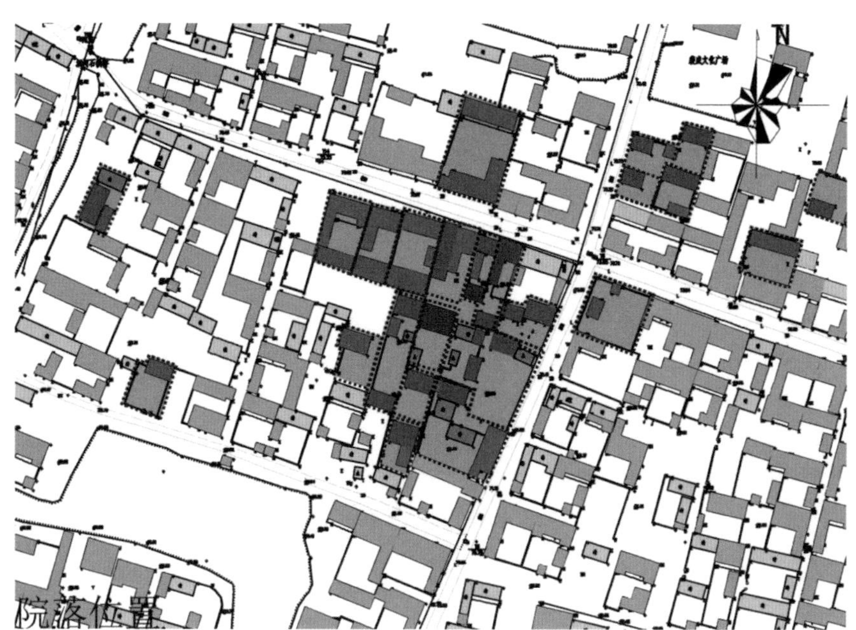

当地传统典型农房立面及细部

传统典型农房平面图、立面图、剖面图

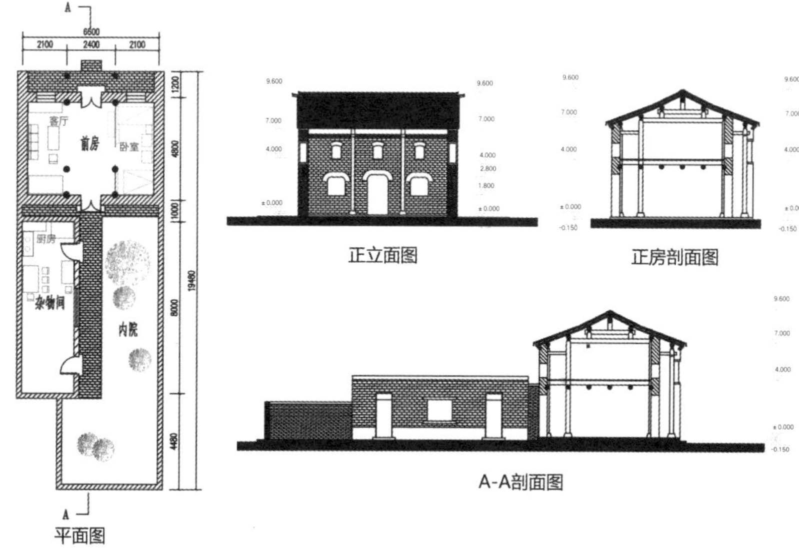

方案生成和分析

场地篇：人物对话

我们：大爷您好，看您现在挺悠闲的，我们是来调研的建筑设计系学生，您对目前的生活满意吗？

大爷：你好，小伙子，说实话不太满意，虽然现在村里确实富裕了，但没有原来的味儿了。

我们：您指的是生活的味道？

大爷：就是，现在大家生活条件好了，村里新修建了很多东西，整治河道什么的，但弄出来之后却很荒凉，看不出原来的那种记忆了。

我们：是因为现代化的这种科技处理手段，很没有人情味而造成的？

大爷：差不多，一切都变了，我们有时候看着这一切会很发懵，没了原来生活的味道，比如那个响水桥、洄河水道。

我们：您对现在住的地方的生活方式还满意吗？

大爷：还行，但是像生活污水、垃圾、粪便的处理方式不太满意，我还是喜欢住在原来房子里的感觉。

我们：如果在您的宅基地上新建一栋房子，您想住什么样的房子？如果最后建出来的房子长得是你原来老房子的样子，里面是现代化的处理方式，您觉得咋样？

大爷：那就更好了，现在年轻人不太喜欢那种感觉，但他们基本都不在家，在家的都是我们这些老头、老太太。

场地分析

总排名布局分析

当地农房总平面布局模式：正房、偏方、门房、内院（菜园）。

设计时，要尊重村民原有的生活方式。

1. 考虑在搁置场地设置沼气池供给周边相邻的几户村民。

2. 杂物间和偏房可根据住户需求，保留一个。

3. 菜园与卫生间功能上相互作用。

功能篇

可变性体现：

（1）快速组装；

（2）统一模数；

（3）可根据需求随意增减模块；

（4）可根据喜好布置房间功能；

（5）可根据喜好对模块位置进行调整。

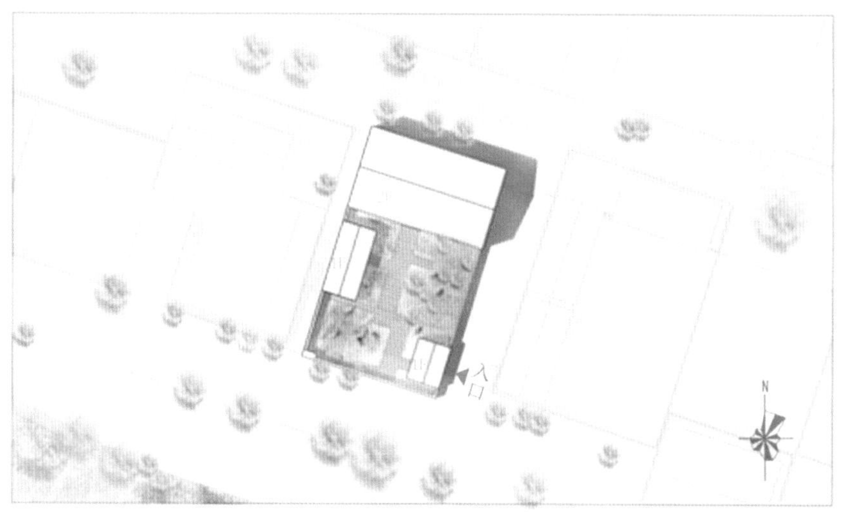

农房总平面图

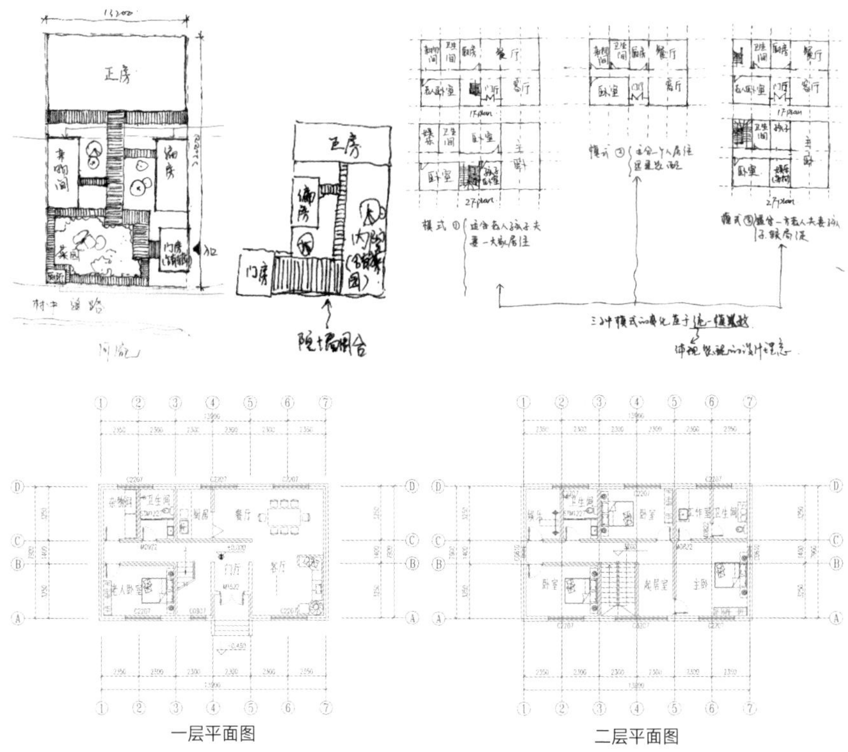

立面分析

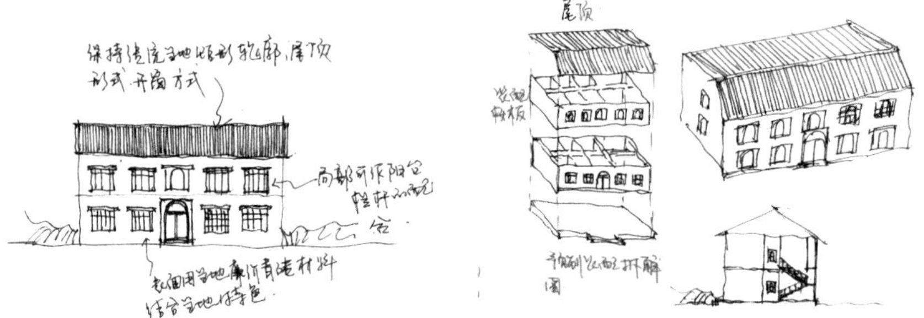

1. 屋顶

（1）形制：应保持传统坡屋顶形式，坡度舒展，采用挂檐板或瓦檐口，现状中砖混、钢筋混凝土等现代建筑结构形式的平屋顶，应改为坡屋顶，屋面应达到整体平顺，无塌陷、倒喝水等缺陷，脊件完整，檐口平直，瓦件齐全，瓦垄（灰梗）顺直。

（2）材质：瓦（如合瓦、筒瓦和仰瓦灰梗等）。

（3）色彩：青色，灰色。

2. 外墙体

（1）材质：可采用青砖、红石、夯土。

（2）色彩：青灰色、土黄色的青砖、红石、夯土的本色色调。

（3）做法：可以采取传统砌筑形式，拆砌，抹灰勾缝，涂料粉饰等做法处理，不得随意在原有石墙面上开凿门洞，窗洞。

3. 门窗

（1）形制：房屋门窗宜采用中式门窗的传统形式，窗为矩形或部分有圆拱，窗口小。

（2）材质：以原木、砖石为主，可局部采用金属、玻璃等材质。

（3）色彩：以木地原木砖石等木色色调为主。

4. 细部装饰

（1）砖雕：位于房檐下、墙侧面的位置，保持材质本身色彩，风格朴实稳重。

（2）石雕：位于房屋基础、柱础等位置，材质为青石、红石等，雕刻内容为图案或者文字。

（3）木雕匾额：门窗、室内梁架等处，原木雕刻，装饰较少。

（4）其他装饰构件：可局部增加具有现代感和设计感的装饰小品，如雨棚、门廊等，木材、塑钢、金属、玻璃等，可局部采用红、橙等鲜艳的颜色进行点缀。

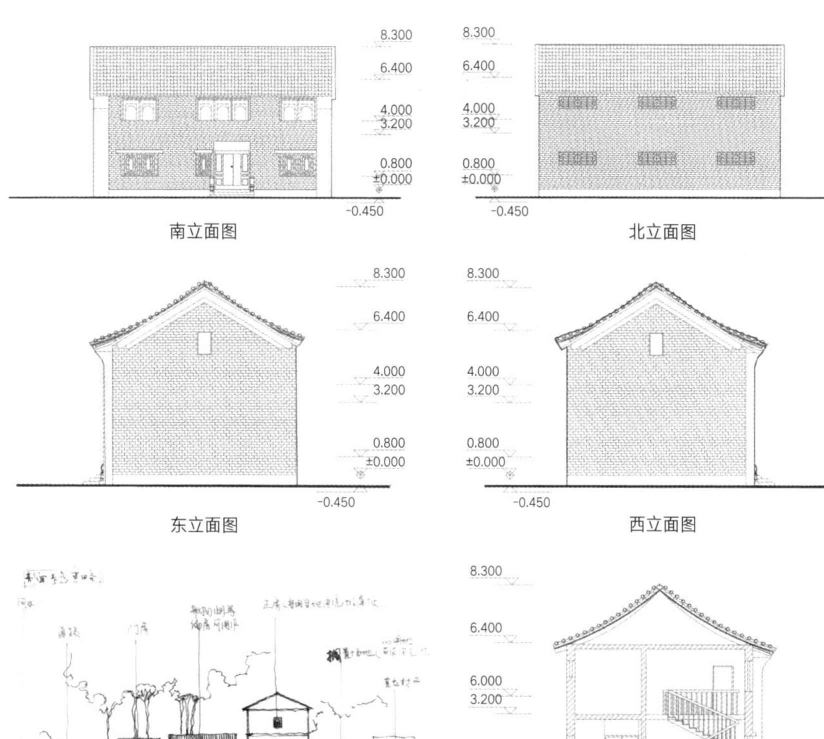

南立面图　北立面图

东立面图　西立面图

剖面分析　剖面图

功能流线分析

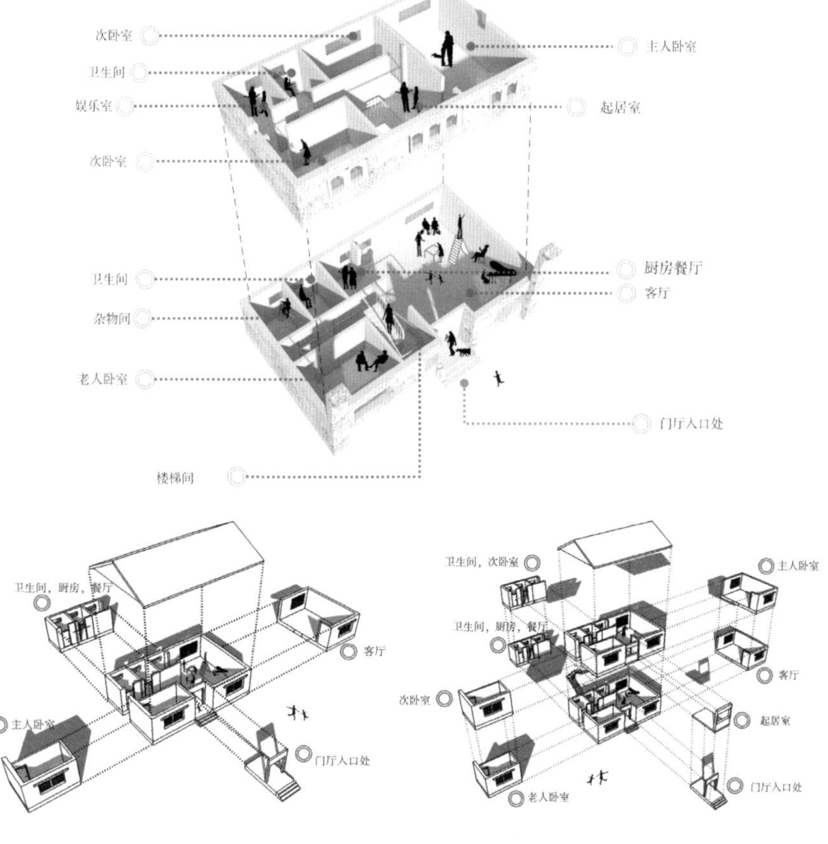

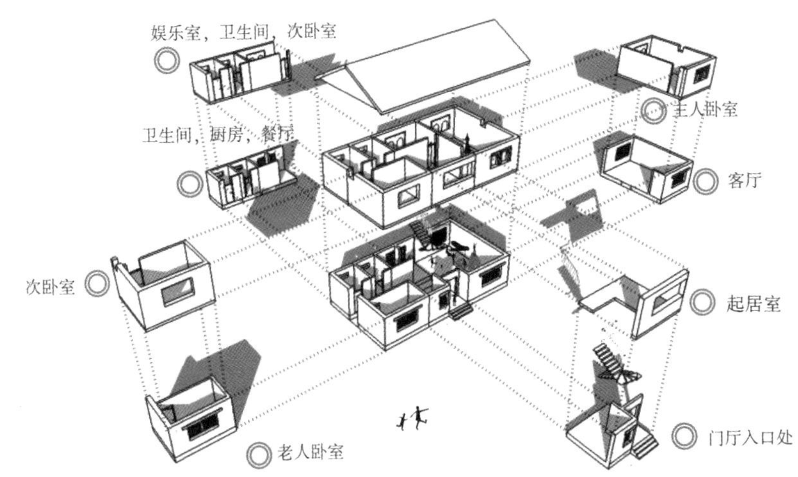

装配篇

基本模数	空间体块	模块装配方式	生成住宅空间	加入坡屋顶	完型操作
2mx3m	2mx3mx3m				
2mx3m	2mx3mx3m				
2mx3m	2mx3mx3m				

1. 盒子建筑的结构体系

(1)无骨架体系。适合低层、多层和小于或等于18层的高层建筑，一般由钢筋混凝土制作，目前最常采用整体浇成型的方法，可以使其刚度特别大。

(2) 骨架体系。空体框架，有平台框架、筒体结构等，通常用钢、铝、木材、钢筋混凝土作为骨架用，轻型板材围合成盒子，这种构件质量轻，仅100 ~ 140kg/m^2。

综合所有因素，此方案采取无骨架体系和上下盒子重叠组装的方式。

2. 盒子建筑的组装方式与构造

(1) 上下盒子重叠组装。

(2) 盒子构件相互交错叠置。

(3) 盒子构件与预制板材进行组装。

(4) 盒子构件与框架结构进行组装。

(5) 盒子构件与筒体结构进行组装。

3. 盒子建筑的优点

(1) 施工速度快，同大板建筑相比，可缩短施工周期50% ~ 70%。

(2) 装配化程度高，装配程度可达85%以上，修建的大部分工作包括水、暖、电、卫等设施安装和房屋装修都移到工厂完成，施工现场只余下构件吊装、节点处理，接通管线就能使用。

(3) 混凝土盒子构件是一种空间薄壁结构，自重较轻，与砖混建筑相比可减轻结构，自重一半以上。

构造做法：混凝土无骨架盒式装配结构与材料构造墙身大样图

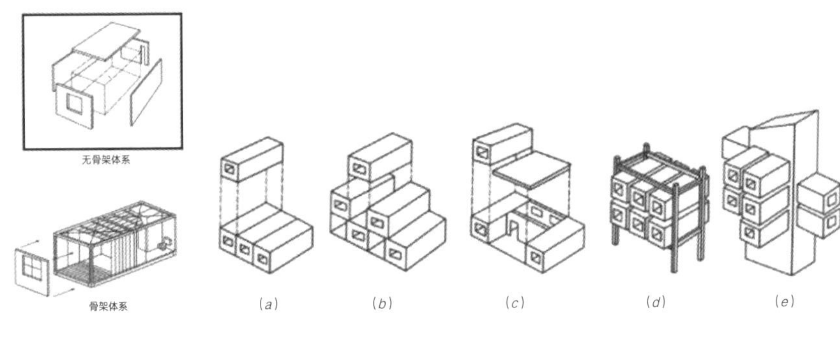

手工模型

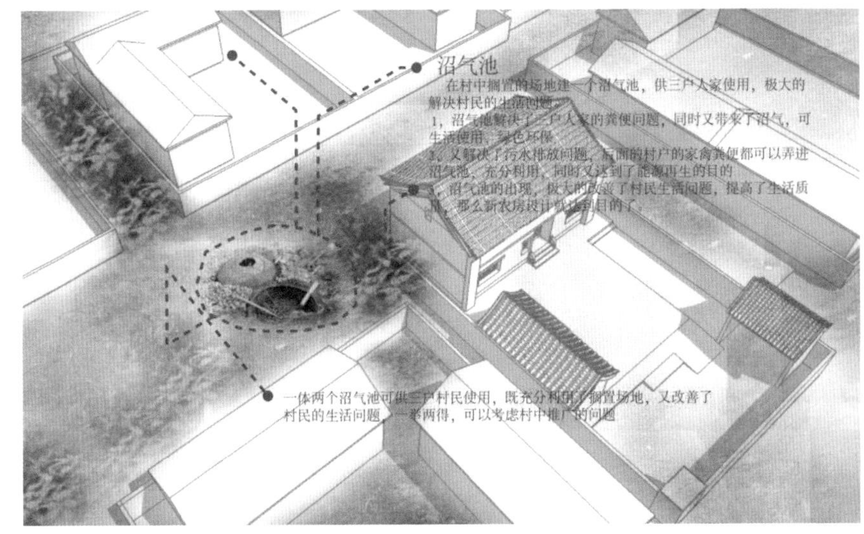

剖透视

造型院落分析

设计说明：该方案为美丽乡村新农房设计，旨在改善农村村民生活方式，提高生活质量，所以在提倡绿色装配、绿色节能、工业化产业化为设计理念的同时，如何能通过建筑唤起人们对文化的回忆，唤起对生活的回忆，唤起对习俗的回忆，成了设计重点。

主要经济技术指标：基地面积 308m^2；建筑总面积 300m^2；绿地率 63%；建筑高度 8.3m。

附录：农房设计背景

1. 裴城文化。裴城遗址位于培成西南，东西长 450m，南北宽 270m，总面积 121500m^2，文化层厚 2.5m，历年出土大量陶器残片、陶器、石斧、石镰，属新石器时代文化遗址，河南省重点文物保护单位。

2. 古城文化。郾城有旧城：古城、道州城、青娥城、召陵、裴城、赫连城，这些旧城大都不复存在，而裴城尚存。

3. 古桥文化。《郾城县志》记载，裴城西街洄河上游响水桥（石拱桥），响水桥东南有钟楼，乾隆年间修建；北门外有石拱桥，村西阁门外，北门外有石板桥，均建于隋唐之间；河南省重点文物保护单位。

4. 裴度文化。裴城为裴度伐蔡驻地，有裴晋公祠，明万历年间重修裴晋公祠碑（两幢），现保存完好，为县级文物保护单位，《郾城县志》记载，赫连成在堰城县泥沟南，为裴度所著，贺家台有裴王庙，距裴城西一公里的舞阳县太尉乡小裴城村。《舞阳县地名志》记载，小裴城是裴度屯兵养马之地，有着卫戍裴城之功能，有裴度庙，有平淮西碑（唐•韩愈），平淮西碑（唐•段文昌），裴晋公祠碑（明•邵宝），懒云题裴晋公祠，文人墨客，诗词无数，有诗词“昔年如一蔡，千载有裴城。春暖朝烟合，秋深夜清从，容微思学诫，决算想神明，触景兴怀处，低徊无限情”等为证。

地域文化特征

裴城镇位于县境西北部，东与商桥镇新店乡接壤，南与舞阳县太尉乡相连，西与襄撑县姜庄乡交界，北与临颍县大郭乡毗邻，总面积 79.7km^2，耕地面积 5214.6 公顷，辖 24 个行政村，10522 户，乡政府驻苏侯村。

裴晋公祠碑　　响水桥　　石拱桥

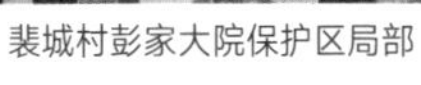

裴城村彭家大院保护区局部

苏进将军故居

裴城镇土地肥沃，水利条件较好，粮食生产有小麦、玉米、大豆，经济作物以棉花、烟叶、芝麻为主，养殖业以生猪、长毛兔、肉鸡、池塘养鱼为主导，初具规模，乡镇企业长足发展，乡办彩纸场为中二企业，其拳头产品彩色系列粘贴纸获省名优产品。

裴城镇历史悠久，裴城遗址在县城西25km，裴城村南，历年出土大量陶器残片、石斧、石镰，属新石器时代文化遗址，列入县级重点文物。

裴城镇地理位置优越，漯宝铁路穿境而过，裴城火车站设在乡域中部，乡政府所在地南1km处，洛界公路和许泌公路在境内十字交叉，交通便利，促进了建筑、食品、运输和商业服务各类企业的蓬勃发展，是河南省百强乡镇之一。

裴城镇有初级中学3所，小学23所，是基本实现了“普九”达标，乡办有文化站、广播电视站、中心卫生院，卫生院“胃病埋线疗法”享有盛名。

裴城村的人口自然增长率预计在4‰～6‰之间，根据裴城村旅游等产业发展的情况不同，人口机械增长率可能在-1‰～3‰之间，考虑到最极端的情况组合，规划期末，裴城村的总人口数在3588～4166人之间，综合各方面条件和因素影响因素，区域人口自然增长率为5‰，人口机械增长率为1.5‰，计算得规划期末裴城村总人口为3994人，按4000人计。依据上述方法计算得，规划近期裴城总人口为3695人，按3700人计。

地形地貌

裴城地处黄淮平原，地势平坦，局部低洼，地势由西南向西北倾斜，土层深厚，土质良好，地质构造属华北凹陷，覆盖着深厚的第四纪松散沉积物，厚度约400m。有“打开龙门口，喷注汝阳江”之说。裴城西南为大片湿地，故裴城有郾城八大景之一的“裴城烟雨”。《郾城县志》记载，裴城西有洄曲河，洄曲河源自舞阳大岗村北，至武阳林庄东南，北行经裴城，过响水桥，曲而北，行有东行至苏侯，经城留村入土垆河。

玉米　　小麦　　大豆　　红薯

高粱　　菠菜　　养殖猪　　养殖牛

推车　　旱船　　扇舞

独杆桥　　高跷　　大头舞狮

自然资源

裴城属暖温带季风气候，四季分明，年均降雨量为805mm，土壤肥沃，盛产小麦，玉米，大豆，红薯，高粱，谷子，芝麻，油菜，花生，白菜，萝卜，辣椒等40多个品种，裴城北菜园共60亩菜地；动物家禽：牛，驴，骡，马，猪，羊，兔，狗，猫，鸡，鸭，鹅，鸽子等。

裴城村位于漯河市西25km，裴城镇政府南4km，西南临舞阳太尉乡，东北于三丁斗杨村接壤，北临郾襄路，东邻许沁路，洄河从村西绕而北行，属于河南省漯河市堰城区裴城镇辖，暖温带季风气候，西南高东北低，海拔63m，地质构造属华北凹陷，土壤肥沃，盛产小麦，玉米，大豆等，面积4.81km^2，4200口人，988户，耕地面积5400亩，村庄占地1065亩，年人均纯收入12600元。

裴城旧城历史上商贾云集之地，民间文化广为流传，裴城独杆轿被定为非物质文化遗产，已有500年历史，一直流传至今，经久不衰，高跷、旱船流传至今，也有百年以上历史，每到春节、二月二等，有组织的独杆轿、旱船表演纷纷走上街头，引得四乡八方上万民众前来观看。裴城有锣鼓社，远近闻名，既能唱曲剧，又能唱豫剧，每逢节假日、办喜事开展活动，丰富了群众生活，民间舞蹈，全民参与，历史悠久，丰富了群众业余文化生活，传承了民风民俗。

学校：华北水利水电大学　指导老师：张东　设计人员：王琦　陈金锋　代迪　杨圣奇

【汀风】——广东省东莞市新基村

现状部分

场地要素分析

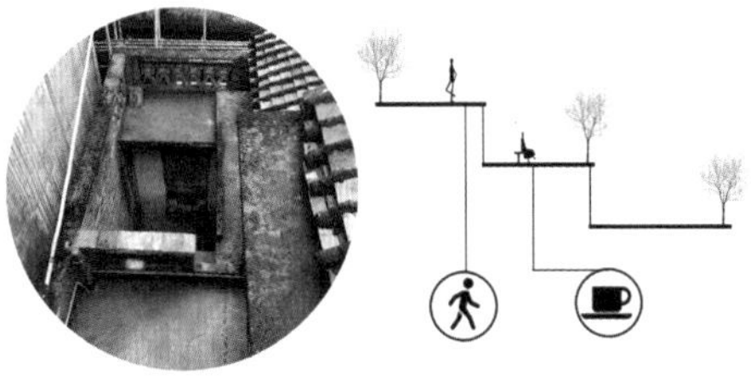

层级跌落的晒台

挑出水面的凉棚，其凉爽因为错层导风性强，也是本设计的核心思想

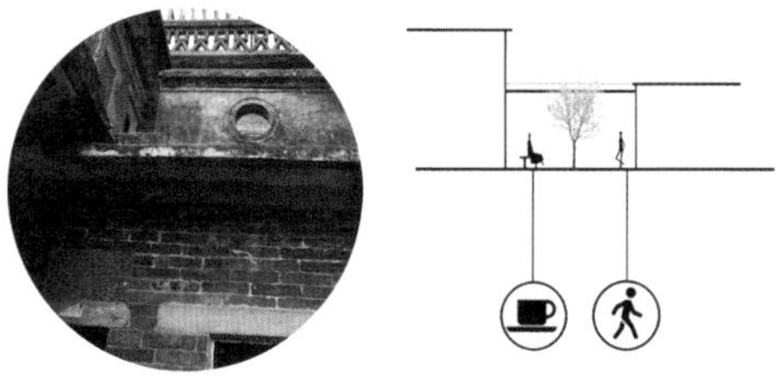

天井空间

曾屋坊二巷27属于新基村典型建筑平面，该村属于是高度密集型村落，大多数典型建筑均有晒台与退台，内部注重通风，房屋之间距离近，呈狭长型的平面布局。

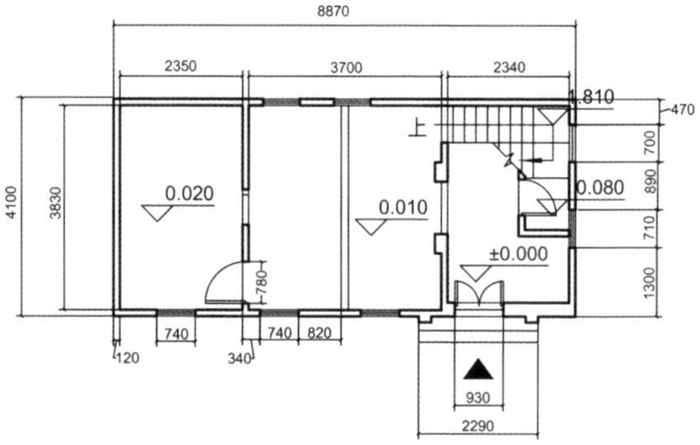

总平面图

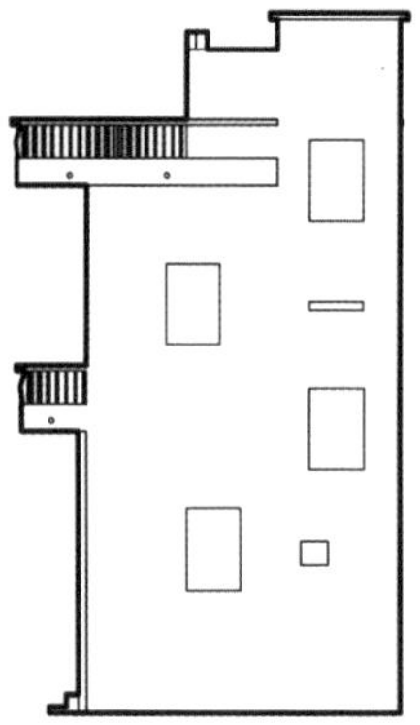

东立面图

一层平面图

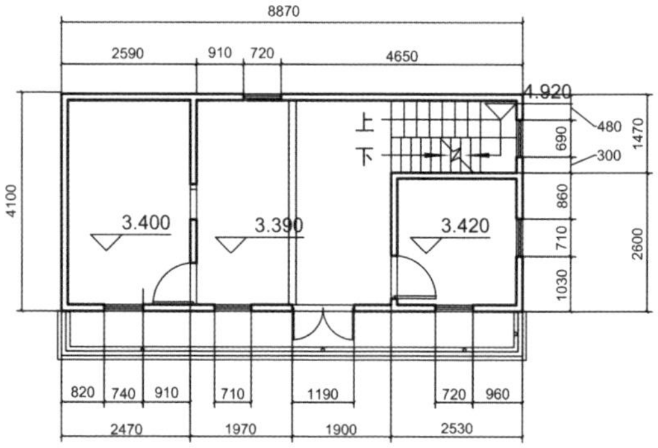

二层平面图

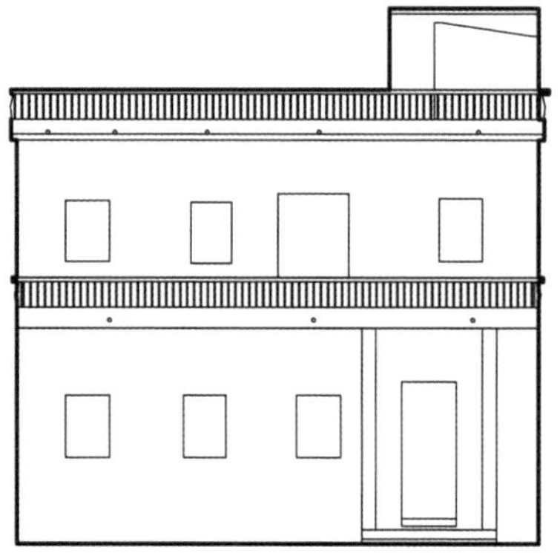

南立面图

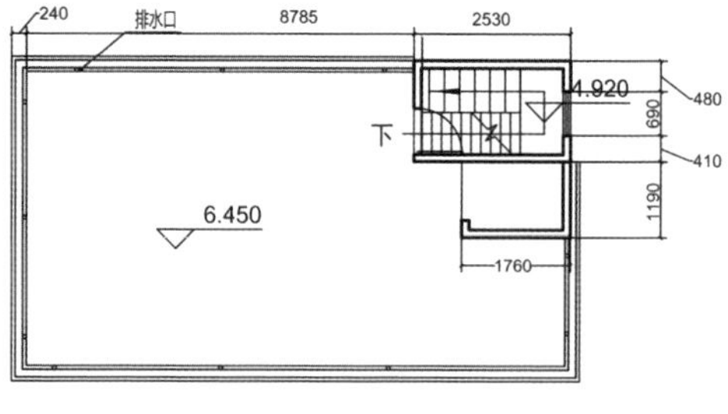

三层平面图

技术部分

概念生成

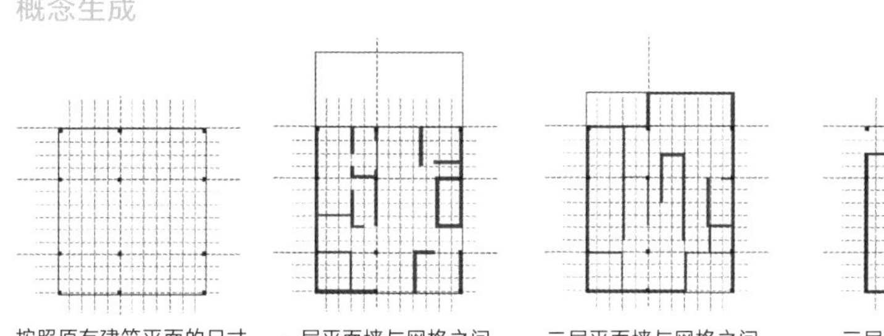

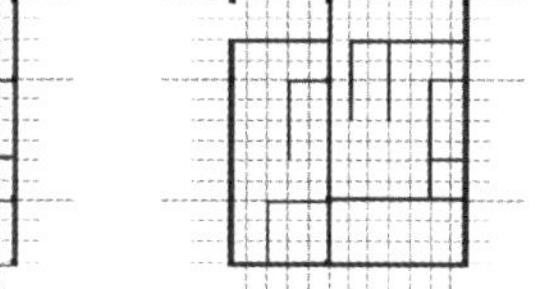

按照原有建筑平面的尺寸与柱网划分平面　　一层平面墙与网格之间的关系　　二层平面墙与网格之间的关系　　三层平面墙与网格之间的关系

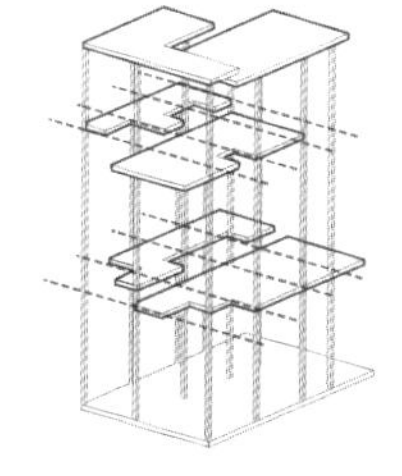

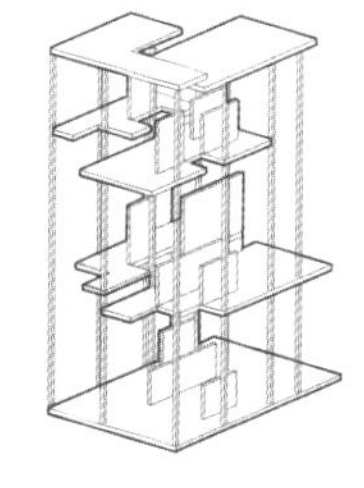

按照当地传统建筑平面划分网格布柱　　按照一定模数加错层楼板　　在错层楼板中加竖向墙，利于导风

本方案结合新基村公共凉棚，从凉棚中提取元素。凉棚之所以导风在于板之间的错层，由大空间到小空间流速加快。利用楼板的错层与竖向板片的穿插将自然风最大程度引入室内，主要采用被动式策略，经济环保。

通风分析

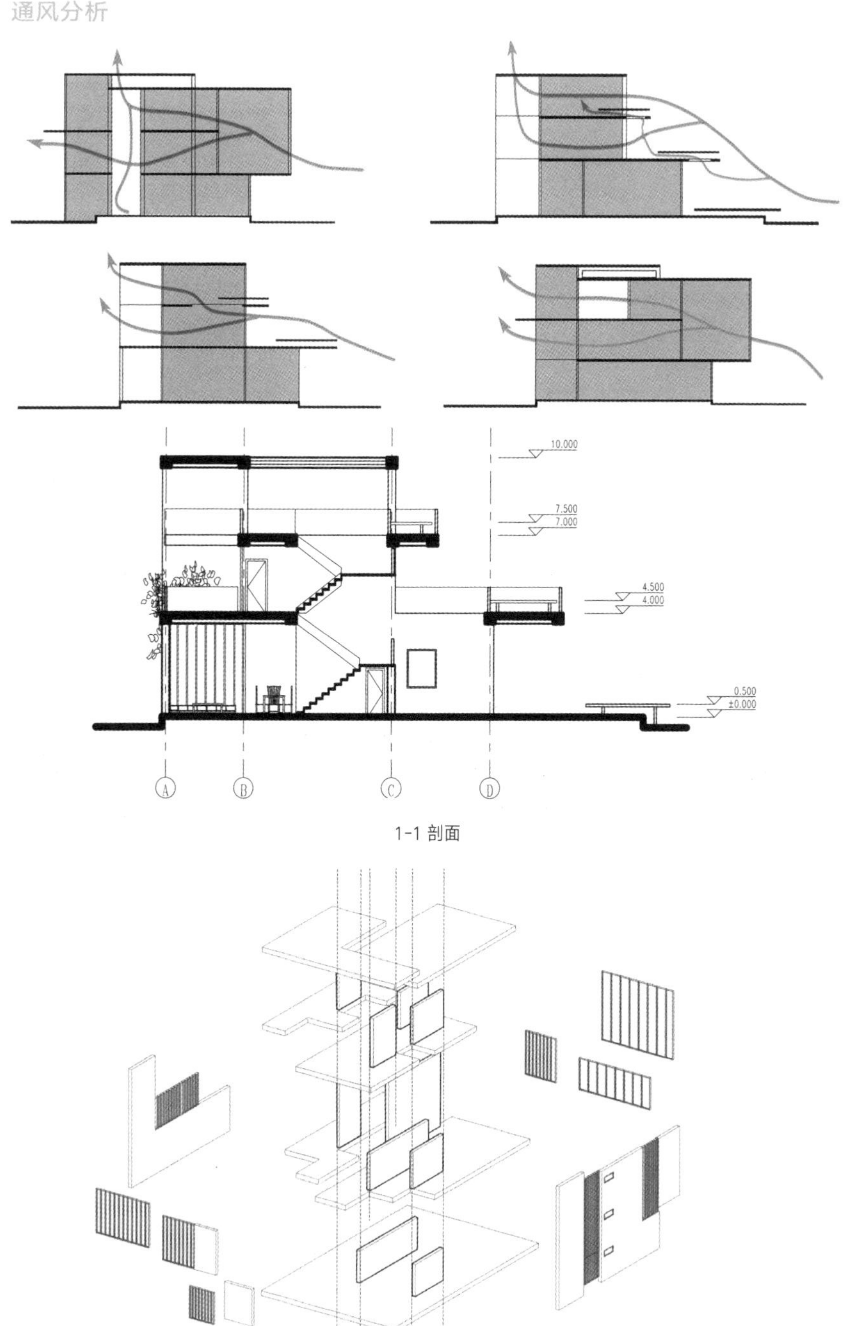

1-1 剖面

做图部分

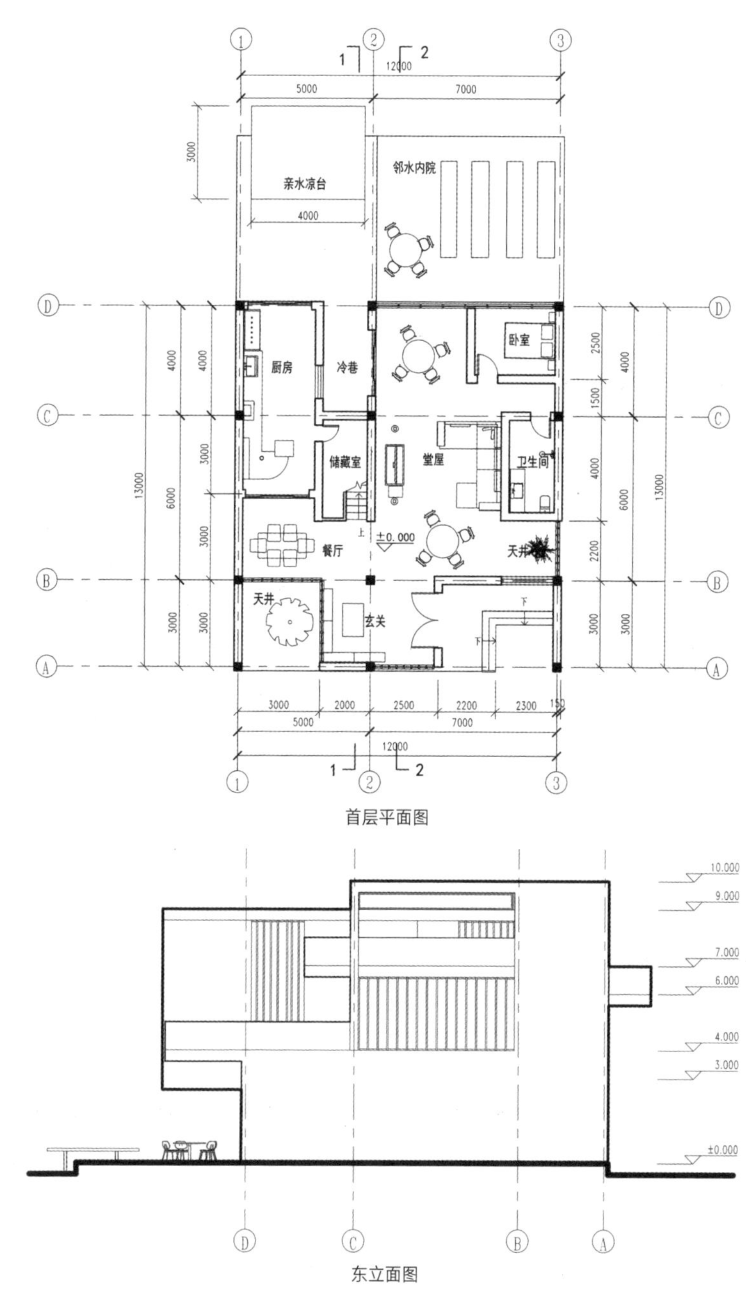

首层平面图

东立面图

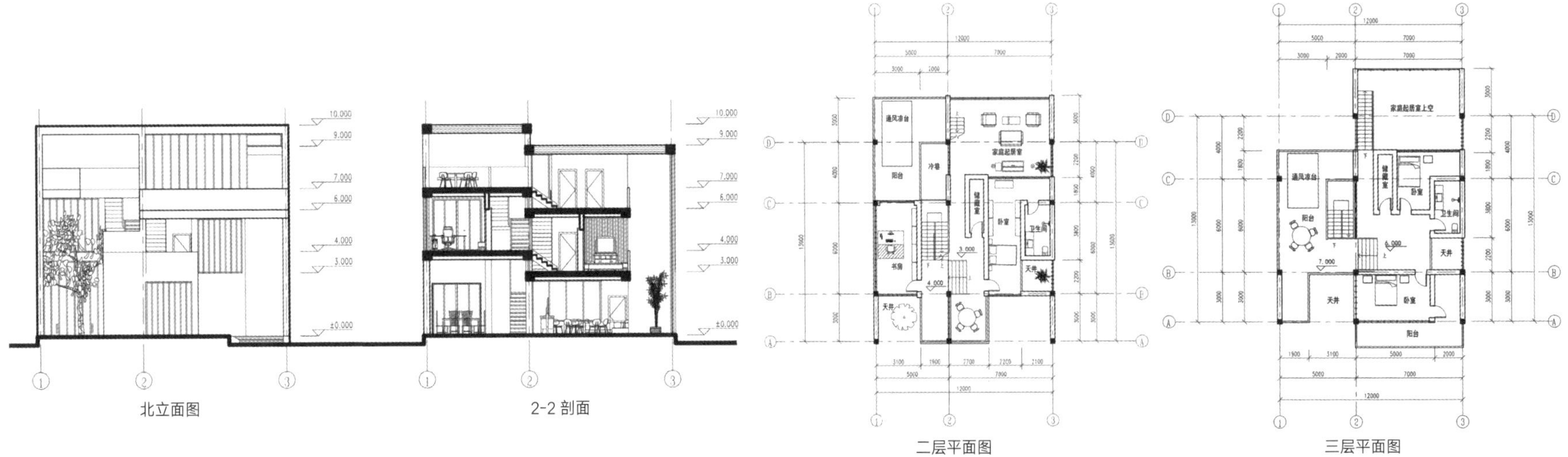

北立面图　　2-2 剖面　　二层平面图　　三层平面图

说明部分

小透视图一

小透视图二

小透视图三

中国南方的古老水乡东莞麻涌镇，是中国经济发展中升级版的乡村。发达的水系和丰富的香蕉出产催生埠岸商居的生活模式。本方案结合当地自然环境，在传统房屋结构的基础上设置窄巷和天井，利用错层和挑台促进通风。同时在岭南水系特色人文的基础上，进一步激活水岸，活化街道。河岸上岭南水乡特色的休憩凉棚体现村民们现代开放的社交需求，同时也适应岭南气候，是典型通风防热的被动式技术。同时村里保留的传统，如夏季观看赛龙舟的集体活动、广场和祠堂的粤曲表演，更是体现了当地往来活跃的水乡文化。

基地面积：420m^2；建筑面积：215m^2；建筑高度：10m；容积率：0.51；绿化率：37%。

学校：华南理工大学　　指导老师：钟冠球　　设计人员：何韦萱　冯欣

【古韵·树栖：基于生态保护】——川滇交界泸沽湖畔

设计背景

“传统村落中蕴藏着丰富的历史信息和文化景观，是中国农耕文明留下的最大遗产。”但近年来旅游业发展，给乡村带来了“建设性破坏”，造成空心化与过度商业化的问题。民宿属于历史文化村落保护利用的趋势之一，是一个村落的魅力缩影。本设计意在创造一种因地制宜的活态保护模式，为乡村旅游发展与乡土文化传承的耦合提供载体和支撑，留住居民，追忆乡愁。

概念生成

方案灵感源自吊脚楼，利用“树栖”的概念借山地的走势形成多层的交通系统，进而形成建筑和环境的融合和互动。力求将场地中的树木全部保留，并且尽可能增加绿化率。借助泸沽湖摩梭人特色民居建筑语汇和合院的尺度感觉，完成建筑形态。将碎片化的建筑形态压入环境后再以几何化的思想重新组合。在自然混乱中找逻辑。先后经历建筑区域碎片化、功能体量化、体量建筑化、重组四个环节。

场地意象

泸沽湖地处川滇交界，少数民族聚居地，母系氏族传统，充满神秘传奇色彩。一湖沉碧在高原的天宇下深情地摇曳，悠悠晚风在摩梭少女的歌声里荡漾波光，木架取型于当地摩梭民居，支立于湖畔滩涂之上，减少对场地的破坏，空朦远望，犹如一幅垂直村落画卷。

民宿客房部分轴测图

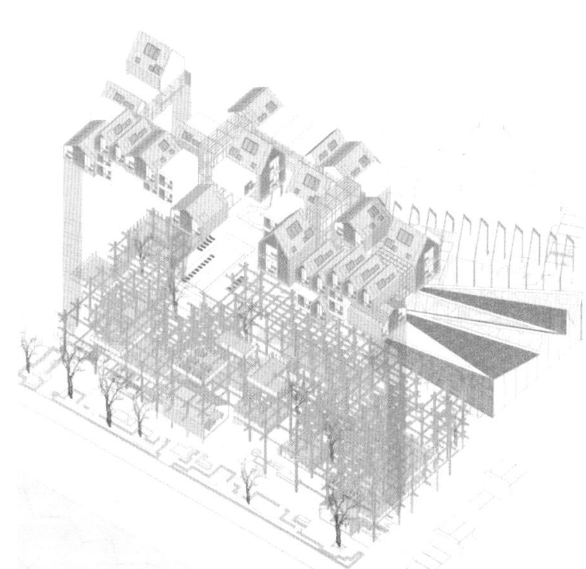

客房套型种类图示

① 2 人标准间（靠近水池一侧，床位靠窗）

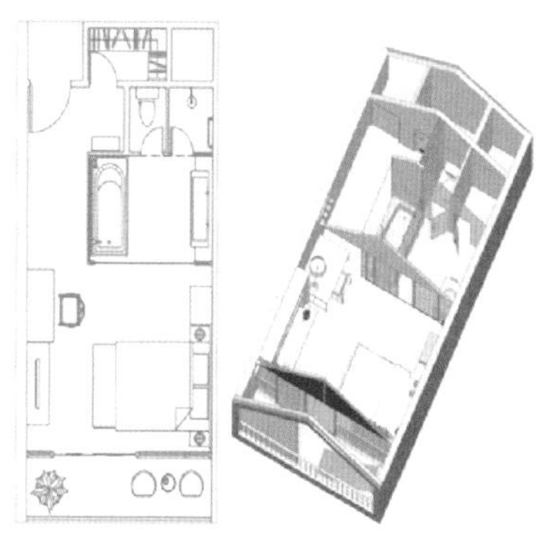

② 2 人标准间（靠近海洋一侧，浴缸靠窗）

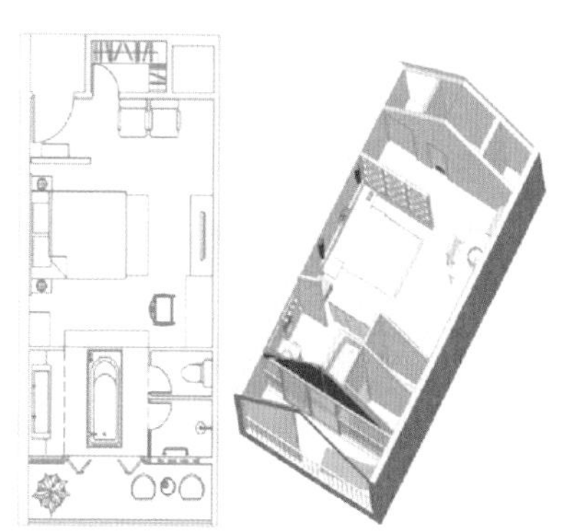

③ 3 人标准间（靠近水池一侧，床位靠窗）

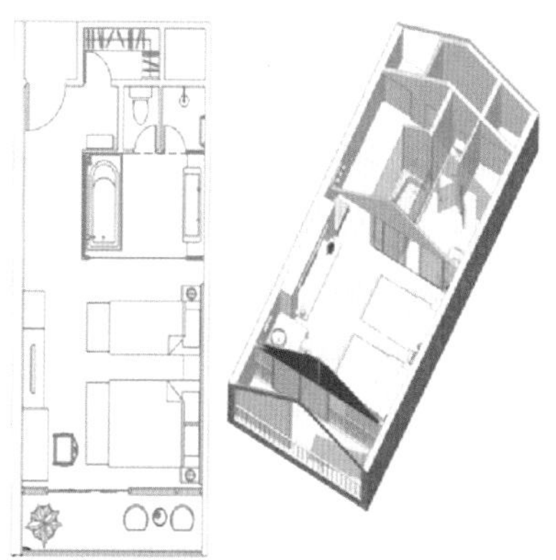

④ 3 人标准间（靠近海洋一侧，浴缸靠窗）

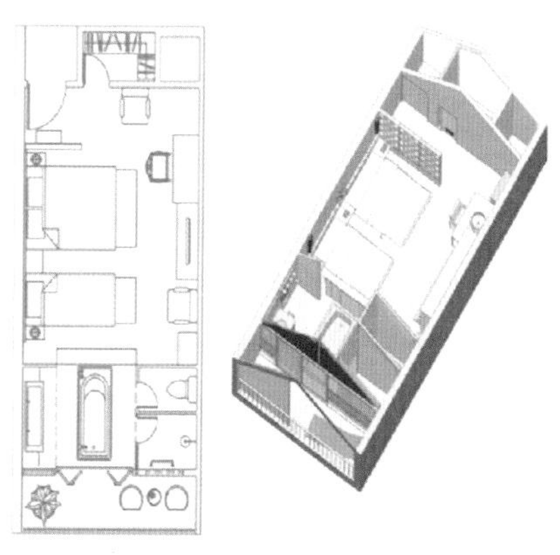

⑤ 4 人套间（靠近水池一侧，床位靠窗）

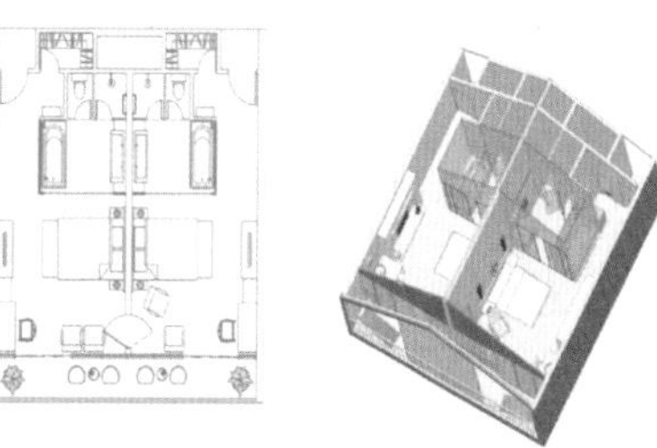

⑥ 4 人套间（靠近海洋一侧，浴缸靠窗）

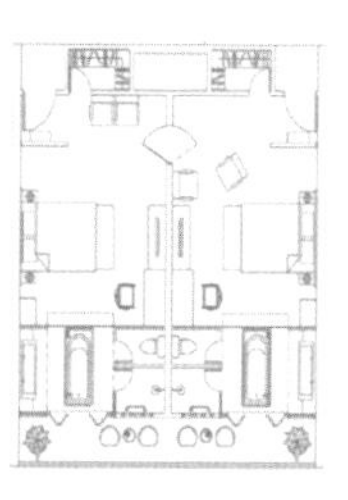

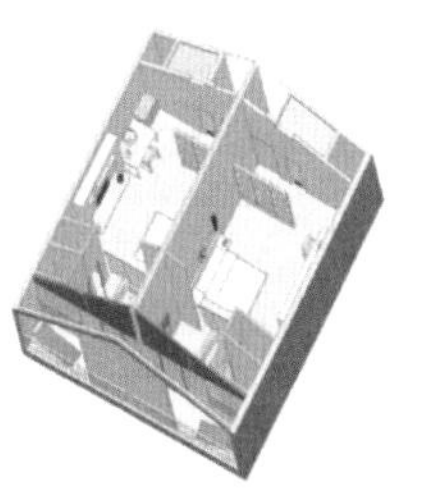

⑦ 6 人套间（双层，双卫，兼具起居室与厨房）

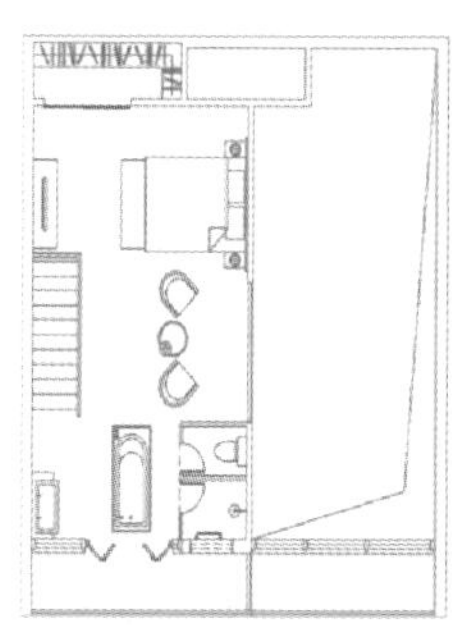

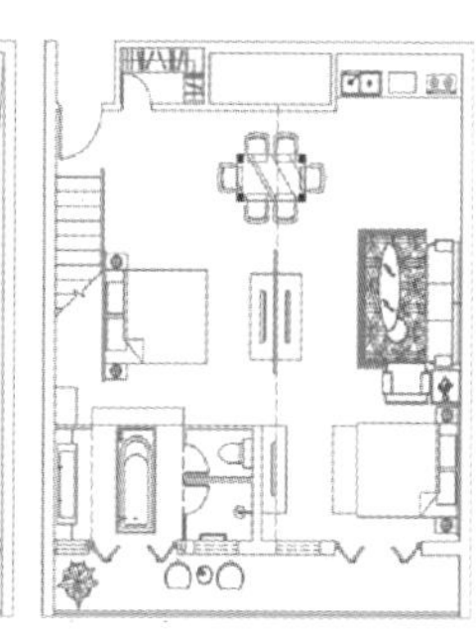

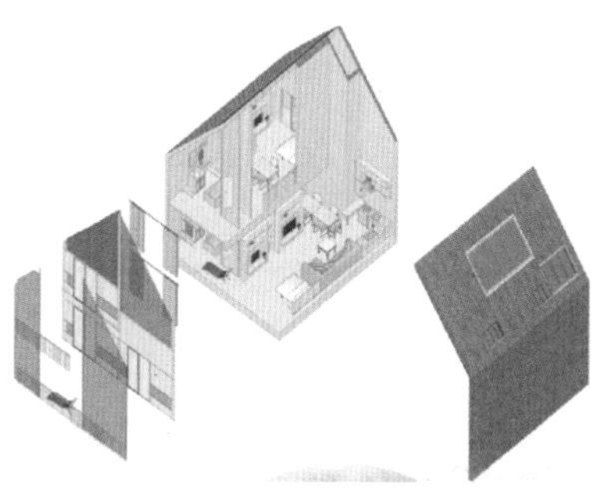

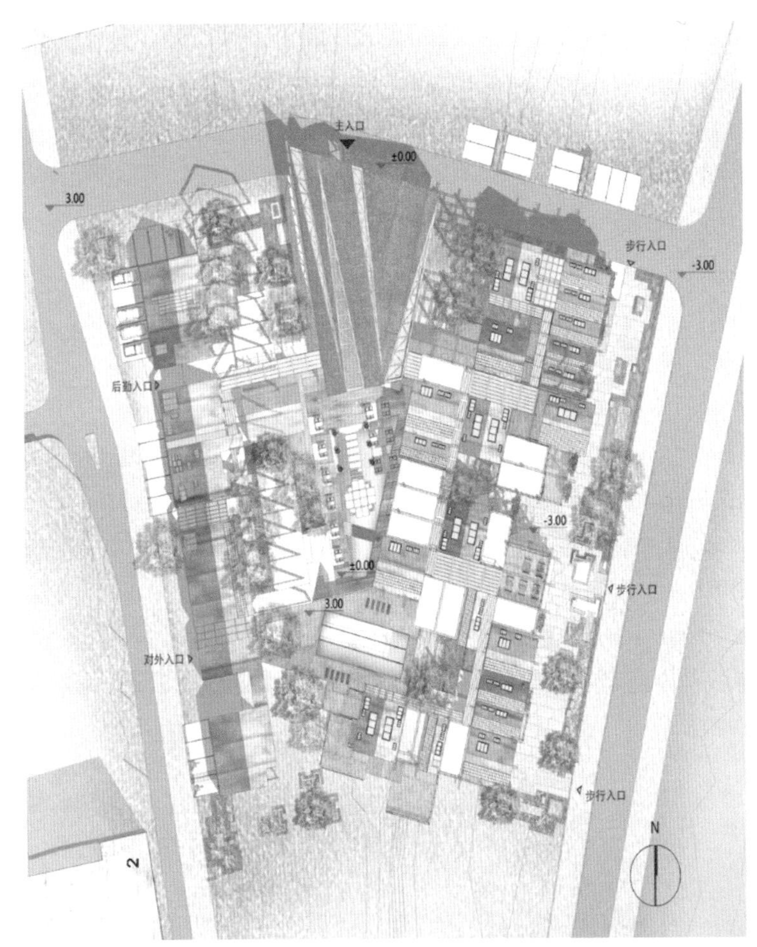

以小农经济生产关系为主导的村落自下而上的有机建设状态

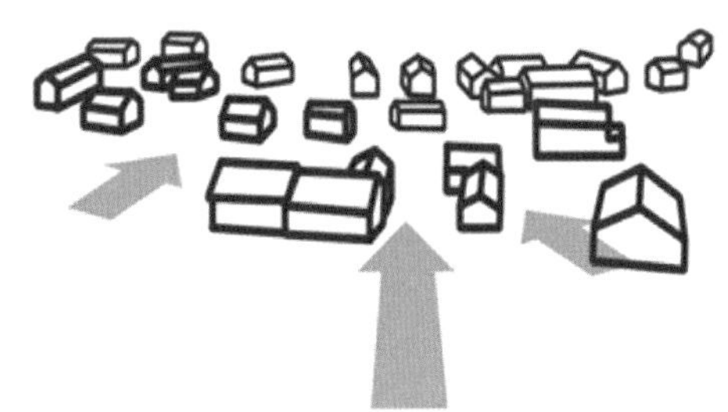

以吊脚楼为主体的滨水空间形态

“院落”传统民居的建筑形态

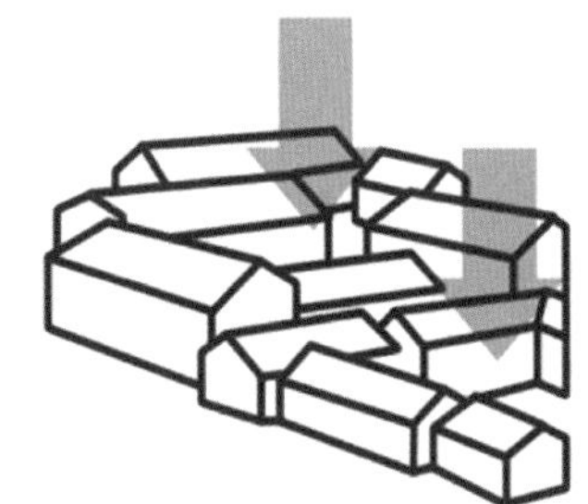

民居建筑以合院的思想组织居住空间，植被与建筑形成一种良好的互动关系。建筑单元独立，将整个街区又重新构成完整的方形与其他街区找有关系。望在三维空间上仍然实现错动，保证后排建筑的视野。

保护传统村落不能以旅游价值为首位，但旅游业确实是拉动当地经济发展的重要动力。

如何在发展旅游业的同时，维护当地的文化本源性、真实性和连贯性，是本次概念设计的重点。

沿湖景观主立面

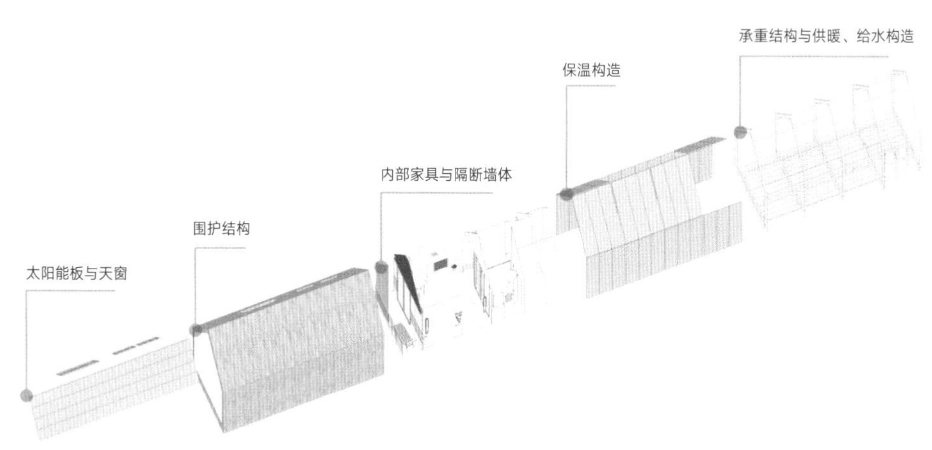

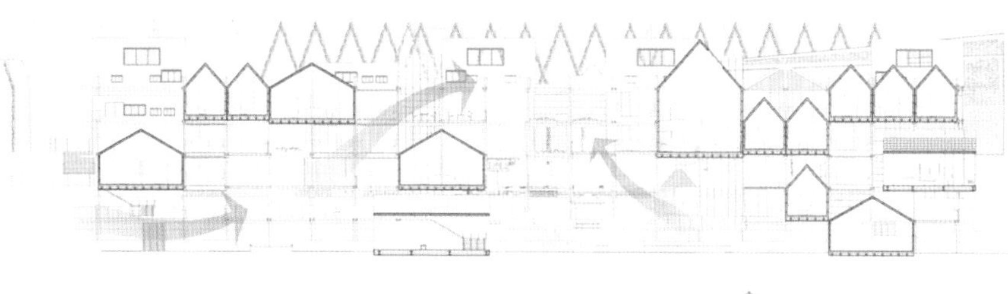

民宿中部温泉浴场

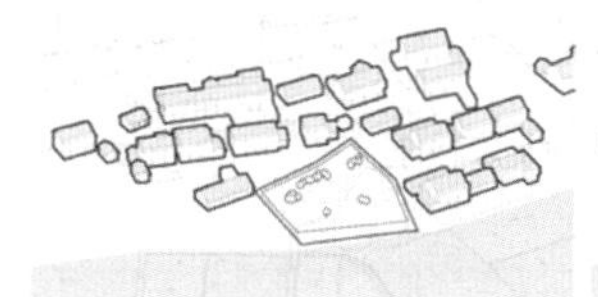

基地现状，道路、绿化、红线、周遭建筑

以建筑控制线为边界集体拉升

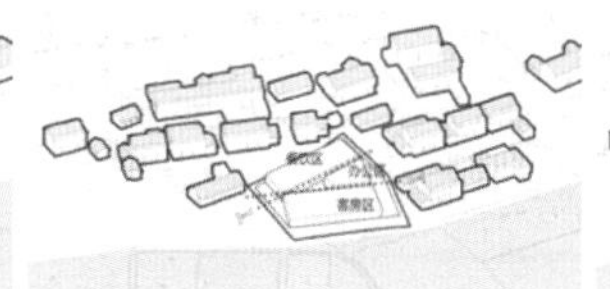

沿道路边线为基准对体块进行削切

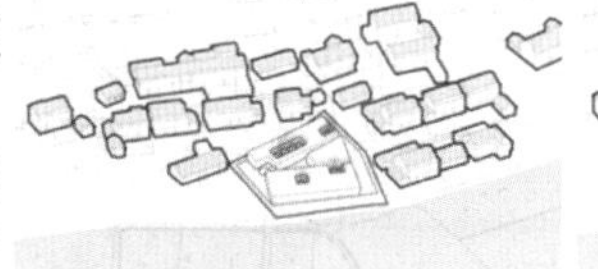

将建筑体块避开绿化

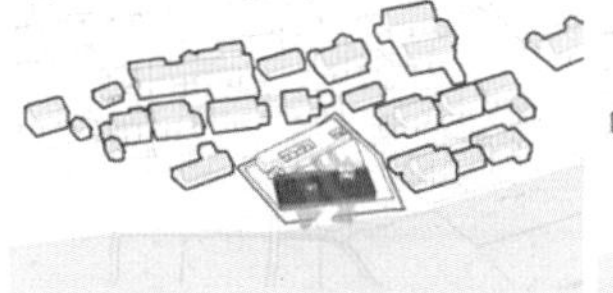

将沿海的建筑体量镂空化，避开视线遮挡

将客房单元插接其上实现“树栖”概念

民宿酒店平面图

主入口立面图

中餐厅与水池在地下部分以浴场和泳池相连

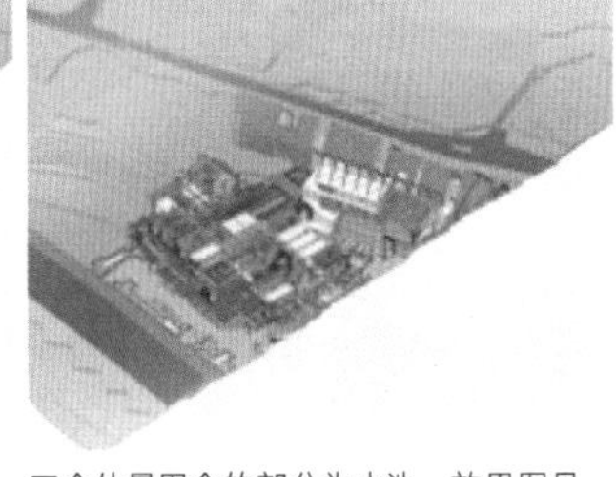

水池中央为亲水餐饮区中部有一亭子，起对景之功效

三个体量围合的部分为水池，效果图见第一张

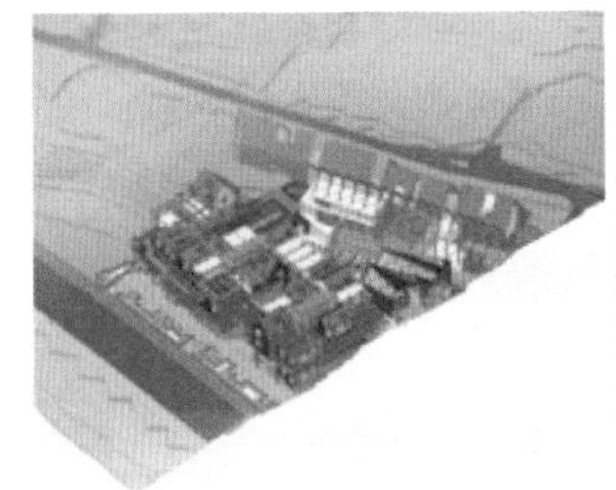

大堂内的功能体量化后插入其中，以漂浮的概念处理

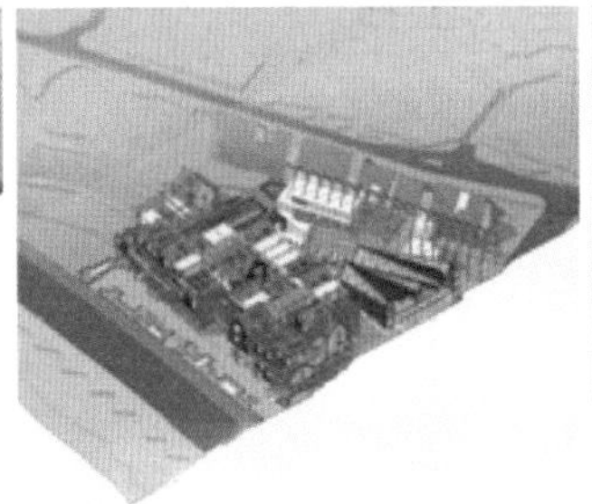

入口顶层为宴会厅，方便对外的营业

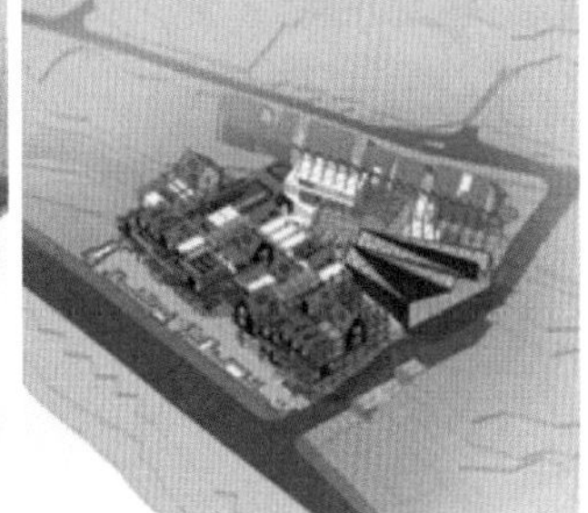

总体透视，共分为客房建筑群、大堂、餐饮建筑群三个部分

民宿酒店大堂构造图示

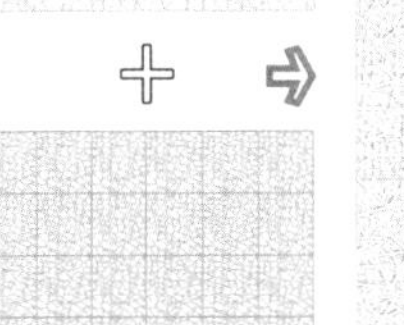

本方案希望能实现建筑与环境的互动。在客房部分利用网架和装配式的手法实现建筑体量插接在丛林之中。而在酒店大堂，希望通过表皮营造森林之中的感觉。选取表皮的基本元素，中式屏风中的碎块化样式。并在其中融入矩形几何的元素在自由之中寻找理性。

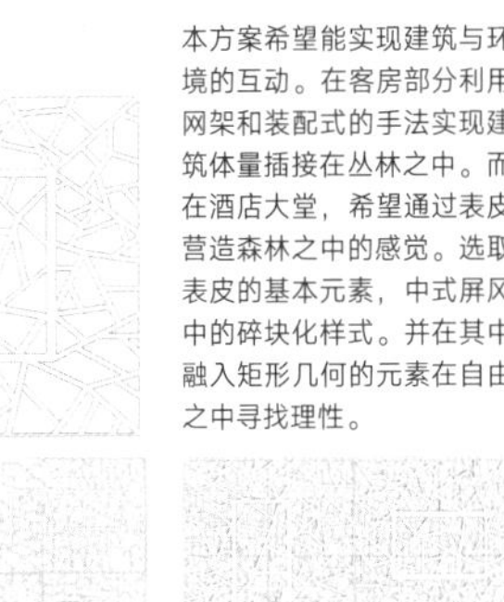

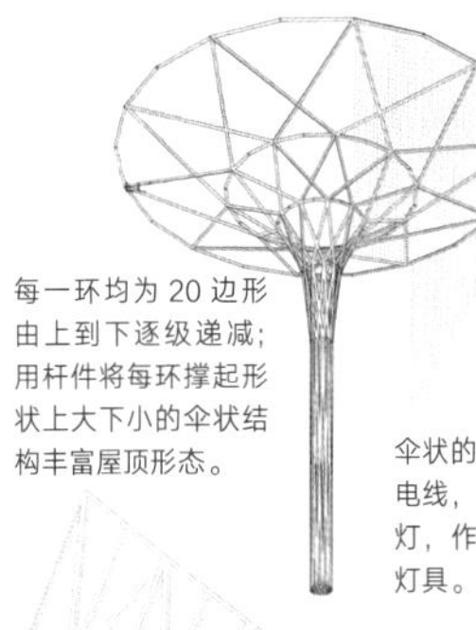

每一环均为20边形由上到下逐级递减；用杆件将每环撑起形状上大下小的伞状结构丰富屋顶形态。

伞状的结构之中暗布电线，其末端垂下吊灯，作为夜间照明的灯具。

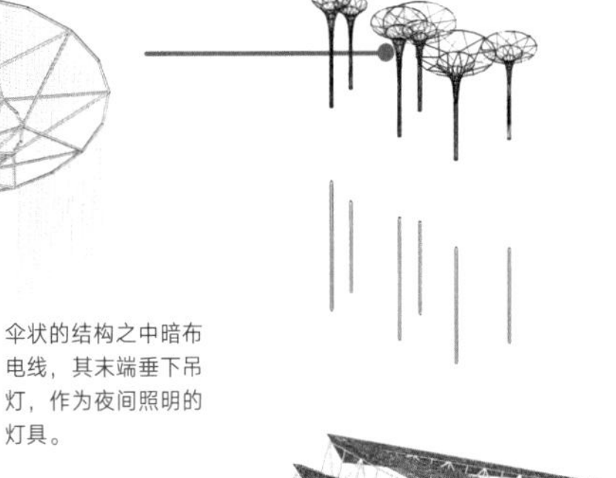

包裹在承重结构外侧的伞状结构兼具灯具的作用

承重结构作为支撑起自承重的折板最重要结构

屋面处的表皮及天窗构造

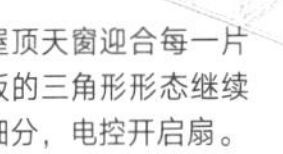

屋顶天窗迎合每一片板的三角形形态继续细分，电控开启扇。

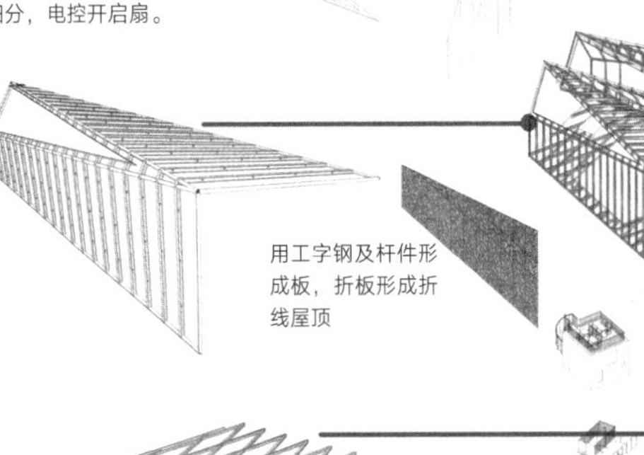

用工字钢及杆件形成板，折板形成折线屋顶

立面表皮及折板体系

围护结构玻璃及窗帘

两层的功能体量

屋面因满足二层宴会厅的功能需要，用工字钢形成交叉梁以满足承重

民宿酒店大堂剖面图示

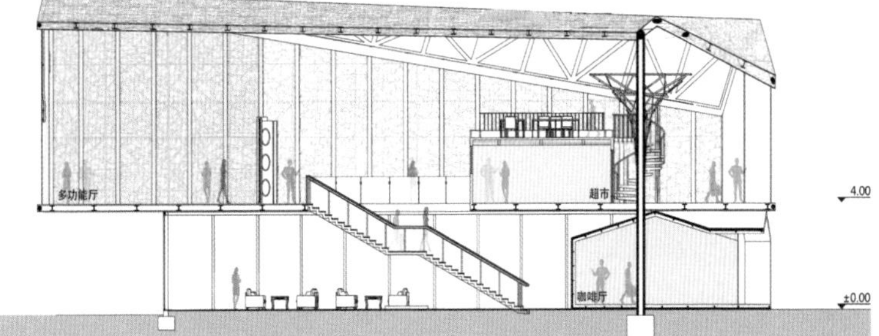

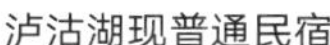

泸沽湖现普通民宿

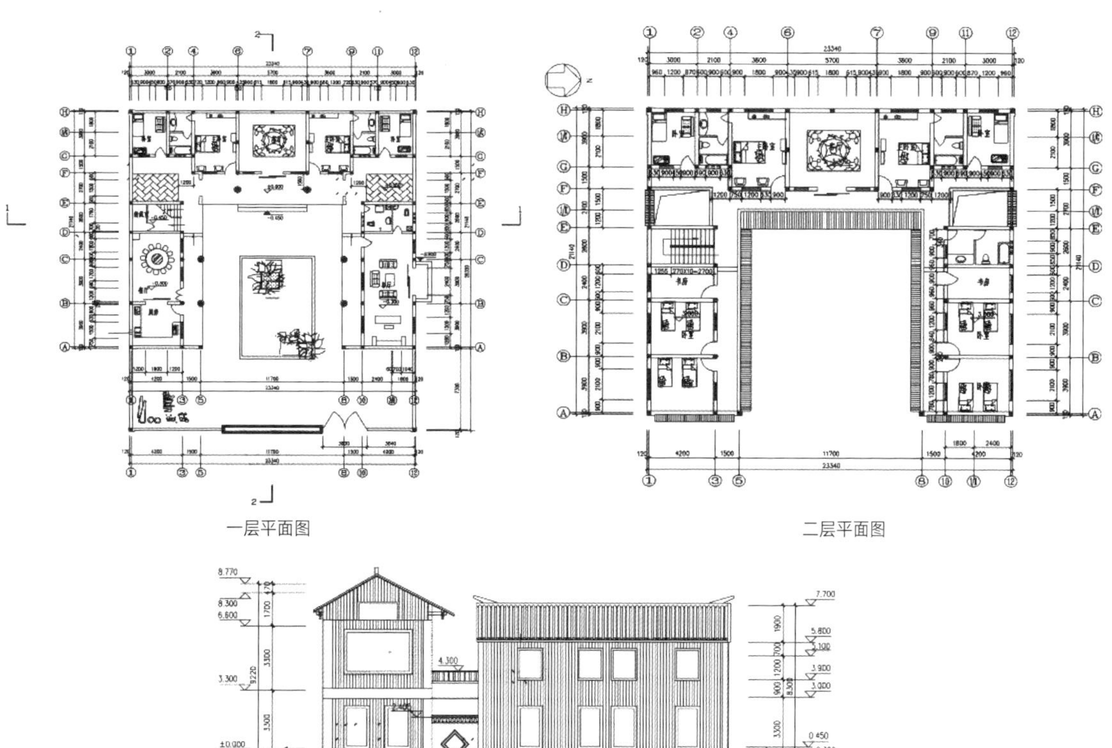

一层平面图

二层平面图

Ⓗ - Ⓐ立面图

传统摩梭族家庭院落组成

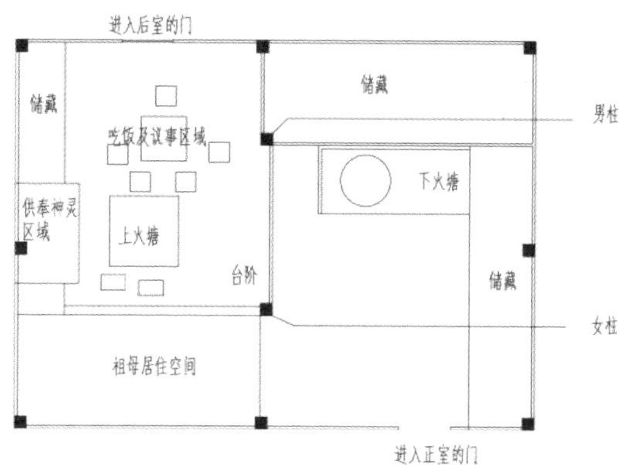

正室平面图

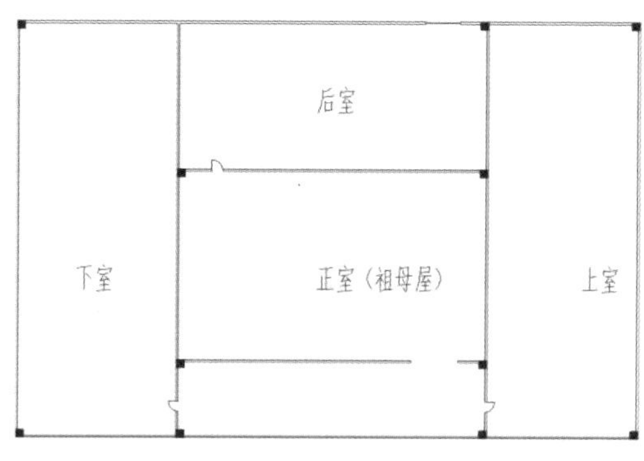

正室房间分布

沿湖区域改造后对外开放式民居

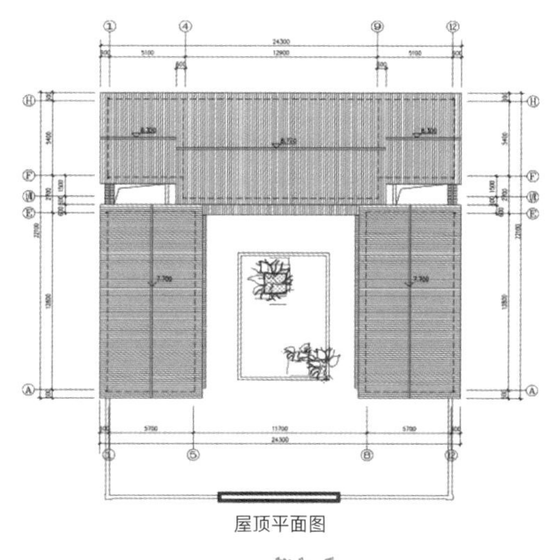

屋顶平面图

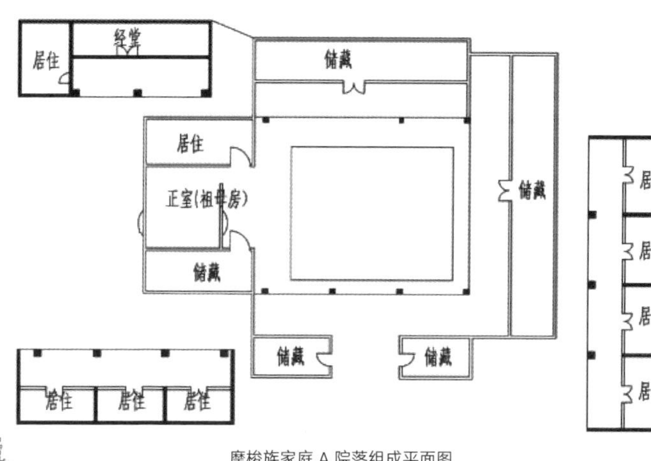

摩梭族家庭 A 院落组成平面图

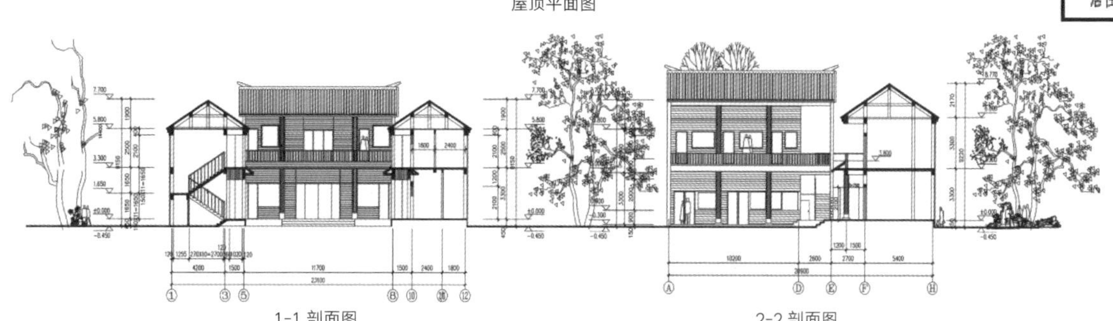

1-1 剖面图

2-2 剖面图

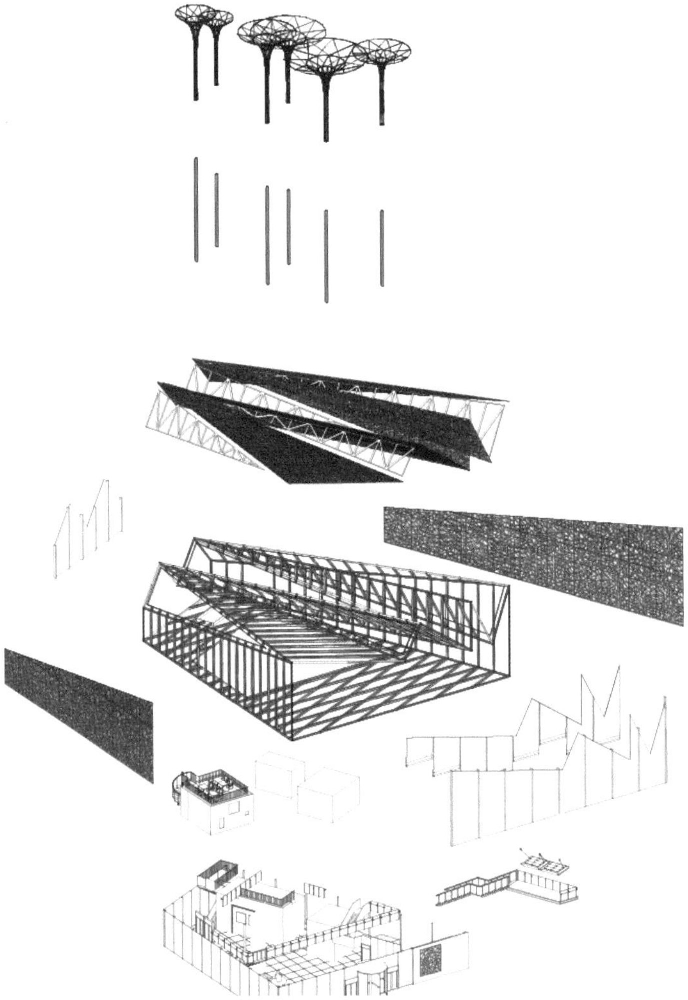

学校：大连理工大学　指导老师：张险峰　设计人员：聂大为　杨喆雨　李沁媛

【探寻·转译】——江西省婺源县虹关村

设计说明

该方案选址位于江西省婺源县虹关村，属于古徽州地区，是徽文化与徽派建筑保存较为完好的村落。方案运用现代装配式建筑的手段，采用钢框架结构通过转译徽派建筑的空间形态、建筑符号等元素，在传承徽派建筑文化的同时为当地居民创造了舒适的生活环境。

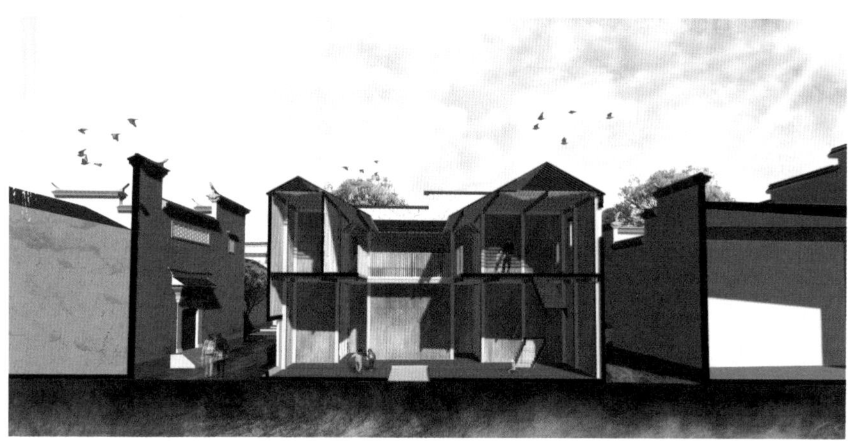

农房设计剖透图

设计图纸

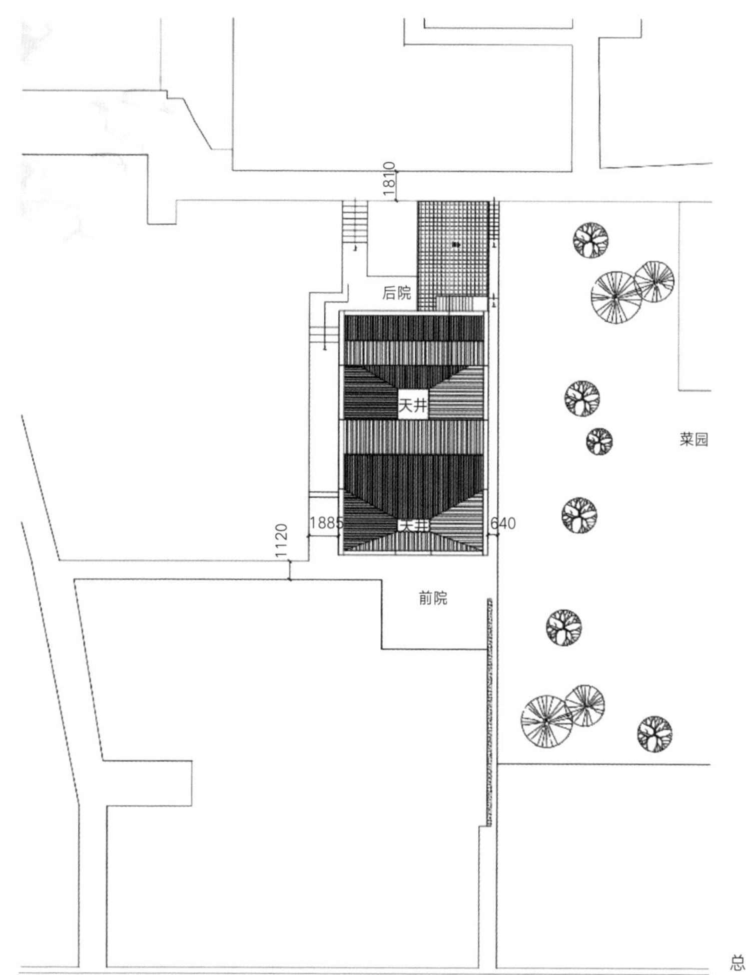

总平面图

采用传统的古徽州建筑布局形式，加以现代农房的特点，为当地居民创造宜居的生活环境，并运用先进的装配式技术，具有以下特点：

1. 节能。由于外挂板为两面混凝土中间夹50厚挤塑板，其保温性能较传统建筑的外墙外保温或外墙内保温性能更好，同时，也解决了传统建筑因为做了外保温而带来的外墙面装修脱落现象。

2. 环保。由于采用工厂化生产，使得施工现场的建筑垃圾大量减少，因而更环保。

3. 节省模板。由于叠合板做楼板底模，外挂板作剪力墙的一侧模板，因此节省了大量的模板。

4. 缩短工期。由于大量的墙板及预制叠合板都在工厂生产，从而大量减少了现场施工强度，甚至省去了砌筑和抹灰工序，因此大大缩短了整体工期。

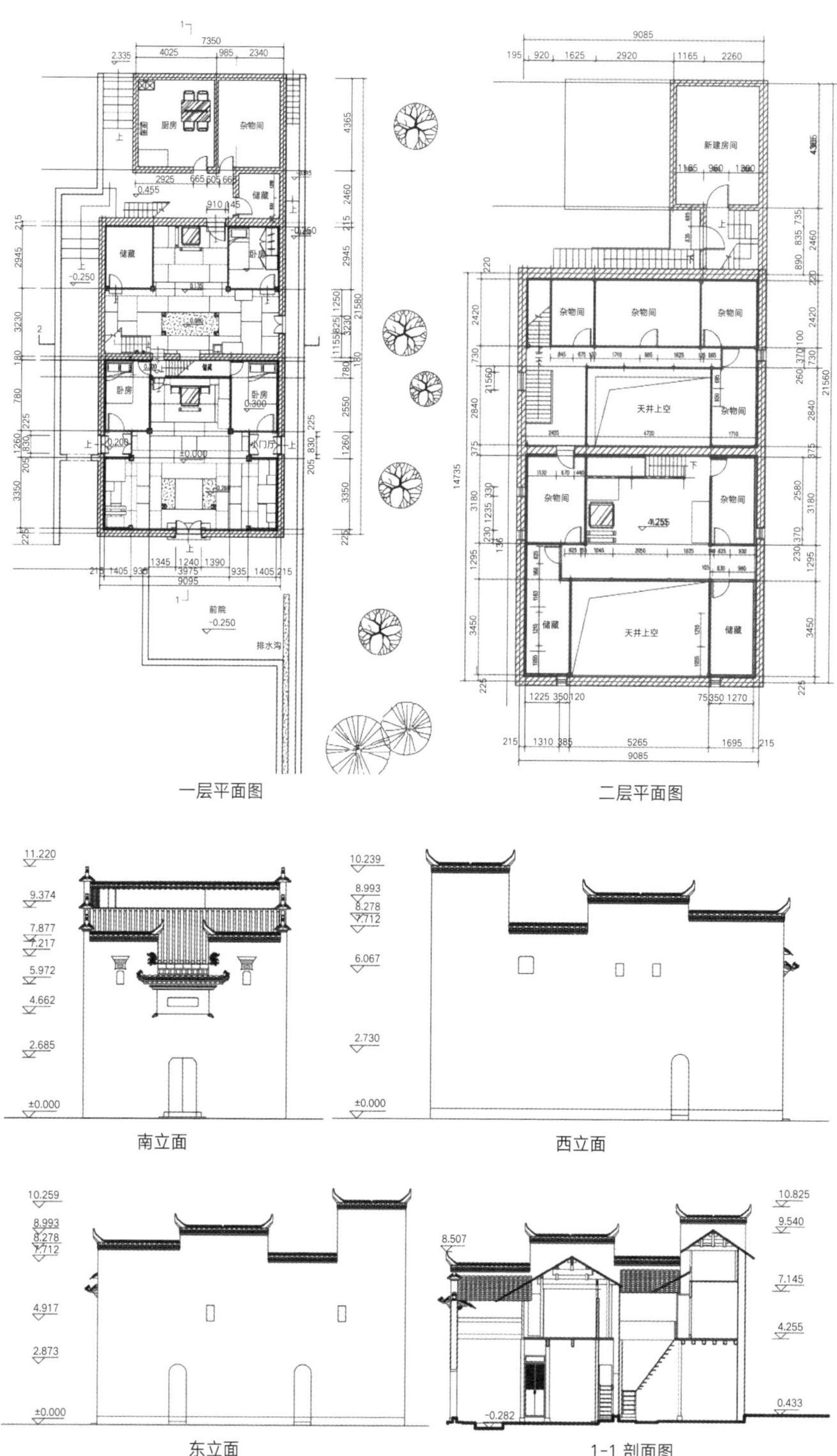

一层平面图　二层平面图

南立面　西立面

东立面　1-1 剖面图

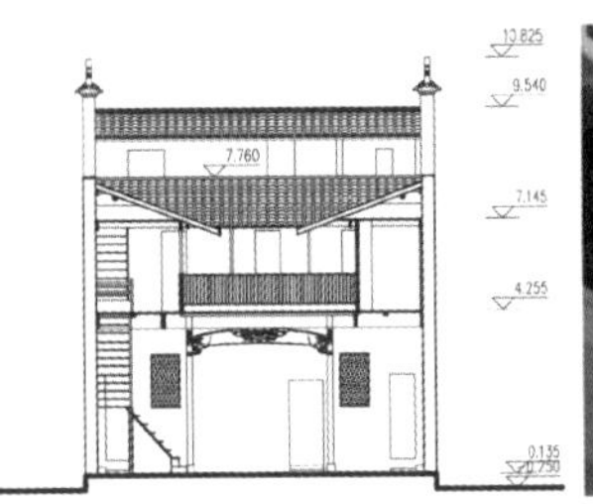
2-2 剖面图

农房设计方案鸟瞰轴测图

建筑主体结构

采用钢框架结构，具有以下优点：

1. 钢结构重量轻。当条件相同时，钢结构要比其他结构轻，便于运输和安装，并可跨越更大的跨度。

2. 钢材的塑性和韧性好。钢结构一般不会因为偶然超载或局部超载而突然断裂破坏；钢结构对动力荷载的适应性较强。

3. 钢材更接近匀质和各向同性体。钢材的内部组织比较均匀，非常接近匀质和各向同性体，在一定的应力幅度内几乎是完全弹性的。这些性能和力学计算中的假定比较符合，所以钢结构的计算结果较符合实际的受力情况。

4. 钢结构制造简便，易于采用工业化生产。大量的钢结构都在专业化的金属结构制造厂中制造；精确度高。制成的构件运到现场拼装，采用螺栓连接，且结构轻，故施工方便，施工周期短。此外，已建成的钢结构也易于拆卸、加固或改造。

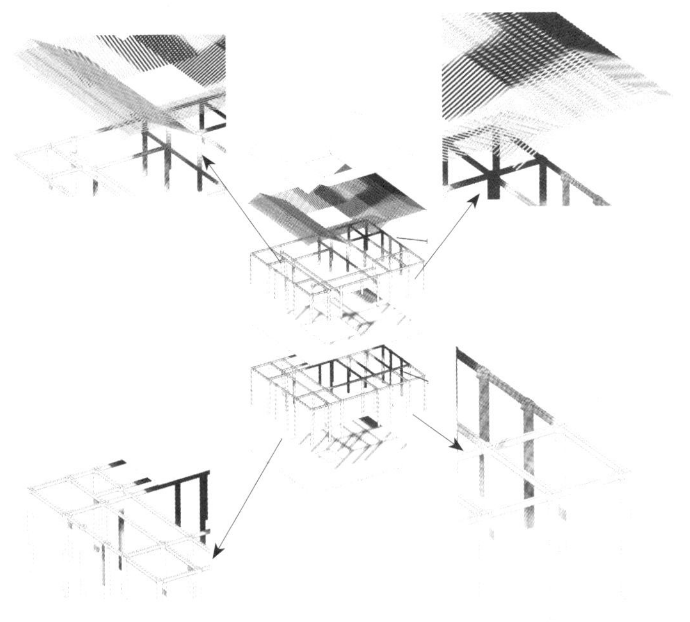

构造大样

1. 马头墙：又称风火墙，特指高于两山墙屋面的墙垣。徽派建筑中屋面以中间横向正脊为界分前后两面坡，左右两面山墙或与屋面平齐，或高出屋面，使用马头墙时，两侧山墙高出屋面，并循屋顶坡度迭落呈水平阶梯形。

作用：基于居民建筑密度较大，火灾发生时易产生顺房蔓延的情况，在居宅的两山墙顶部砌筑设有高出墙面的马头墙，满足防火、防风之需。

2. 门罩：徽派传统建筑大门均配有门楼，其中规模较小的称为门罩。

作用：防止雨水顺墙而上，同时具有装饰的效果。

3. 柱础：一般为石雕。上段多作石鼓形，下段为抹角方基，或调成鼓架，勾栏等样式。

作用：江西气候温暖，大多数地方地下水位很高，所以设置柱基，起保护柱身和防潮功能。若使用木础，则木纹平置，以防止潮气顺木材纹理爬升。

4. 挑楼栏板：通常设置成简单条凳美人靠形式。栏板在水平和垂直两个方向分别划出若干个框格，格内重工雕饰。

作用：作为民居二楼的栏杆，起围护的作用。

5. 梁架的装饰：如斗拱、插拱、梁托和撑杆等构件。

作用：部分装饰，部分承重。

6. 窗眉：窗过梁的表现形式。

作用：装饰兼作支撑结构。

7 门窗隔扇：江西天井式民居注重面向天井四个界面的门窗装饰，这些门窗几乎都做成精细和伴以雕刻的隔扇和槛窗。

作用：满足通风与透光，并使其均匀分布。

元素的选择性保留与更新
保留原素一：马头墙

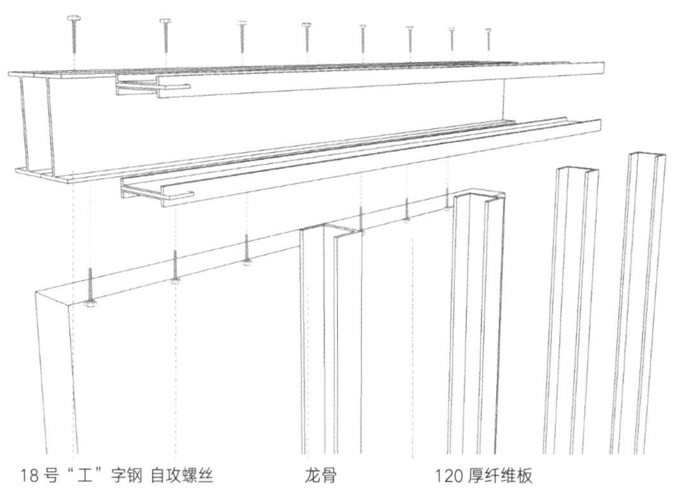

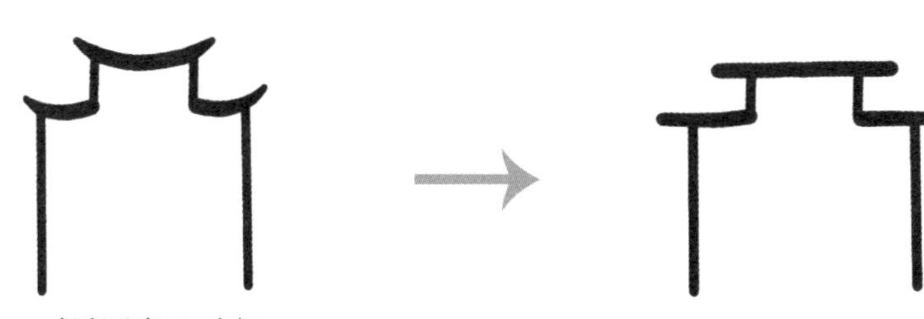

保留元素二：窗楣

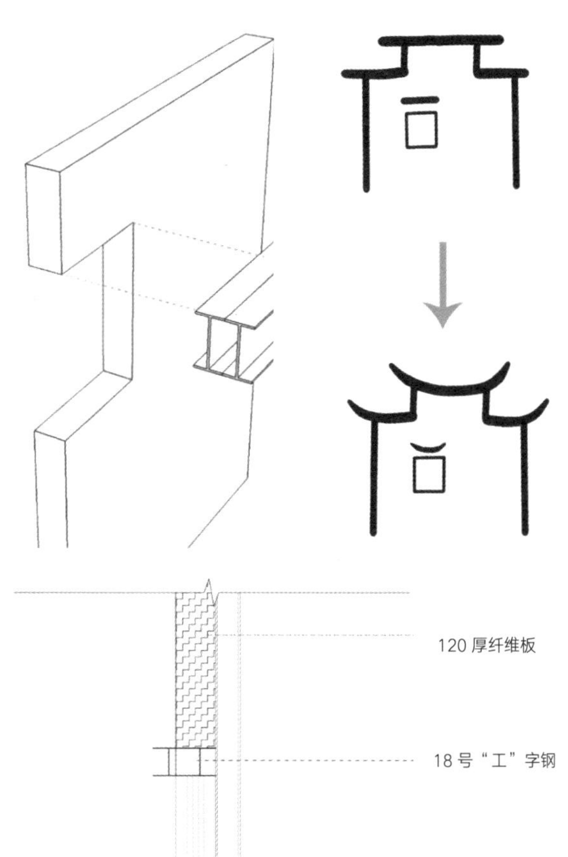

装配技术

水泥纤维挂板与龙骨的连接图示

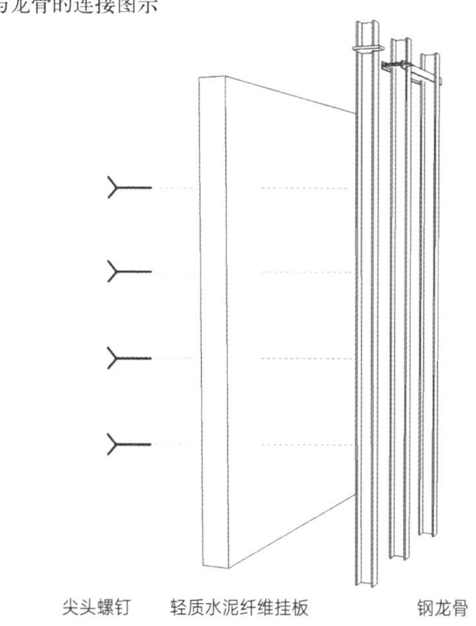

1. 运用现代钢结构体系代替传统木结构体系，增强结构的强度和使用寿命，装配率高，符合装配式建筑的要求。

2. 钢结构之间的连接主要采用焊接和螺栓连接，水泥纤维板和龙骨之间通过尖头螺钉连接，全部干作业施工，不受环境影响。

3. 外墙挂板采用工厂预制含保温层的轻质水泥纤维挂板，现场施工简单，保温效果优于传统建筑的空斗墙。

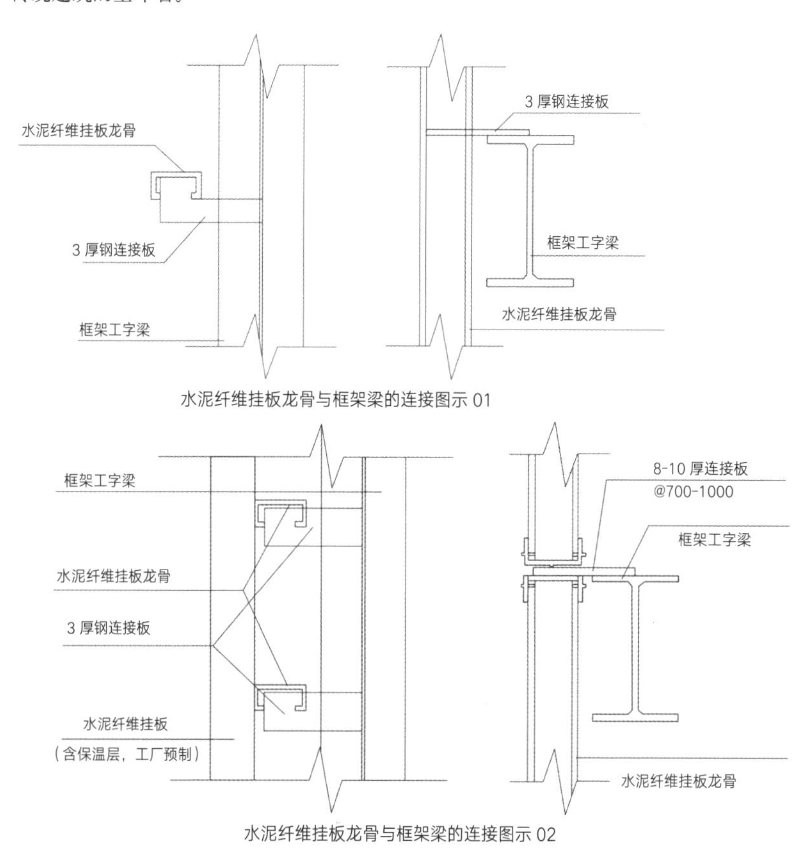

水泥纤维挂板龙骨与框架梁的连接图示 01

水泥纤维挂板龙骨与框架梁的连接图示 02

学校：合肥工业大学　指导老师：王旭　设计人员：李世宏　石纯熠　李长春　蔡丽杰　吕向飞

【梦回老厝】——潮汕民居

走访老厝

基本样貌

单体建筑以中轴对称为主，一个村落以合院的形式存在，布局规整统一，内部交通方便。

群落布局

村落间同样存在中轴线，房屋排布整齐，以中央祠堂为核心层层外扩，设有里门形成围合村落，村落内部阡陌交通，邻里关系密切。

两种样式

下山虎和四点金为一般居民常采用的样式，满足不同人家对户型的要求

五行山墙

“厝头角”根据宅基地所处的朝向及五行相生相克规则来确定，样式多样，既有装饰性，又表现民俗文化。

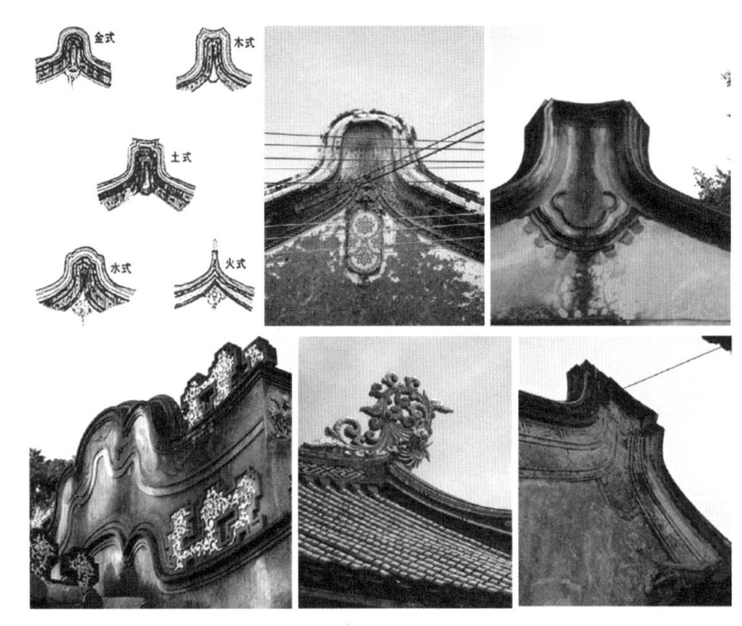

传统下山虎

“下山虎”（又称“爬狮”），是潮汕府第的基本构成单位。厅两边为正房，为长辈房间，前伸两厝手意为虎爪，为晚辈房间。“下山虎”因为出入门路不同，因此有开正门和边门的区别。中间门为长辈出入所用，两边的门称为“子孙门”，供晚辈进出，于八尺间，八尺为柴房或堆放杂物的房间。

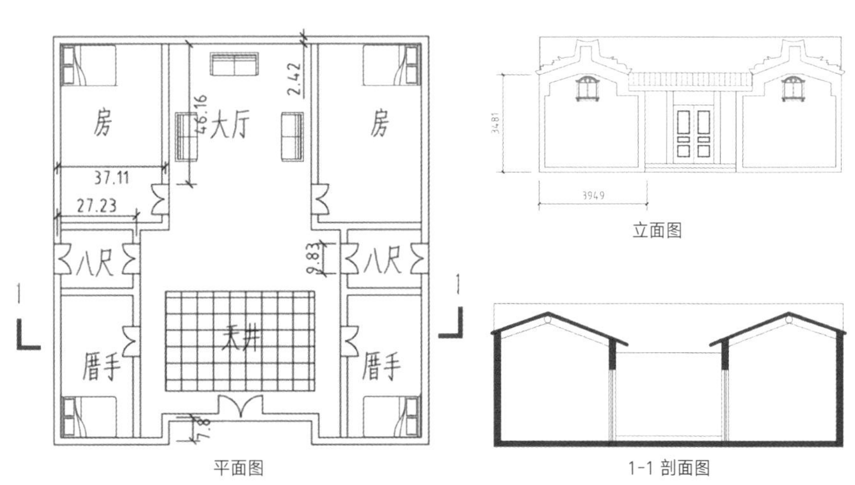

平面图　立面图　1-1 剖面图

传统四点金

四点金是传统潮汕民居的基本建造单元之一，采用“井”字形格局，中心对称，由相向的两个一厅二房构成。四角上各有一间形如“金”字的房间压角；一般对外不开窗；“凡屋以天井为财禄，以面前屋为案山，天井阔狭得中，聚财”；若对外开窗就是葫芦漏气，财气外泄，故窗户一般只对内院开启；大厅两旁的房同样是长辈房间，晚辈房间于门楼两侧；同样有开“子孙门”的习俗。

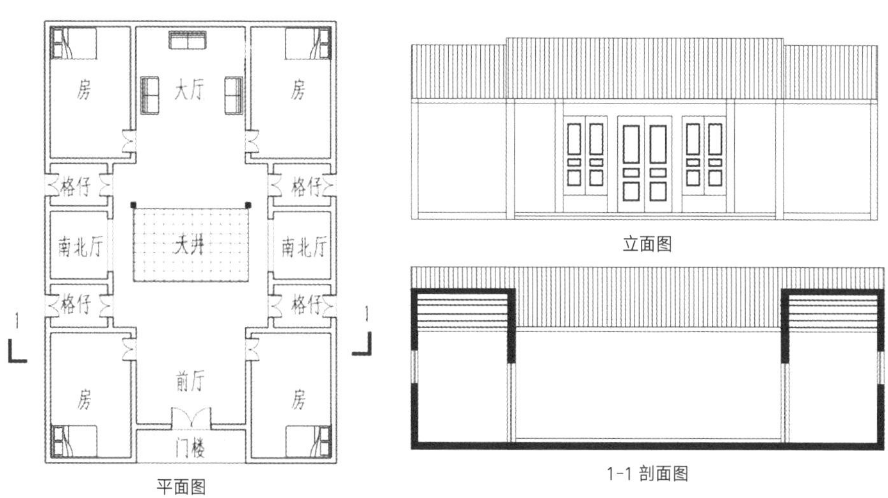

平面图

立面图

1-1 剖面图

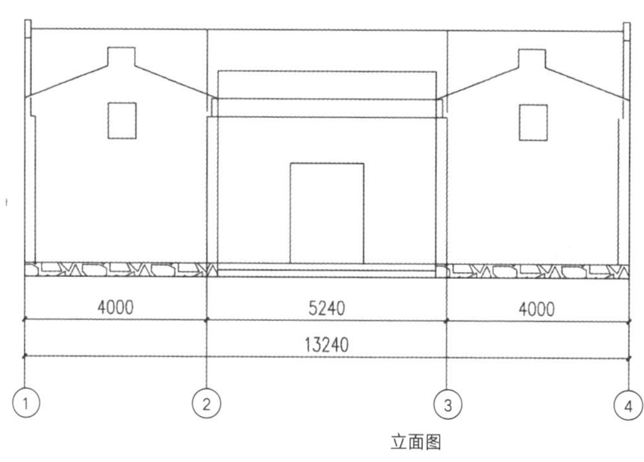

立面图

改造方案

下山虎改造图

该下山虎改造方案适用于三口之家的小家庭，户型精致小巧。最大限度保留传统的中轴线布局及其中的功能定位，添加了现代化的开放式厨房，重新定义了“子孙门”的作用。

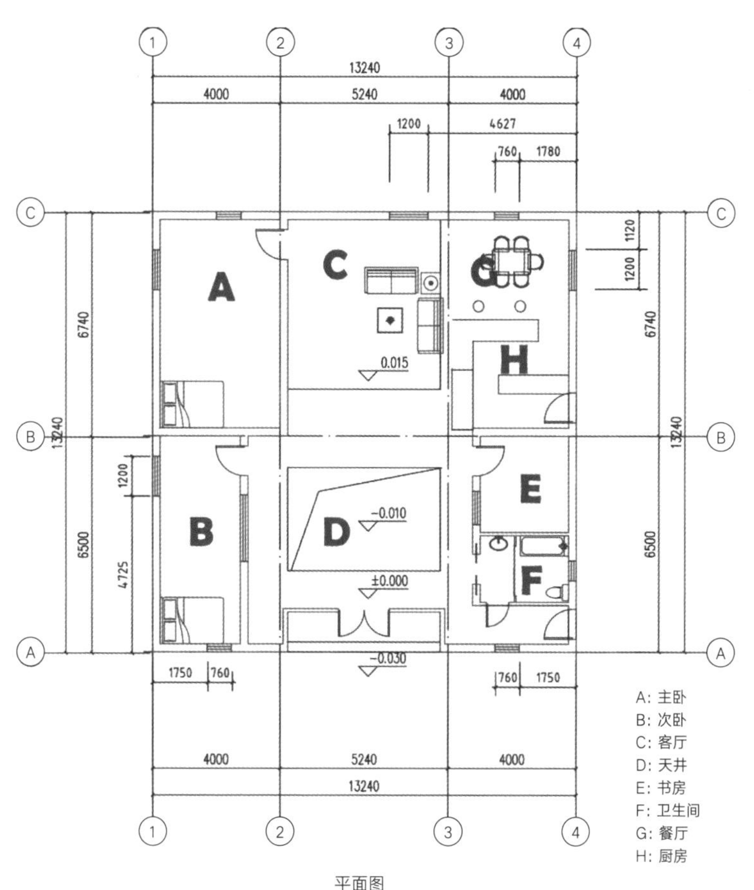

平面图

四点金改造图

该四点金改造方案适用于人数稍多一点的家庭，空间足够。同样保留了传统的布局功能，增添了现代化设施。

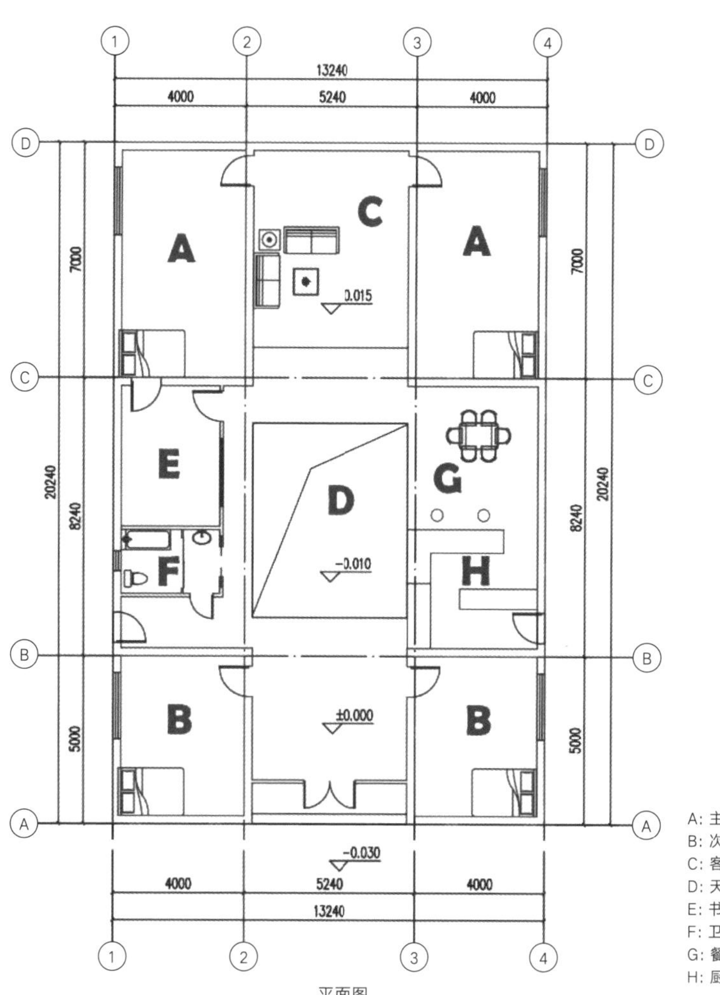

平面图

改造单体分析

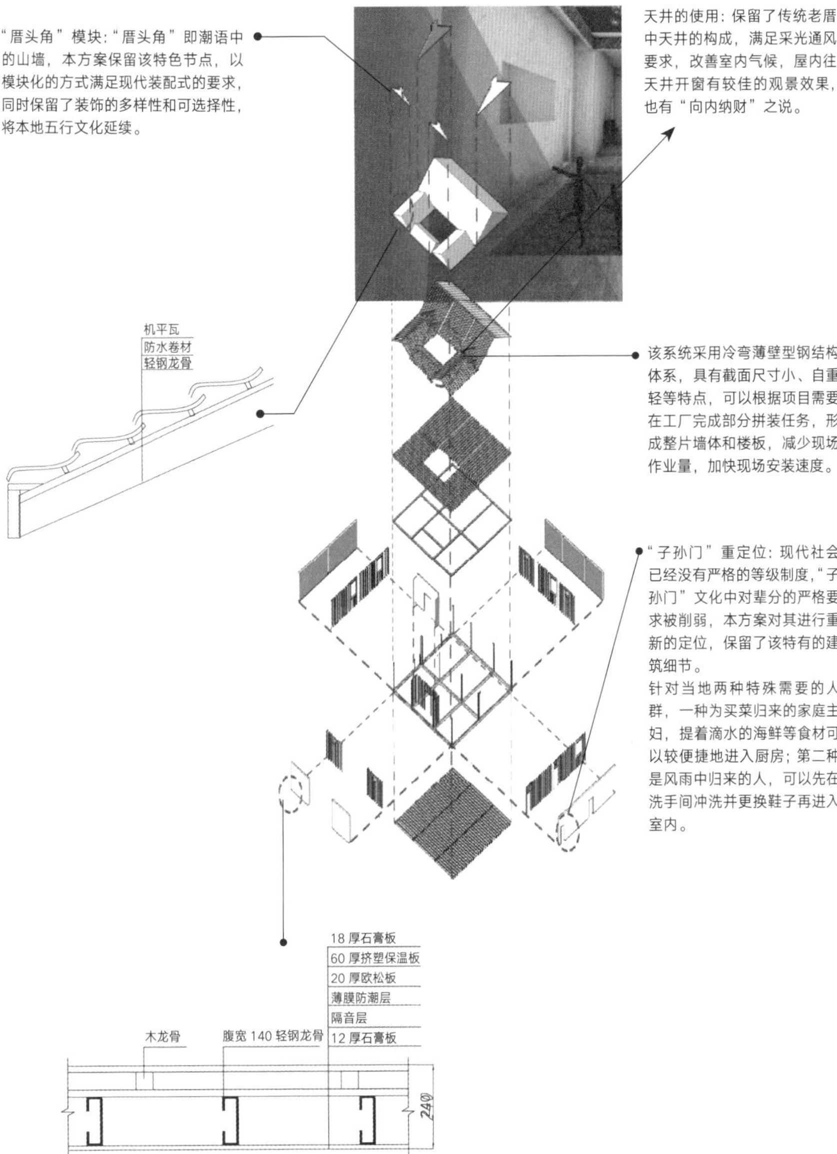

群落分析

里坊制的保留

通过里坊制实现对厝的普及，平面上可以无限地进行扩展建设，同时数栋厝围合起来的空间属于集体，便于管理，实现邻里间的较好互动，重新激活厝边头尾的关系，改善现代都市的冷漠感。

里门

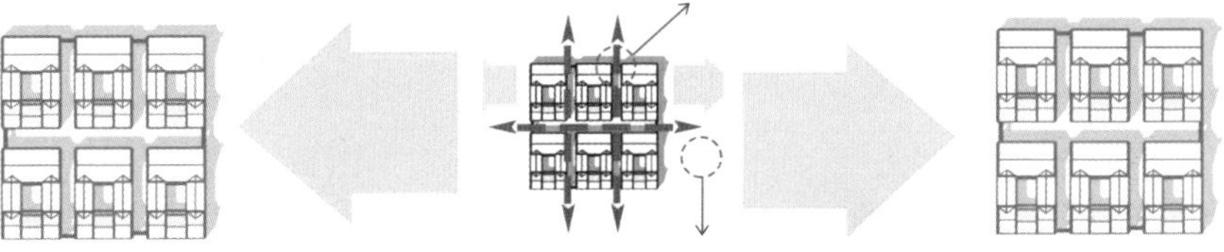

数个网格间加设较宽的道路用于通车，夹道的绿化景观保留农村的自然风貌。

里坊的作用

通行

便于管理

采光

通风

促进邻里间的交流

可以用于种植布景形成富有生机的小径

学校：湖南大学　　设计人员：林析垒　黄钊

【埠岸商居：水上集市埠边乡村住宅设计】——广东省东莞市新基村

基地位于东莞新基村河涌干道旁，村里的传统集市形式“水上集市”围绕该段河涌进行。本设计通过结合河涌营造前商后居的居住形式，恢复水道周边的公共空间，形成埠、路、宅三者相互交融的空间模式，以修复这一传统商业文化活动及民居密集发展下的沿河公共空间。

占地面积：422.0m^2；
容积率：0.61；
建筑面积：280.2m^2；
绿化率：25%；
建筑密度：41%；
层数：2。

总平面图

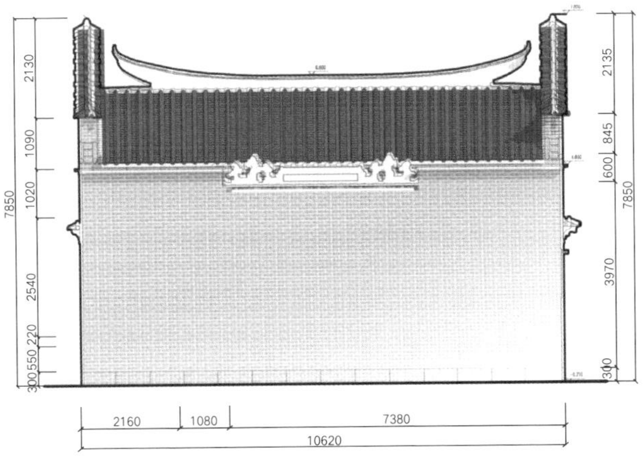

当地传统民居南立面图

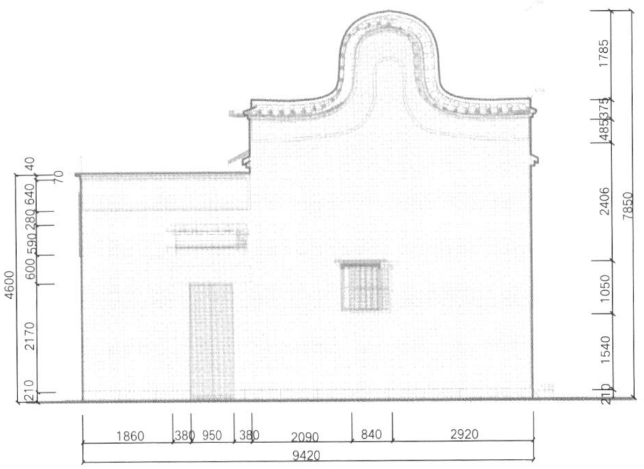

当地传统民居东立面图

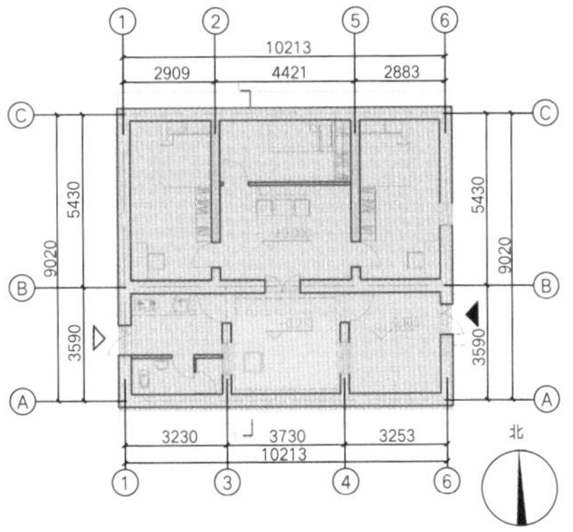

当地传统民居平面图

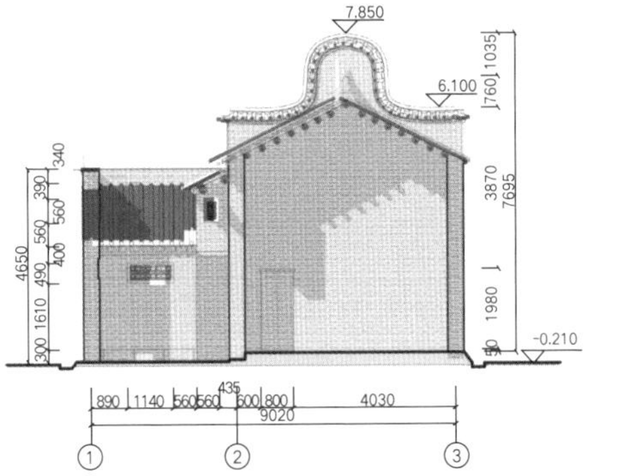

当地传统民居 1-1 剖面图

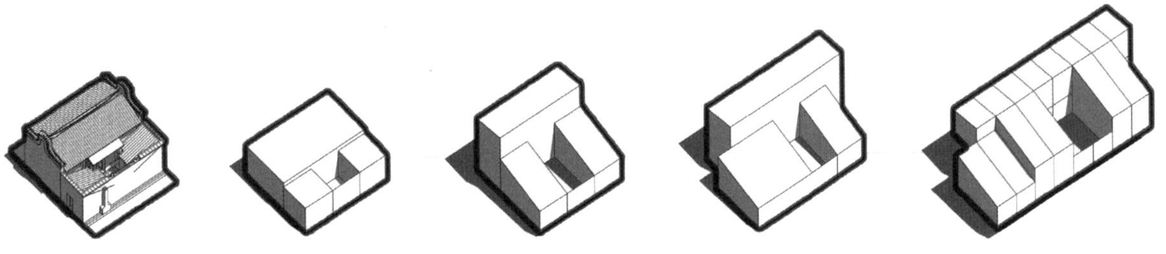

当地传统两廊式的镬耳屋

提取其空间组合关系

为光伏板修改南向坡度

濒水面作为商业空间

根据预装配需要划分模块

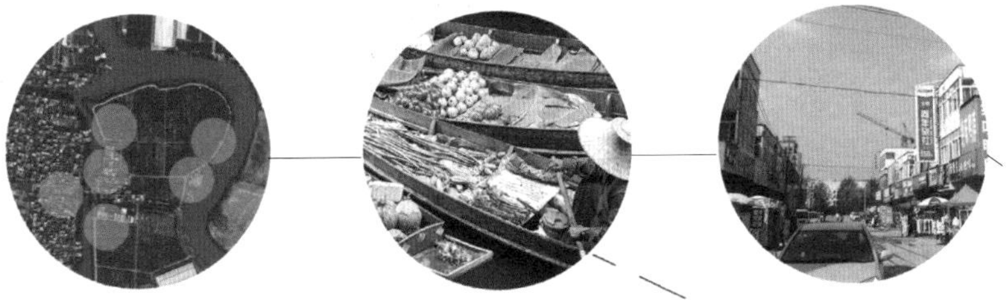

新基村的两种滨水传统商业形态——水上集市和埠边商铺对应于商业空间模块与现有埠岸、道路形成的两种空间

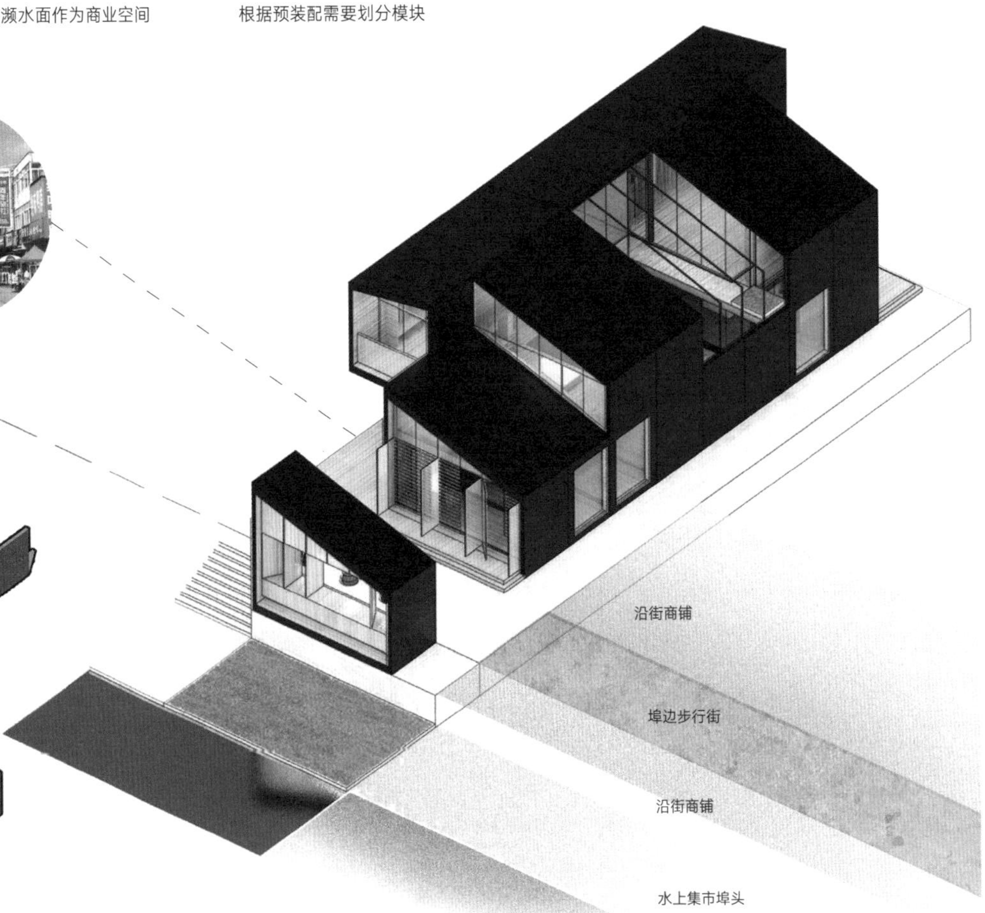

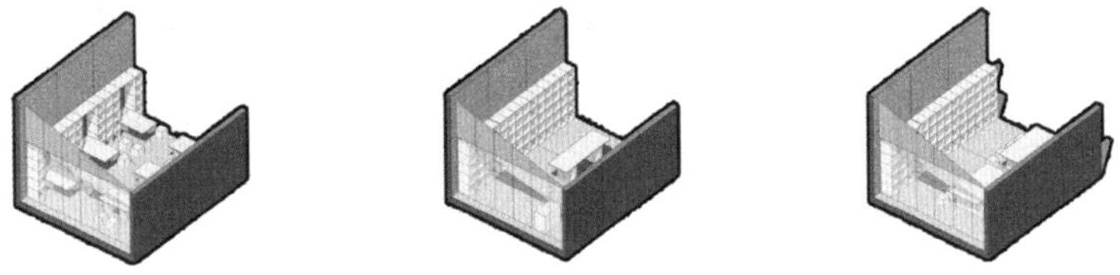

灵活多变的商铺模块具有不同的空间可能性

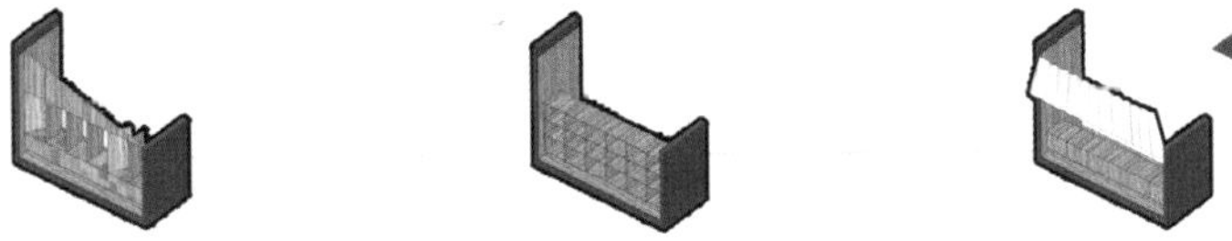

沿街商铺

埠边步行街

沿街商铺

水上集市埠头

河涌 - 水上集市埠头 - 商铺模块 - 步行街 - 商铺模块形成了“埠 - 商 - 宅”的埠边商业空间，修复了传统的水边集市文化，修复了高密度住宅群下的滨水公共空间

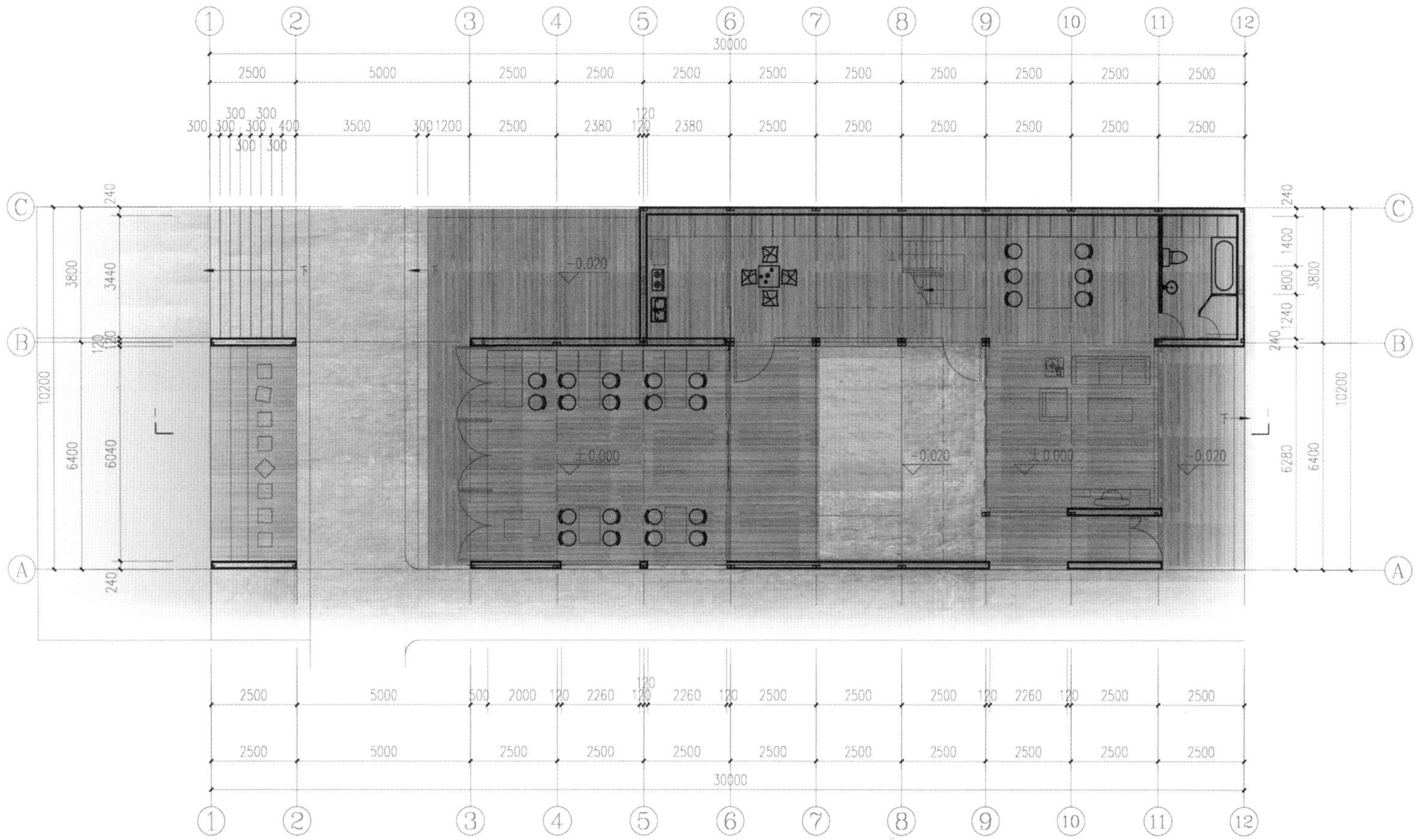

首层平面图

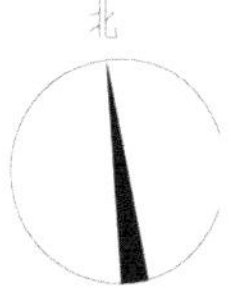

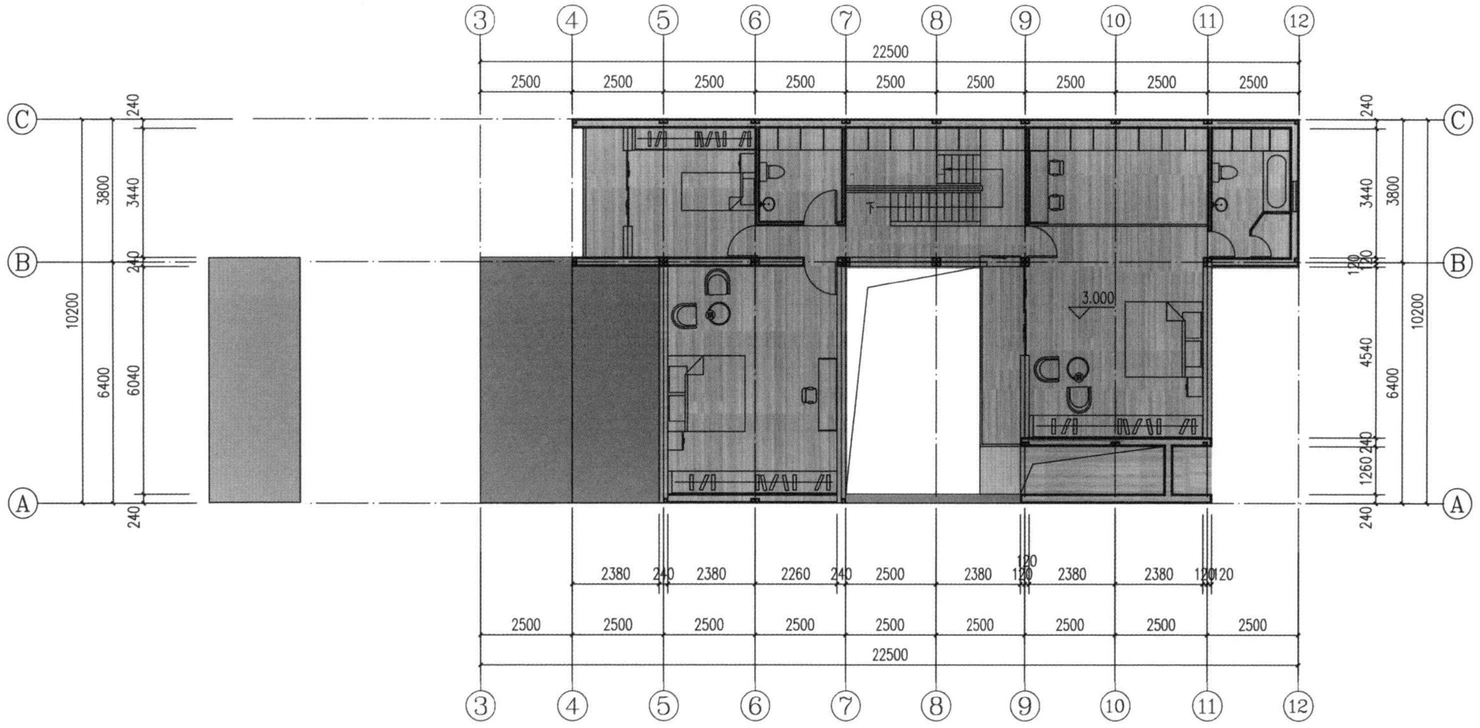

二层平面图

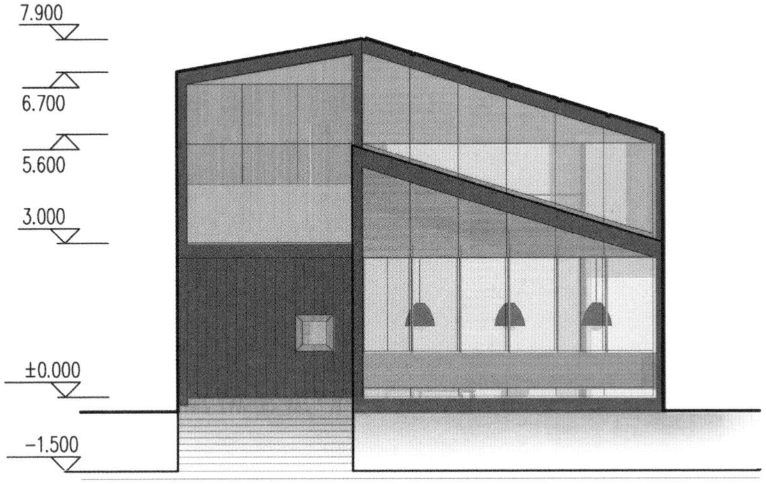

7.900
6.700
5.600
3.000
±0.000
-1.500

西立面图

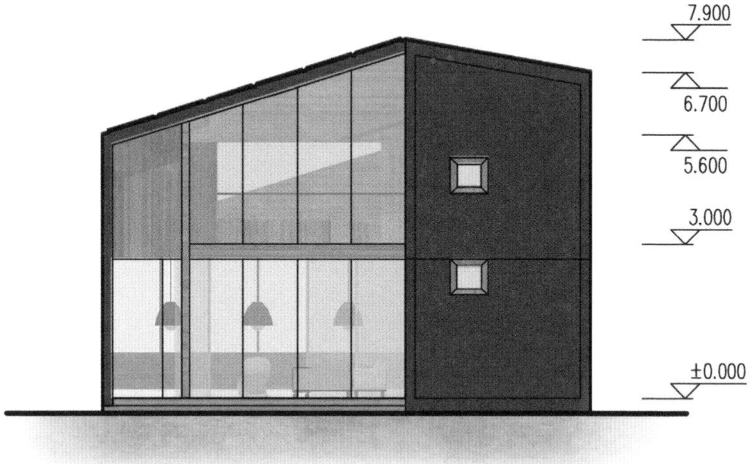

7.900
6.700
5.600
3.000
±0.000

东立面图

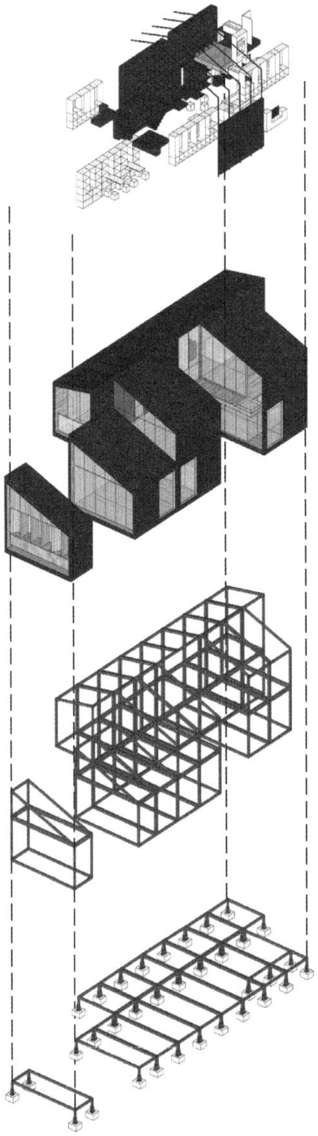

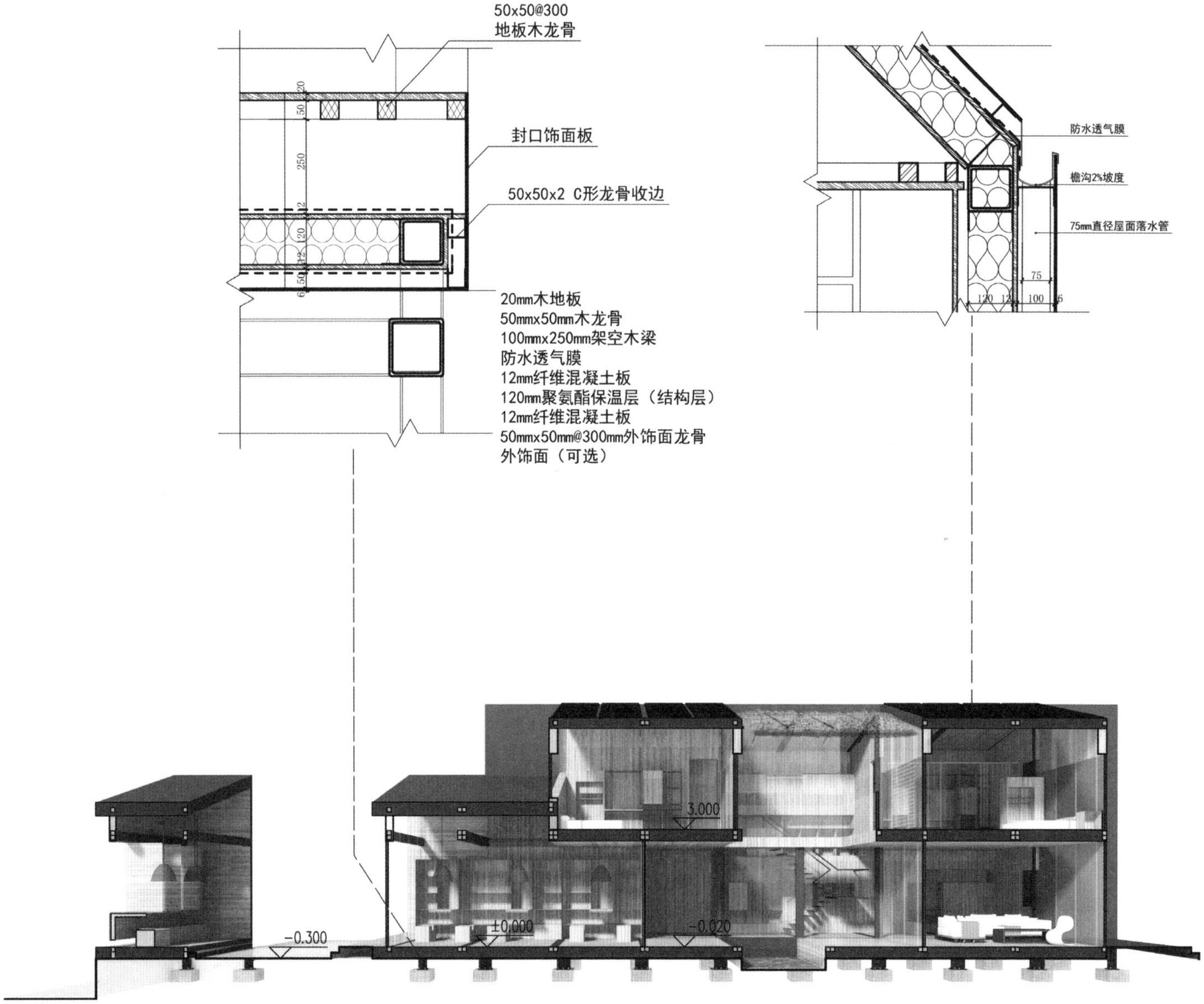

50x50@300
地板木龙骨

封口饰面板

50x50x2 C形龙骨收边

20mm木地板
50mmx50mm木龙骨
100mmx250mm架空木梁
防水透气膜
12mm纤维混凝土板
120mm聚氨酯保温层（结构层）
12mm纤维混凝土板
50mmx50mm@300mm外饰面龙骨
外饰面（可选）

防水透气膜
檐沟2%坡度
75mm直径屋面落水管
75
120 12 100 6

3.000
-0.300
±0.000
-0.020

1-1 剖面透视图

学校：华南理工大学　指导老师：钟冠球　设计人员：赵梓凯　许泽冰

【失落的“蒙境”】——内蒙古自治区乌兰察布盟四王子旗红格尔苏木

前期调研

人间没有一样东西能在遗忘弃置中久存，房屋被弃置时会坍毁，布帛被弃置时会腐朽，友谊被弃置时会淡薄，快乐被弃置时会消散，爱情被弃置时亦会溶解。

——法国作家　莫洛亚

对于牧民，很多人第一印象都会是天苍苍野茫茫的一幅美丽画卷，人们跳着华美的舞蹈，品着沁香的马奶酒，围着蒙古包嬉笑玩闹……

而本设计所选取的基地位置则是塞北草原那片人迹罕至的失落之地。苍茫的杜尔伯特大草原上，世代居住于内蒙古自治区乌兰察布盟四王子旗红格尔苏木驻地的牧民随着思想的解放，逐渐接受了一些新的事物，但是很多古老的蒙古族传统却在渐渐消磨，甚至于遗忘……

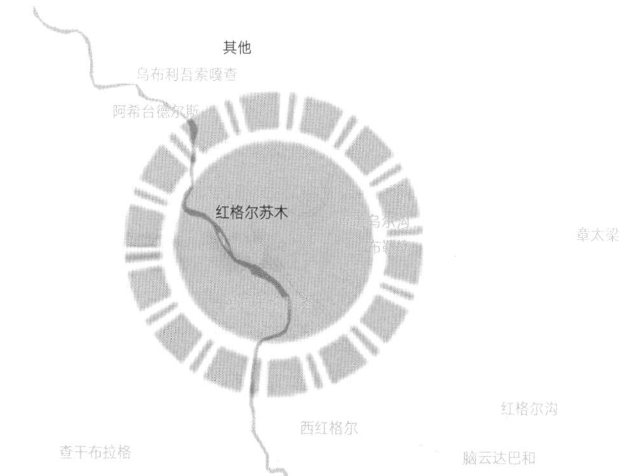

气候

四王子旗地处中温带大陆性季风气候区，年平均气温在1～6℃。1月最冷，平均气温自北向南由-14℃递降至-17℃，极端最低气温-39℃。7月最热，平均气温自南向北由16℃递升到24℃，极端最高气温35.7℃。

气温平均日较差13～14℃。平均年较差一般在34～37℃之间，其特点是春温骤升、秋温剧降、无霜期短。3～5月，月际间气温变化大，4月之后月升温幅度减缓。9月下旬气温开始下降，每5天下降2℃左右。全旗大部分地区11月较10月降温9～11℃，平均无霜期108天。

建筑

伴随着“走西口”移民的进程，口外的内蒙古地区以传统单一的游牧社会演变为旗县双立，牧耕并举的多元化社会。在这一演变过程中，作为移民主体的山西移民做出了极大的贡献。由于山西移民在移民中占绝大多数，因而当地的移民文化更多地富有晋文化的特色，由于蒙古包的保温效果不尽人意，以及牧民的定居，砖制农房大量普及，晋文化所常用的单坡顶也在时间的推移下，渐渐融于牧民的生活。但是红格尔苏木驻地的牧民们依旧保留了蒙古包的传统，只是不再作为居住主体而使用。

室内

宗教

四王子旗地区与内蒙古其他地区类似，召庙建筑分布广泛，著名的希拉木伦庙由四子部落旗贵族出生的丹巴拉布吉修建。整座召庙占地约1km²，其建筑均为藏式石木结构，规模宏大，雄伟壮观，环山临水，景色宜人。每年都有牧民前来朝拜。

旧式农房平立剖图

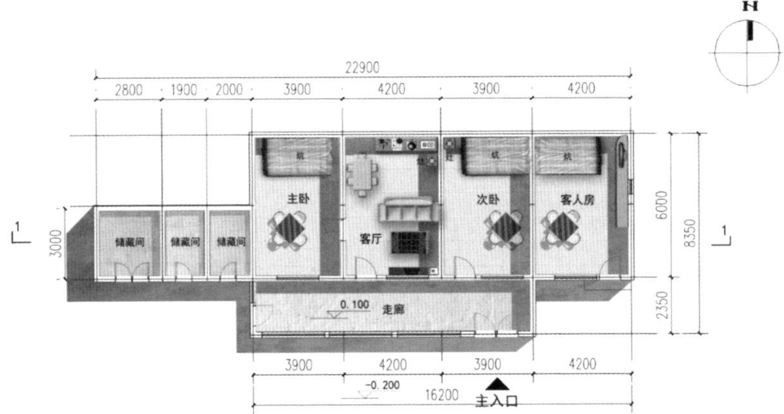
旧式典型农房平面

旧式典型农房南立面

旧式典型农房东立面

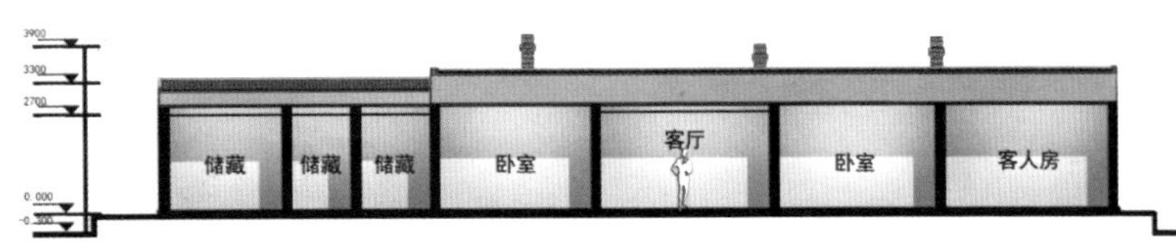
旧式典型农房 1-1 剖面

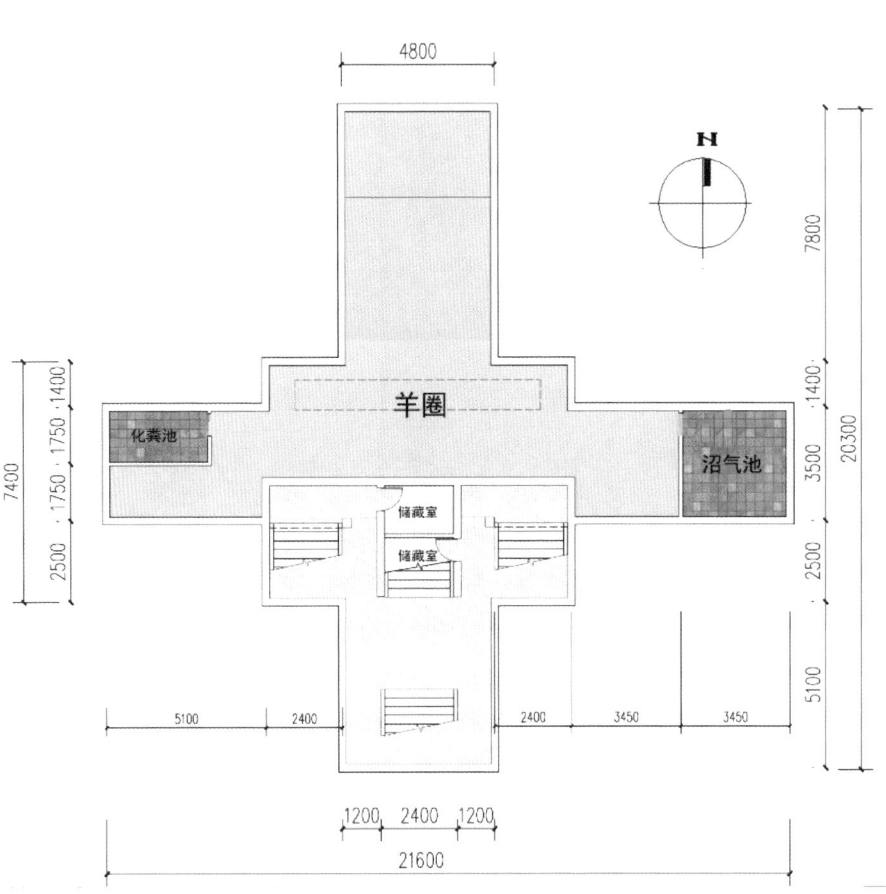

设计方案

新式农房平立剖图

牧区的旱厕加上严寒的气候，使得牧民苦不堪言。用设立独卫的形式，采取竖流式预制化粪池解决牧民上厕所困难的问题。

采用圆形软体沼气池，在解决羊圈中羊粪的同时，也能产生可观的能量。

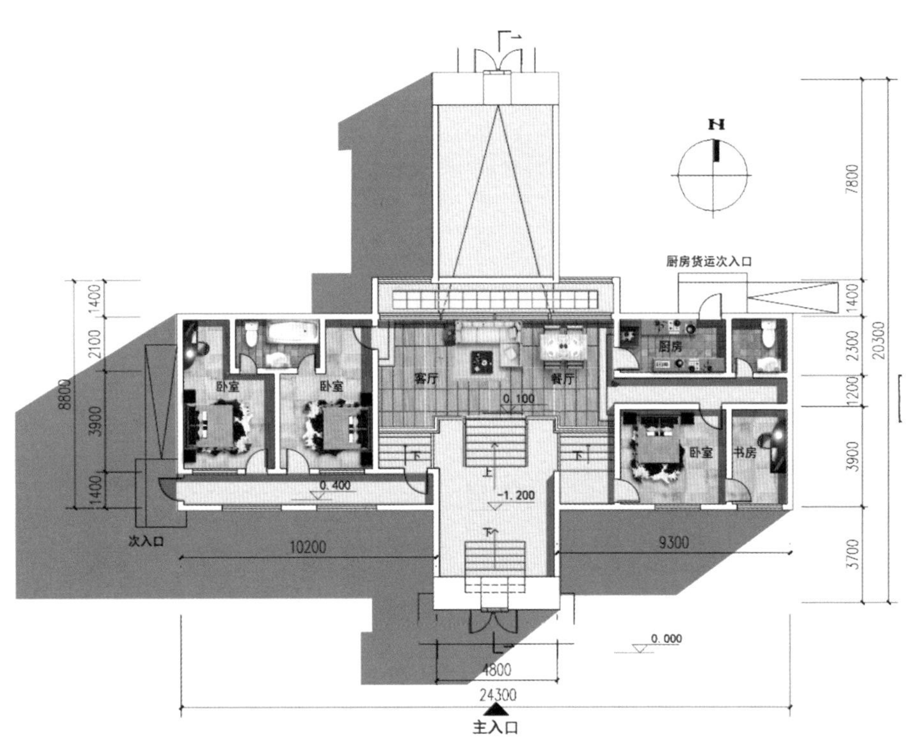

新型装配式农房一层平面
遵从四王子旗牧民常用的南向走廊建筑布置传统，通过创造空间的高差产生多种空间体验。

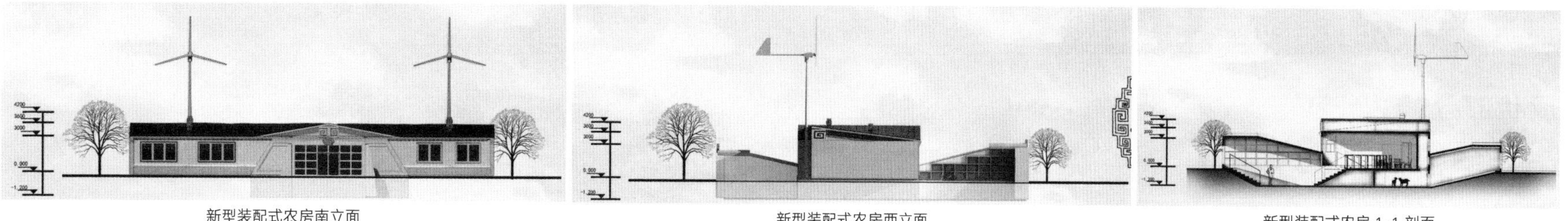

新型装配式农房南立面　　新型装配式农房西立面　　新型装配式农房 1-1 剖面

设计说明

设计来源

在寒假期间的短暂时光，笔者跟随着一些志同道合的朋友走上了四王子旗的调研之路。牧民的淳朴与豪放深深感染了我，他们有着“千骑卷平冈”的气势，同时也具有着传承千年的乡土气息。这里人迹罕至，没有太多大自然的轻言细语，也没有大城市的喧嚣繁杂。当晚霞沉没，雪色渐深之时，只能听见雪花的絮语。心灵的安静，让自身产生一种超然的心境。也许这是一片“失落的梦境”，能够洗涤人的内心。它有着属于自己的文脉语言，而这些语言正是我所想要解读的。

设计元素

蒙古纹、蒙古特色、晋文化与蒙古特色的结合。

设计目的

随着国家对内蒙古自治区的优惠政策不断推进，牧区牧民的生活质量也在不断提高。以前的农屋由于破败，已经很难满足现代牧民的需求。同时，很多牧民的精神层次也在逐渐提升，他们对于蒙古族传统的传承也是愈加重视。

各种因素的综合下，作为建筑专业的学子，不禁萌发了一种源自于文脉传承的责任感，希望能够在改善牧民生活的同时，将新型节能建筑融合蒙古族文化符号，从而创造出一种与牧民产生思想共鸣的建筑设计作品。

构造分析

屋顶构造层次：预制木结构屋面板 + 屋面防水透潮卷材层 + 顺水木搁条 + 挂瓦木搁条 + 屋面瓦块

预制木结构墙体大板，吊装搭建

钢筋混凝土地下室墙体外侧，钉设一层浅绿色的挤塑 XPS 聚苯乙烯泡沫保温板，在外表粘贴一层专用防水隔潮卷材层

基础底板混凝土，凝结硬化养护之后，吊装双层空腔预制钢筋混凝土墙体大板

地下室底板位置，首先铺设一层挤塑 XPS 聚苯乙烯泡沫保温板，然后再铺设一层防水隔潮卷材，上部垫支双层双向钢筋网

室内低温热水辐射供暖——地暖，类似 PEX 管道线路

半地下羊圈中，沼气池可以将羊粪便转化为有效能量

该地区充沛的风能可以利用起来，通过风力发电机供能

效果图

学校：内蒙古工业大学
指导老师：李鹏涛
设计人员：江磊

【新型农房设计】——山西省朱家山村

现状部分

当地传统建筑要素

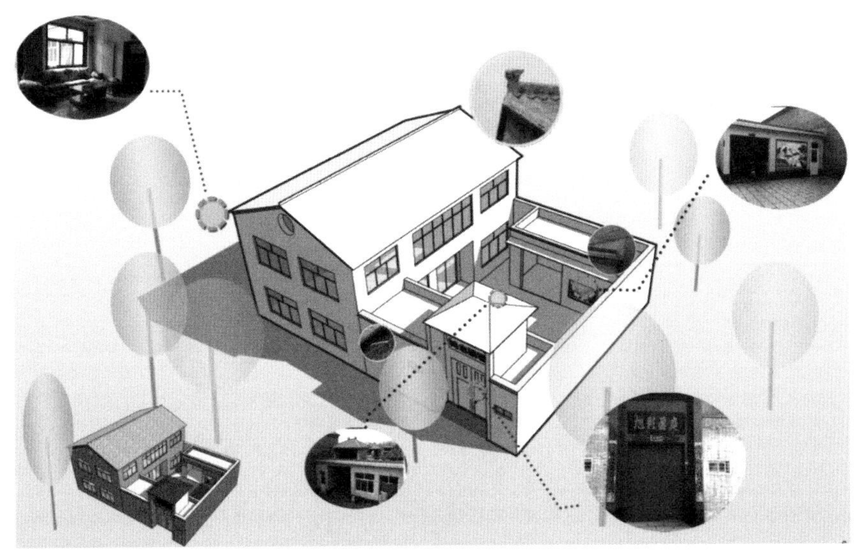

实景照片

环境分析

山西省位于黄河中游东岸，华北平原里面的黄土高原上。在气候类型上属于温带大陆性季风气候。晋城市位于山西省东南部。

2011~2015 年每月平均温度情况

温度（℃）

1月 2月 3月 4月 5月 6月 7月 8月 9月 10月 11月 12月 年平均

2011 年　2012 年　2013 年　2014 年　2015 年

年平均气温 10.2~12℃

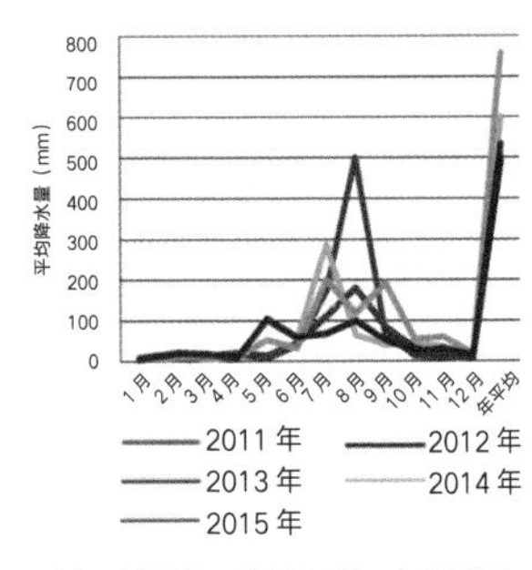

晋城市年平均降水量 626~750mm

2011~2015 年平均降水量发布情况

平均降水量（mm）

1月 2月 3月 4月 5月 6月 7月 8月 9月 10月 11月 12月 年平均

2011 年　2012 年　2013 年　2014 年　2015 年

晋城县降水量主要分布在夏季，占全年降水量的 56.4%，年最大降水量为 1010.4mm

功能分区与颜色肌理

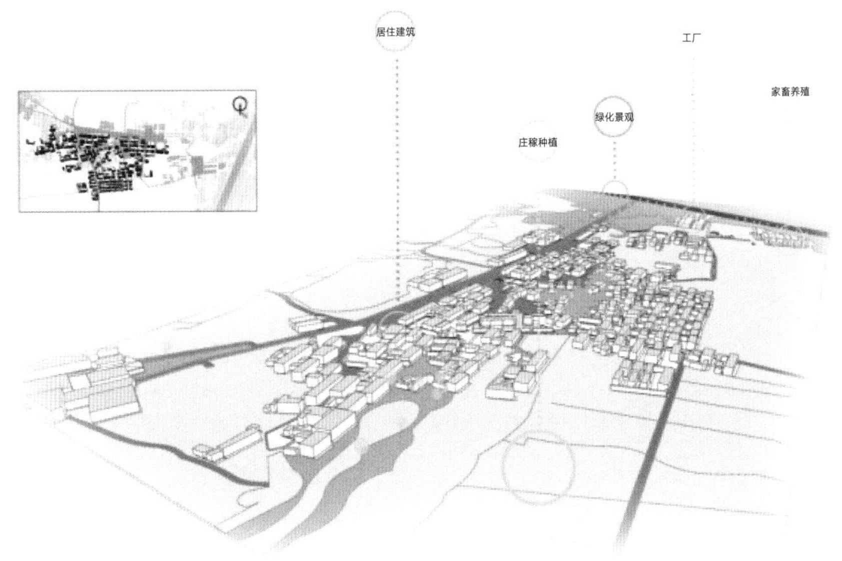

基地肌理

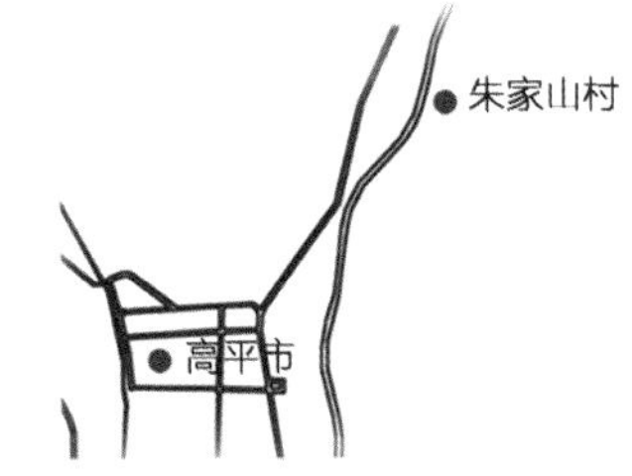

朱家山村隶属于山西省高平市三甲镇，位于汤王山下，东仓河畔，距镇政府 2.5km，村级路至二级路全部硬化，交通便利。全村 150 户，553 口人，耕地 587 亩。现有规模猪场 1 个，鸡场 1 个，小型猪场两个，日光温室大棚 2 栋。

行为分析

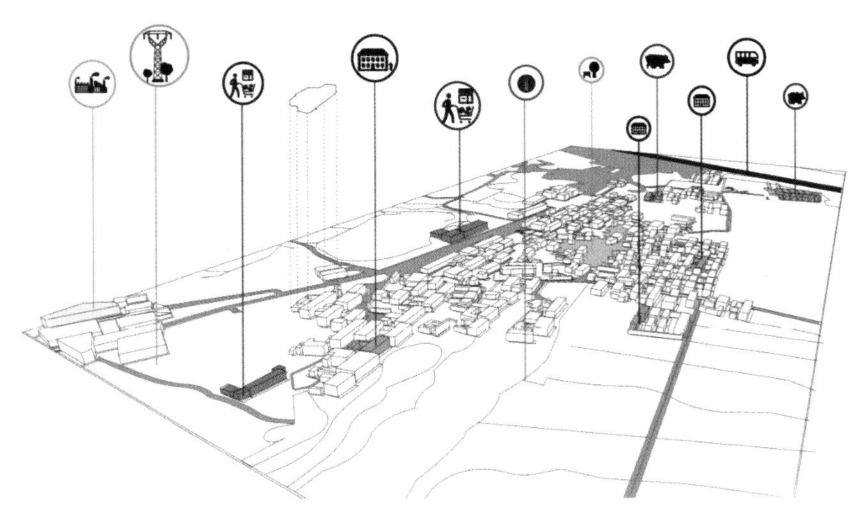

空间分析

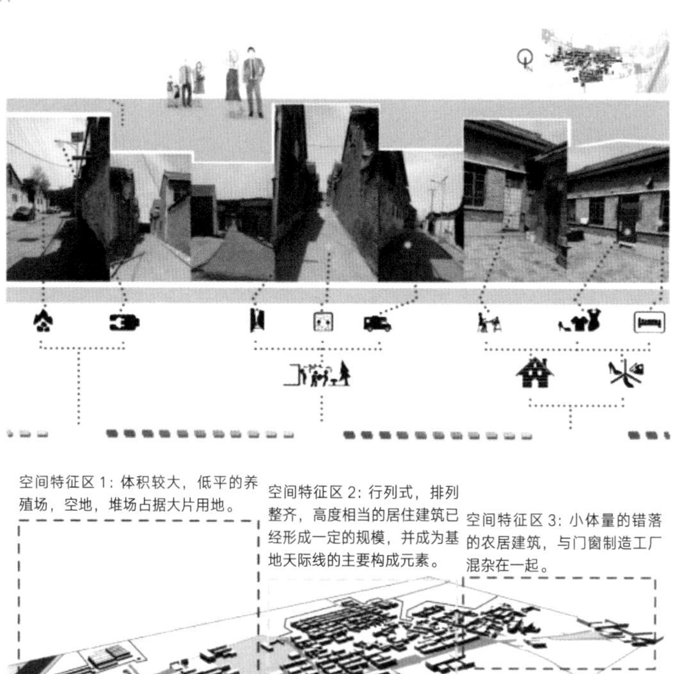

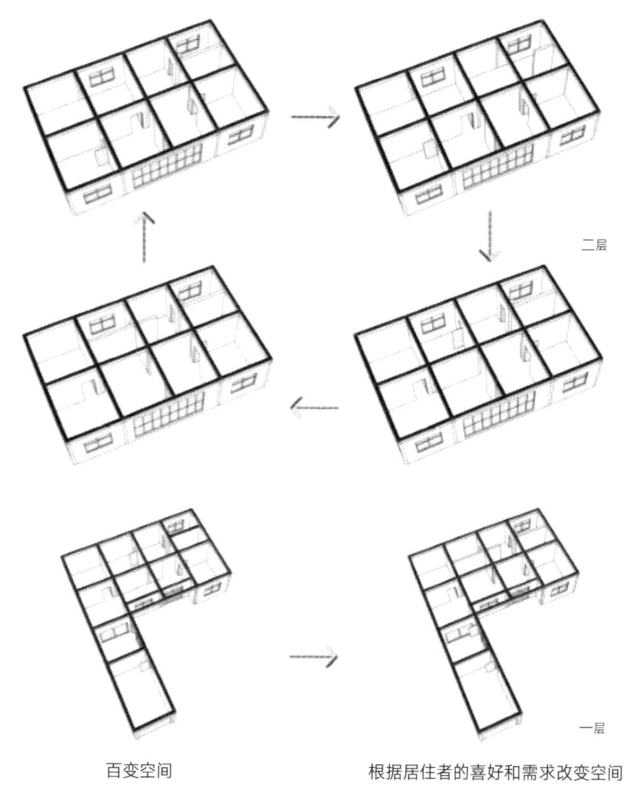

居住建筑现状

住宅多为四合院的形式，北向为正房，形式为两层标准层加一层阁楼，东西两侧建有廊房，南向或建有堂屋，廊房和堂屋均为一层，四面围合成一内院。

技术部分

生成过程

1. 以 4.2m × 3.6m 为单位搭建柱网，该尺度符合基本功能要求，采用 200mm 钢柱，结构合理，造型轻巧。

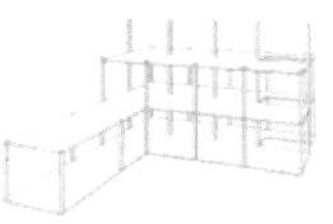

2. 采用 4.2m × 3.6m 的预制楼板连接楼地板，安装方便施工快速。

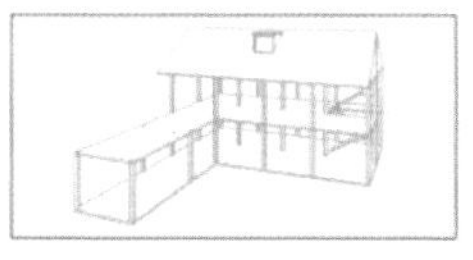

3. 从工厂运回来生产好的楼梯和屋面板，在现场直接进行安装。

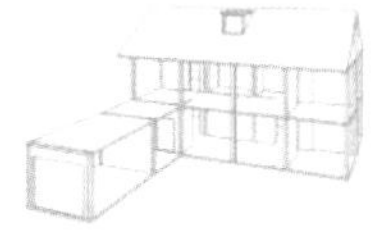

4. 建筑内部安装填充墙，内部的墙面可移动，可随主人喜好布置成不同形式的空间。

5. 为建筑安装外墙和窗框，从工厂运回来的外墙本身有外保温层。减少二次保温改造。减少施工程序。

设计说明

新建建筑结合当地传统的生活模式，合理安排空间。在建造工艺上采用模数化的构件，布置合理的钢架结构和预制混凝土板等结构形式。采用产业化的形式，从工厂运来预制构件，现场进行装配，达到设计标准化、生产工厂化、施工装配化。在空间和结构设计上，进行一定的抗震和节能设计，建筑内部运用活动墙体，居住者可根据自己的喜好分隔空间。

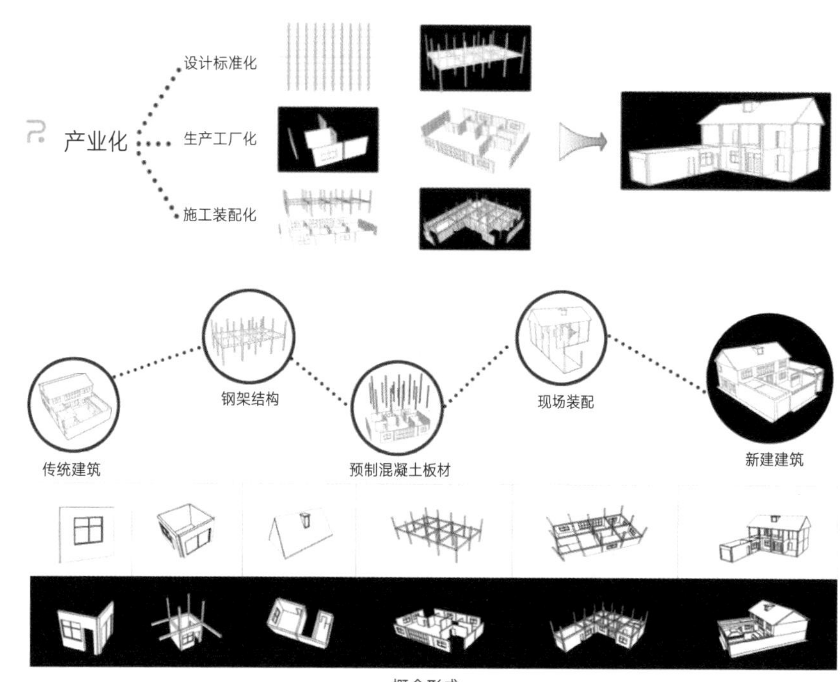

概念形成

做图部分

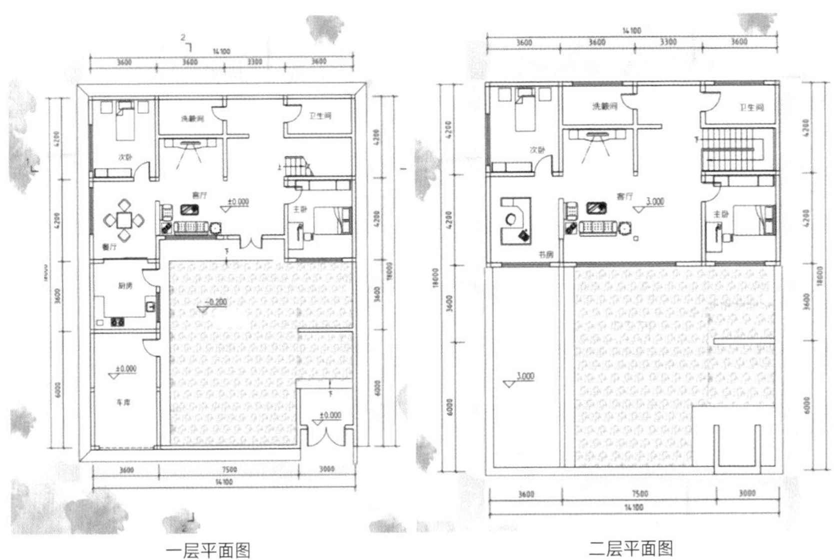

一层平面图　　二层平面图

正立面图　　侧立面图

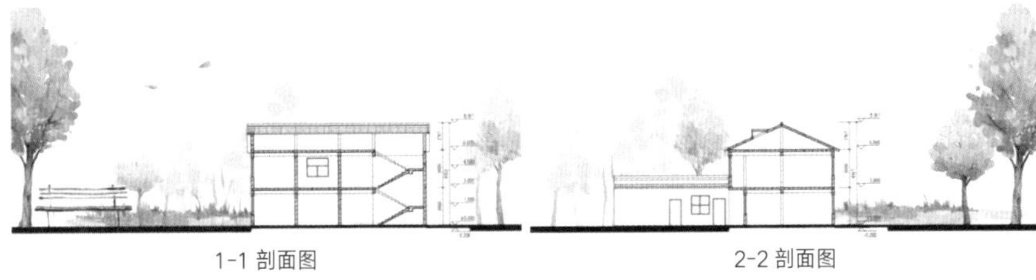

1-1 剖面图　　2-2 剖面图

院落组合示意图

地区文脉在建筑中的体现

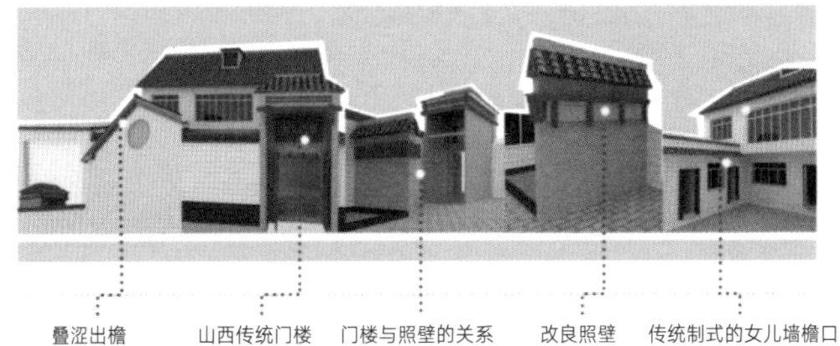

功能分区

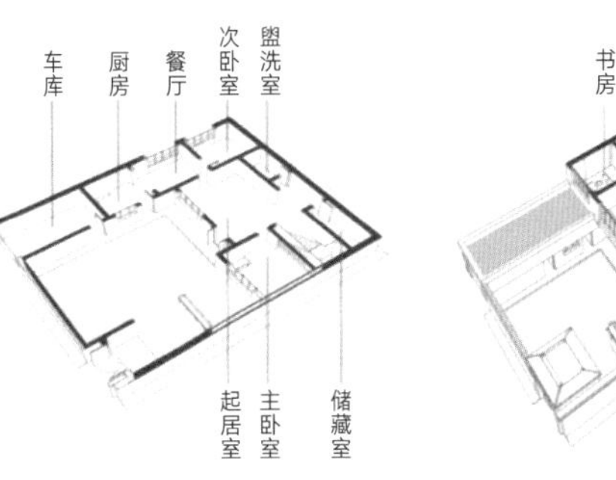

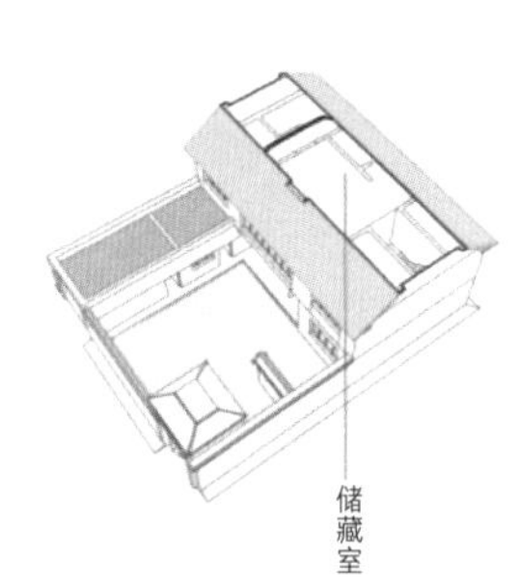

说明部分

装配式住宅透视图

建筑节能

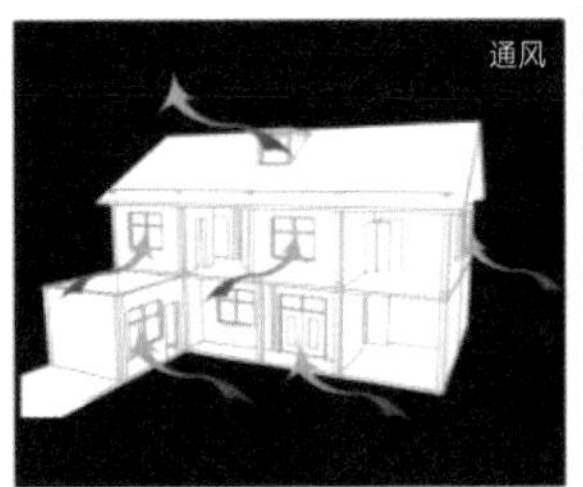

在建筑的三层设置阁楼，使室内产生风压和热压进行通风。

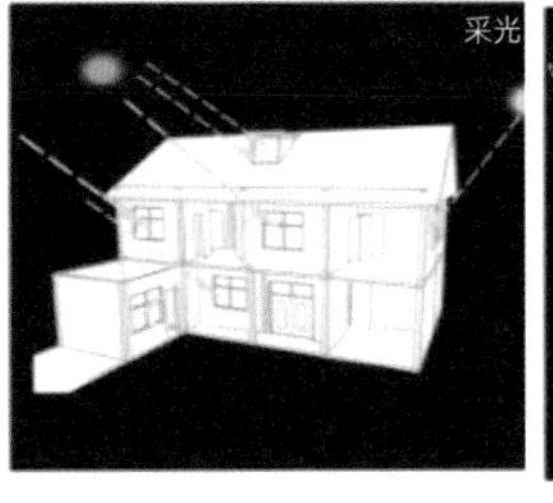

建筑三侧开窗，使室内达到舒适的光环境。

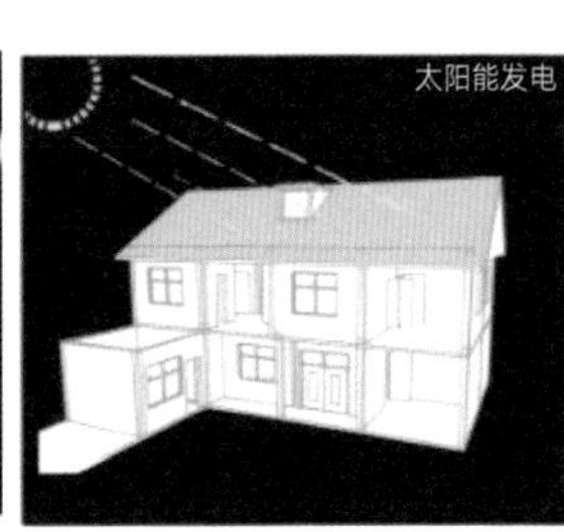

利用太阳能光电板将光能转化为电能，进行发电。

学校：内蒙古科技大学　　设计人员：朱旭晨　樊慧　岂梦朵　姜斌

【新型农房设计】——内蒙古自治区呼伦贝尔市陈巴尔虎旗哈达图牧场那吉林场

前期调研

历史沿革

那吉林场位于内蒙古自治区呼伦贝尔市陈巴尔虎旗哈达图牧场的东北部，是鄂温克族聚居的地方。鄂温克族主要分布于俄罗斯、内蒙古北部、黑龙江北部。“鄂温克族”意为“住在大山林里的人们”。作为驯鹿民族，他们的图腾为鹿角。鄂温克族的服饰、配饰、节日、饮食等都有民族特色。

服饰

图腾

传统民居存在的问题

经访问、问卷调查等途径了解到乡村建筑存在以下问题：(1) 春季，北风较大，风能利用率低；刮来的风属于冷风，北墙较厚，浪费材料；春风可达到 5 ~ 6 级，砖结构或木柱结构抗风性差。木克楞属于井干式结构，柔韧性好，抗震性能较好。(2) 冬季，气温极低，房屋内会产生地裂，将室内面层裂开；由于农村没有室内卫生间，冬季在室外上厕所的舒适度很差。(3) 牧区没有下水管道，不能室内倒污水，不能室内洗澡。(4) 气温严寒，传统的火炕加火墙取暖热度不够。(5) 传统的平面功能局限性大，功能单一。外来客人聚会拥挤造成无地居住的尴尬局面。

前期调研结果

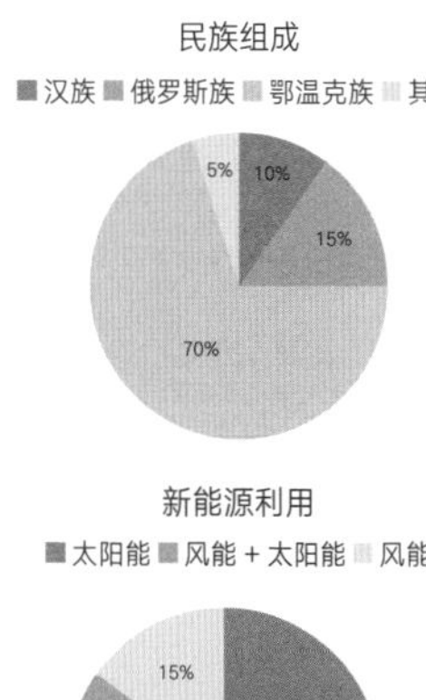

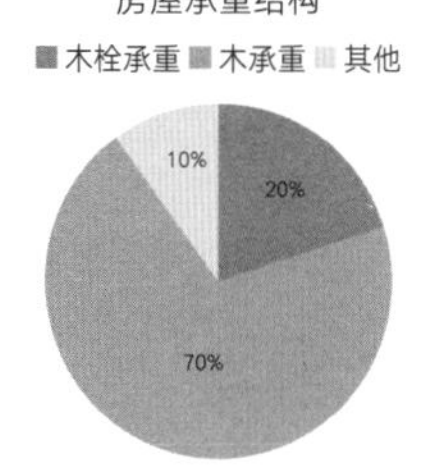

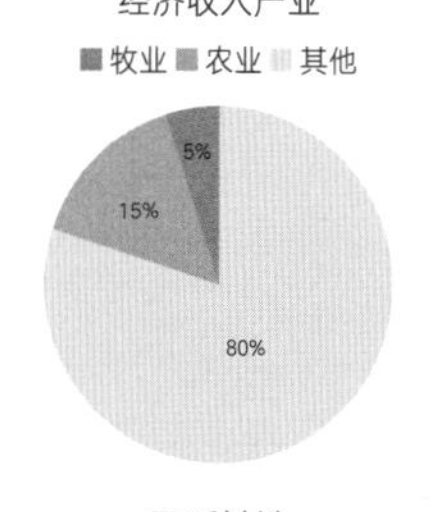

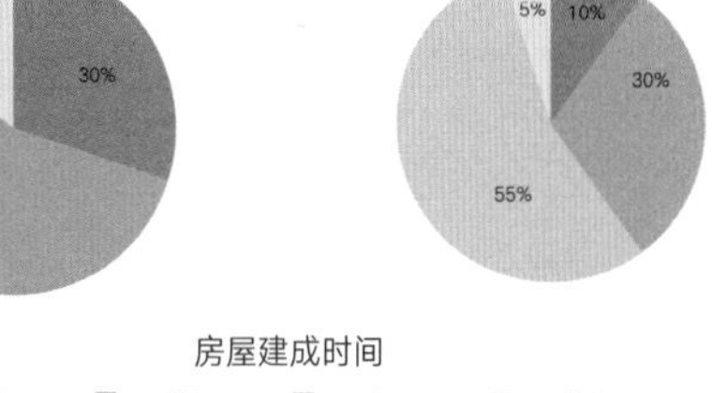

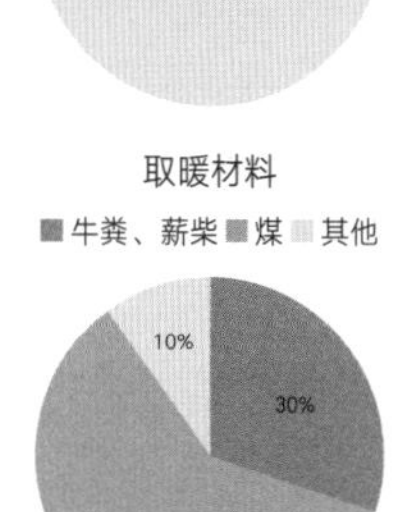

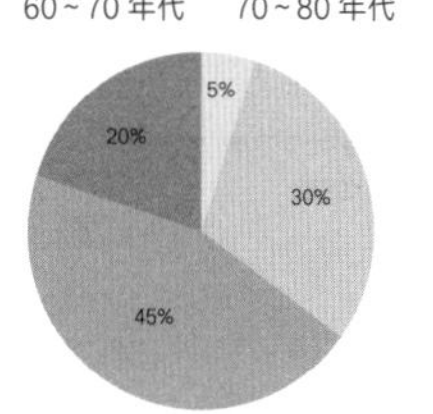

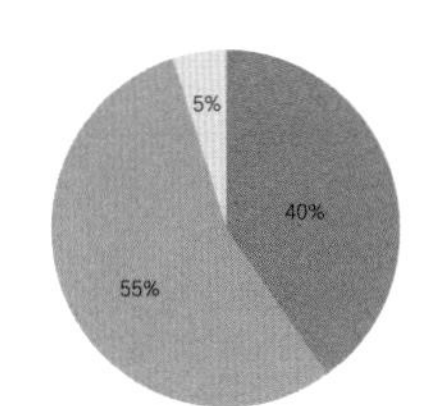

传统民居演变

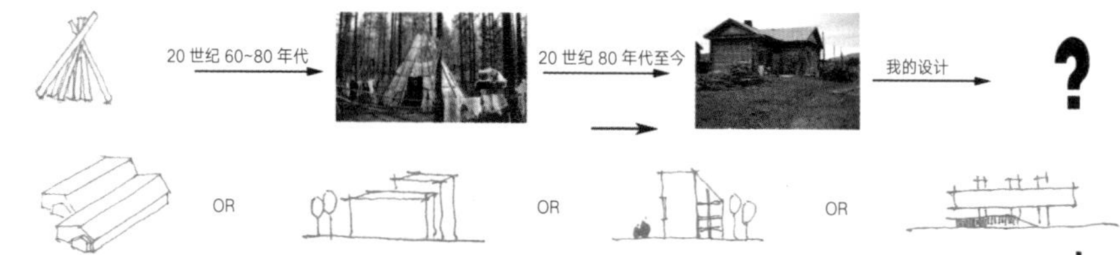

1. 民族的主要成分是鄂温克族，但有少部分其他民族。提取民族元素，进行装饰。
2. 经了解新能源的利用率不高，取暖方式很传统，经济收入较单一。

典型传统民居测绘

剖面图　　平面图

传统建筑室内与室外

西立面图　南立面图　北立面图　东立面图

设计说明

因为那吉林场属于林区加部分草原，属于严寒地区，地广人稀。为解决林场内村民洗澡难、冬天地裂严重等居住问题，特将建筑底层加高 500mm，充分利用当地资源建造房屋，减轻农牧民经济负担。室内加设了卫生间，可提供洗浴，解决冬天上厕所问题。那吉林场冬季平均温度在 -38℃左右，冬季保温、取暖尤为重要，在设计中保留了部分火墙与火炕，加设土暖气、地热装置。

牧场四季 - 夏

牧场四季 - 秋

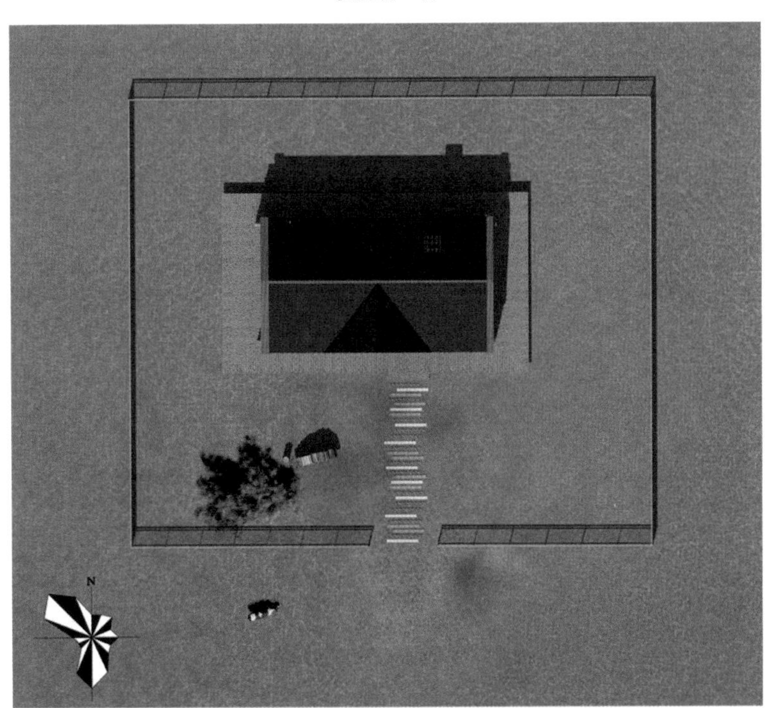

总平面图

北立面图　　南立面图　　西立面图　　东立面图

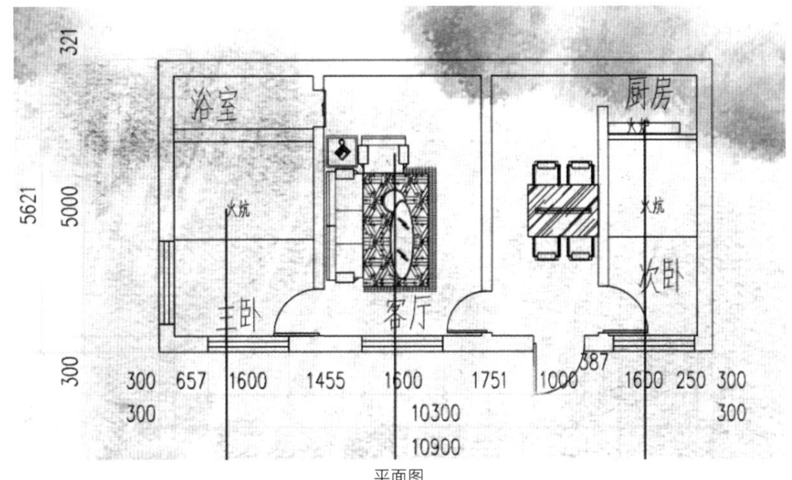

平面图

厨房

火炕

客厅

客厅

牧场四季 - 冬

牧场四季－春

屋顶铺设光伏板，可充分利用当地的太阳能，减少生物质能的燃烧产生的污染，达到绿色节能的目的

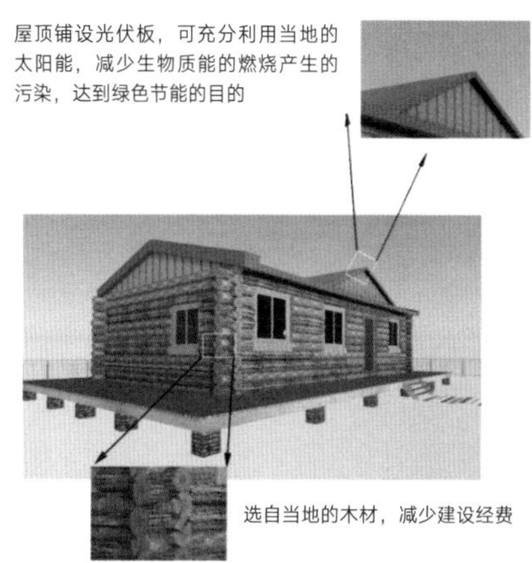

选自当地的木材，减少建设经费

节点构造

建筑技术

取暖设计

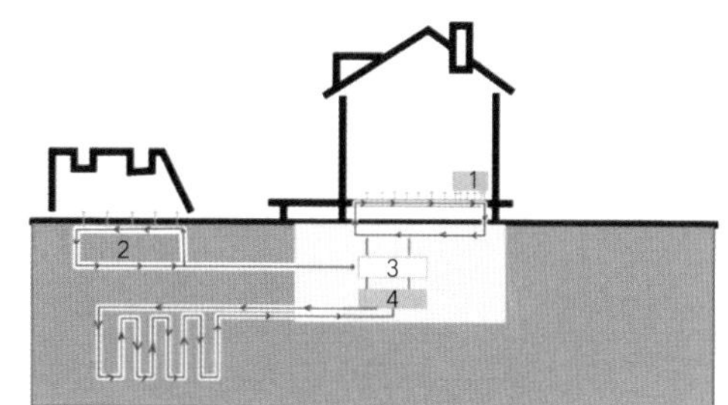

1－冷却热交换器；2－地面供暖；3－热交换器；4－热泵

水电设计

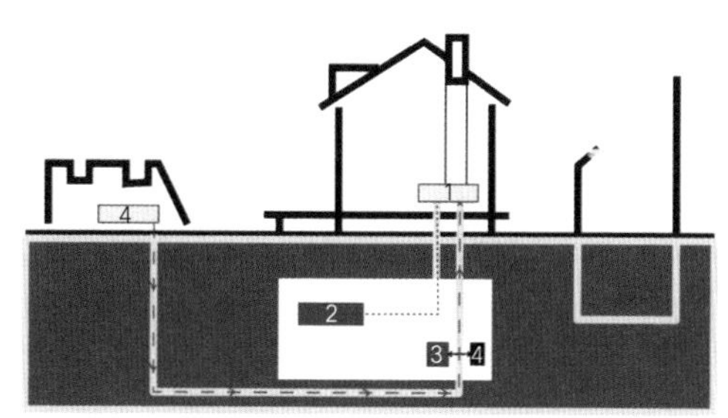

1－卫生间；2－家用生活用水；3－燃料电池；4－车库用水

日照风向分析

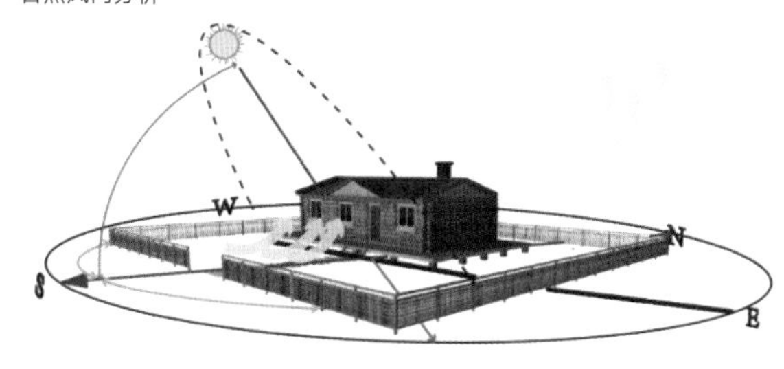

夏季主导风

冬季主导风

建筑解构图

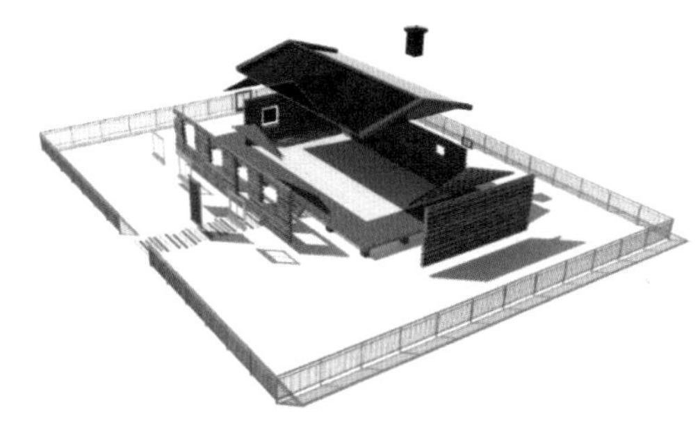

学校：内蒙古科技大学　指导老师：张嫩江　设计人员：王艳彬　宝音达来

【新型农房设计】——以传统建筑范式为原型的设计方法探索

传统建筑范式

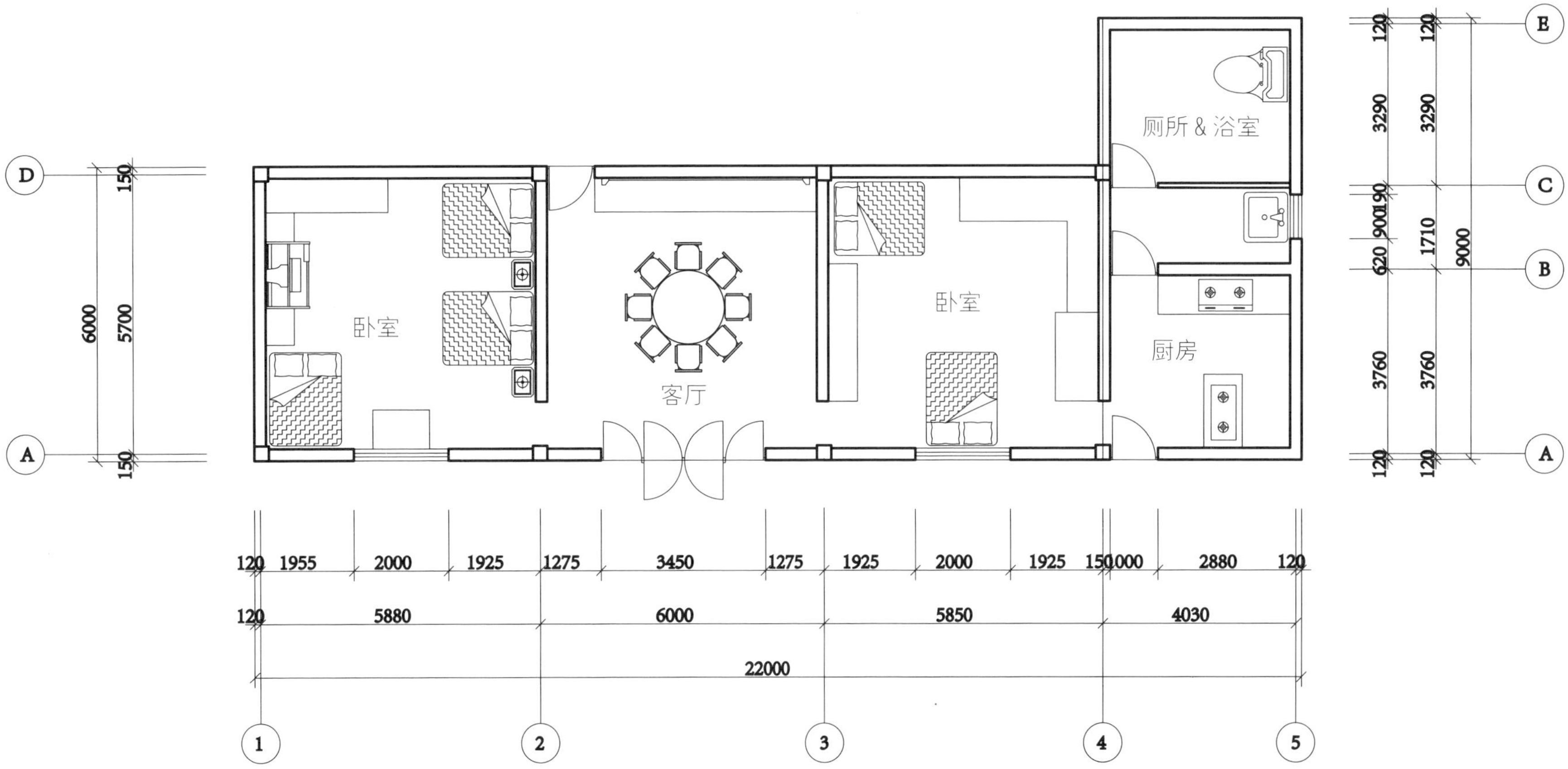

平面图
④-⑤之间为加建部分

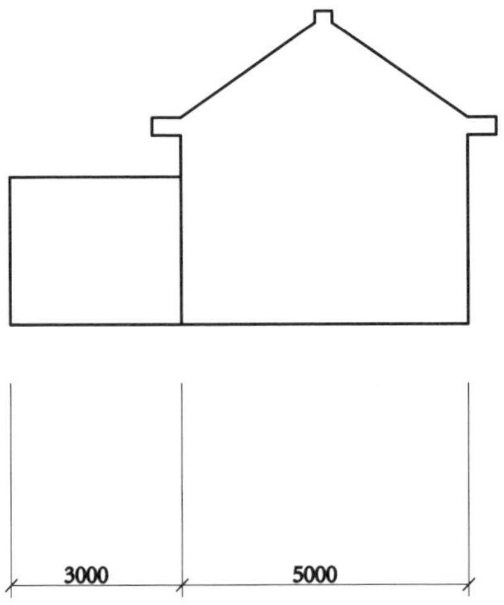

侧立面图

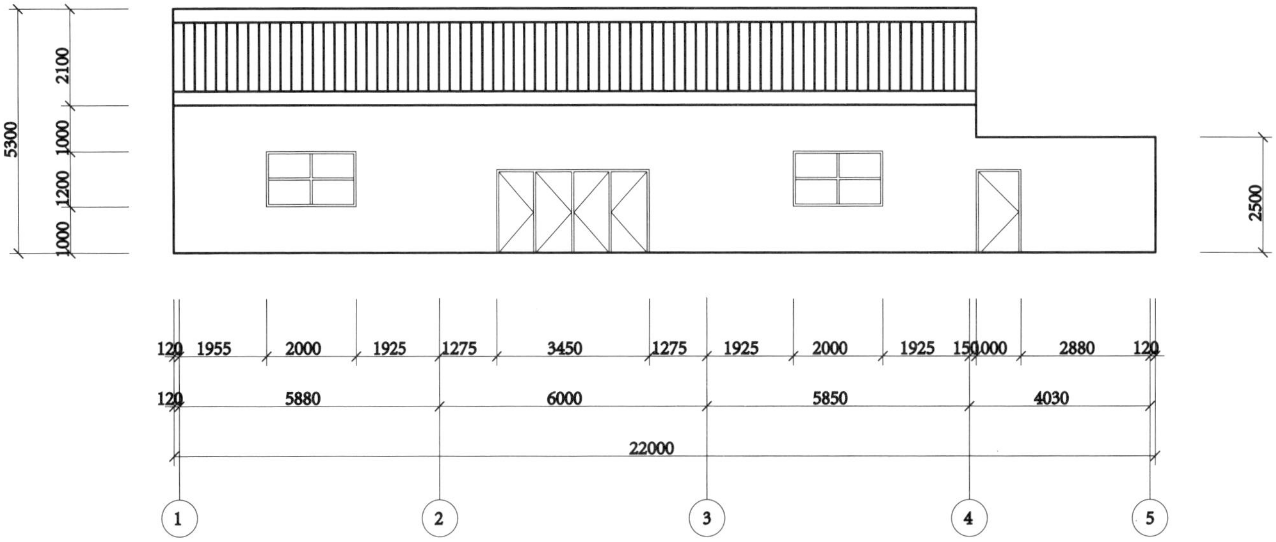

正立面图

设计理念

概念说明

设计的出发点来源于当地传统建筑结构的“三间五檩”的格局。在结构上沿袭了这一特征，并通过檩条的上下起伏，暗示空间的属性变化，以期在传统的框架下，表达现代的空间体验。同时，为符合居住空间的私密性，设计者在保持传统结构的基础上，将房屋90°旋转，将三间改为三进，同时扩充空间的纵深关系，并希望钢结构在完成承重的同时，能够在饰面上仍然保有木色的质感。设计者希望传统能够在这样一座住宅中，以一种现代的、而非照搬的姿态，得以延续和传承，也希望这一住宅能够提升人们居住的空间品质，体验远离城市喧嚣的休闲生活。

生成图解

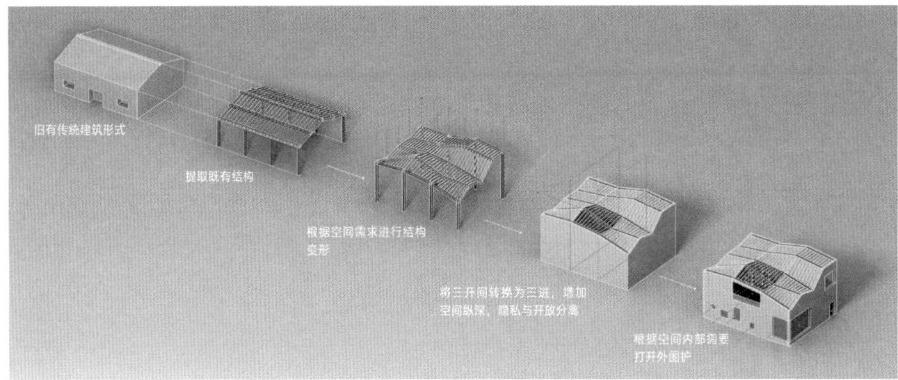

设计图纸

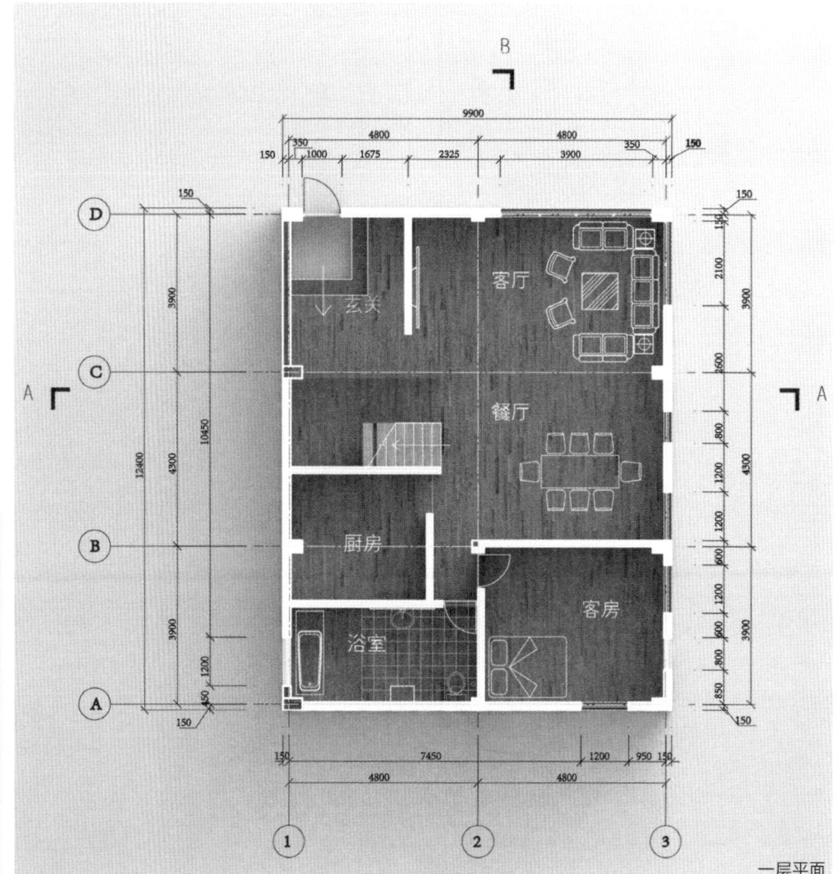

一层平面

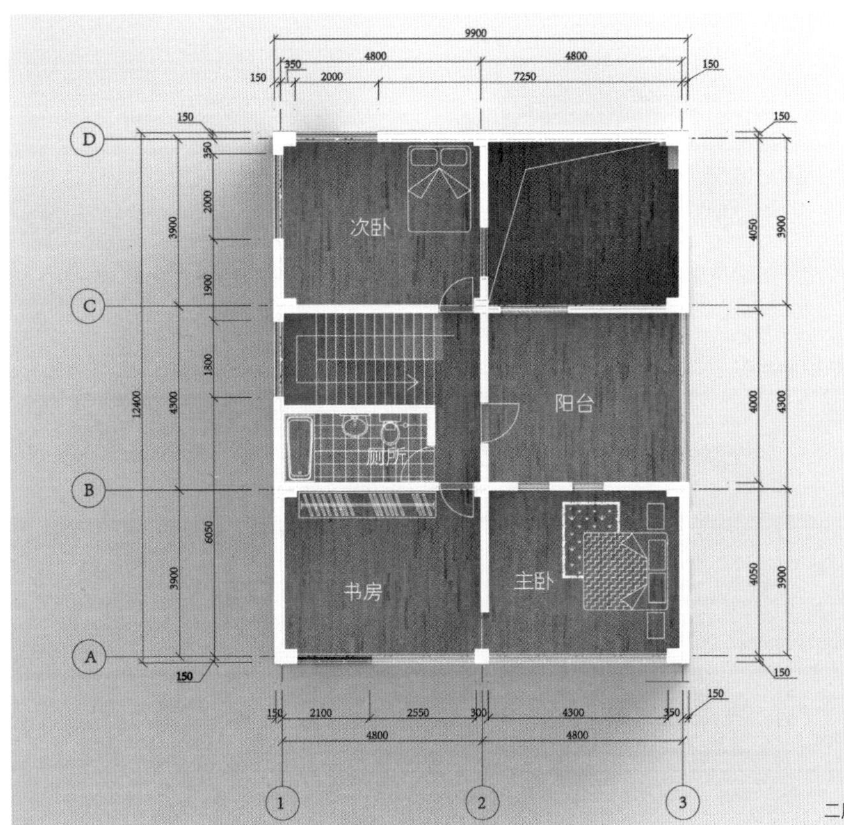

二层平面

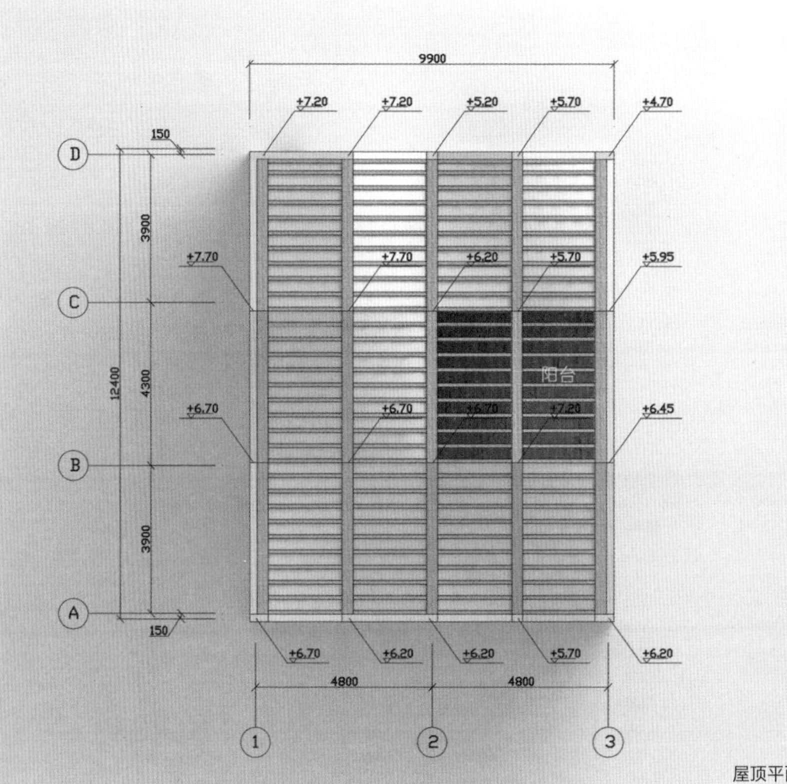

屋顶平面

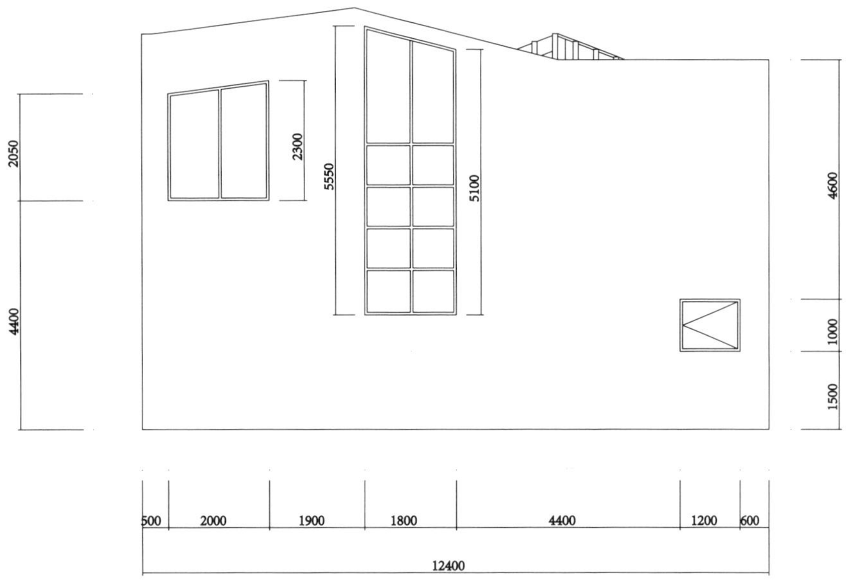

2050 4400 2300 5550 5100 4600 1000 1500
500 2000 1900 1800 4400 1200 600
12400

东立面

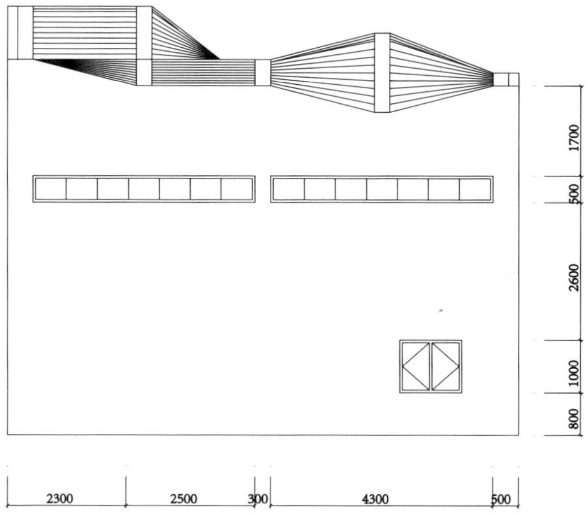

1700 500 2600 1000 800
2300 2500 300 4300 500

北立面

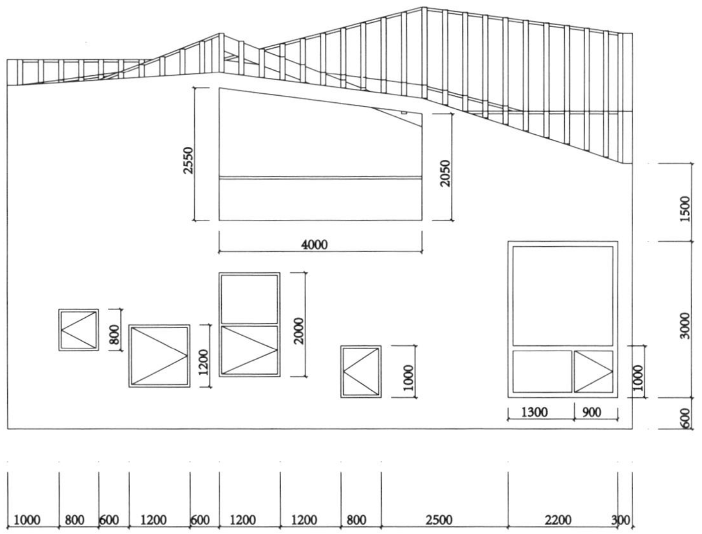

2550 2050 4000 1500 3000 600 800 1200 2000 1000 1000
1300 900
1000 800 600 1200 600 1200 1200 800 2500 2200 300

西立面

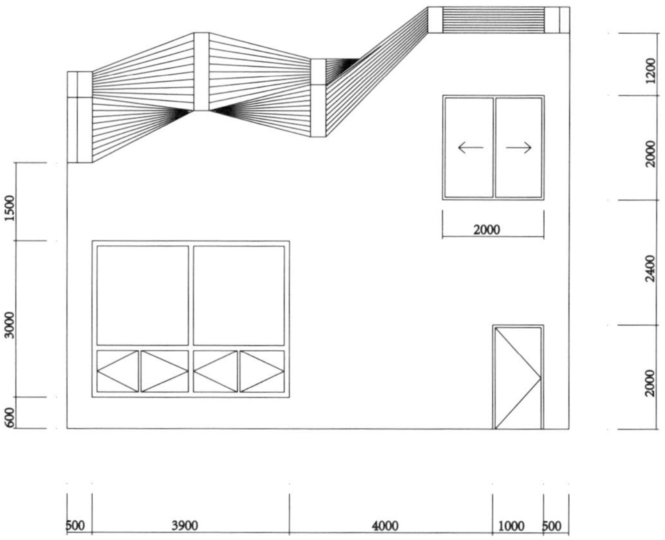

1200 2000 2400 2000 1500 3000 600 2000
500 3900 4000 1000 500

南立面

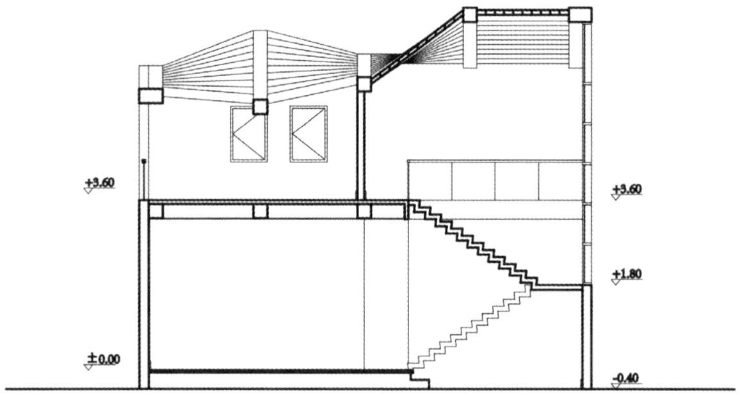

+3.60 ±0.00 +3.60 +1.80 -0.40

A-A 剖面

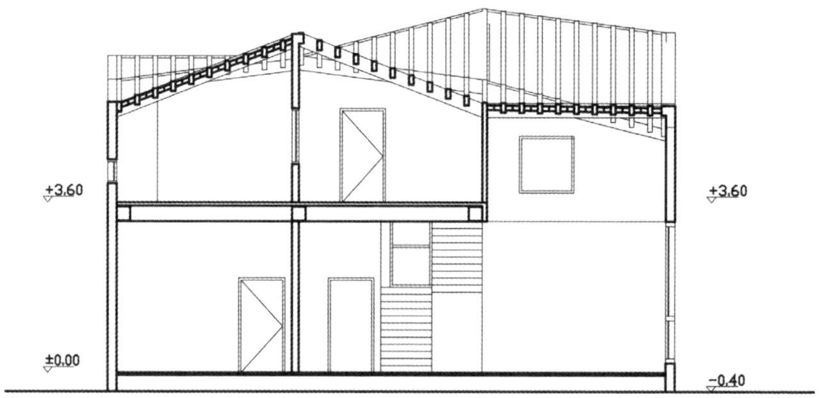

+3.60 ±0.00 +3.60 -0.40

B-B 剖面

南侧效果图

学校：同济大学　设计人员：高恩捷

【保府村居】——河北省保定市

设计者的家乡位于河北省保定市的一个小乡村。保定是一个有着悠久历史文化的古城，然而随着建筑技术的进步、建筑材料的改变，很多农村失去了其原有的风貌与味道，开始变得千篇一律，不能体现保定古城农村的风貌。

随着雄安新区的设立，这对于保定乃至整个河北都是巨大的发展契机，在经济腾飞的同时，势必会伴随着高楼大厦的拔地而起。在这种机遇与挑战下，能保留下来的乡村应该积极回应保定这座古城的文化底蕴，一方面是自身的文化价值传承，另一方面是展示保定农村的新面貌。

保定农村的建筑也应该用一种现代与传统相结合的方式，既要结合当地，体现传统特色，又要紧跟时代脚步，用一种绿色可持续的技术与材料回应时代进步的需求。

农村风貌

胡同　传统建筑　新建筑

建筑立面图

传统建筑

正立面　侧立面

新建筑

正立面　侧立面

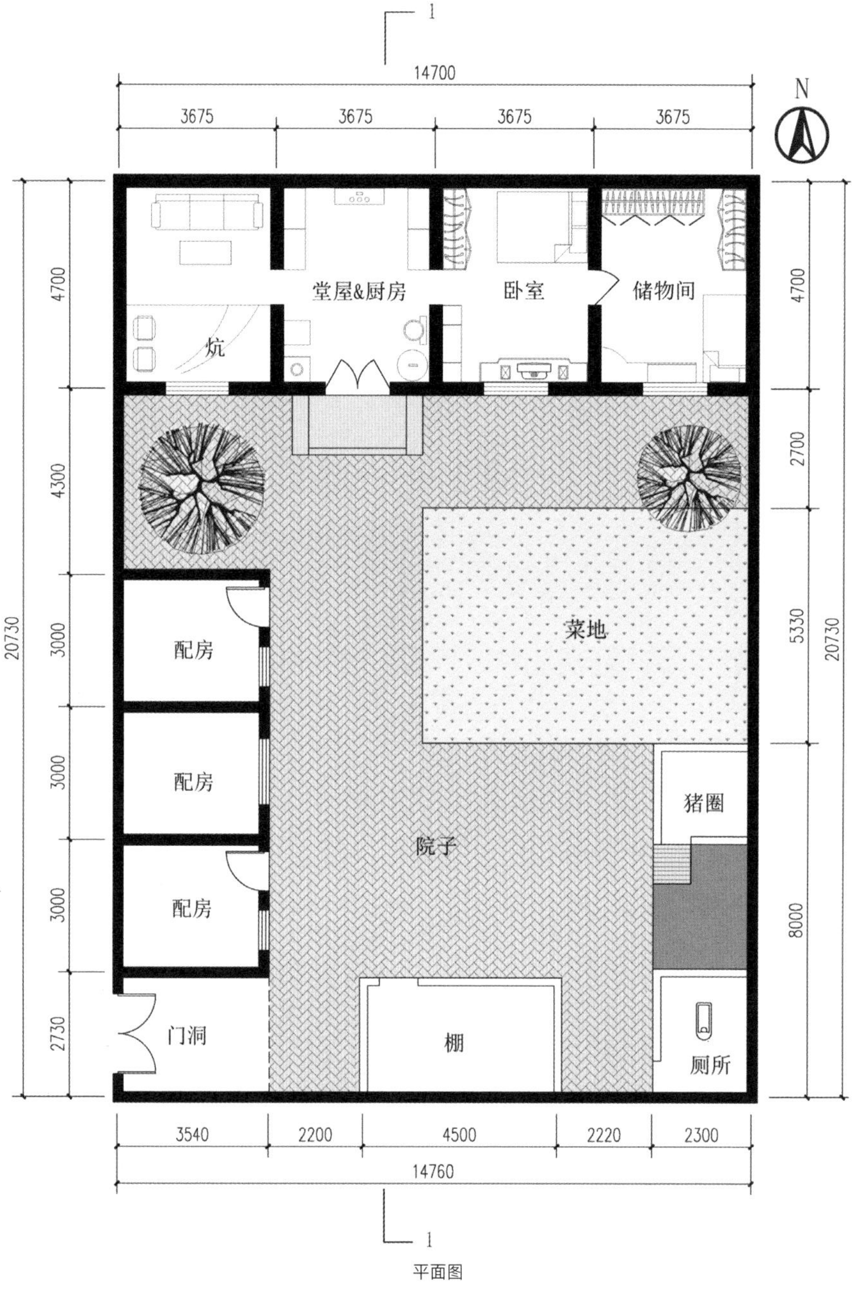

平面图

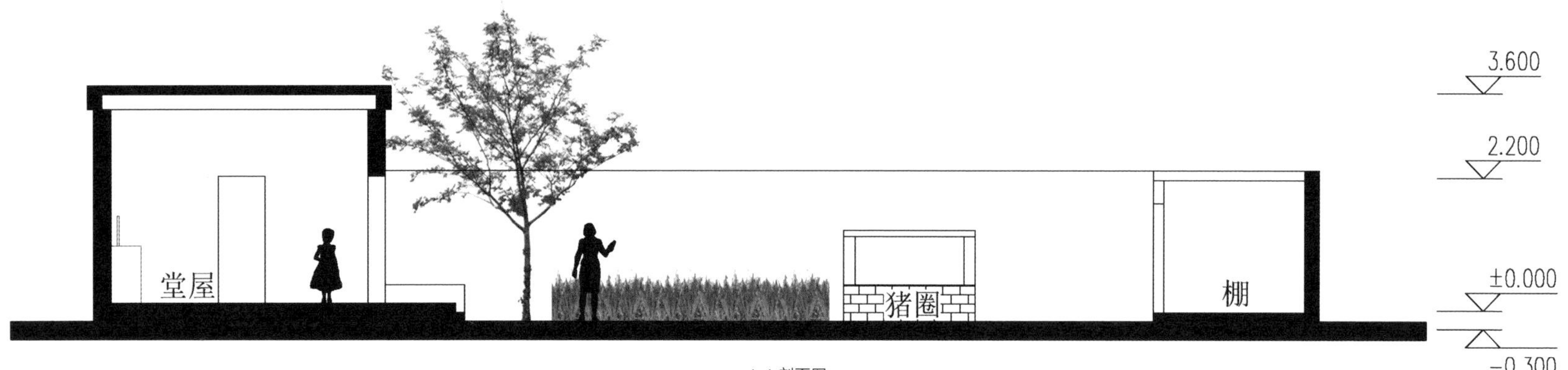

1-1 剖面图

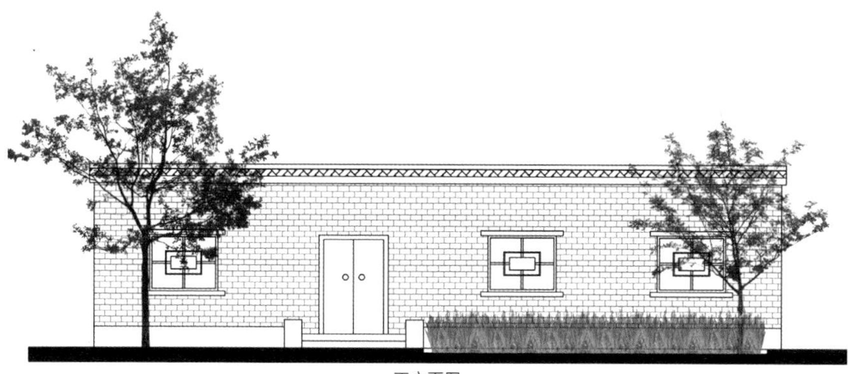
正立面图

传统建筑采用“间”的形式，“间”不是一个长度单位，一间房的面宽 3 ~ 4m 不等，进深在 4 ~ 5m 之间。

当地传统农房采用实心红砖或青砖建造，再早期还夹带着土坯墙，现在看来，这种建筑材料对土地资源造成很大破坏，因此逐渐被人们弃用。

选取本地传统宅基地尺寸 15m×21m（四间房）作为新农房设计的场地。

地方特色

传统空间路径

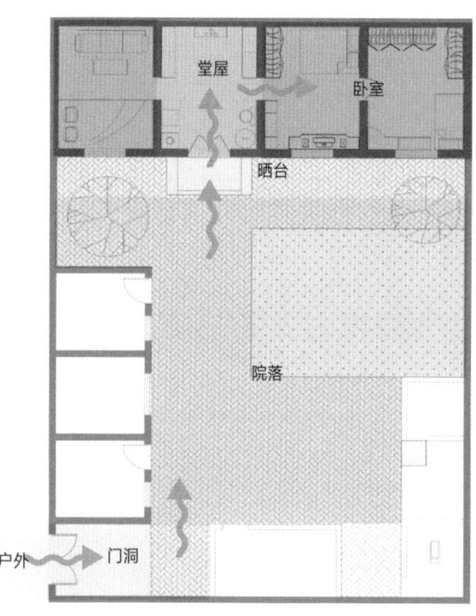

当地农村传统住宅的空间讲究从公共到私密的过渡，其中影壁墙的存在巧妙地实现从户外到自家院子的空间转换，也很雅观。

生活方式与特色空间

在农村，一个比较特别的生活方式是夏天喜欢在院里吃饭，冬天喜欢在屋里吃饭。因此存在配房以及主房内各有一个厨房的情况。

建筑“生长”

传统建筑功能排布

两人独居或三口之家

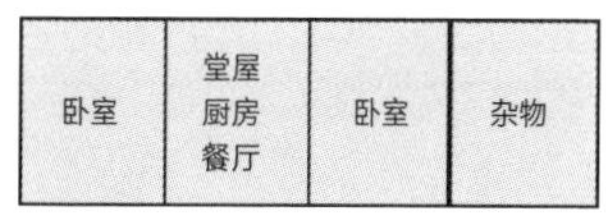

功能混杂，一个空间具有多种功能，空间使用局限。

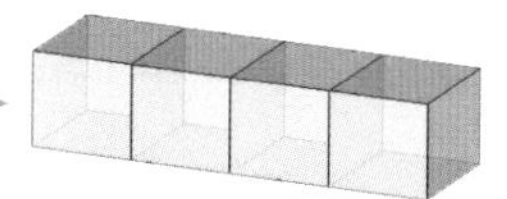

以前，农家进行农业生产较多，建筑采用平屋顶便于晾晒粮食，但是平屋顶渗漏严重。

空间梳理重组

两人独居或三口之家

将混杂的空间进行分离，另外根据现代生活需求，增加了室内卫生间及客厅。功能分区实现洁污分离、动静分离。

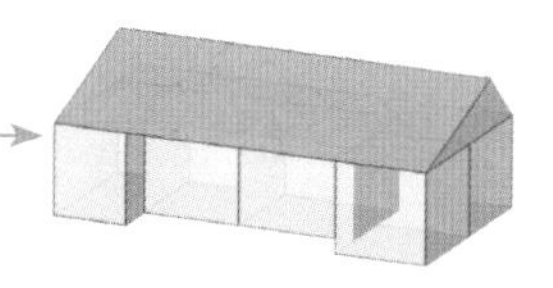

随着农业生产的减少，为了改变房屋排水情况，建筑逐渐采用坡屋顶形式。

竖向发展

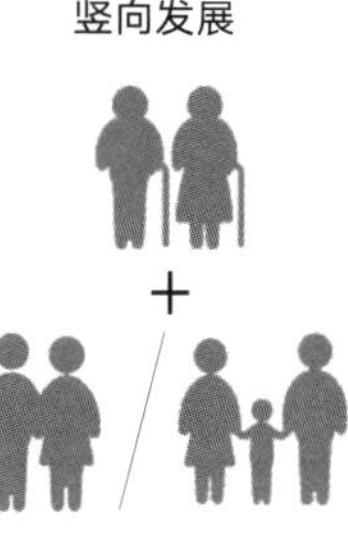
两代人或三代人同住

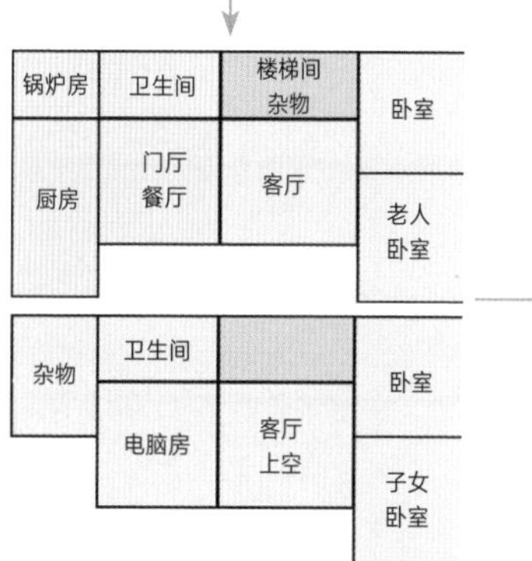

由于人口增长，需要再建房屋，可以将原来的杂物间进行改建，使杂物间与楼梯间相结合。

空间由水平组合变成竖向发展，改建方便，也节约了土地，而且两代人上下层同住满足私密性，也比较符合现代独生子女便于照顾老人的需求。

设计理念

模块化组合

采用一种模块化的设计手法，各功能模块在尺度上相互联系，并且尺寸采用300mm模数的倍数，便于装配式构件的定制。

本次设计采用一种模式进行组合与表达。

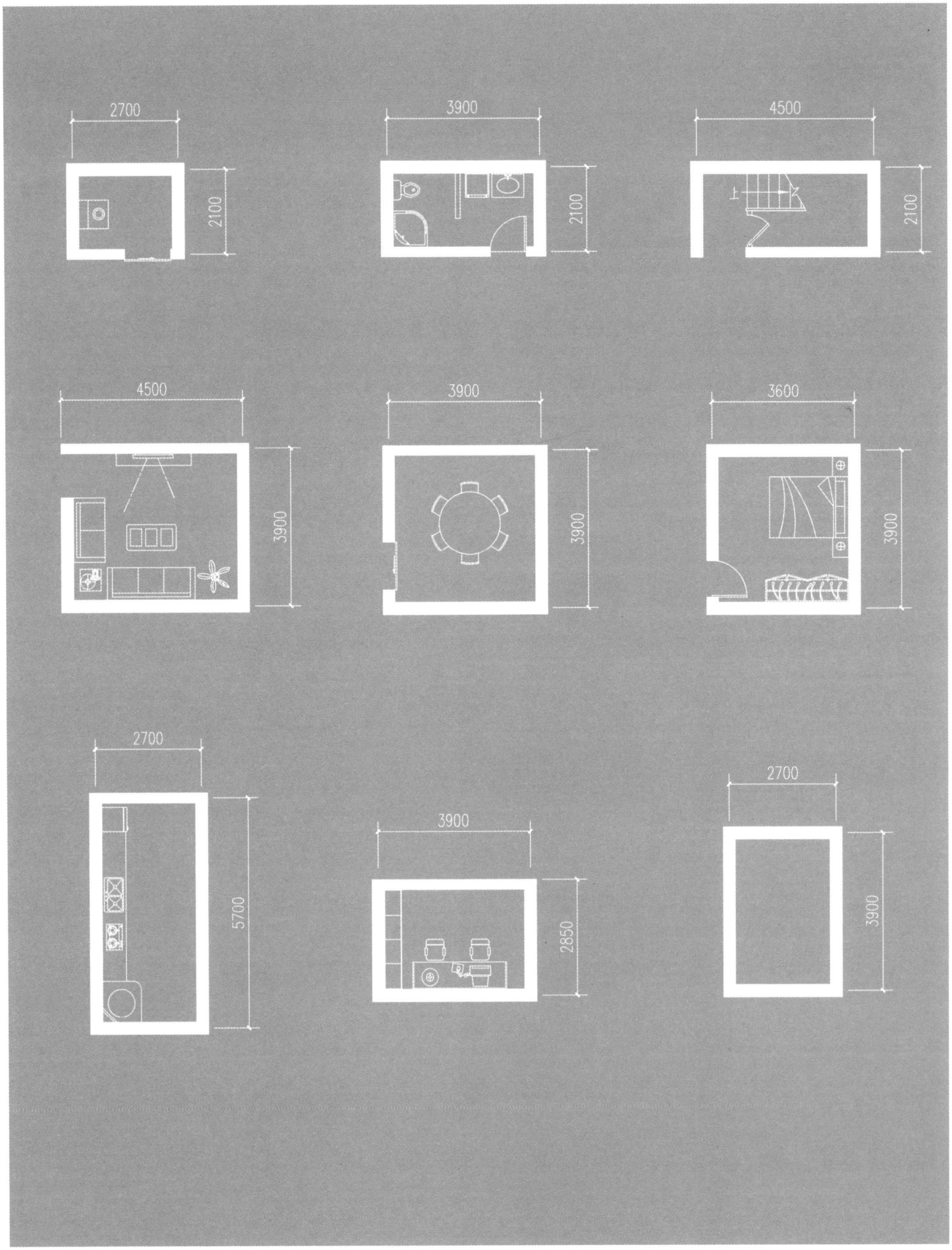

技术图纸

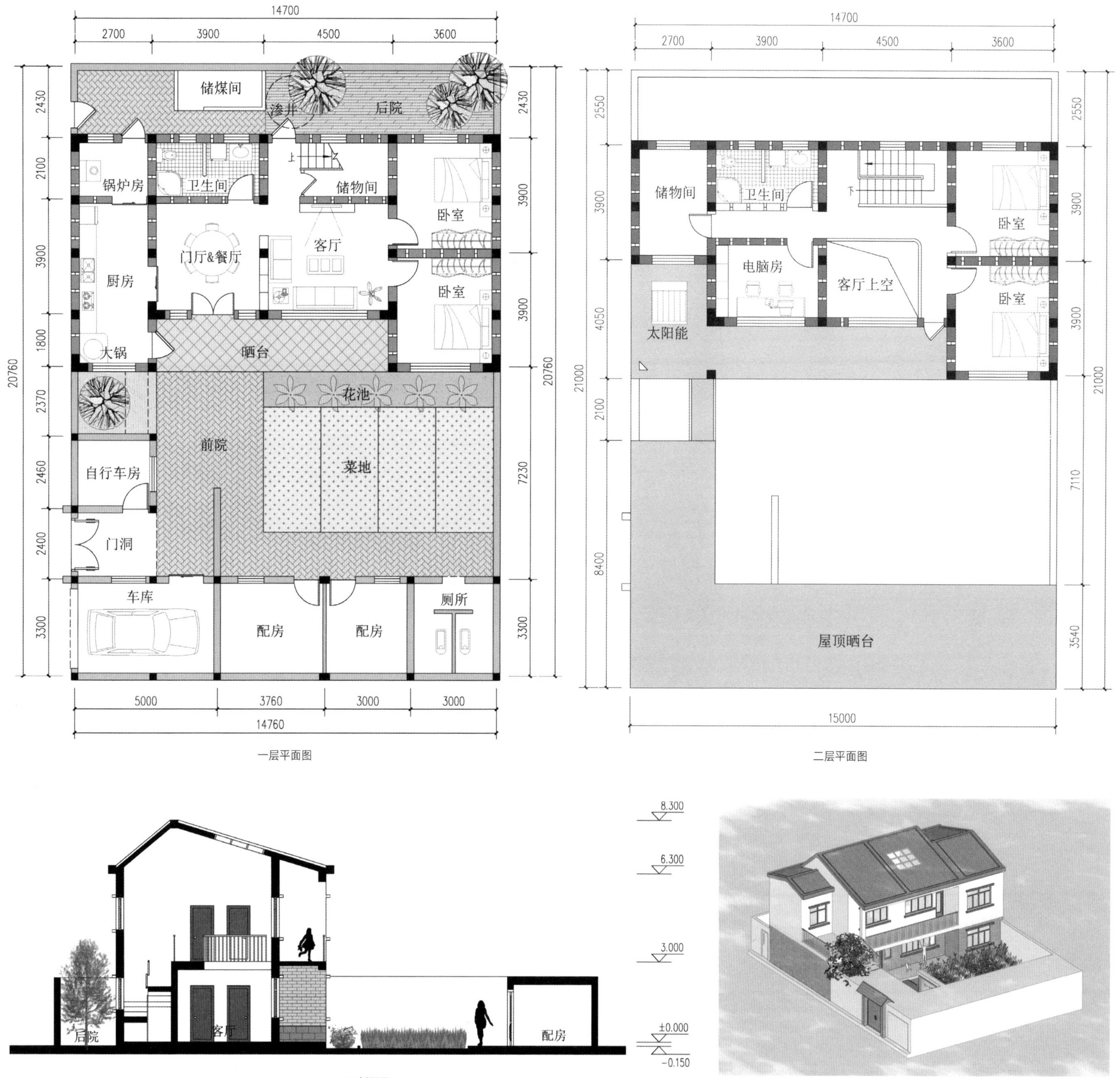

一层平面图

二层平面图

1-1 剖面图

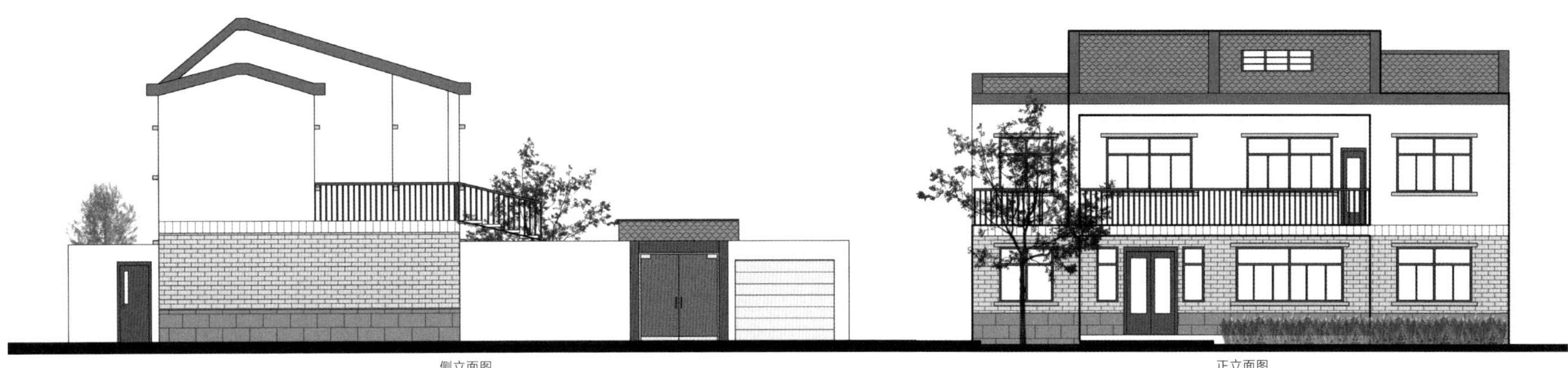

侧立面图

正立面图

建筑结构与材料

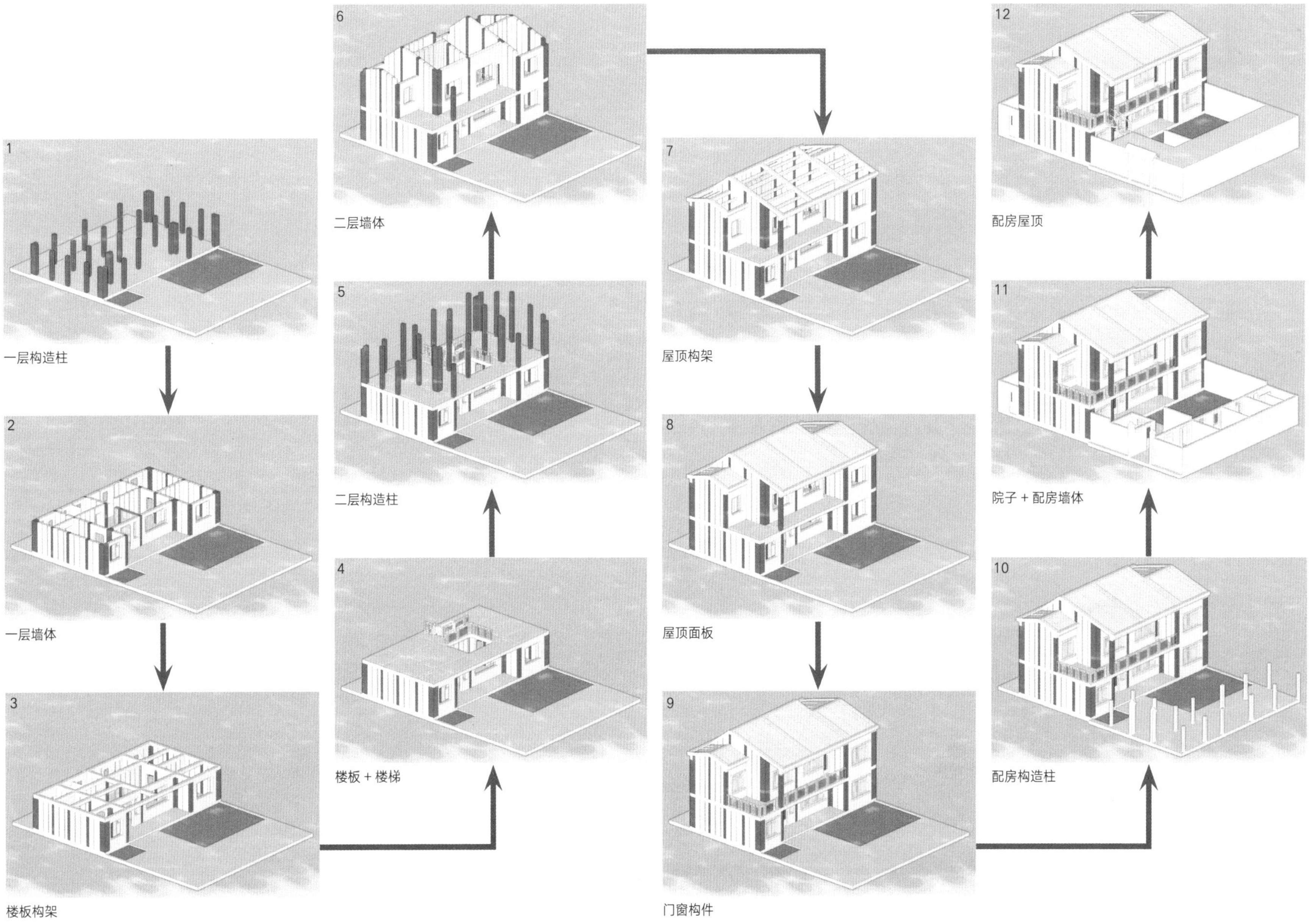

1 一层构造柱

2 一层墙体

3 楼板构架

4 楼板 + 楼梯

5 二层构造柱

6 二层墙体

7 屋顶构架

8 屋顶面板

9 门窗构件

10 配房构造柱

11 院子 + 配房墙体

12 配房屋顶

1. 采用低层轻型钢结构装配式建造方式，自重轻，相对传统房屋减少能源消耗，现场拼装，工期短。
2. 构造柱：采用 300mm × 300mm 标准化的轻型钢构造柱，提高房屋抗震性能，空间分隔也更加灵活。如异型钢构造柱。
3. 墙体：采用标准模数（600mm 宽）的轻质墙板统一拼装，具有自保温性能，满足北方房屋的保温隔热功能。如硫氧镁轻质墙板。
4. 屋顶构架：屋顶构架以及楼板构架也采用轻型刚结构网架，减少房屋重量。
5. 屋面板：屋面板采用标准模数化组件（600mm 宽），采用轻质结构，并且具有保温隔热功能，防水性能好。
6. 门窗：门窗构件采用 300mm 模数的倍数，整个建筑的门窗采用几种常用的尺寸，如 1500mm × 1500mm，1200mm × 1500mm 等。采用铝合金构件作为窗框，双层玻璃，减少噪声，营造安静舒适的居住环境。为了与传统特色相呼应，可在表面刷仿木质纹理的漆。
7. 配房墙体及院墙：采用新型墙体材料，如加气混凝土砌块、小型混凝土空心砌块等非黏土材料，节约土地和能源、保护生态环境。

为了与当地的环境相适应，重塑当地文化特色，装配式住宅外立面表层采用一层灰色面砖，二层白色面砖的形式，屋顶采用小青瓦、琉璃瓦等作为表层。坡屋顶可以与当下正在推广的光伏发电板相结合。

主屋建筑面积 188m^2，加上装修每平方米造价约为 1800 元，加上配房，整体预算约 40 万元。

其他绿色节能形式

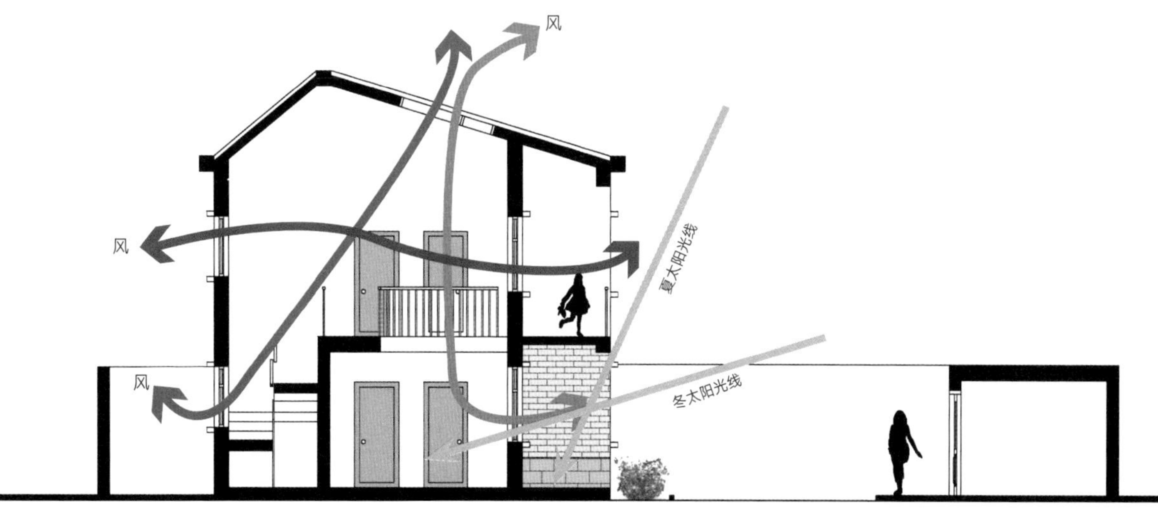

1. 后院的设计使得建筑北侧可以开窗，前后窗加上屋顶的天窗之间形成空气流通，获得自然通风。
2. 挑檐以及廊下空间的设计使得夏天能够更好地阻挡太阳光，降低室内温度，但不影响冬天太阳的照射。

建筑组群关系

传统胡同　　公共空间

继续延续本地传统村庄的构成形式，由建筑形成胡同。考虑到公共空间对于传统农村人的重要性，把两条胡同进行贯通，形成一个组团和开放场地，场地布置可以沿用一些传统建筑的细节形式。组团继续不断生长，形成不同层级，适合北方“兵营式”的村落生长形式。

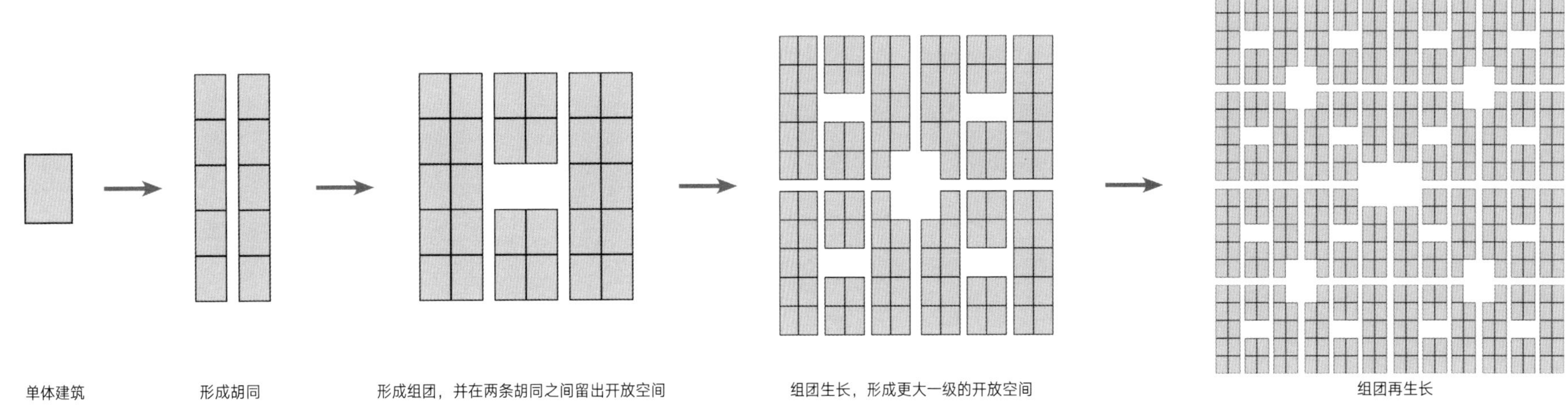

建筑组群

建筑组群

设计效果图

学校：同济大学　设计人员：商萌萌

【新型农房设计】——河南安阳林州市

现状调研

现状环境

基地周边现状 1

基地周边现状 2

基地周边现状 3

建筑现状

基地位于河南省安阳市林州市石板岩乡，坐落在太行山脚下。太行山盛产石材，当地建筑多用石材建造。但是由于年代久远，建造时技术落后，所以建筑存在采光、通风、保温等问题。所以，重新建造的建筑利用预制装配式建筑，不但要解决建筑基本的通风采光、保温的问题，还要注重节能、环保等问题。创造建造便捷、使用舒适、节能环保的新建筑。

基地建筑现状 1

基地建筑现状 2

基地建筑现状 3

基地建筑现状 4

理论指导

装配式建筑是指用预制的构件在工地装配而成的建筑。这种建筑的优点是建造速度快，受气候条件制约小，节约劳动力并可提高建筑质量。每个人都可以自己设计搭建自己的房子，墙体是可反复拆卸的，可以重复利用，不会由于拆墙而产生建筑垃圾。

与传统建筑相比	工业化技术体系	传统建筑体系
技术体制	高	一般
品质	高	一般
工期	快	中等
成本	优	差

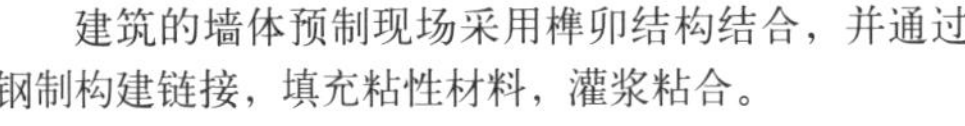
建筑的墙体预制现场采用榫卯结构结合，并通过钢制构建链接，填充粘性材料，灌浆粘合。

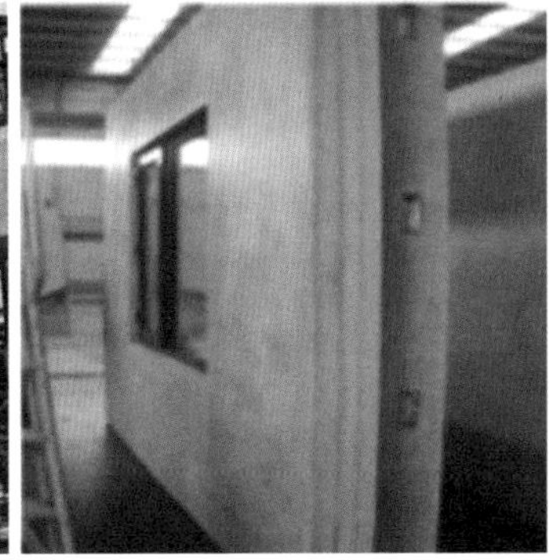
预制保温材料：由保温层，内外层混凝土墙板组成的一种夹心式墙体，该墙体在预制构件厂预制生产，然后运输至施工现场进行安装使用。

发展前景

随着城市化进程的不断发展，我国建筑行业的劳动生产率总体偏低，资源与能源消耗严重，建筑环境污染等问题日益突出。建筑行业急需一种更为先进的生产方式来改变现状。而预制装配式建筑以设计标准化、构件部品化、施工机械化为特征，整合设计、生产、施工等整个产业链，从而实现建筑产品节能、环保、全生命周期价值最大化的可持续发展，彻底告别高耗能、高污染、低效率、低效益的传统建筑生产方式。

气候条件分析

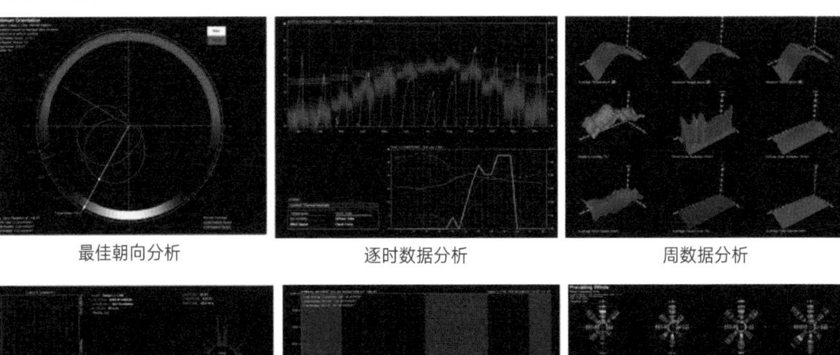
最佳朝向分析　逐时数据分析　周数据分析

月数据分析

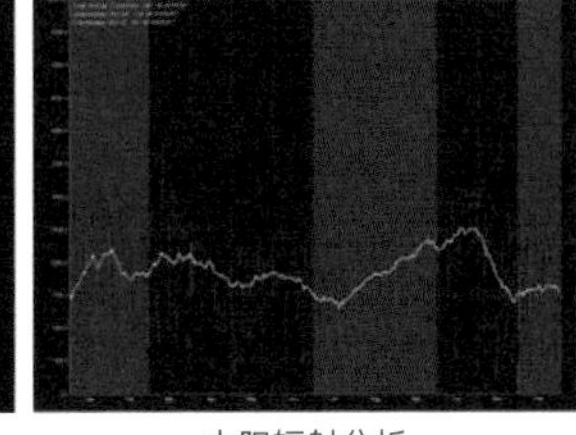
太阳辐射分析

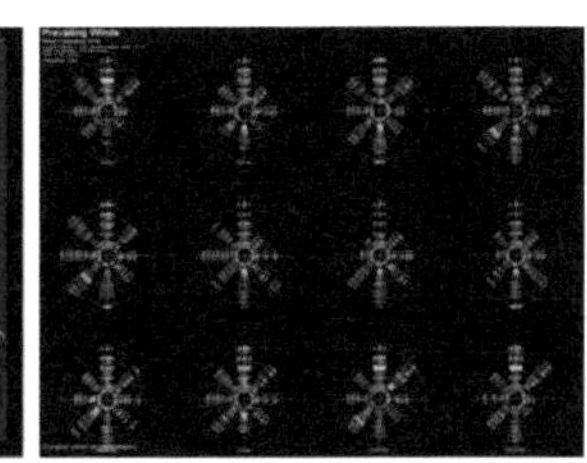
逐月风频分析图

安阳林州位于东经 113° 37’ ~ 114° 51’，北纬 35° 40’ ~ 36° 21’，地处河南最北部、太行山脉东麓，处于河南、山西、河北三省交汇处。属于暖温带大陆性季风气候。根据 ECOTECT 对其做的气象分析资料，总结林州地区的气候条件如下：

建筑朝向：根据 ECOTECT 对该地区最冷月、最热月及年平均辐射量的综合模拟，该地区最佳朝向为南偏西 30° 到南偏东 30° 。

日照辐射：根据我国的日照分析，全年日照总数为 2400 ~ 2600h。其中 8、9 月辐射量大。其他月份辐射量较平均。

温度：林州地区为寒冷地区，年平均气温为 14.3℃，无霜期 220 天，最热月为 8 月，最冷月为 1 月。

雨量：年降水量 640.9mm，6 ~ 9 月为汛期。

风：根据逐月风频统计可知，该地区以季风为主，冬季以北风为主，夏季以南风为主。

综上所述，该地区为典型的暖温带大陆性季风气候，冬无严寒，夏无酷暑，四季分明，雨量充沛，日照充足。

技术指导

通过对当地气候解读，并结合焓湿图数据分析（ECOTECT）可知，在对建筑进行节能设计过程中，被动式策略与建筑设计关系最大。图中分别列出了五种被动式策略对舒适区域的影响，最后得出的结论是：五种策略均起到较好的作用。但考虑到适宜的技术，故采用自然通风、高热熔材料和间接蒸发三种策略的应用。

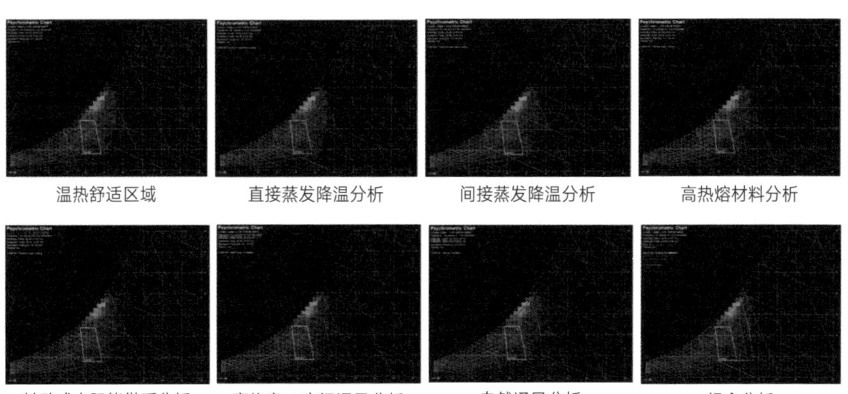
温热舒适区域　直接蒸发降温分析　间接蒸发降温分析　高热熔材料分析

被动式太阳能供暖分析　高热容 + 夜间通风分析　自然通风分析　组合分析

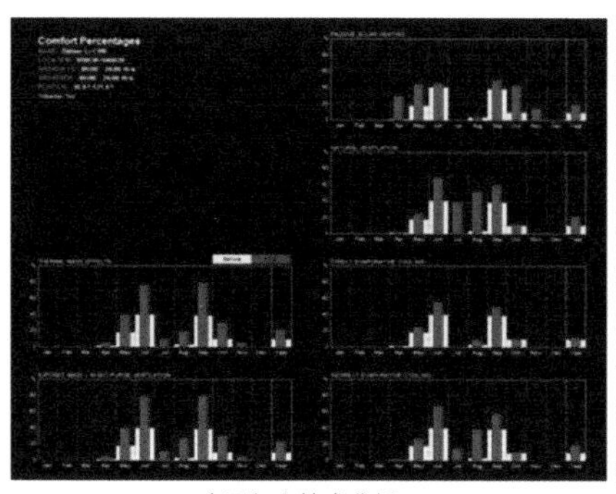

多重复合技术分析 1

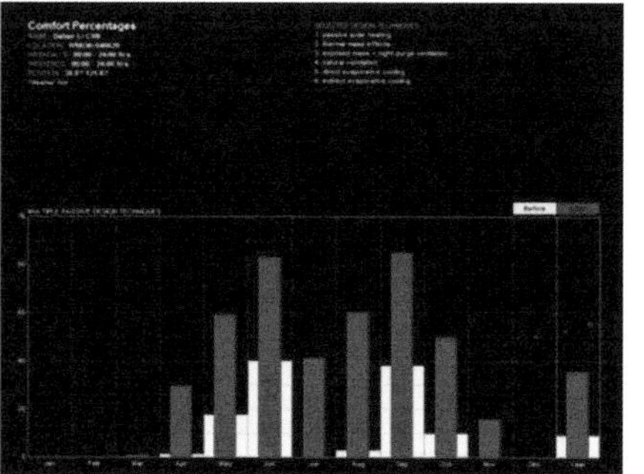

多重复合技术分析 2

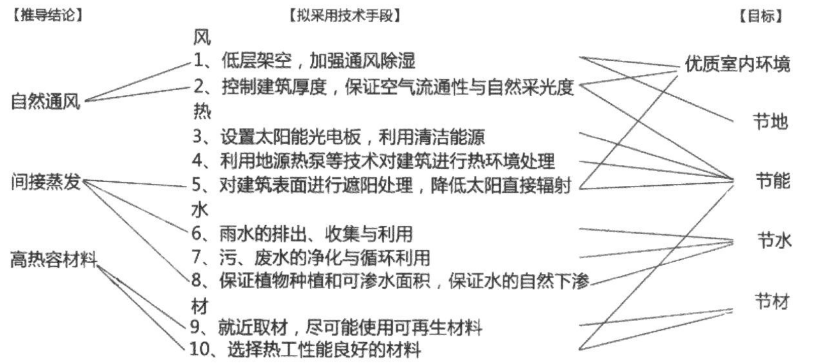

现状图纸

户型一

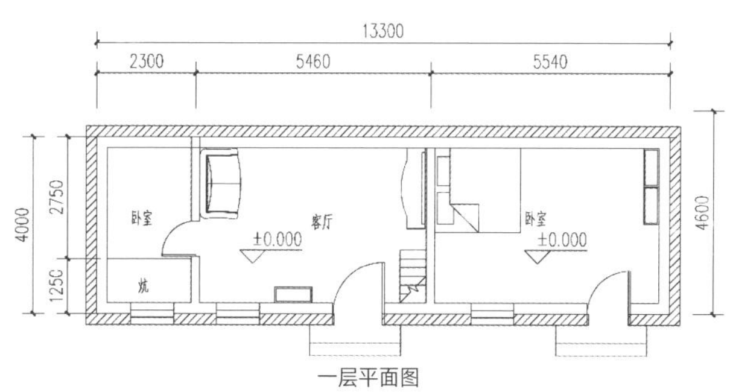

一层平面图

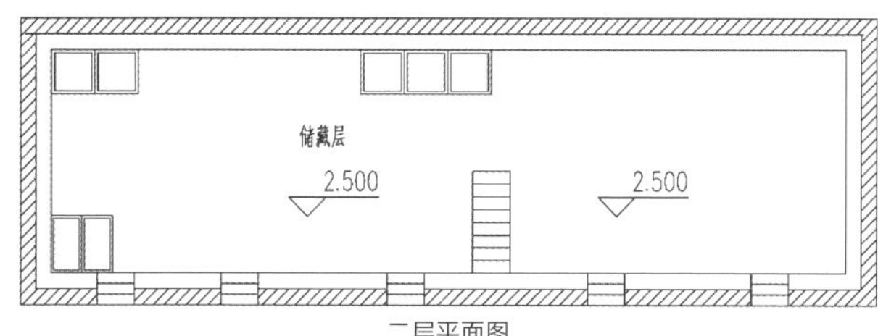

二层平面图

户型二

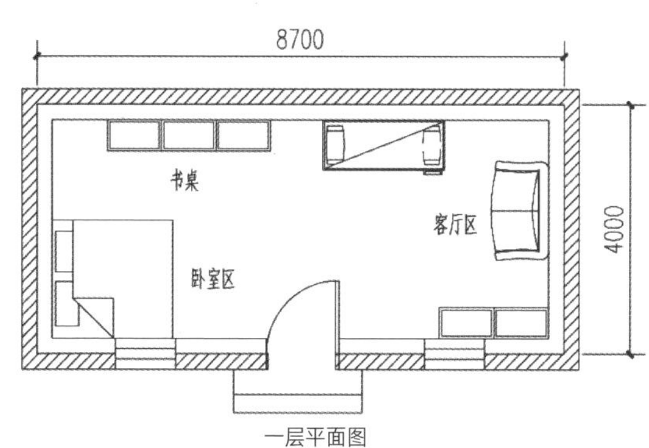

一层平面图

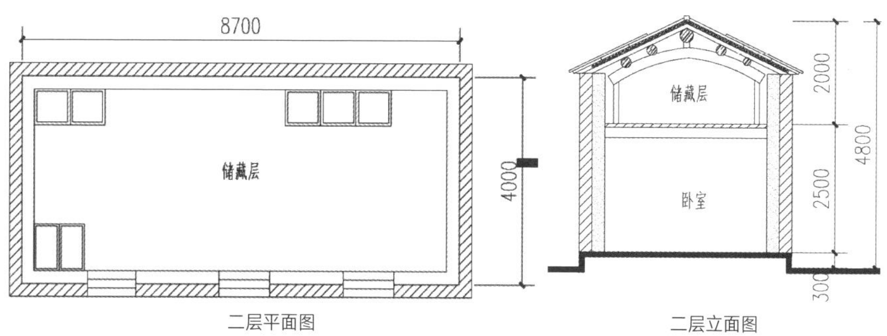

二层平面图　　二层立面图

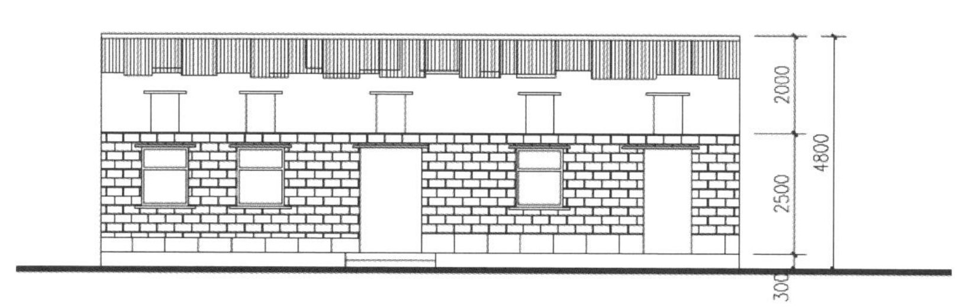

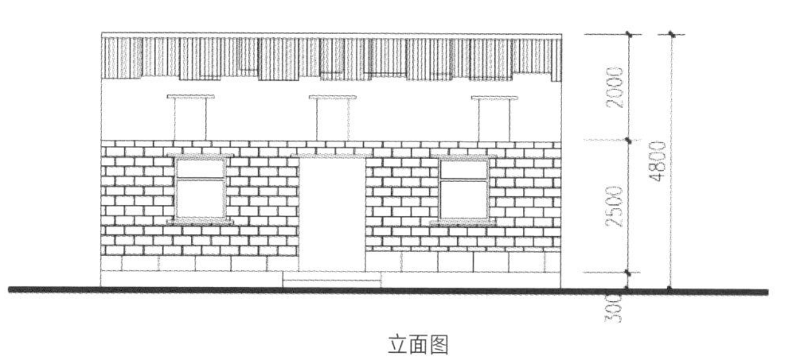

立面图

改造分析

传承

创新

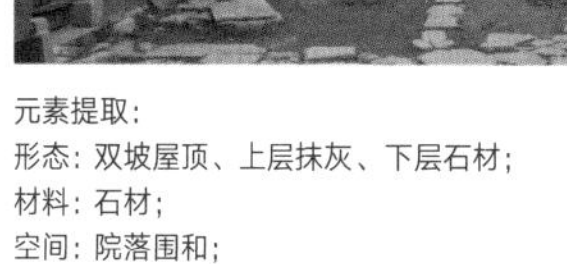

元素提取：
形态：双坡屋顶、上层抹灰、下层石材；
材料：石材；
空间：院落围和；
结构：下层石材承重，上层素土夯实。

创新运用：
形态：延续坡屋顶、增加露台和庭院；
材料：除了选用当地材料石材，又运用现代新型材料像混凝土和钢材；
空间：对功能进行公私分区和干湿分区；
结构：主要利用框架结构，同时结合石材和钢材的特性进行建造。

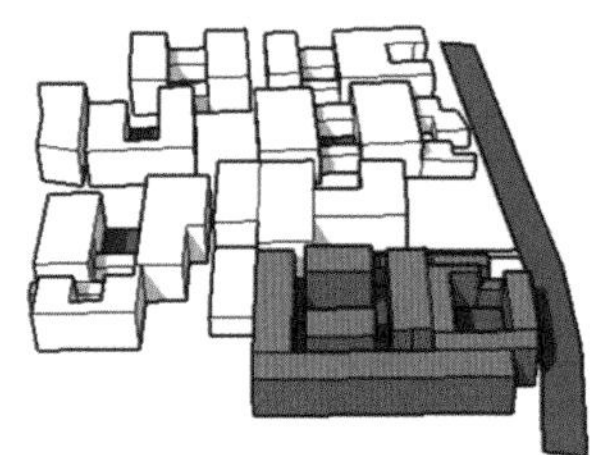

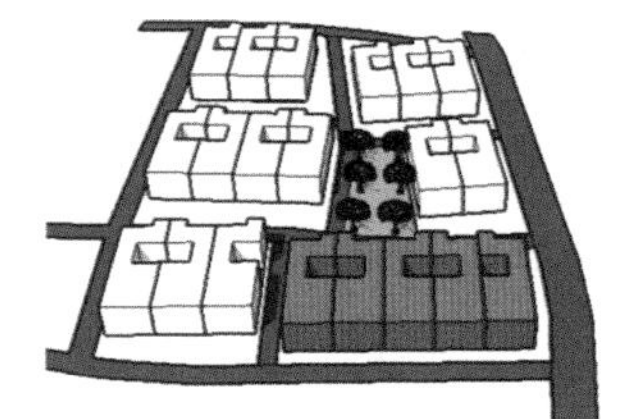

空间特点分析

原有现状：

- 场地分区混乱，卫生环境差；
- 场地内部没有车行道，私家车到不了家门口；
- 场地没有公共活动空间，采光不好；
- 现有住宅大都是东西朝向，采光不好；
- 现有住宅大都是采用石材建造，窗户很小，采光不好。

改造措施：

- 对场地重新进行分区，增设垃圾收集点，改善卫生环境；
- 实行人车分流制，对车行道和人行道按照不同的规格建造；
- 增设公共活动场地、方便村民交流集会；
- 对现有住宅进行改造、重建，满足南向采光；
- 将石材与混凝土和钢材相结合，满足轻质高强的要求，增大开窗面积。

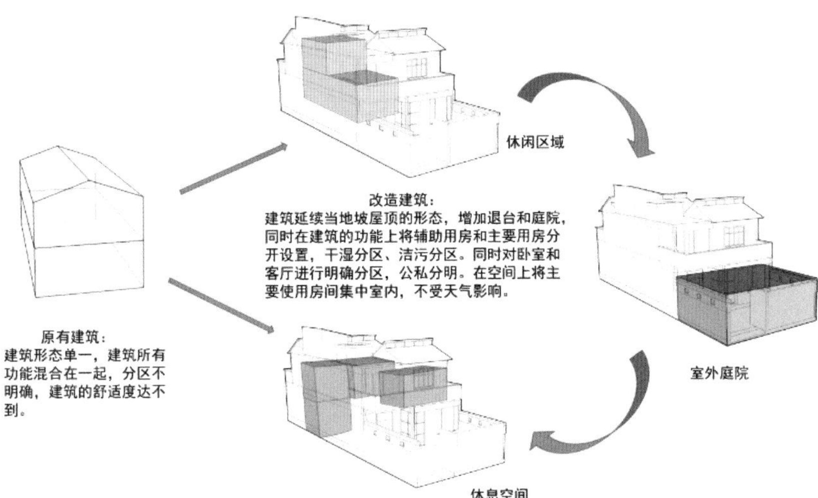

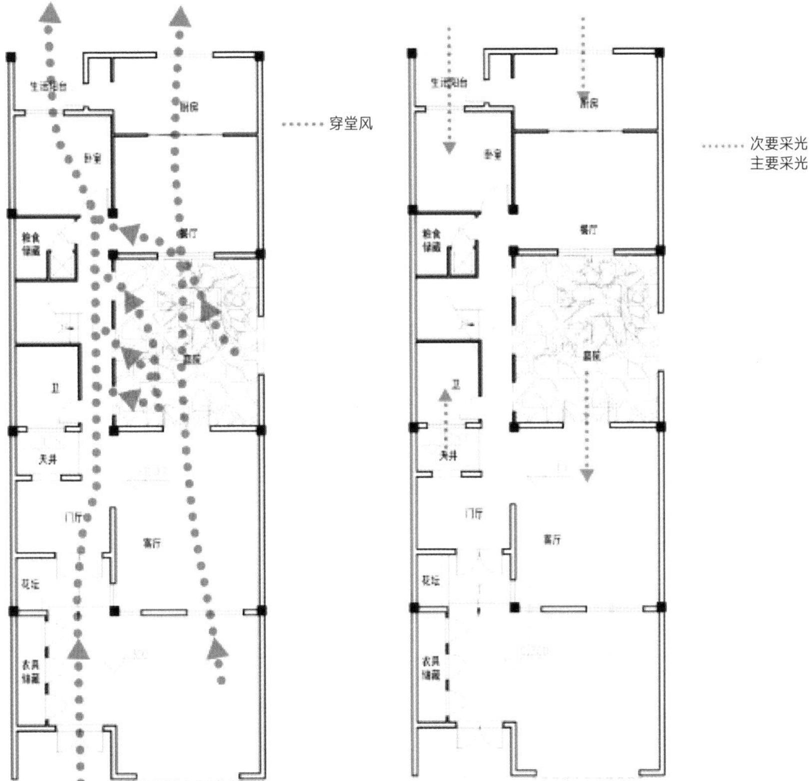

采光、通风分析

通风分析

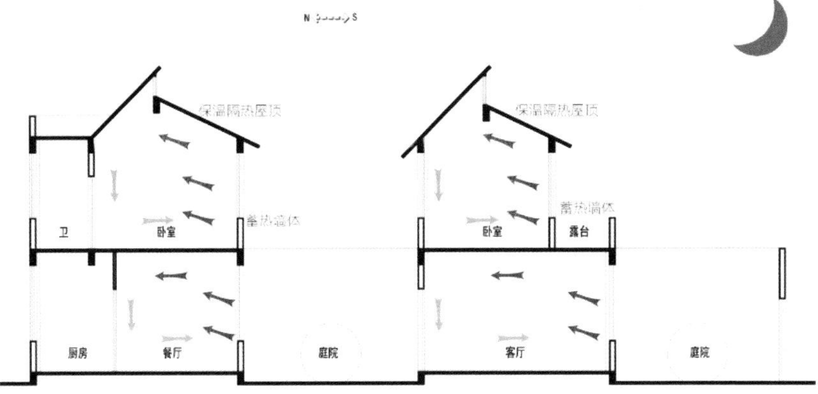

冬季夜晚室内热循环示意图

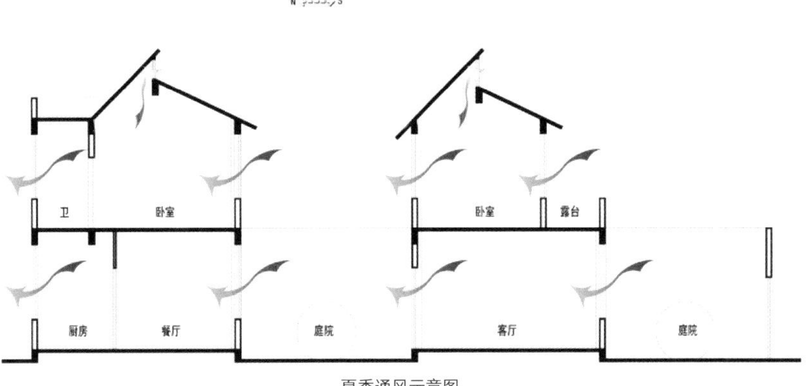

夏季通风示意图

框架结构分析

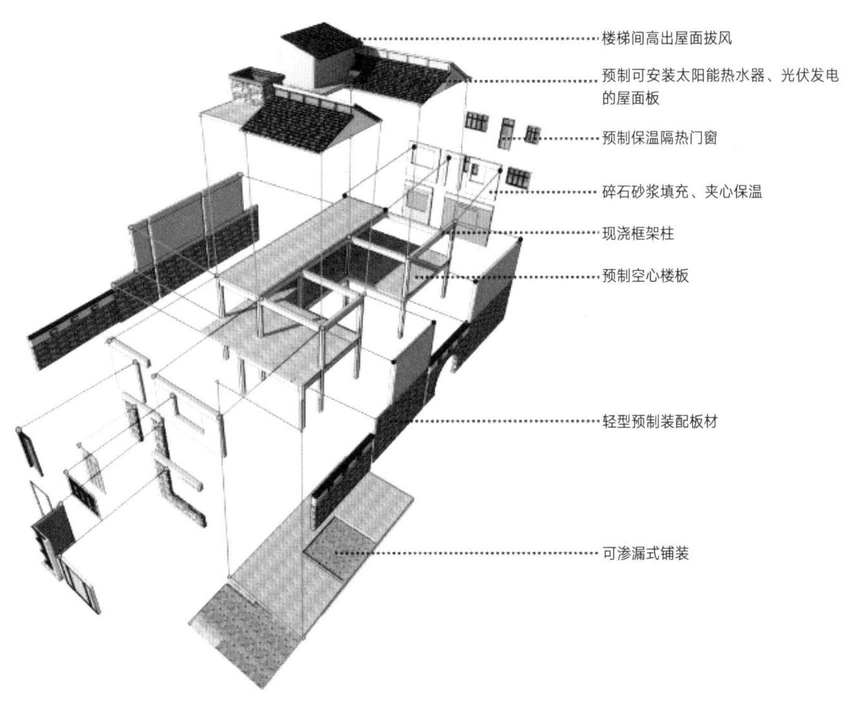

屋顶集热板分析

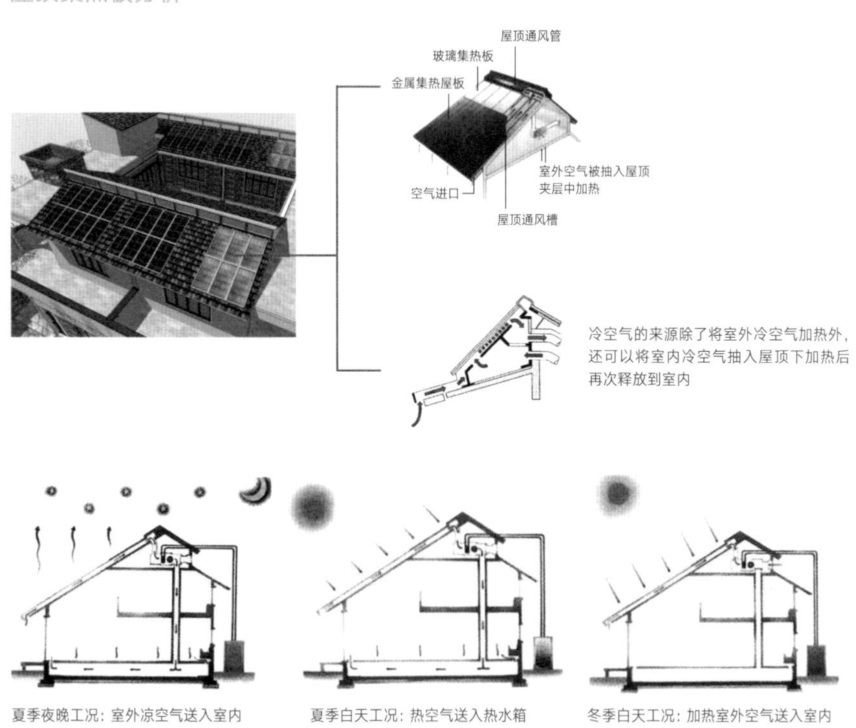

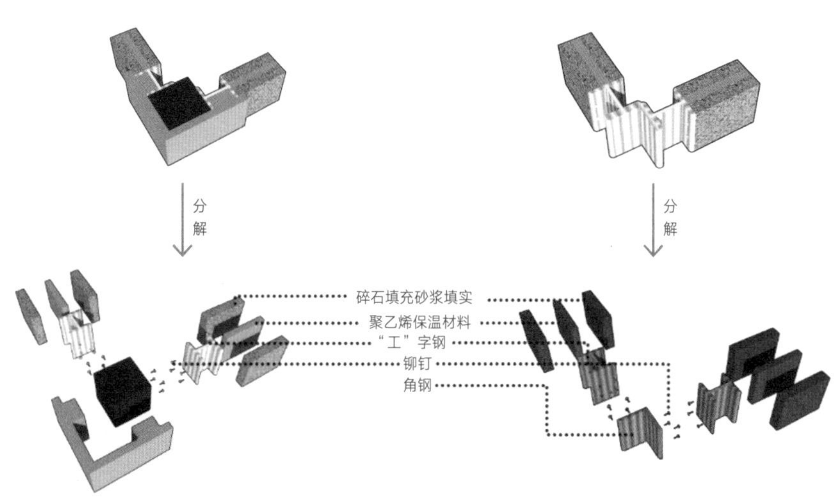

夏季夜晚工况：室外凉空气送入室内　夏季白天工况：热空气送入热水箱　冬季白天工况：加热室外空气送入室内

设计图纸

节点大样图

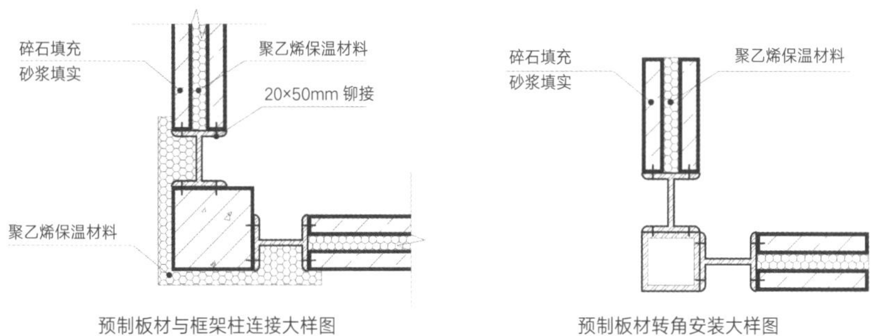

墙体保温大样图

碎石填充砂浆填实
聚乙烯保温材料
20×50mm 铆接
聚乙烯保温材料

预制板材与框架柱连接大样图

碎石填充砂浆填实
聚乙烯保温材料

预制板材转角安装大样图

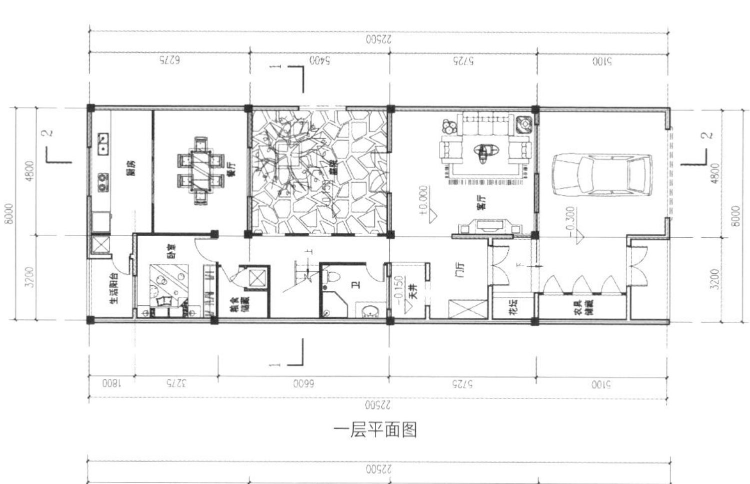

一层平面图

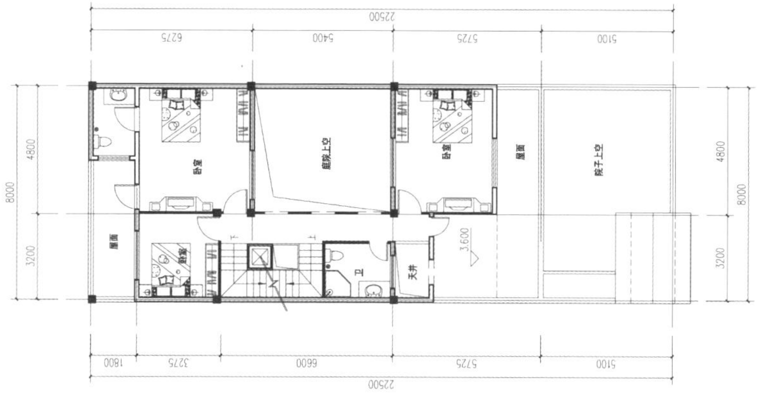

二层平面图

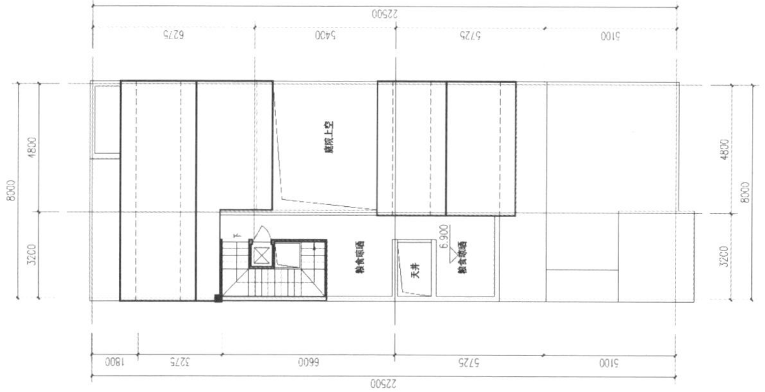

三层平面图

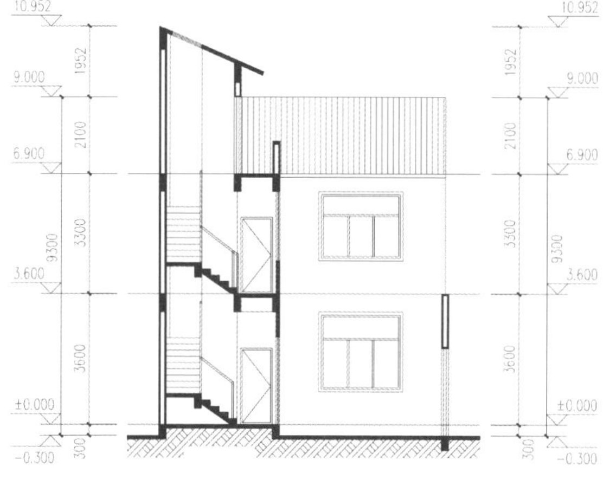

1-1 剖面图

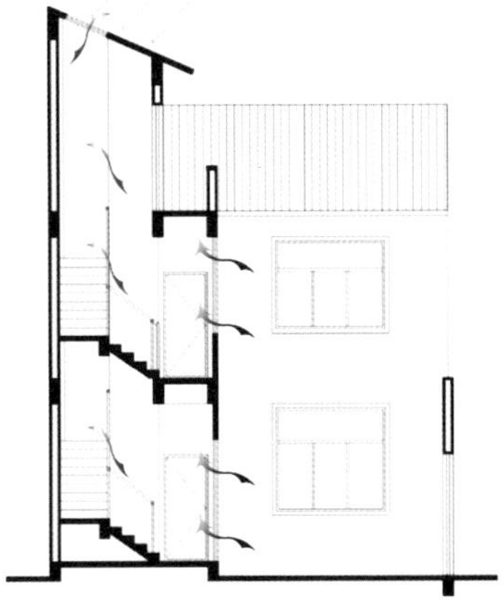

夏季楼梯间拔风示意图

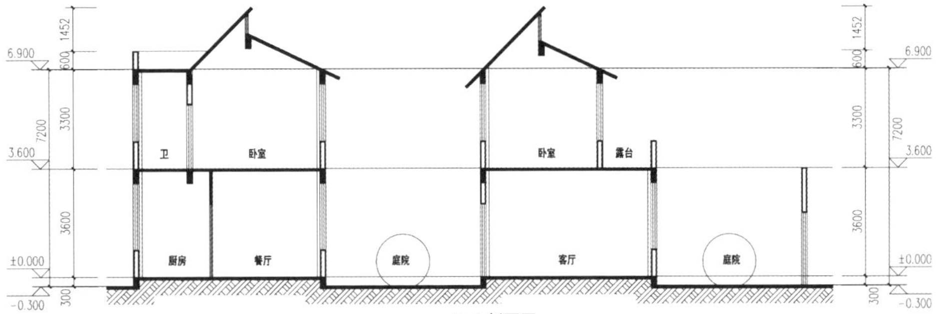

2-2 剖面图

立面图 1

立面图 2

效果图

学校：郑州大学　指导老师：韦峰　设计人员：李炙豪　井源泉　李文娟　吕帅帅　韦金汐

【悠然农舍】——贵州省茅石镇中关村

村落调研

该项目位于贵州省茅石镇中关村，当地建筑主要以干栏式建筑为主，其房屋顶一般为悬山式。因为悬山式屋顶不仅有前后出檐，在两侧山墙上也有出檐，能更好地遮挡雨水，减少风雨对房屋的侵蚀，适合当地温和多雨的气候类型。

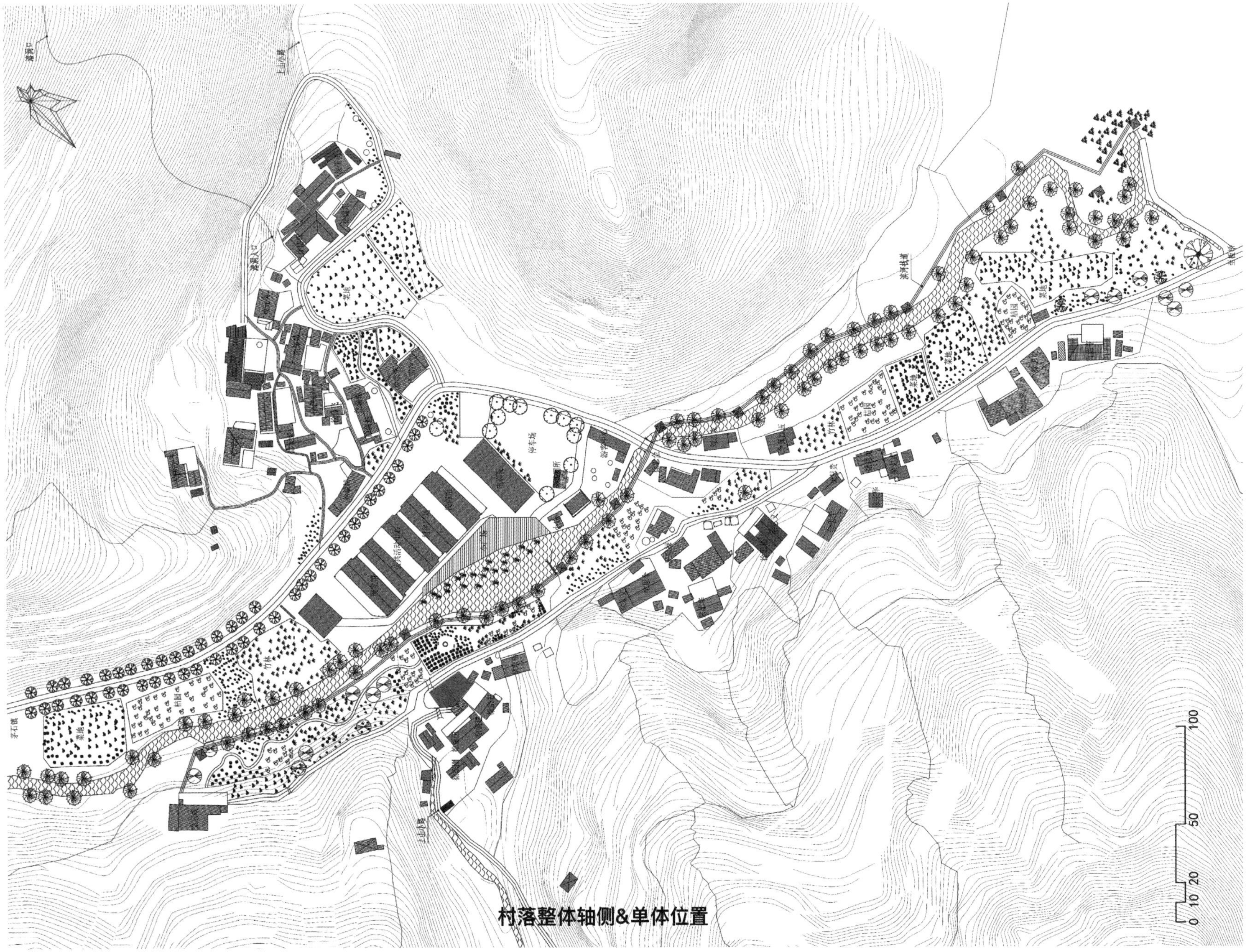

村落整体轴侧&单体位置

当地农村典型传统居住建筑形式

调研手绘稿

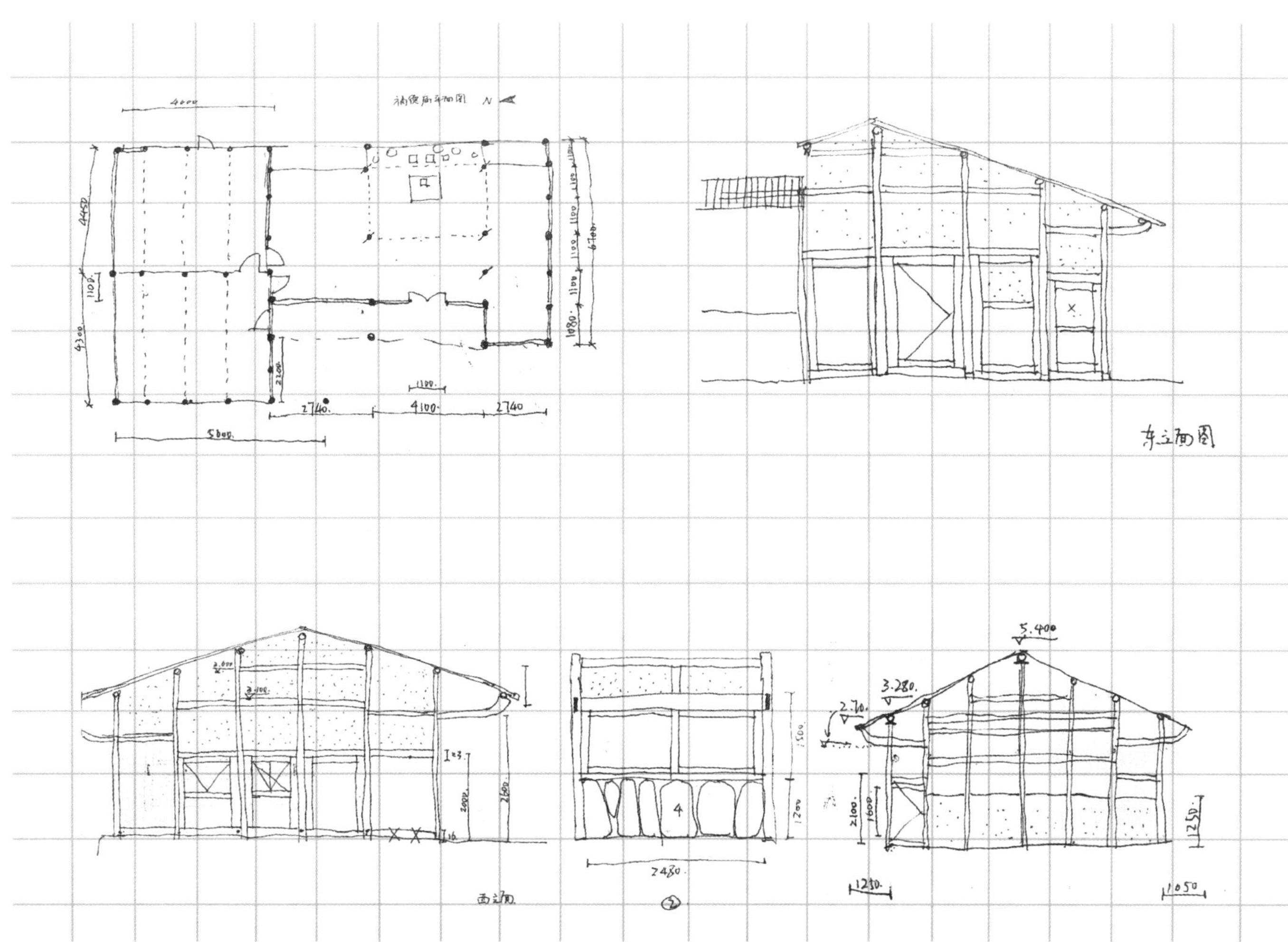

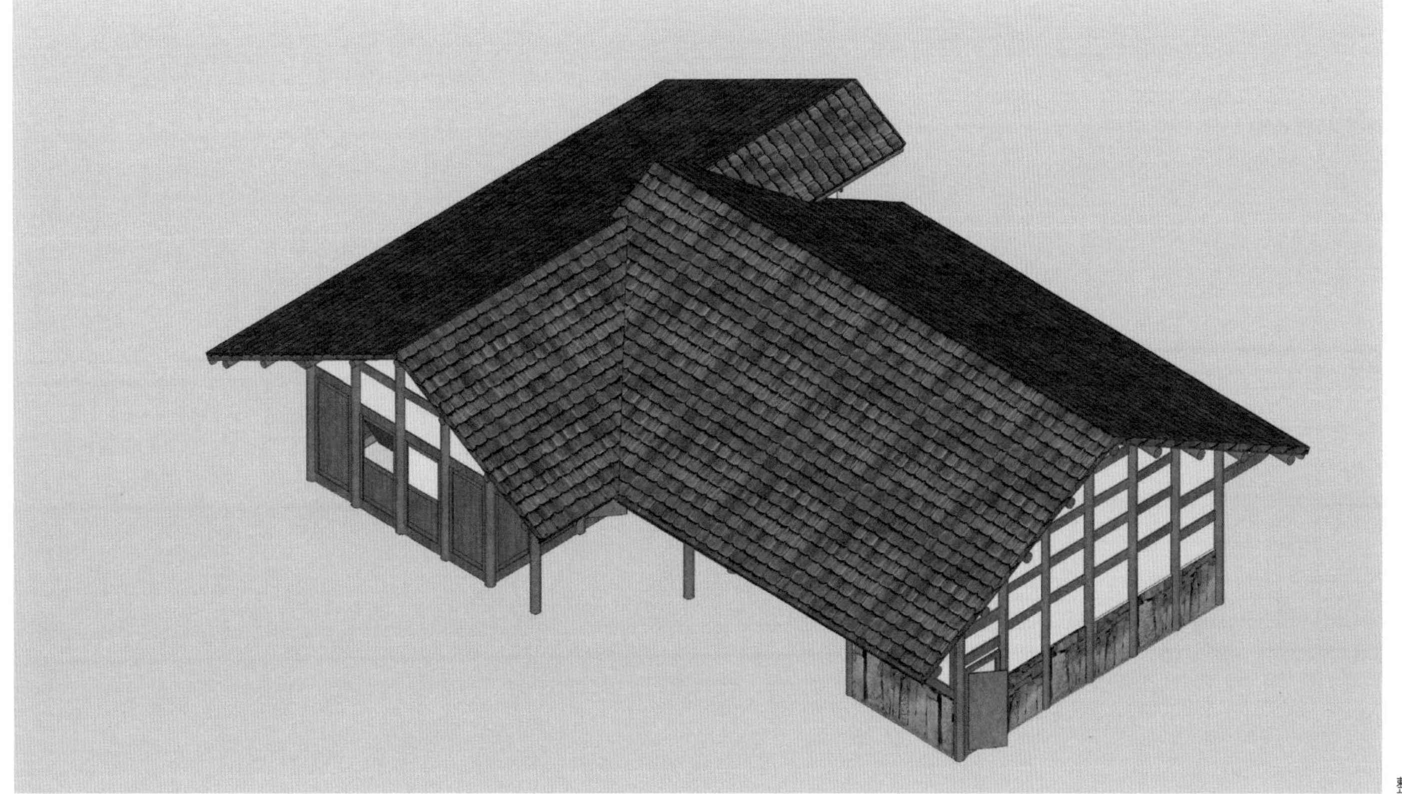

整体轴侧示意图

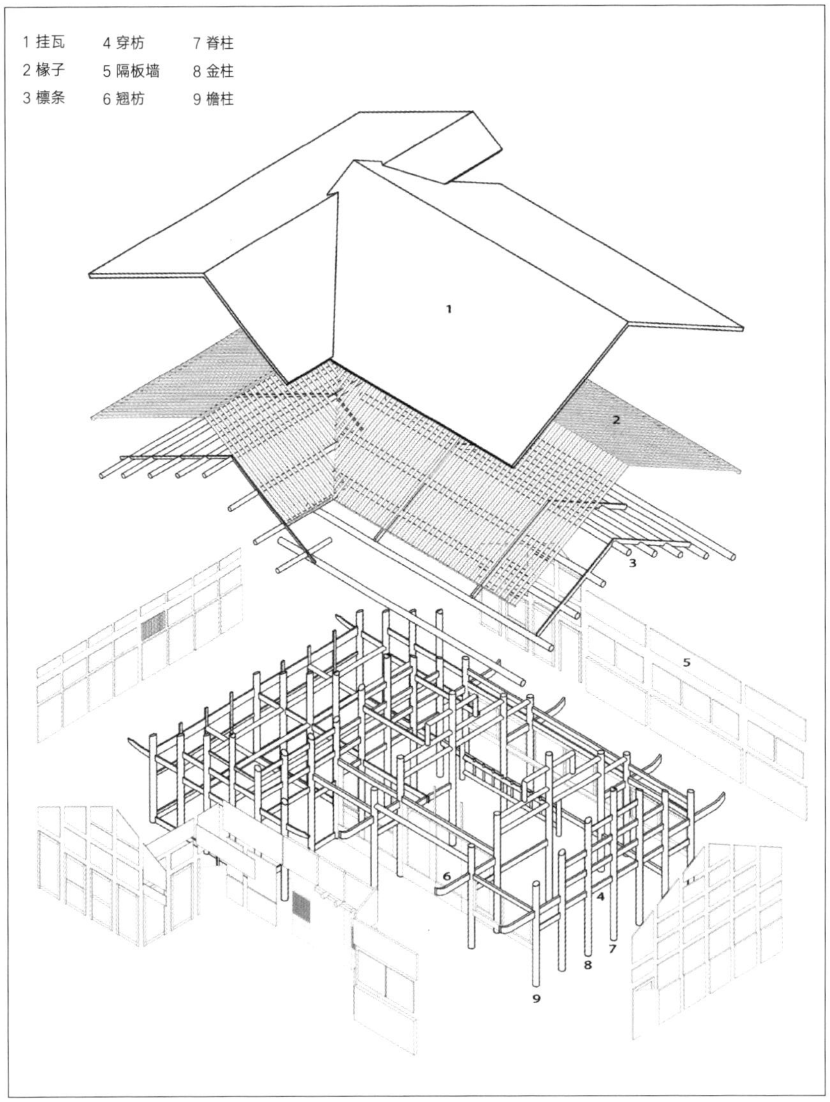

1 挂瓦　4 穿枋　7 脊柱
2 椽子　5 隔板墙　8 金柱
3 檩条　6 翘枋　9 檐柱

福德庙轴侧分析图

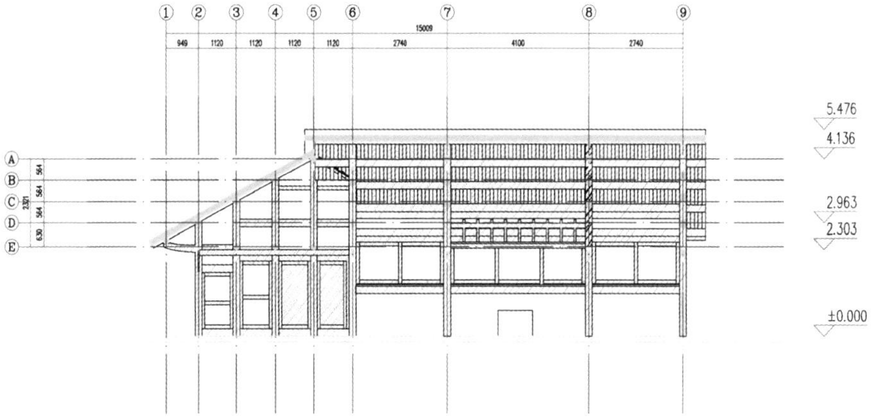

1-1 剖面

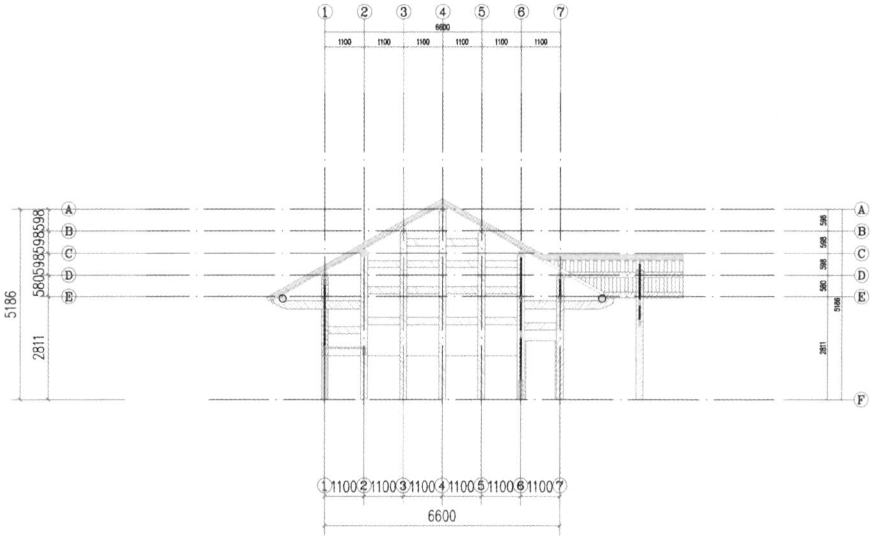

2-2 剖面

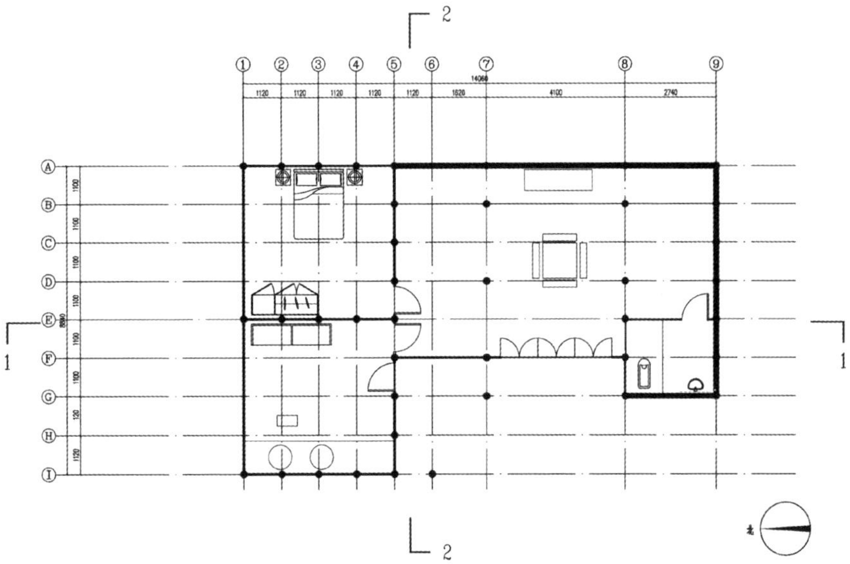

平面

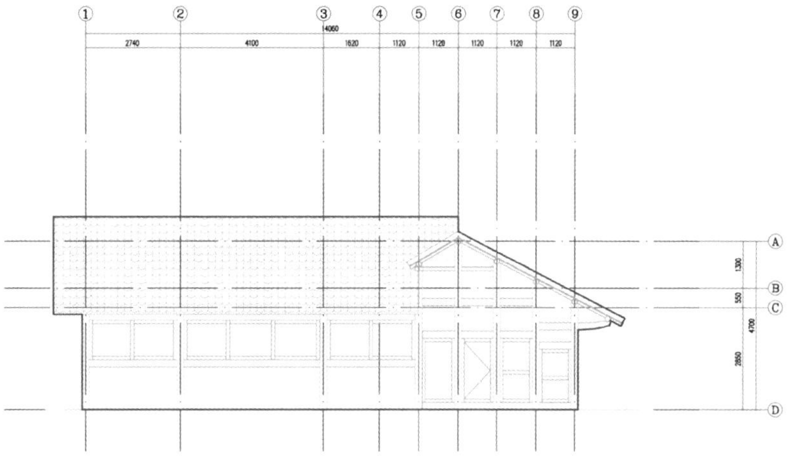

东立面

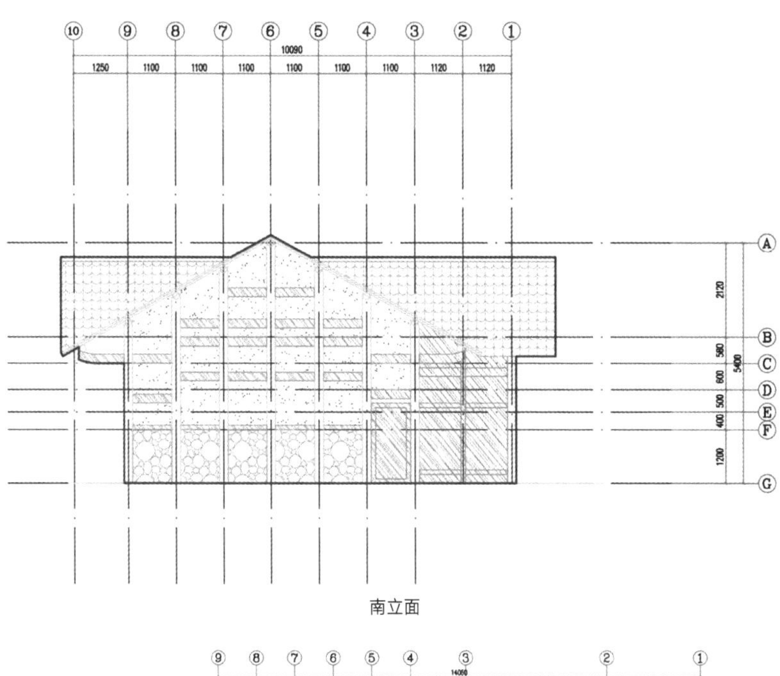

南立面

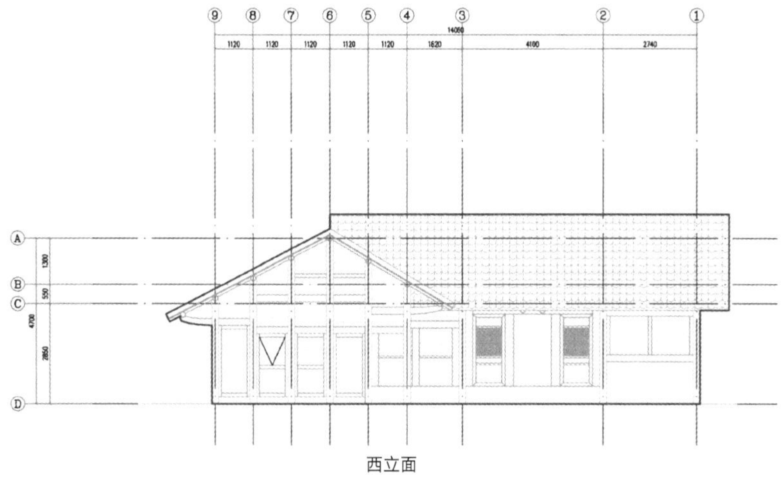

西立面

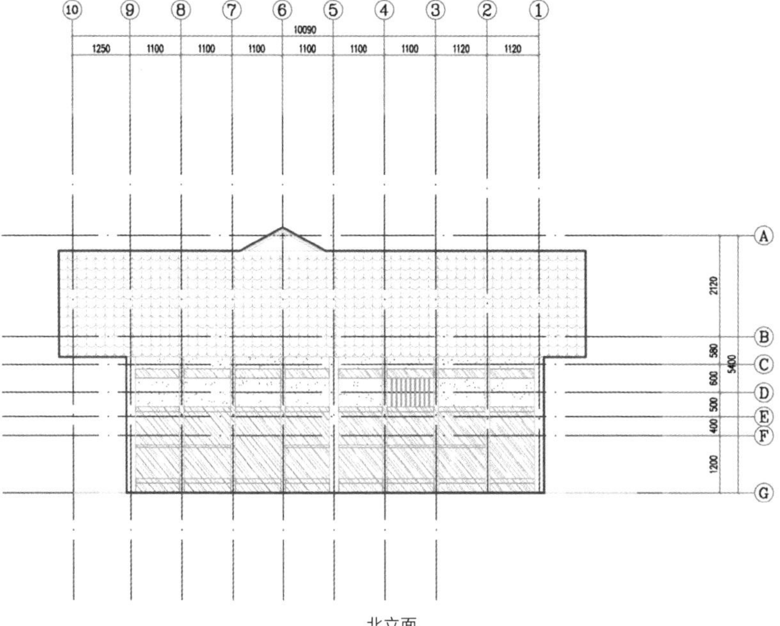

北立面

方案设计

设计说明

山美，水美，那什么样的房子才是最适合这里的呢？我们对当地的建筑风格进行了调研与分析。当地的老房子多以干栏式民居为主，用穿枋把柱子串起来，形成一榀榀房架，檩条直接搁置在柱头，在沿檩条方向，再用斗枋把柱子串联起来，由此而形成屋架，屋顶铺设青瓦。但是这种建筑方式现在大多都已废弃，少部分还在使用。而当地新建的民居政府也鼓励使用坡屋面、小青瓦、白粉墙。所以为了和村子的整体风貌保持统一，降低成本，提高建筑的耐久性，权衡之下我们打算用钢来做穿斗式的民居结构，木头作为围护结构，重新使这种传统的干栏式民居焕发生机。

概念草图

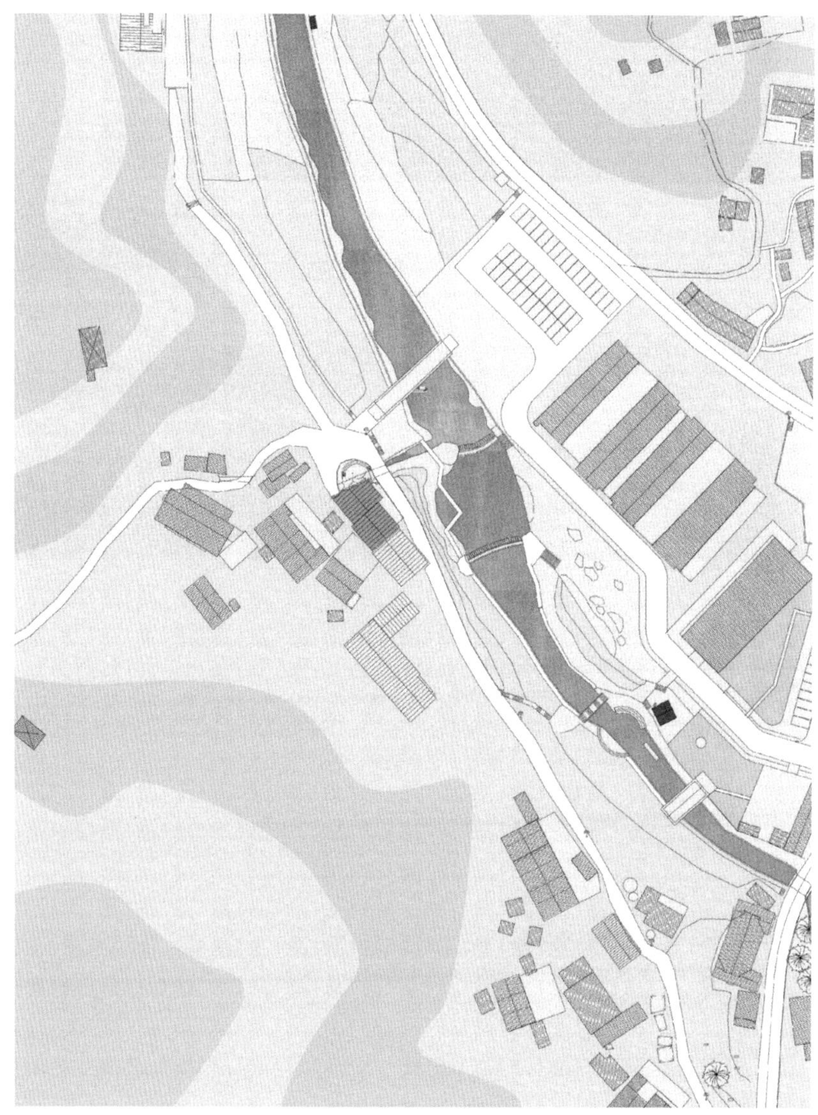

基地位于业主院子的前方，由于是山地的原因，基地比院子低了3m左右。基地西侧为水渠，平时山上的山泉会从这里流下来，下雨时它就变成了一层层的叠水，似瀑布一般。我们在的那段时间恰逢当地的雨季，所以有幸可以看到。东侧是一个老房子，据业主说已经有50年历史，因为缺少维护，现在已经废弃。但是房子的基本构建还保存得比较完整。前面是一条小河，河两侧种满了庄稼。站在基地前面，山、水、树、人、房子构成了一幅美丽的山中画卷。

轻钢结构住宅体系非常接近木结构住宅，而且结构性能好，轻质高强，抗震性能佳：

· 钢材可回收，比砌体、混凝土更节能环保；
· 工厂加工，质量有保证；
· 自重轻，基础造价低；
· 现场工期短；
· 现场基本没有湿作业，不会产生粉尘、污水等污染；
· 结构构件截面小，柱子很细，墙很薄，建筑使用面积大。

材料：当地有大量的天然竹林。竹材源自天然，本身无毒无害。竹子产品虽在生产过程中需使用有一定甲醛含量的胶粘剂，但用胶量很少，并且现有生产加工工艺技术已完全能确保甲醛挥发量控制在不影响任何生物健康的范围以内。从古至今竹子一直是国人日常生活中非常重要的生活元素，经过千百年的发展和积淀，各类竹制作品融入了中国特有的古典儒雅的文化气息，被赋予优雅、挺拔、坚毅的内涵，形成了独树一帜的“竹文化”，并成为了东方古老文化的代表物之一。今日，“竹文化”以其幽雅的内在涵养和儒雅的人文品位，正逐渐受到广大老百姓青睐，特别是越来越多的年轻人对竹制品情有独钟。

钢结构实现了传统造型下的空间解放，与传统的木门窗、竹编敷泥浆的维护结构结合显得既有古意又十分自然。关上木隔栅的门窗即可体验东方传统建筑的阴翳之美，推开又可以享受对岸敞亮的盎然绿意。

装配式技术

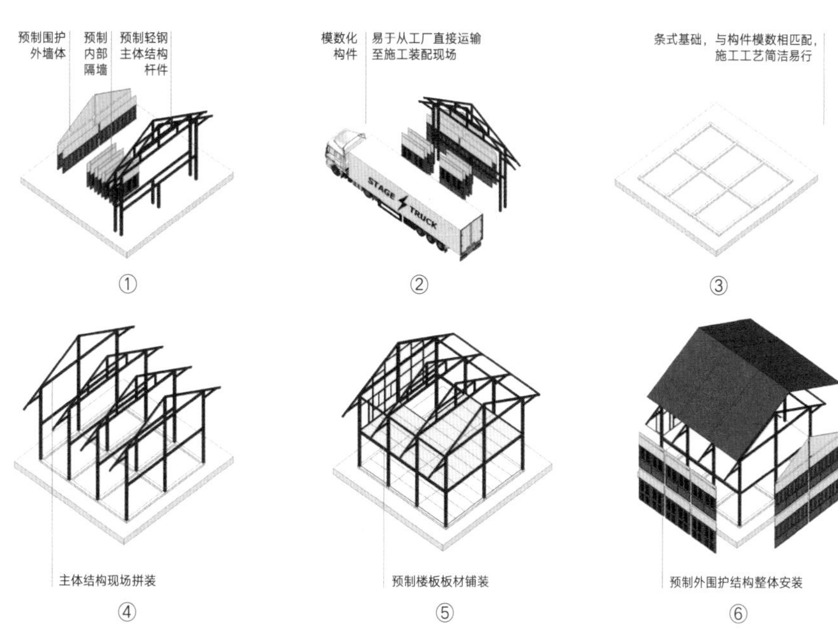

效果图

平面图

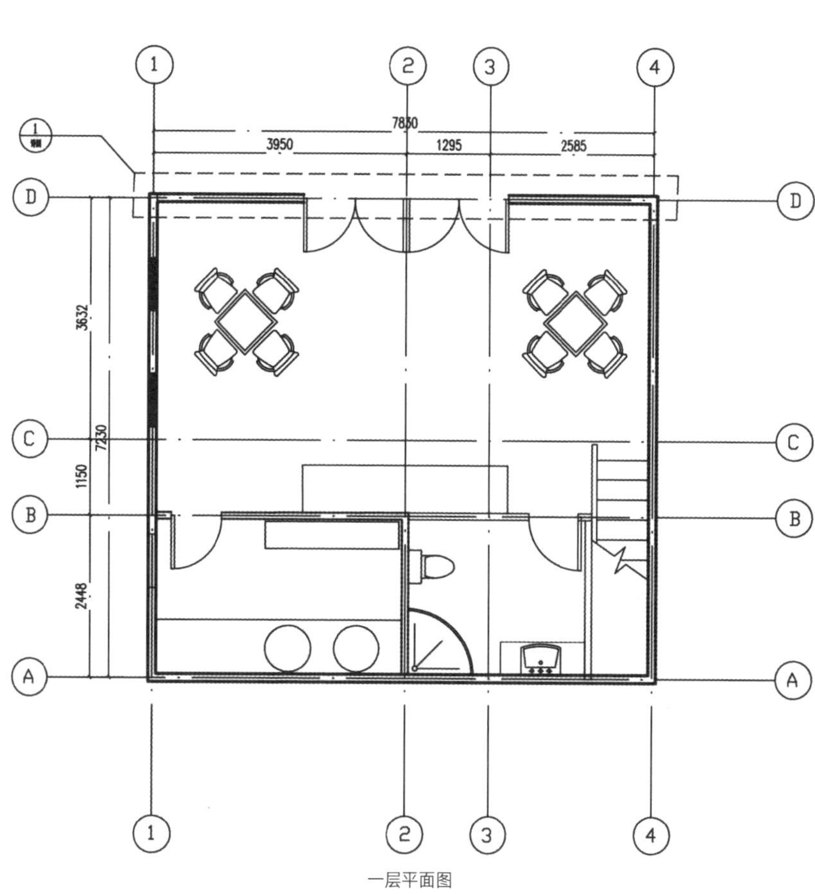

一层平面图

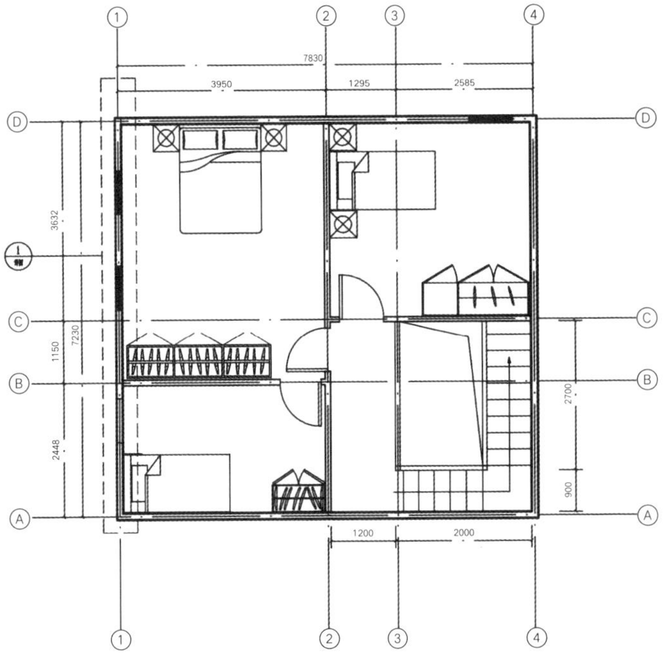

二层平面图

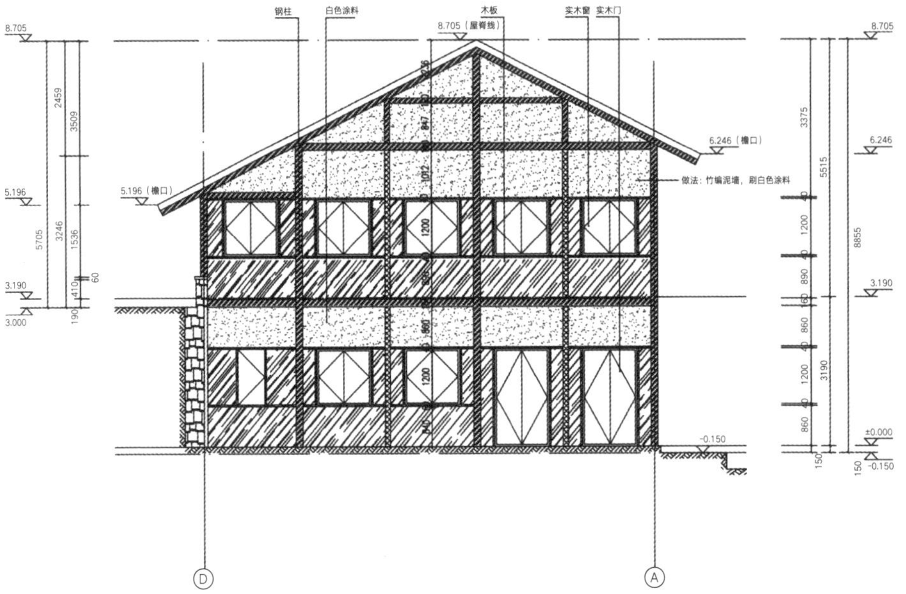

南立面图

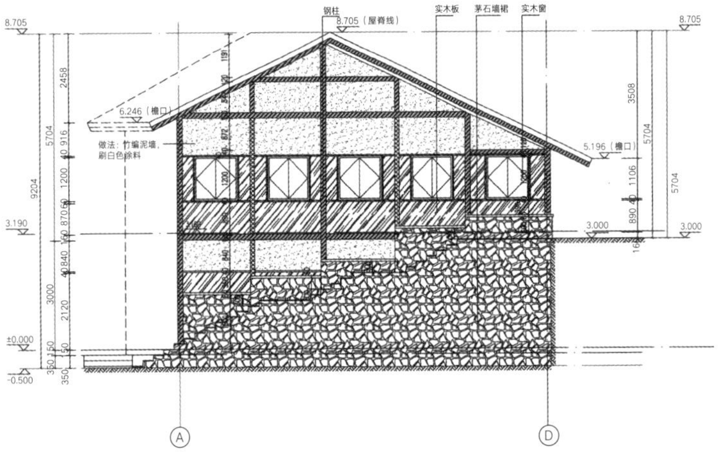

北立面图

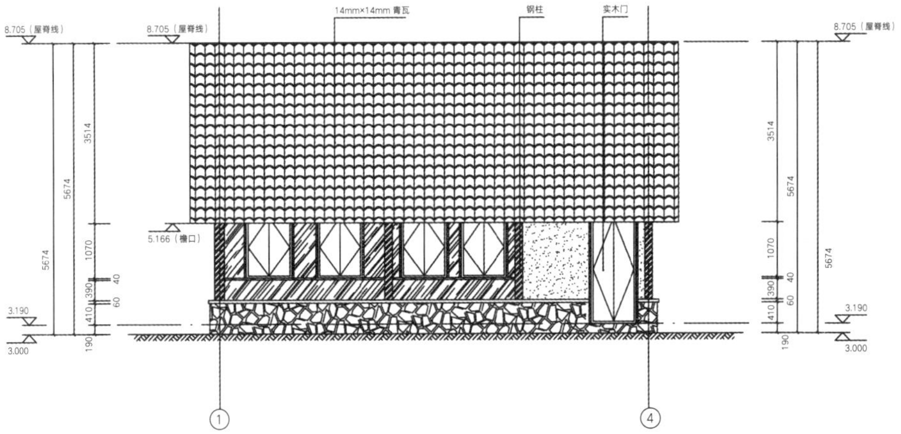

东立面图

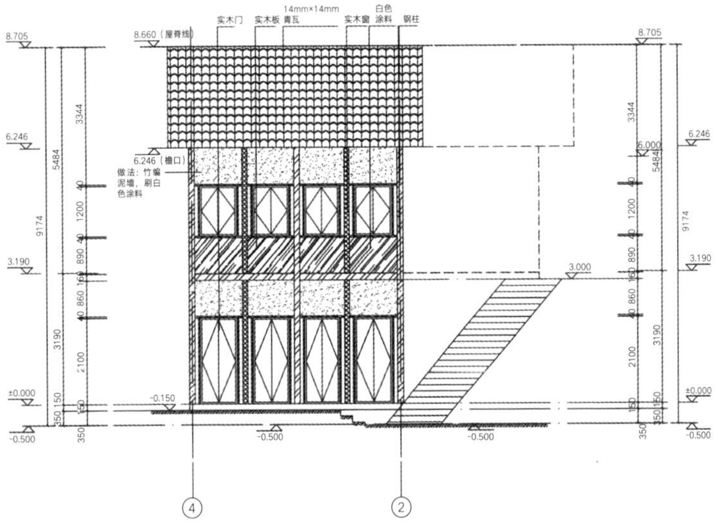

西立面图

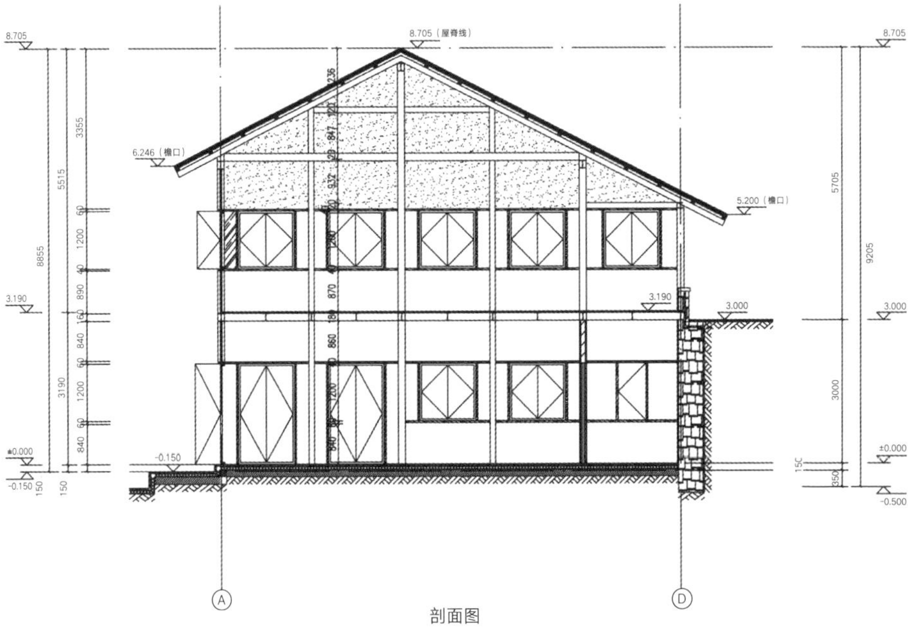

剖面图

轴侧拆解示意图

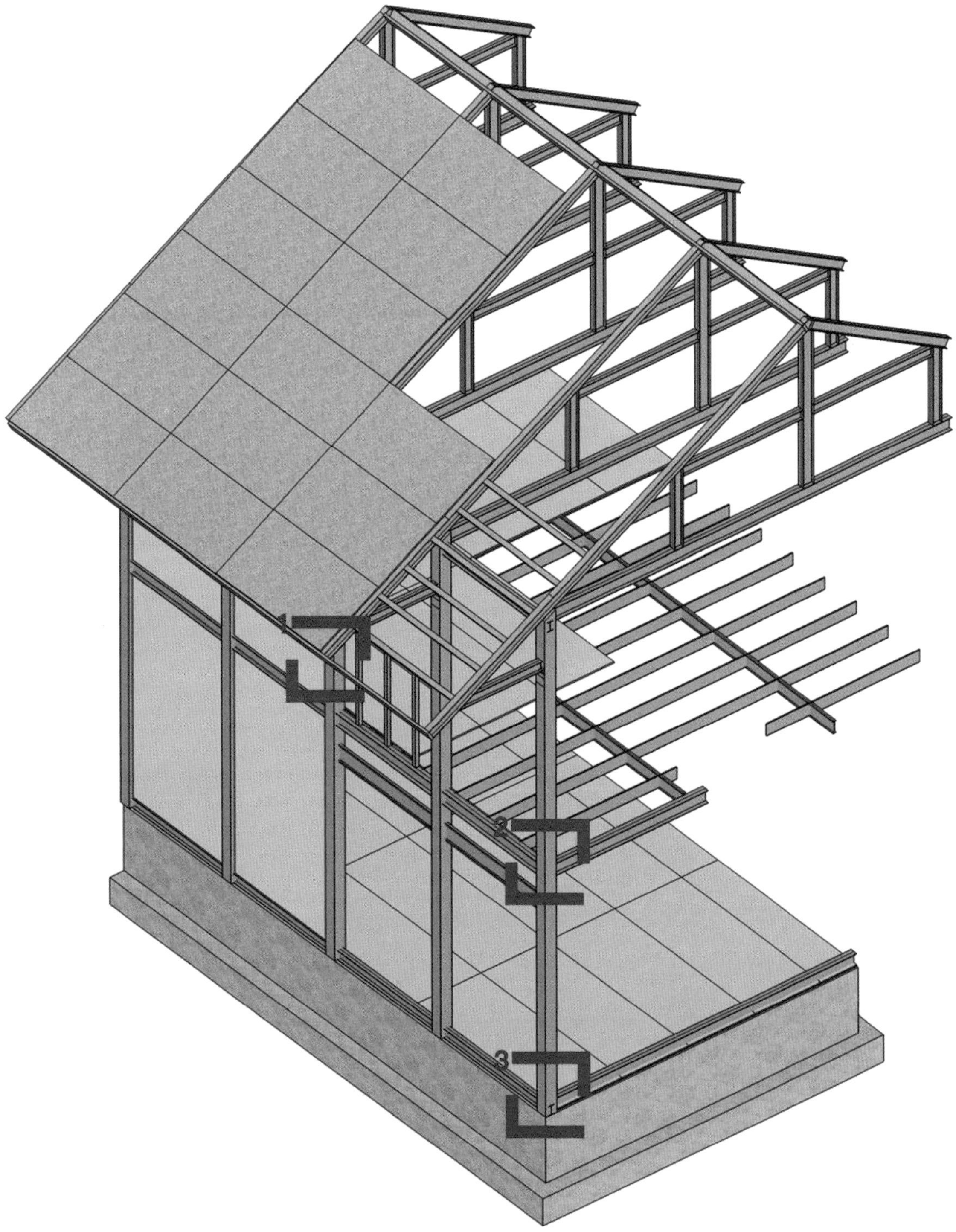

节点详图

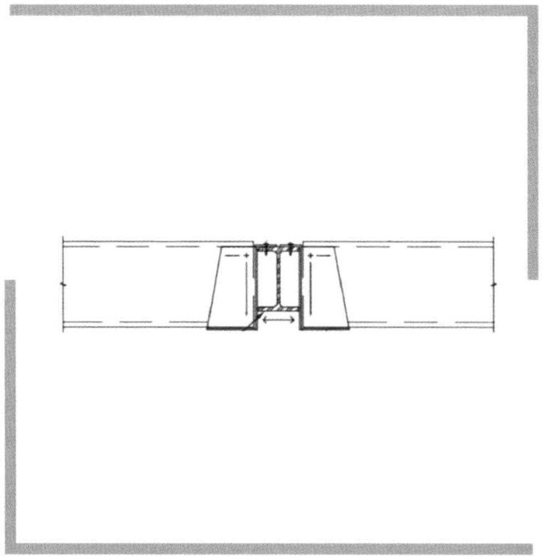

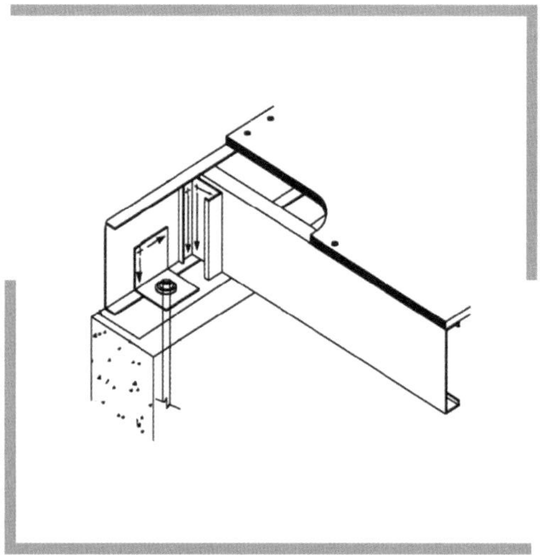

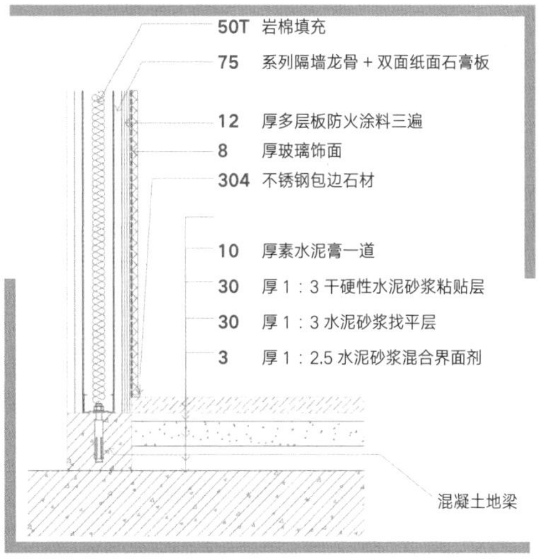

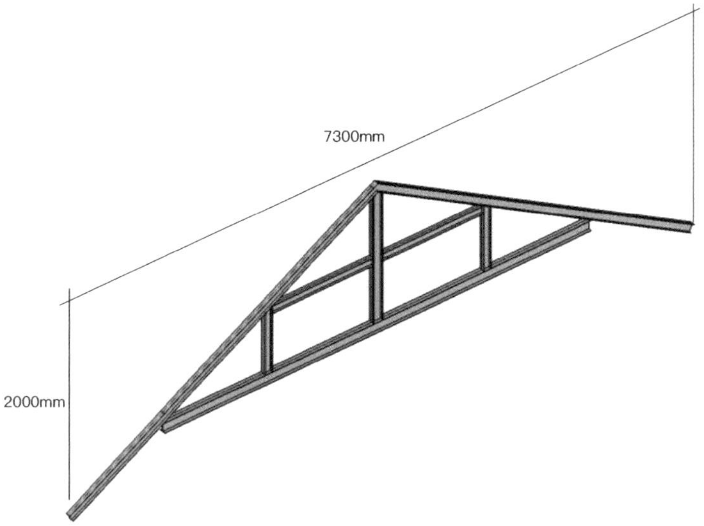

7300mm

2000mm

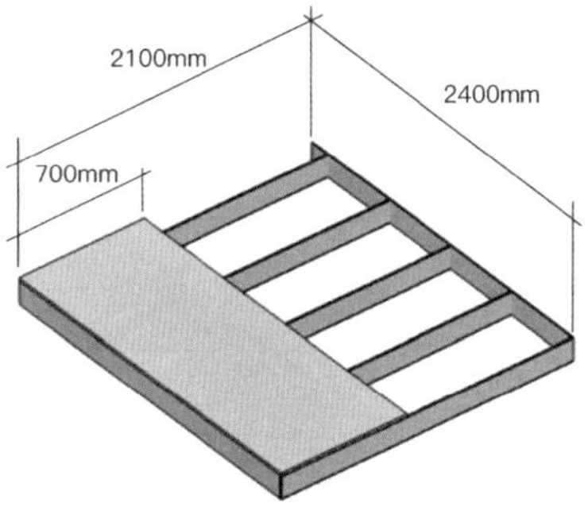

2100mm

2400mm

700mm

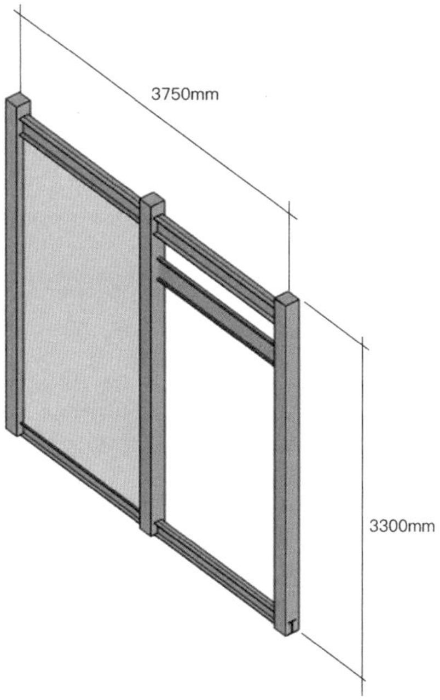

3750mm

3300mm

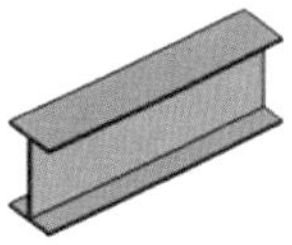

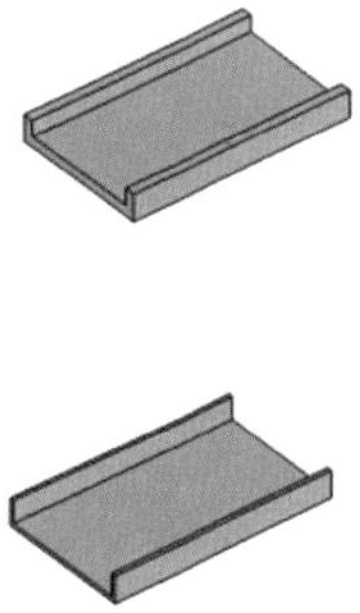

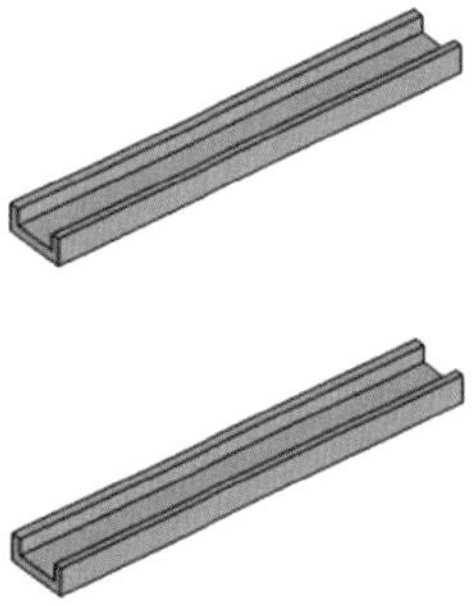

材料型号选择

型号	高度 × 脚宽 × 腰厚（mm）	理重
12#	120 × 74 × 5	13.987
10#	100 × 68 × 4.5	11.261

LLD-CS
CS60 × 27 × 1.2mm
1.09kg/m

型号	尺寸	理重
12#	120 × 53 × 5.5	12.059kg/m

环保性分析

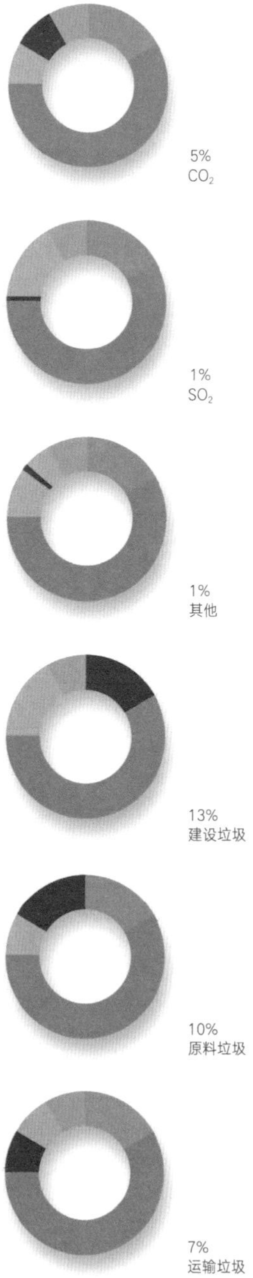

5%
CO_2

1%
SO_2

1%
其他

13%
建设垃圾

10%
原料垃圾

7%
运输垃圾

学校：中央美术学院　设计人员：孙玉成　胡云飞